高等教育规划教材

AutoCAD 2019 基础教程

微课版

主　编　余桂英　周林玉　李小兵
副主编　石志新　许文虎　郭纪林

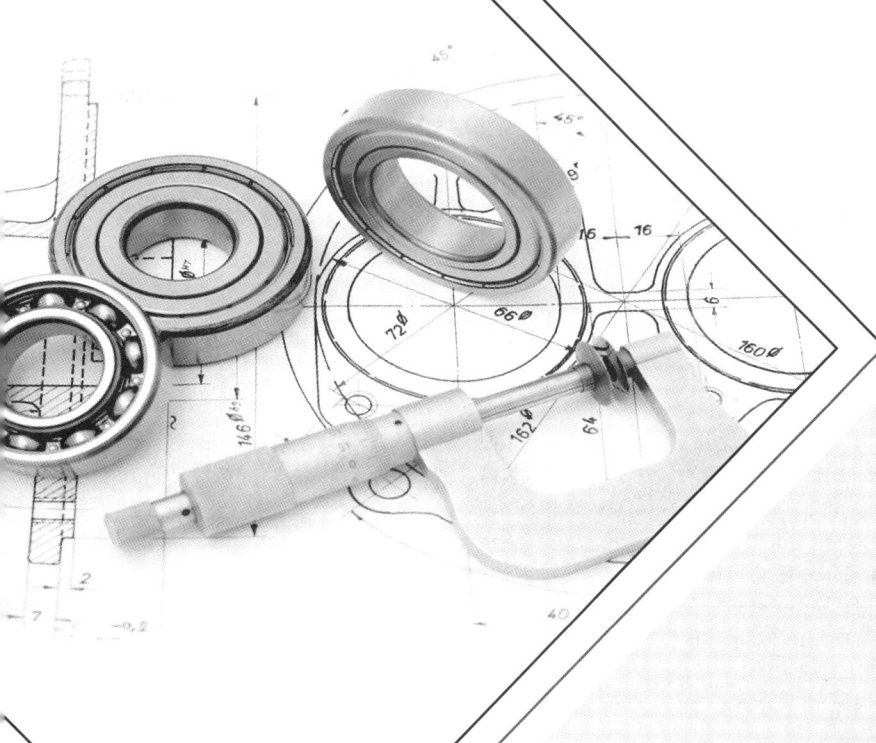

◆ 新形态教材

◆ 通俗易懂，注重实用
◆ 专业性强，便于教学

大连理工大学出版社

图书在版编目(CIP)数据

AutoCAD2019基础教程 / 余桂英,周林玉,李小兵主编. -- 大连：大连理工大学出版社,2021.9(2023.3重印)
ISBN 978-7-5685-3092-7

Ⅰ. ①A… Ⅱ. ①余… ②周… ③李… Ⅲ. ①AutoCAD软件－高等学校－教材　Ⅳ. ①TP391.72

中国版本图书馆 CIP 数据核字(2021)第 138874 号

大连理工大学出版社出版

地址:大连市软件园路 80 号　邮政编码:116023
发行:0411-84708842　邮购:0411-84708943　传真:0411-84701466
E-mail:dutp@dutp.cn　URL:https://www.dutp.cn

大连雪莲彩印有限公司印刷　　大连理工大学出版社发行

幅面尺寸:185mm×260mm　　印张:21.5　　字数:550 千字
2021 年 9 月第 1 版　　　　　　　　　2023 年 3 月第 2 次印刷

责任编辑:王晓历　　　　　　　　　　责任校对:陈稳旭
　　　　　　　　封面设计:张　莹

ISBN 978-7-5685-3092-7　　　　　　　　　　定　价:55.80 元

本书如有印装质量问题,请与我社发行部联系更换。

前言

AutoCAD 2019 是集二维绘图、三维设计、渲染及通用数据库管理和互联网通信功能为一体的计算机辅助绘图软件。经过不断的版本更新，如今性能已日趋完善。其不仅在机械、电子和建筑等工程设计领域得到了大规模的应用，而且在地理、气象、航海、乐谱、灯光等领域也得到了广泛的应用，是 CAD 系统中应用最为广泛和普及的绘图软件。掌握 AutoCAD 技术是机械、自动化、建筑等工科专业本科学生的基本技能之一。

本教材依据《普通高等院校工程图学课程教学基本要求》编写，适用于高校工科专业计算机绘图课程使用。本教材的主要内容有 AutoCAD 2019 命令的各种输入方法、环境设置方法、样板图的制作、图形文件的操作和显示控制、二维绘图与编辑方法、尺寸标注和修改方法、文字与表格、图块的应用、三维实体建模的方法和图形的打印输出等。

本教材的编写团队长期从事工程制图和计算机绘图的教学及研究，具有丰富的教学实践与教材编写经验，能较好地把握教师教学和学生学习的需要。教材内容不仅仅是 AutoCAD 2019 软件功能的简单介绍，而且是具有针对性，注重使用技巧、经验的总结，注重对学生综合应用能力的培养。教材中列举了大量内容经典、繁简适中、操作过程详尽的工程实例；结合"工程制图"中常见的制图案例，每章都配有精心选择的思考与练习，供课后复习和上机操作使用。使学生在实践中掌握 AutoCAD 2019 的使用方法和操作技巧，对于巩固工程制图知识和计算机绘图能力都起到重要作用，实现了工程制图与计算机绘图的有机结合。

本教材随文提供视频微课供学生即时扫描二维码进行观看，实现了教材的数字化、信息化、立体化，增强了学生学习的自主性与自由性，将课堂教学与课下学习紧密结合，力图为广大读者提供更为全面并且多样化的教材配套服务。

本教材响应二十大精神，推进教育数字化，建设全民终身学习的学习型社会、学习型大国，及时丰富和更新了数字化微课资源，以二维码形式融合纸质教材，使得教材更具及时性、内容的丰富性和环境的可交互性等特征，使读者学习时更轻松、更有趣味，促进了碎片化学习，提高了学习效果和效率。

本教材共分为9章，包括：AutoCAD 2019绘图基础；基本绘图命令；绘图辅助工具；图形的编辑；文字与表格；尺寸标注；块及外部参照；绘制三维实体基础；样板图与图样的打印和输入/输出。

本教材由南昌大学余桂英、南昌大学科技学院周林玉、南昌大学李小兵任主编；南昌大学石志新、许文虎，共青科技职业学院郭纪林任副主编；江西应用科技学院刘登帮、梁炯墙、周菲鑫参与了编写。具体编写分工如下：余桂英编写第1章；周林玉编写第4章；李小兵编写第2章；石志新编写第8章；许文虎编写第6章；郭纪林编写第7章；刘登帮编写第9章；梁炯墙编写第3章；周菲鑫编写第5章。本教材在编写过程中，得到中国计量大学孙卫红教授，南昌航空大学马银萍教授的大力帮助，在此谨致谢忱。

在编写本教材的过程中，编者参考、引用和改编了国内外出版物中的相关资料以及网络资源，在此表示深深的谢意！相关著作权人看到本教材后，请与出版社联系，出版社将按照相关法律的规定支付稿酬。

尽管我们在教材建设的特色方面做出了许多努力，但由于编者水平有限，书中不足之处在所难免，恳望各教学单位、教师及广大读者批评指正。

编 者

2021年9月

所有意见和建议请发往：dutpbk@163.com

欢迎访问高教数字化服务平台：https://www.dutp.cn/hep/

联系电话：0411-84708462　84708445

目 录

第 1 章　AutoCAD 2019 绘图基础 …… 1
- 1.1　启动和退出 AutoCAD 2019 …… 1
- 1.2　AutoCAD 2019 的工作界面 …… 2
- 1.3　AutoCAD 2019 命令的基本输入方式 …… 11
- 1.4　文件管理 …… 20
- 1.5　思考与练习 …… 23

第 2 章　基本绘图命令 …… 25
- 2.1　绘制直线 …… 26
- 2.2　绘制射线 …… 27
- 2.3　绘制构造线 …… 28
- 2.4　绘制多线 …… 28
- 2.5　绘制圆 …… 31
- 2.6　绘制圆弧 …… 33
- 2.7　绘制圆环 …… 34
- 2.8　绘制椭圆 …… 35
- 2.9　绘制椭圆弧 …… 36
- 2.10　绘制矩形 …… 37
- 2.11　绘制正多边形 …… 38
- 2.12　绘制点 …… 39
- 2.13　绘制多段线 …… 41
- 2.14　绘制样条曲线 …… 43
- 2.15　图案填充 …… 44
- 2.16　绘制徒手线和修订云线 …… 51
- 2.17　区域覆盖 …… 53
- 2.18　添加选定对象 …… 54
- 2.19　思考与练习 …… 54

第 3 章　绘图辅助工具 …… 56
- 3.1　图层 …… 56
- 3.2　设置绘图环境 …… 67
- 3.3　图形显示控制 …… 69
- 3.4　栅格与捕捉设置 …… 73
- 3.5　正交方式 …… 75
- 3.6　对象捕捉 …… 75
- 3.7　对象追踪 …… 80
- 3.8　动态输入 …… 83
- 3.9　思考与练习 …… 84

第 4 章　图形的编辑 …… 87
- 4.1　对象选择 …… 88
- 4.2　复制类命令 …… 94
- 4.3　改变位置类命令 …… 106
- 4.4　改变几何特性类命令 …… 112
- 4.5　删除及恢复类命令 …… 134
- 4.6　钳夹功能 …… 135
- 4.7　绘制和编辑二维图形 …… 141
- 4.8　思考与练习 …… 160

第 5 章　文字与表格 …… 166
- 5.1　设置文字样式 …… 166
- 5.2　标注文字 …… 169
- 5.3　注释性文字 …… 179
- 5.4　编辑文字 …… 181
- 5.5　表格 …… 185
- 5.6　思考与练习 …… 191

第6章 尺寸标注 …… 193
6.1 尺寸标注概述 …… 194
6.2 设置尺寸标注样式 …… 195
6.3 长度、角度与位置尺寸标注 …… 219
6.4 圆和圆弧标注 …… 227
6.5 引线标注 …… 230
6.6 快速标注 …… 241
6.7 尺寸公差标注 …… 243
6.8 几何公差标注 …… 244
6.9 编辑尺寸标注 …… 246
6.10 思考与练习 …… 257

第7章 块及外部参照 …… 259
7.1 块的创建 …… 259
7.2 图块的属性 …… 270
7.3 外部参照 …… 275
7.4 插入文件 …… 278
7.5 利用剪贴板 …… 281
7.6 复制链接对象 …… 282
7.7 选择性粘贴对象 …… 282
7.8 粘贴为块 …… 283
7.9 思考与练习 …… 283

第8章 绘制三维实体基础 …… 285
8.1 三维建模工作空间 …… 285
8.2 三维坐标系统 …… 286
8.3 设置视点 …… 287
8.4 视觉样式 …… 289
8.5 创建三维实体 …… 291
8.6 布尔运算 …… 299
8.7 三维操作 …… 302
8.8 通过二维图形创建三维实体——拉伸 …… 308
8.9 通过二维图形创建实体——旋转 …… 309
8.10 编辑实体——剖切、截面 …… 310
8.11 实体创建综合应用 …… 315
8.12 思考与练习 …… 321

第9章 样板图与图样的打印和输入/输出 …… 323
9.1 样板图 …… 323
9.2 创建打印布局 …… 328
9.3 打 印 …… 331
9.4 输入/输出其他格式的文件 …… 334
9.5 思考与练习 …… 336

参考文献 …… 338

第 1 章

AutoCAD 2019 绘图基础

坐标的输入方法

1.1 启动和退出 AutoCAD 2019

1.1.1 启动

在默认的情况下,成功地安装好 AutoCAD 2019 中文版以后,系统会在桌面上生成一个快捷图标,如图 1-1 所示。同时【开始】菜单中的【程序】子菜单中也自动添加了 AutoCAD 2019 中文版的程序组,如图 1-2 所示。

图 1-1　启动快捷图标　　　　图 1-2　选择程序选项

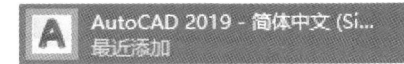

启动方法:
(1)双击桌面上的快捷图标。
(2)选择程序选项"AutoCAD 2019"。

启动后,系统打开"开始"选项卡,如图 1-3 所示。可以单击"开始绘制"按钮,绘制新的图形,或单击"样板"下拉按钮选择一种样板启动图形;也可以从"最近使用的文档"列表打开图形。

1.1.2 退出

退出 AutoCAD 2019 中文版的绘图环境,可以用下列四种方法。
(1)命令行:QUIT 或 EXIT。
(2)菜单栏:"文件"→"退出"。
(3)工具按钮:AutoCAD 2019 操作界面右上角的"✕"按钮。
(4)标题栏左侧 AutoCAD 2019 程序的控制按钮。

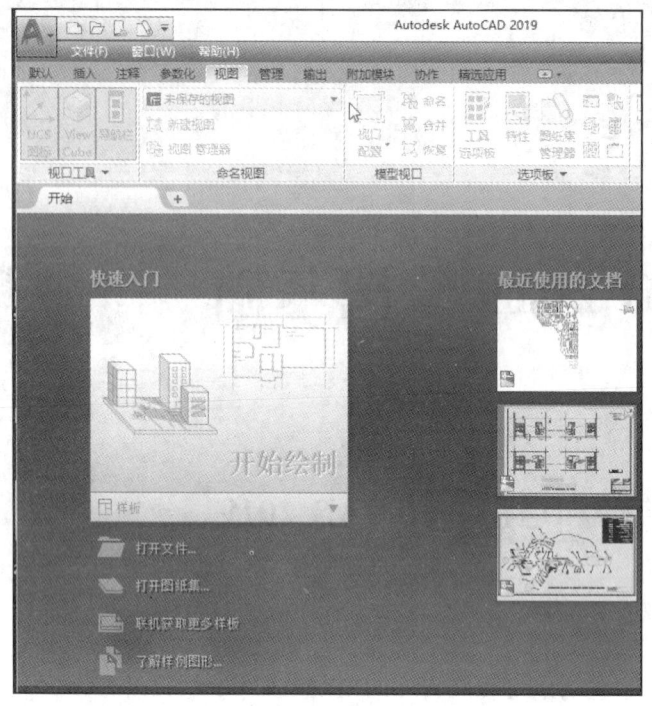

图 1-3 "开始"选项卡

执行上述命令后,如果用户对图形所做的修改尚未保存,则会出现系统警示信息框,如图 1-4 所示。单击"是"按钮,系统将保存文件,然后退出;单击"否"按钮,系统将放弃从上一次存盘到当前对图形所做的修改,直接退出;单击"取消"按钮,将返回当前窗口。

图 1-4 关闭程序系统警示信息框

如果在退出程序之前对图形所做的修改已经保存,则不会出现警示信息框而直接退出。

1.2 AutoCAD 2019 的工作界面

AutoCAD 2019 的工作空间有三种基本形式,即草图与注释、三维基础和三维建模,用于绘制不同类型的图形。用户还可以根据需要自定义工作空间,并保存备用,"切换工作空间"选项如图 1-5 所示。

选择 AutoCAD 2019 的工作空间,可以通过下列方法:
(1)菜单栏:"工具"→"工作空间"。
(2)快速访问工具栏:"工作空间"。
(3)状态栏:"切换工作空间" ⚙ 。

图1-5 "切换工作空间"选项

本节主要介绍 AutoCAD 2019"草图与注释"工作空间的显示界面,如图1-6所示。

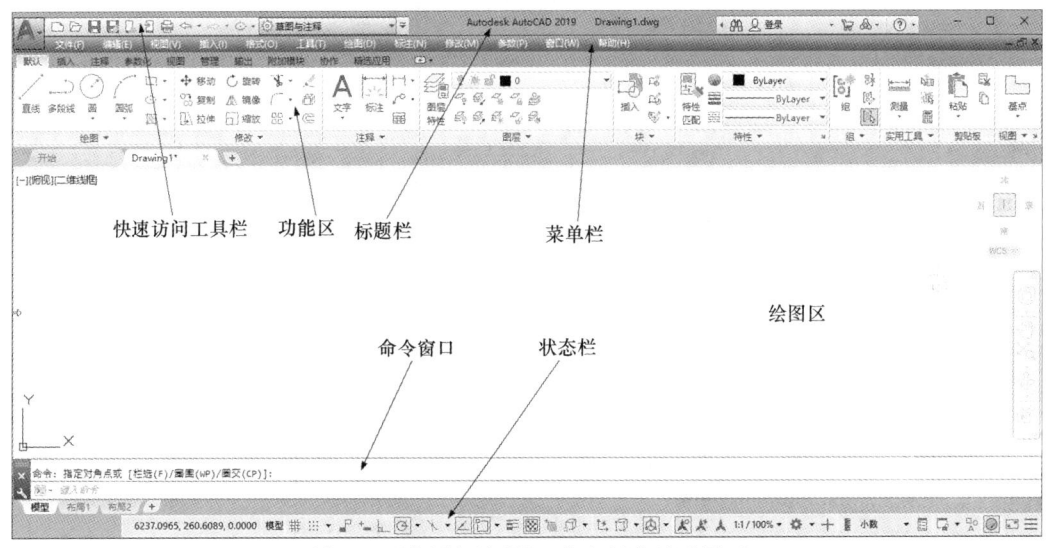

图1-6 "草图与注释"工作空间的显示界面

"草图与注释"工作空间包括快速访问工具栏、标题栏、菜单栏、功能区、绘图区、命令窗口、状态栏等。

1.2.1 快速访问工具栏

在 AutoCAD 2019 中文版显示界面的最上端左侧是快速访问工具栏。默认情况下包含"新建""打开""保存""另存为""工作空间"等常用工具按钮,用户可以根据使用的需要设置"自定义快速访问工具栏"。

1.2.2 标题栏

显示界面的最上端的中间是标题栏。在标题栏中,显示了系统当前正在运行的应用程序和用户正在使用的图形文件。在刚刚启动程序或保存当前图形文件时,标题栏中将显示启动时创建的图形文件,默认名称为 Drawing1.dwg。在标题栏的左侧,是应用程序的控制按钮。在标题栏的右侧,有三个按钮,分别是"最小化窗口按钮""还原窗口按钮""关闭程序按钮"。

1.2.3 菜单栏

在标题栏的下方是菜单栏,AutoCAD 2019 的菜单栏默认为隐藏状态,通过"自定义快速访问工具栏"更改为显示状态。同其他 Windows 程序一样,菜单栏也是下拉形式的,如图 1-7 所示的"绘图"下拉菜单及子菜单。菜单栏中包含 12 个菜单,即"文件""编辑""视图""插入""格式""工具""绘图""标注""修改""参数""窗口""帮助"。

一般来说,AutoCAD 2019 下拉菜单中的命令选项有以下三种形式:

1. 右侧带有符号">"的菜单选项

这种形式的菜单选项带有子菜单。例如,单击菜单栏中的"绘图"菜单,指向其下拉菜单中的"圆(C)>"命令,屏幕上就会出现绘制圆命令的子菜单,如图 1-7 所示。

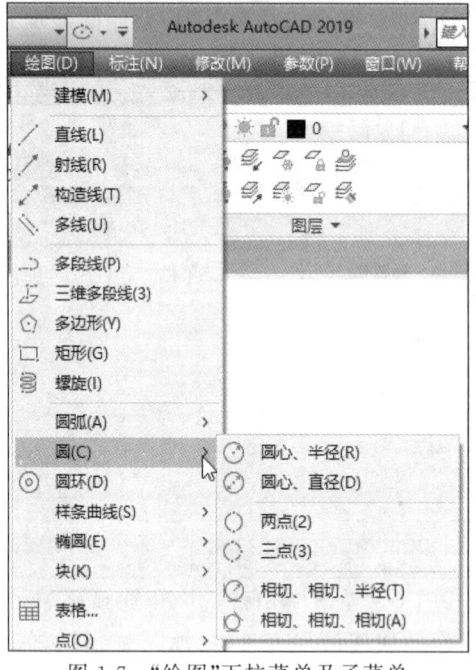

图 1-7 "绘图"下拉菜单及子菜单

2. 右侧带有符号"..."的菜单选项

这种形式的菜单选项带有对话框。例如,单击菜单栏中的"格式"菜单,指向其下拉菜单中的"图层(L)..."命令,屏幕上就会打开对应的"图层特性管理器"对话框,如图 1-8 所示。

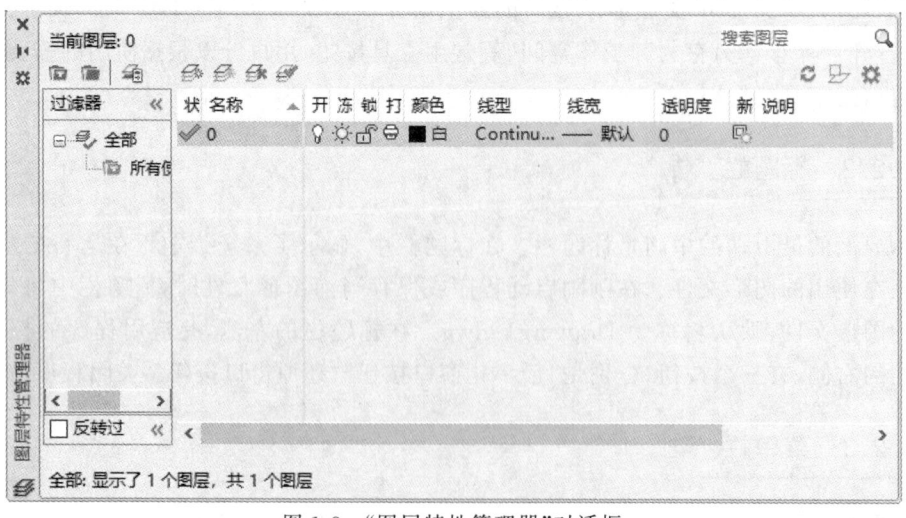

图 1-8 "图层特性管理器"对话框

3. 右侧没有任何标识的菜单选项

单击这种形式的命令将直接进行相应的绘图或其他操作。

> **提示、注意、技巧**
>
> AutoCAD 2019 还提供了快捷菜单,用于快速执行一些常用命令。当前的操作和光标所处的位置不同,快捷菜单中的某些选项也会不同,有些选项还有子菜单。打开快捷菜单的方法如下:
>
> (1)光标在绘图窗口时右击,打开的快捷菜单如图 1-9 所示。
>
> (2)光标在命令窗口时右击,打开的快捷菜单如图 1-10 所示。

图 1-9 绘图窗口快捷菜单　　图 1-10 命令窗口快捷菜单

1.2.4 功能区

功能区按选项卡和面板的形式组织命令和工具,如"默认"选项卡中绘图面板包含用于创建对象的工具按钮的集合,是常用的绘图命令。

把光标移动到某个工具按钮上,稍停片刻,会在其一侧显示出相应的文字标签,同时显示对应的说明和命令名。如图 1-11 所示为光标在"绘图"面板的"直线"按钮上显示出的文字标签。

在工具面板中,有些按钮是单一型的,有些按钮是嵌套式的,嵌套式按钮的右下角带有一个实心的小三角符号"▼",它提供的是一组相关的命令,在嵌套式按钮上按住鼠标左键,会拉开相应的工具按钮下拉工具按钮,将光标移动到某一按钮上松开左键,该按钮将成为当前工具按钮,可执行相应的命令,如图 1-12 所示。

用户还可以根据使用程序的习惯打开"工具栏"。

图1-11 "直线"按钮上显示出的文字标签　　图1-12 嵌套工具按钮

1. "工具栏"的打开

AutoCAD 2019 的标准菜单提供了五十多种工具栏,可通过打开"自定义用户界面"对话框的工具栏标签来对其进行管理,可添加或删除工具栏。如图 1-13 所示。

打开"自定义用户界面"的方法:

(1)菜单栏:"视图"→"工具栏"。

(2)命令行:TOOLBAR。

打开"工具栏"的方法:

(1)菜单:"工具"→"工具栏"→"AutoCAD"→"工具栏快捷菜单"。

(2)在工具栏上单击鼠标右键→"工具栏快捷菜单"。部分工具栏快捷菜单如图 1-14 所示。单击某一工具栏名称,系统将自动在界面中打开或关闭该工具栏。

图1-13 "自定义用户界面"对话框　　图1-14 工具栏快捷菜单

2. 工具栏的"固定""浮动""展开"

新打开的工具栏在绘图窗口中,称为"浮动"工具栏,如图 1-15 所示的"绘图秩序"工具栏。用鼠标左键按住两端,可以拖动工具栏至绘图窗口的任意位置,当拖至两侧边缘时,工具栏呈竖直状态,此时松开左键,工具栏离开绘图窗口区,定位于绘图区旁,称为"固定"工具栏,如

图 1-15 所示的"绘图"工具栏。也可以把"固定"工具栏拖至绘图区,使其成为"浮动"工具栏。

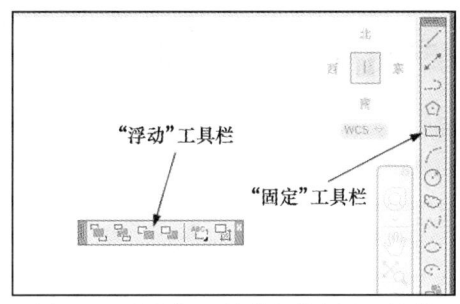

图 1-15　"浮动"工具栏与"固定"工具栏

1.2.5　绘图区

1. 视窗

在 AutoCAD 2019 界面中间的一个大空白区域是绘图区,也叫视图窗口,即视窗。用户绘制一幅设计图形的主要工作都是在绘图区中完成的。绘图区没有边界,用视窗缩放命令"ZOOM"可使视窗根据需要增大或缩小,无论图形大小,都可置于其中。

2. 滚动条

视窗的右下方和右侧,分别有一个水平滚动条和竖直滚动条,在滚动条中单击鼠标或拖动滚动块,可使视窗上、下、左、右移动,用户可以在绘图窗口中按水平或竖直两个方向浏览图形。为了增加绘图空间,可以通过设置,在绘图区中不显示滚动条。设置方法:打开"选项"对话框,单击"显示"选项卡,在"窗口元素"选项组中,将"在图形窗口中显示滚动条"选项关闭,如图 1-16 所示。

提示、注意、技巧

"选项"对话框中包含"文件""显示""打开和保存""打印和发布""系统""用户系统配置""绘图""三维建模""选择集""配置"10 个选项卡,通过这些选项卡可以进行诸如文件管理、窗口元素、显示精度、自动捕捉、选择等许多重要选项的设置,其设置将在后续相关内容中陆续介绍。

打开"选项"对话框可以使用下列方法:

(1)命令行:OPTIONS。

(2)菜单栏:"工具"→"选项"。

(3)快捷菜单:"选项"(快捷菜单如图 1-9、图 1-10 所示)。

3. 光标

在绘图区中,还有一个作为类似光标的十字线,在 AutoCAD 2019 中,将该十字线称为光标,其交点反映了光标在当前坐标系中的位置,AutoCAD 2019 除了通过光标显示当前点的位置外,还可以通过光标显示形状的不同,代表当前所应执行的操作状态,如输入状态或选择状态。十字的方向与当前用户坐标系的 X 轴、Y 轴方向平行,其长度系统预设为屏幕大小的 5%。用户可以根据绘图的实际需要更改其大小,改变光标大小的方法:

在图 1-16 所示的"显示"选项卡中,在"十字光标大小"选项组中的文本框内直接输入数值,或者拖动文本框后的滑块,即可对十字光标的大小进行调整。

图 1-16 "选项"对话框的"显示"选项卡

4. 绘图窗口的颜色

在默认情况下，AutoCAD 2019 的绘图窗口是黑色背景、白色线条。用户可以根据需要修改绘图窗口或其他窗口背景的颜色，操作步骤如下：

在图 1-16 所示的"选项"对话框的"显示"选项卡中单击"窗口元素"选项组中的"颜色"按钮，将打开图 1-17 所示的"图形窗口颜色"对话框。

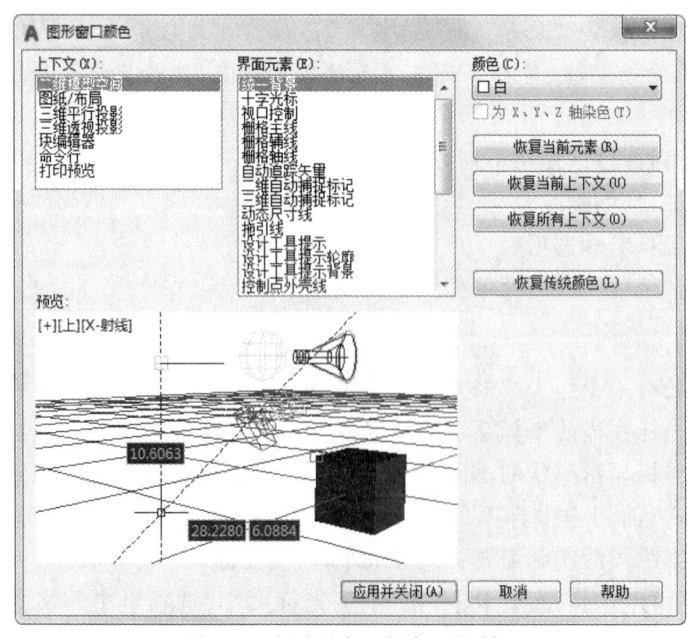

图 1-17 "图形窗口颜色"对话框

单击"颜色"下拉列表框右侧的小三角按钮,在打开的下拉列表中选择需要的窗口颜色。

5. 坐标系图标

在绘图区域的左下角有一个坐标系图标,表示用户绘图时正使用的坐标系形式。坐标系的作用是确定点的位置的一个参照系,坐标的确定将在1.3.6小节介绍。根据绘图需要,用户可以选择将坐标系图标打开或关闭。方法:选择菜单命令"视图"→"显示"→"UCS 图标"→"开",如图 1-18 所示。

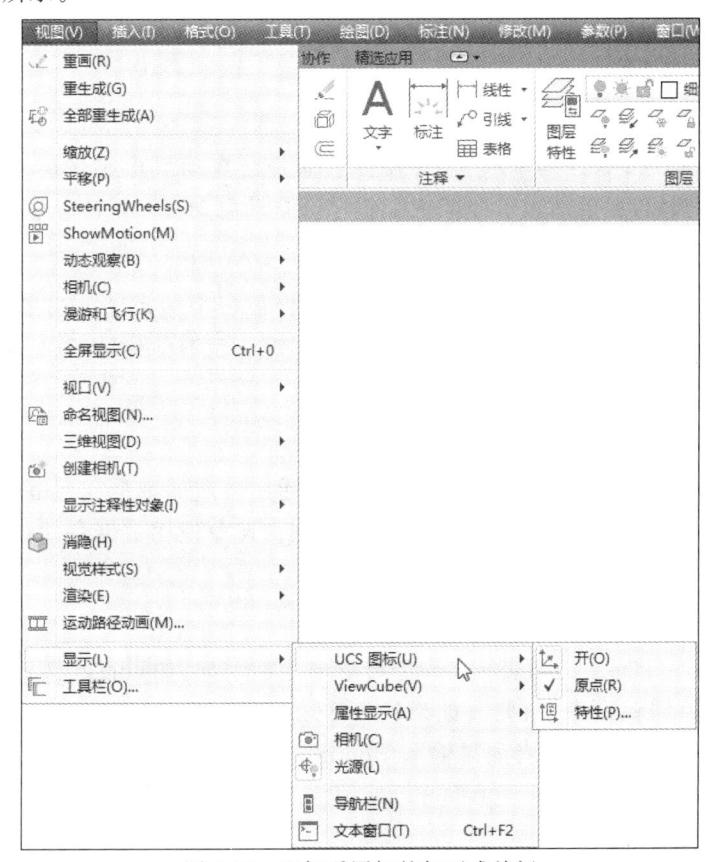

图 1-18 坐标系图标的打开或关闭

6. 布局标签

在绘图区左下方有三个标签,即"模型"空间、"布局 1"和"布局 2"两个图纸空间布局标签。标签的左边有四个滚动箭头,用于滚动显示标签。AutoCAD 2019 有两种视图显示方式:模型空间和图纸空间。模型空间是指单一视图显示法,用户通常使用的都是这种显示方式;图纸空间是指在绘图区域创建图形的多视图,在图纸空间中,用户可以创建叫作"浮动视口"的区域,以不同视图显示所绘图形,用户可以对其中每一个视图进行单独操作。AutoCAD 2019 系统默认打开模型空间,用户可以通过单击鼠标来选择需要的布局。

1.2.6 命令窗口

命令窗口是输入命令名和显示命令提示的区域,默认的命令窗口布置在绘图区下方。命令窗口由两部分组成,即命令行和命令历史窗口,如图 1-19 所示。命令行用于显示当前输入的内容;命令历史窗口列出了启动程序后所用过的命令及提示信息。

图 1-19　命令窗口

AutoCAD 2019 命令行的功能得到了增强,可以提供更智能、更高效的访问命令和系统变量。用户可以使用命令行来找到其他诸如阴影图案、可视化风格以及联网帮助等内容。命令行的颜色和透明度可以随意改变,同时也做得更小,其半透明的提示历史可显示多达 50 行。

命令行主要新增功能:

1. 自动更正

如果命令输入错误,不会再显示"未知命令",而是会自动更正成最接近且有效的 AutoCAD 2019 命令。例如,如果输入了 TABEL,程序会自动启动 TABLE 命令。

2. 自动完成

输入命令时,支持中间字符搜索。例如,如果在命令行中输入了 SETTING,那么显示的命令建议列表中将包含任何带有 SETTING 字符的命令,而不是只显示以 SETTING 开始的命令。

3. 自动适配建议

命令在最初建议列表中显示的顺序是使用基于通用客户的数据。当继续使用 AutoCAD 2019 时,命令的建议列表顺序将适应用户的使用习惯。命令使用数据存储在配置文件并自动适应每个用户。

4. 同义词建议

命令行已建成一个同义词列表。在命令行中输入一个词,如果在同义词列表中可以找到匹配的命令,它将返回该命令。例如,如果输入 Symbol,AutoCAD 2019 会找到 INSERT 命令,这样就可以插入一个块。或者如果输入 Round,AutoCAD 2019 会找到 FILLET 命令,这样就可以为一个尖角增加圆角了。用户可以使用管理选项卡的编辑别名工具添加自定义的词和同义词到自动更正列表中。

5. 互联网搜索

用户可以在建议列表中快速搜索命令或系统变量的更多信息。移动光标到列表中的命令或系统变量上,并选择帮助或网络图标来搜索相关信息。AutoCAD 2019 自动返回当前词的互联网搜索结果。

6. 内容

用户可以使用命令行访问图层、图块、阴影图案/渐变、文字样式、尺寸样式和可视样式。例如,如果在命令行中输入 CCD,而当前图形文件中有一个块定义的名称为 CCD 的图块,那么就可以快速地从建议列表中插入该图块。

对命令窗口,还可以进行下列操作:

(1)可以用"Ctrl+9"组合键控制关闭或打开命令窗口;可以用"选项"对话框修改命令窗口背景的颜色;移动拆分条,可以扩大与缩小命令窗口。

（2）可以拖动命令窗口，将其布置在屏幕上的其他位置。默认情况下，布置在图形窗口的下方。

（3）命令窗口右侧有滚动条，可以上、下滚动，查看信息。对当前命令窗口中输入的内容，可以按"F2"键用编辑文本的方法进行编辑，如图1-20所示。AutoCAD 2019文本窗口和命令窗口相似，系统可以显示当前AutoCAD 2019进程中命令的输入和执行过程，在执行AutoCAD 2019某些命令时，系统会自动切换到文本窗口，列出有关信息。AutoCAD 2019通过命令窗口反馈各种信息，包括出错信息。因此，用户要时刻关注在命令行中出现的信息。

图1-20 文本窗口

1.2.7 状态栏

状态栏在屏幕的底部，左侧显示所在绘图空间，依次有"模型""布局1""布局2"；右侧依次有"模型或图纸空间""显示图形栅格""捕捉模式""正交限制光标""按指定角度限制光标""等轴测草图""显示捕捉参照线""将光标捕捉到二维参照点""显示/隐藏线宽"等功能按钮。单击这些按钮，可以控制相应功能的开关，其主要功能与使用方法将在以后的章节中陆续介绍。

提示、注意、技巧

状态栏的右下角是状态栏托盘，可以进行的操作示例如下：

（1）单击托盘中的切换工作空间 下拉按钮，可以选择工作空间。

（2）单击托盘中的用户界面锁 下拉按钮，可以选择控制是否锁定工具栏或图形窗口在图形界面上的位置，如图1-21所示。

（3）单击托盘中的 符号，可以控制是否"隐藏对象""隔离对象"。

（4）单击托盘中的 符号，可以控制状态栏功能开关按钮的显示或隐藏。

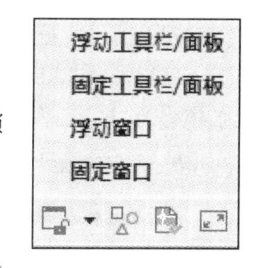

图1-21 用户界面锁

（5）单击托盘中的 符号，可以控制是否全屏显示。

1.3 AutoCAD 2019命令的基本输入方式

AutoCAD 2019是用户和计算机交互绘图，必须输入必要的指令和参数。

1.3.1 命令的输入

AutoCAD 2019 的命令有三百多个，例如：直线(Line)、圆(Circle)、圆弧(Arc)、复制(Copy)等。有些命令有简捷形式，例如：直线(L)、圆(C)、圆弧(A)、复制(CO)等。AutoCAD 2019 命令的输入方式有以下几种。

1. 通过键盘在命令行输入

当命令行的提示为"命令："时，表示当前处于待命状态，此时可输入命令名或简捷命令，再按"Enter"键或"空格"键，即可启动相应命令，同时在命令窗口提示相关操作。如输入画圆命令可输入"Circle"或"C"。

执行命令时，在命令窗口提示中经常会出现多重命令选项，如画圆命令：

命令：_circle

指定圆的圆心或[三点(3P)/两点(2P)/相切、相切、半径(T)]:2P↙

指定圆直径的第一个端点：(在屏幕上指定端点或输入端点的坐标)

指定圆直径的第二个端点：(在屏幕上指定端点或输入端点的坐标)

选项中不带括号的提示为默认选项，因此可以直接输入圆心的坐标或在屏幕上指定一点，如果要选择其他选项，则应该首先输入该选项的标识字符。如根据"两点"画圆选项的标识字符是 2P，输入"2P"并按"Enter"键后按系统提示输入数据即可。

在命令选项的后面有时还带有尖括号，尖括号内的数值为默认数值。如下面的操作，在提示"指定圆的半径或[直径(D)]<20.0000>:"后，直接按"Enter"键即可画出半径为 20 的圆。

命令：_circle

指定圆的圆心或[三点(3P)/两点(2P)/相切、相切、半径(T)]:

(在屏幕上指定圆心或输入圆心的坐标)

指定圆的半径或[直径(D)]<20.0000>:↙

> **提示、注意、技巧**

(1)输入字符不需要区分大小写，例如绘制直线时，可在命令行输入 LINE，也可输入 line。

(2)AutoCAD 2019 在执行命令的过程中，键盘除了处于输入文字状态以外，"空格"键均可替代为"Enter"键。

2. 选择菜单栏的命令选项

移动鼠标，将光标移至菜单栏的某一菜单上，单击，即可打开菜单，弹出下拉菜单。移动光标至下拉菜单某一子菜单上，单击，执行相应命令。

除键盘外，鼠标是最常用的输入工具，灵活地使用鼠标，对提高画图、编辑的速度起着至关重要的作用。在 AutoCAD 2019 中鼠标的左、右两个键有特定的功能。左键代表选择，用于选择目标、拾取点、选择菜单命令选项和工具按钮等；右键代表确定，相当于"Enter"键，用于结束当前的操作。

3. 单击工具面板或工具栏中的工具按钮

移动鼠标，将光标移至工具栏的某一图标按钮上，单击，执行相应命令。

选择菜单栏或单击工具栏方式，都可以在命令窗口中看到对应的命令名及有关操作提示，命令的执行过程和结果与命令行方式相同，但与键盘输入方式不同的是，在显示的命令名前有

一条下划线。如执行菜单操作:"绘图"→"圆"→"相切、相切、半径",命令窗口显示:

命令:_circle

指定圆的圆心或[三点(3P)/两点(2P)/相切、相切、半径(T)]:_ttr

指定对象与圆的第一个切点:

4. 单击工具选项板中的工具按钮

如图1-22所示为绘图与修改工具选项板。

打开"工具选项板"可以使用下列方法:

(1)命令行:TOOLPALETTES

(2)菜单栏:"工具"→"选项板"

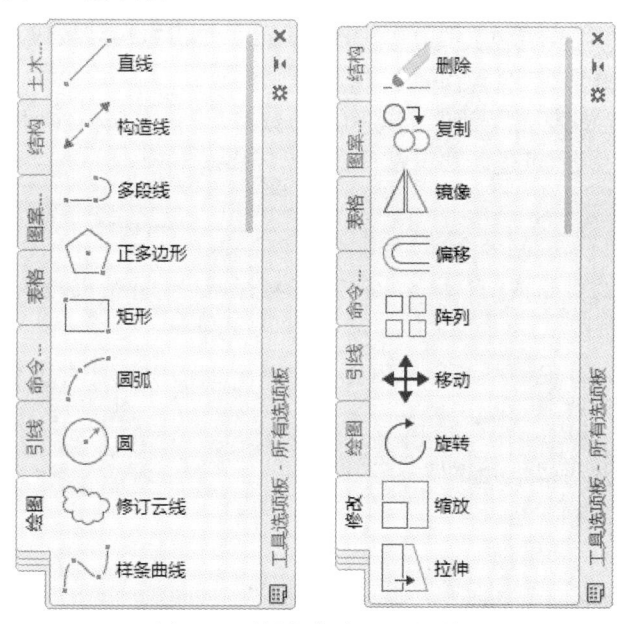

图 1-22　绘图、修改工具选项板

1.3.2　命令的终止、重复、撤销、重做

1. 命令的终止

在执行命令的过程中,如有需要可以随时终止并退出命令的执行。

终止并退出命令有下列方法:

(1)按快捷键"Esc"。

(2)快捷菜单:"取消"。

(3)在下拉菜单或工具栏调用另一命令。

2. 命令的重复

重复命令有下列方法:

(1)一个命令完成了或是被取消了,按一下"Enter"键或"空格"键可以重复调用这个命令。

(2)如果用户要重复使用上一个命令,打开快捷菜单,选择其中的"重复…"命令选项,系统将重复执行上次使用的命令。

(3)如果要重复最近使用过的命令,打开绘图区或命令窗口快捷菜单,在"最近的输入"或

"近期使用的命令"子菜单中选择需要的命令选项,如图1-9、图1-10所示。"近期使用的命令"子菜单中储存有最近使用过的6个命令,如果画图时经常地重复使用某些命令,这种方法就比较快速简便。

3. 命令的撤销

在完成的操作中,如果出现错误,可撤销前面执行过的命令。

撤销命令有下列方法:

(1)菜单栏:"编辑"→"放弃"。

(2)工具栏:"快速访问工具栏"→"放弃" ⇦▾。

(3)快捷菜单:"放弃(U)..."。

以上操作连续使用,可逐次撤销前面执行的命令。单击"放弃"按钮右侧的下拉箭头,可在下拉列表中选择要放弃的操作,如图1-23所示。

(4)命令行:"UNDO"。输入要放弃的命令的数目,可一次撤销前面执行的多个命令。例如要撤销最后的6个命令,可进行如下操作:

命令:UNDO↙

当前设置:自动=开,控制=全部,合并=是

输入要放弃的操作数目或[自动(A)/控制(C)/开始(BE)/结束(E)/标记(M)/后退(B)]<1>:6

GROUP 删除 GROUP 直线 GROUP 圆 GROUP 圆 GROUP 直线 GROUP

4. 命令的重做

已被撤销的命令还可以恢复重做。

执行重做命令有下列方法:

(1)菜单栏:"编辑"→"重做"。

(2)工具栏:"快速访问工具栏"→"重做" ⇨▾。

(3)快捷菜单:"重做(R)..."。

(4)命令行:"REDO"。

"重做"命令恢复的是最后撤销的一个命令。由于"放弃"命令的执行是依次进行的,因此"重做"命令也可以依次恢复被撤销的命令。单击标准工具栏中"重做"按钮右侧的下拉箭头,可在下拉列表中选择要重做的操作,如图1-23所示。

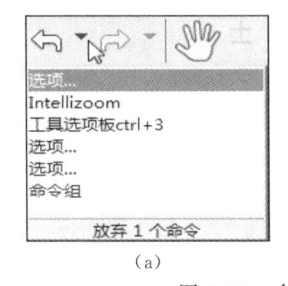

(a)　　　　　　　(b)

图1-23　多重放弃和重做

1.3.3　透明命令

在AutoCAD 2019中有些命令可以在其他命令的执行过程中,插入并执行,待该命令执行

完毕后,系统继续执行原命令,这种命令称为透明命令。透明命令多为修改图形设置或绘图辅助工具等,如栅格显示、对象捕捉等。

在命令行输入透明命令时应在命令名前先输入一个撇号"'",透明命令的提示信息前有一个双折号">>"。如:

命令:_arc
指定圆弧的起点或[圆心(C)]: (指定一点为圆弧的起点)
指定圆弧的第二个点或[圆心(C)/端点(E)]:'_zoom (输入透明缩放命令 ZOOM)
>>指定窗口的角点,输入比例因子(nX 或 nXP)或[全部(A)/中心(C)/动态(D)/范围(E)/上一个(P)/比例(S)/窗口(W)/对象(O)]<实时>:_w (选择窗口方式)
>>指定第一个角点: (指定一点为第一个角点)
>>指定对角点: (指定一点为第二个角点)
正在恢复执行 ARC 命令。
指定圆弧的第二个点或[圆心(C)/端点(E)]: (继续执行圆弧命令)

1.3.4 键盘按键定义

在 AutoCAD 2019 中,命令的输入除了可以通过在命令行输入、单击工具栏图标或选择菜单选项来实现外,还可以使用键盘上的一组功能键和组合键。在绘图或图形编辑过程中,经常需要改变系统的某些工作方式,如打开或关闭正交模式、对象捕捉功能等。AutoCAD 2019 对一些常用的绘图状态设置命令提供了功能键和组合键,为方便操作,用户可以在任何时候,包括在命令执行过程中使用这些按键,快速实现指定功能。如按 F1 键,系统会打开 AutoCAD 2019 的"帮助"对话框。为了提高绘图速度,可记住一些常用的功能键和组合键。

下面给出了 AutoCAD 2019 常用的功能键和组合键。

常用功能键:
F1—系统帮助
F2—打开、关闭文本窗口
F3—打开、关闭对象捕捉功能
F5—切换等轴测平面
F7—打开、关闭栅格
F8—打开、关闭正交模式
F9—打开、关闭捕捉模式
F10—打开、关闭极轴追踪功能
F11—打开、关闭目标捕捉点自动追踪功能
F12—切换动态输入

常用组合键:
Ctrl+N—建立新图形文件
Ctrl+S—保存图形文件
Ctrl+O—打开图形文件
Ctrl+P—打印图形文件
Ctrl+Q—退出 AutoCAD 2019
Ctrl+C—复制图形
Ctrl+V—粘贴图形
Ctrl+A—全选图形
Ctrl+X—剪切至剪贴板
Ctrl+Z—恢复上一个操作

1.3.5 命令的执行方式

有的命令有两种执行方式,即通过对话框和通过命令行执行命令。若要指定使用命令行方式,要在输入命令名前加一短划线,如"_LAYER"表示用命令行方式执行"图层"命令,根据命令窗口提示进行操作;而如果在命令行输入"LAYER",系统则会自动打开"图层特性管理器"对话框,通过对话框进行操作。

1.3.6 坐标的输入方法

1. 坐标系

由于 AutoCAD 2019 提供了一个很大的作图空间,为了准确定位,必须以某个坐标系作为参照,绘制出精确的工程图。AutoCAD 2019 采用两种坐标系:世界坐标系(WCS)与用户坐标系(UCS)。

世界坐标系又称通用坐标系,是固定的坐标系统,是坐标系统中的基准。在默认情况下,AutoCAD 2019 的坐标系统就是世界坐标系,其 X 轴正向水平朝右,Y 轴正向垂直朝上,Z 轴与屏幕垂直,正向由屏幕朝外。绘制图形时多数情况下都是在这个坐标系统下进行的。

用户坐标系是用户自己创建的坐标系,其坐标原点可以设置在相对于世界坐标系的任意位置,也可以通过转动或倾斜坐标系,改变 X 轴的正方向,以满足绘制复杂图形的需要。关于创建和调用用户坐标系将在三维绘图中详细介绍。

在绘图过程中,AutoCAD 2019 通过坐标系图标显示当前坐标系,在二维图形中显示的世界坐标系图标与用户坐标系图标如图 1-24 所示。

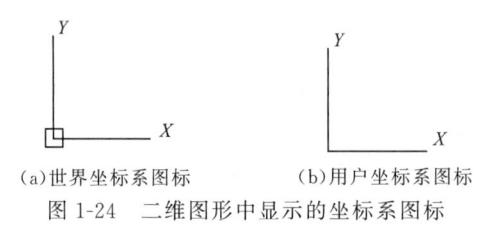

(a)世界坐标系图标　　　(b)用户坐标系图标

图 1-24　二维图形中显示的坐标系图标

2. 坐标输入方法

在 AutoCAD 2019 中,点的坐标可以用直角坐标、极坐标、球面坐标和柱面坐标表示,其中常用的是直角坐标和极坐标,每一种坐标又分别有两种输入方式,即绝对坐标和相对坐标。相对坐标是指当前点相对于前一点的坐标。下面分别介绍。

(1)绝对直角坐标法。用 X,Y,Z 坐标值确定当前点相对坐标原点的位置,输入时以逗号分隔 X 值、Y 值和 Z 值,即"X,Y,Z"。X 值是当前点沿水平轴线方向到原点的正或负的距离,Y 值是当前点沿垂直轴线方向到原点的正或负的距离,创建二维图形对象时,Z 坐标始终赋以 0 值,可以不输入。例如:绘制如图 1-25 所示的一条线段,以 X 值为 −2,Y 值为 1 的位置为起点,以 X 值为 3,Y 值为 4 的位置为终点。操作过程如下:

命令:_line　　　　　　　　　　　　(输入直线命令)
指定第一点:−2,1　　　　　　　　　(输入起点绝对直角坐标)
指定下一点或[放弃(U)]:3,4　　　　(输入终点绝对直角坐标)
指定下一点或[放弃(U)]:↙　　　　　(结束命令)

(2)相对直角坐标法。用 X,Y,Z 坐标值确定当前点相对于前一点的位置,输入时需要在坐标值的前面加上 @ 符号,即"@X,Y,Z"。绘制如图 1-26 所示的线段,也可执行如下操作:

命令:_line
指定第一点:−2,1
指定下一点或[放弃(U)]:@ 5,3　　　　　　　　　(相对直角坐标)
指定下一点或[放弃(U)]:↙

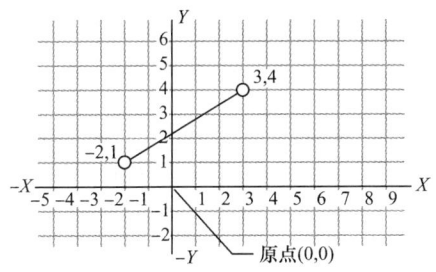

图 1-25　绝对直角坐标法绘制线段 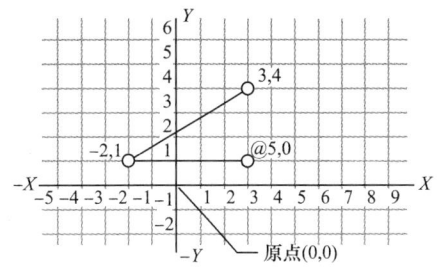　　　　图 1-26　相对直角坐标法绘制线段

(3) 绝对极坐标法。用距离和角度确定当前点相对于坐标原点的位置,输入时以角括号分隔距离和角度,即"长度＜角度"。其中长度表示该点到坐标原点的距离,角度为该点至原点的连线与 X 轴正向的夹角。极坐标只能用来表示二维点的坐标。

默认的角度设置:约定 X 轴正方向为零度方向,角度按逆时针方向增大,按顺时针方向减小。要指定顺时针方向,需为角度输入负值,例如,输入 5＜30 和 5＜－330 效果相同。

可以使用 UNITS 命令改变当前图形的角度约定。

下例显示了使用绝对极坐标法绘制的线段。在最后一个"下一点"提示下,按"Enter"键结束命令,如图 1-27 所示。

命令:_line
指定第一点:0,0
指定下一点或[放弃(U)]:4＜120　　　　(绝对极坐标)
指定下一点或[放弃(U)]:5＜30　　　　 (绝对极坐标)
指定下一点或[放弃(U)]:↙

(4) 相对极坐标法。用距离和角度确定当前点相对于前一点的位置,输入时也需要在前面加上@符号,即"@长度＜角度",如"@3＜45"。

下例显示了在图 1-27 的基础上使用相对极坐标法绘制的线段。在最后一个"下一点"提示下,按"Enter"键结束命令,结果如图 1-28 所示。

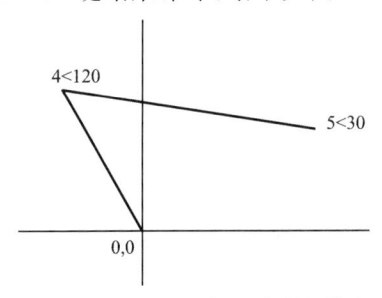

图 1-27　绝对极坐标法绘制的线段 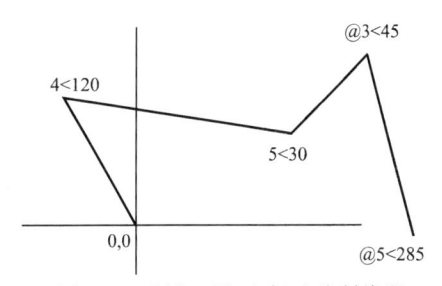　　　　图 1-28　用相对极坐标法绘制线段

命令:_line
指定第一点:0,0
指定下一点或[放弃(U)]:4＜120
指定下一点或[放弃(U)]:5＜30
指定下一点或[放弃(U)]:@3＜45　　　　　　　　　　　(相对极坐标)
指定下一点或[闭合(C)/放弃(U)]:@5＜285　　　　　　 (相对极坐标)
指定下一点或[闭合(C)/放弃(U)]:↙　　　　　　　　　 (结束命令)

3. 使用动态输入

单击状态栏上的"动态输入"按钮，可以控制"动态输入"的打开或关闭。启用"动态输入"时，将在光标附近显示提示信息以及坐标框，坐标框显示的是光标所在位置，显示的信息会随着光标移动而动态更新。此时可以根据屏幕上显示的提示信息动态地输入有关参数，如图1-29所示。使用动态输入，需要加"♯"号前缀指定绝对坐标，不加"♯"号前缀指定的是相对坐标。

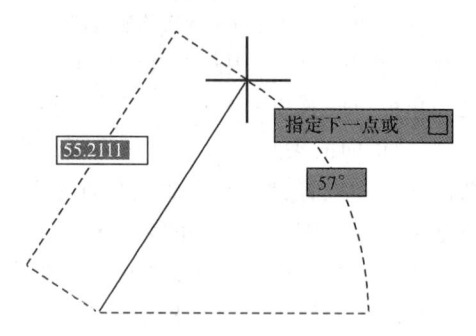

图1-29 启用"动态输入"屏幕显示

下面两例显示了使用动态输入绘制的线段。在最后一个"指定下一点"提示下，按"Enter"键结束命令，结果如图1-30和图1-31所示。

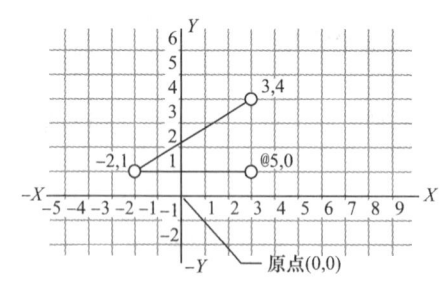

图1-30 动态输入直角坐标绘制的线段 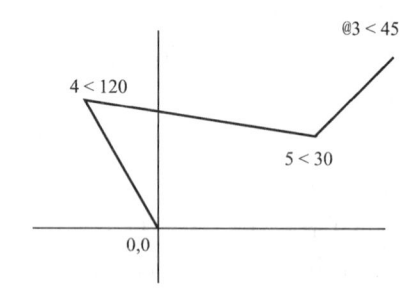   图1-31 动态输入直角坐标绘制的线段

命令:_line	(输入直线命令)
指定第一点:♯-2,1	(动态输入起点绝对直角坐标)
指定下一点或:@5,0	(动态输入第二点相对直角坐标)
指定下一点或:♯3,4	(动态输入第三点绝对直角坐标)
指定下一点或:↙	(结束命令)
命令:_line	
指定第一点或:0,0	(动态输入起点绝对极坐标)
指定下一点或:4<120	(动态输入第二点绝对极坐标)
指定下一点或:5<30	(动态输入第三点绝对极坐标)
指定下一点或:@3<45	(动态输入第三点相对极坐标)
指定下一点或:↙	(结束命令)

4. 点的其他输入方法

在实际绘图过程中，除了用输入坐标值的方法确定图形位置外，AutoCAD 2019还提供了一些更为方便的方法。

(1)直接用鼠标定位。当不需要确定图形的准确位置时,可用鼠标等定标设备移动光标,单击,在绘图区中直接取点。

(2)"对象捕捉"□方式。捕捉屏幕上已有图形的特殊点,如端点、中点、中心点、插入点、交点、切点、垂足点等。

(3)"极轴追踪"⊙沿某一方向直接输入距离。先指定一点,再用光标拖拉出橡筋线或极轴线确定方向,然后用键盘输入距离。这样有利于准确控制对象的长度等参数,如果绘制一条长为 100 mm,角度为 30°的斜线段,方法如下:

①启用"状态栏"的"极轴追踪",右击后弹出如图 1-32 所示的快捷菜单,选择"30",即设置了极轴增量角为 30°。

②命令:LINE✓

指定第一点:(在屏幕上指定一点)

指定下一点或[放弃(U)]:

这时在屏幕上移动鼠标,当出现 30°方向极轴线时,如图 1-33 所示。输入 100,即在指定 30°方向上准确地绘制了长度为 100 mm 的线段。这种方法可快速地绘制出与增量角呈倍数关系的定角度、定长度线段。

(4)"对象捕捉追踪"∠方式。用光标以目标捕捉点为对象拖拉出橡筋线确定横平竖直的对齐点,或者水平方向、垂直方向对齐拾取点。如图 1-34 所示。

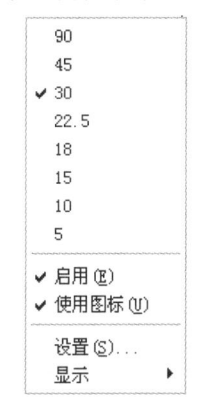

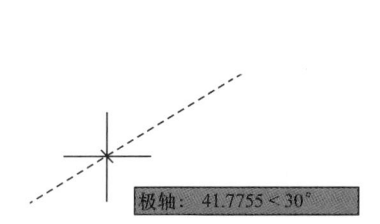

图 1-32　极轴追踪快捷菜单　　图 1-33　用极轴增量角确定方向　　图 1-34　拾取水平对齐点

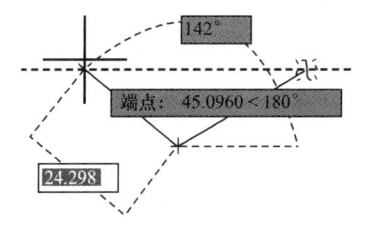

(5)"正交方式"。用正交方式画水平线和垂直线。

(6)"捕捉到图形栅格"和"显示图形栅格"结合的方式。

有关目标捕捉、极轴、对象追踪、正交、栅格等功能的设置及详细的使用方法,将在第 3 章介绍。

【例 1-1】　使用上述 4 种坐标表示法,创建如图 1-35 所示三角形 ABC。

【作图步骤】

(1)使用绝对直角坐标

命令:LINE✓

指定第一点:0,0✓　　　　　　(指定第一点为坐标原点)

指定下一点或[放弃(U)]:20,35✓　　(输入 B 点的绝对直角坐标)

指定下一点或[放弃(U)]:40,25✓　　(输入 C 点的绝对直角坐标)

指定下一点或[闭合(C)/放弃(U)]:C✓(闭合三角形)

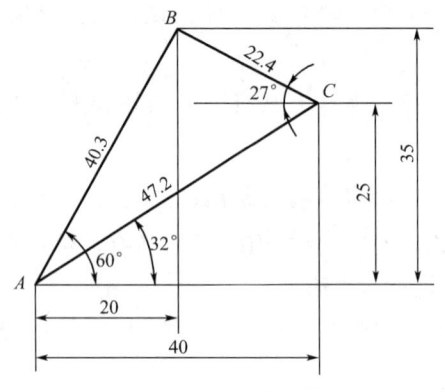

图 1-35　绘制三角形 ABC

(2)使用绝对极坐标

命令:LINE↙

指定第一点:0,0↙　　　　　　　　　　　(指定第一点为坐标原点)

指定下一点或[放弃(U)]:40.3<60↙　　　(输入 B 点的绝对极坐标)

指定下一点或[放弃(U)]:47.2<32↙　　　(输入 C 点的绝对极坐标)

指定下一点或[闭合(C)/放弃(U)]:C↙　　(闭合三角形)

(3)使用相对直角坐标

命令:LINE↙

指定第一点:0,0↙　　　　　　　　　　　(指定第一点为坐标原点)

指定下一点或[放弃(U)]:@20,35↙　　　 (输入 B 点的相对直角坐标)

指定下一点或[放弃(U)]:@20,-10↙　　 (输入 C 点的相对直角坐标)

指定下一点或[闭合(C)/放弃(U)]:C↙　　(闭合三角形)

(4)使用相对极坐标

命令:LINE↙

指定第一点:0,0↙　　　　　　　　　　　(指定第一点为坐标原点)

指定下一点或[放弃(U)]:@40.3<60↙　　 (输入 B 点的相对极坐标)

指定下一点或[放弃(U)]:@22.4<-27↙　　(输入 C 点的相对极坐标)

指定下一点或[闭合(C)/放弃(U)]:C↙　　(闭合三角形)

1.4　文件管理

用户绘制的图形都是以文件的形式保存的,有关文件管理的一些基本操作,包括新建图形文件、打开已有图形文件、保存图形文件等,这些都是进行 AutoCAD 2019 操作最基础的知识。

1.4.1　新建图形文件

启动 AutoCAD 2019,即进入默认的绘制图形环境,如果启动后要创建新的图形文件,可用以下方法:

(1)命令行:NEW 或 QNEW

(2)菜单栏:"文件"→"新建"

(3)工具栏:"快速访问工具栏"→ ▢

默认的情况下,输入"新建"命令,系统将打开如图1-36所示的"选择样板"对话框。在"文件类型"下拉列表框中有3种格式的图形样板,后缀分别为.dwt,.dwg,.dws。

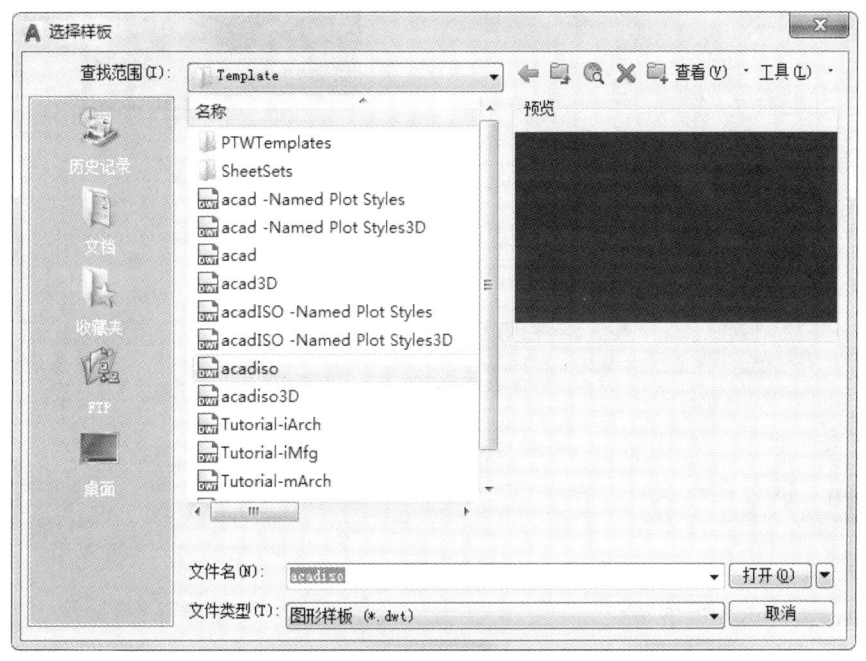

图1-36 "选择样板"对话框

在每种图形样板文件中,系统会根据绘图任务的要求进行统一的图形设置,如绘图单位类型和精度要求、绘图界限、捕捉、网格与正交设置、图层、图框和标题栏、尺寸及文本格式、线型和线宽等。

一般情况下,.dwt文件是标准的样板文件,通常将一些规定的标准性的样板文件设置成.dwt文件。若要进入默认的绘图环境,则可选择acadiso.dwt样板文件。.dwt文件是普通的样板文件。

使用图形样板文件开始绘图的优点在于,在完成绘图任务时不但可以保持图形设置的一致性,而且可以大大提高工作效率。用户也可根据自己的需要设置新的样板文件。样板文件的设置将在第9章介绍。

1.4.2 打开已有图形文件

打开已有图形文件可用以下方法:

(1)命令行:OPEN

(2)菜单栏:"文件"→新建

(3)工具栏:"快速访问工具栏"→ ▢

执行上述命令后,系统打开"选择文件"对话框,如图1-37所示。在"文件类型"下拉列表框中可以选择.dwg文件、.dwt文件、.dxf文件和.dws文件。.dxf文件是用文本形式存储的图形文件,能够被其他程序读取,许多第三方应用软件都支持.dxf格式。

图1-37 "选择文件"对话框

1.4.3 保存图形文件

1. 保存

保存图形文件可用以下方法：
(1)命令行：SAVE(或 QSAVE)
(2)菜单栏："文件"→"保存"
(3)工具栏："快速访问工具栏"→💾

执行上述命令后，若文件已命名，则 AutoCAD 2019 自动保存；若文件未命名(为默认的文件名 drawing1.dwg)，则系统打开"图形另存为"对话框，如图 1-38 所示。用户可以自己命名保存。在"保存于"下拉列表框中可以指定保存文件的路径；在"文件类型"下拉列表框中可以指定保存文件的类型。

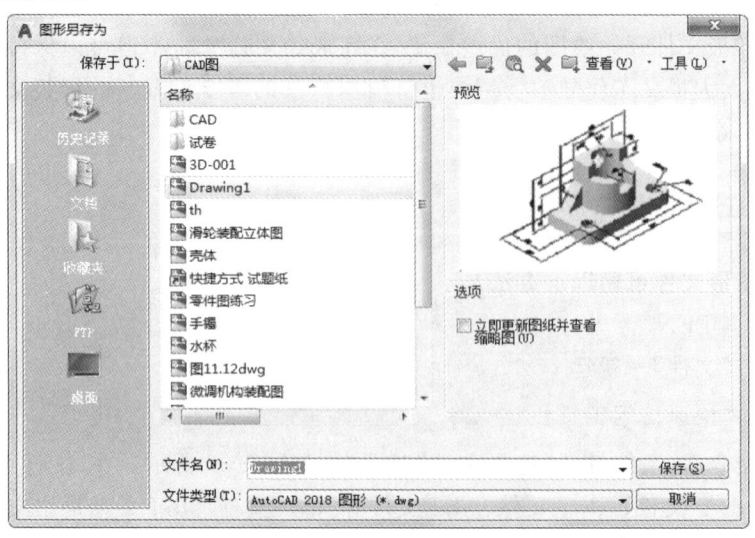

图1-38 "图形另存为"对话框

2. 另存为

另存图形文件有以下方法:
(1)命令行:SAVEAS(或 SAVE)。
(2)菜单栏:"文件"→"另存为"。
(3)工具栏:"快速访问工具栏"→💾。

执行上述命令后,打开"图形另存为"对话框,AutoCAD 2019 用另命名保存,并把当前图形更名。

> **提示、注意、技巧**
>
> SAVE 与 SAVEAS 是有区别的,执行 SAVE 以后,原来的图形文件仍为当前文件。而执行 SAVEAS 以后,另存的图形文件成为当前文件。

3. 自动保存

为了防止因意外操作或计算机系统故障导致正在绘制的图形文件的丢失,可以对当前图形文件设置自动保存。自动保存图形文件可用以下方法:
(1)菜单栏:"工具"→"选项"→"文件"和"打开和保存",可设置自动保存文件位置及自动保存的时间间隔。
(2)利用系统变量 SAVEFILEPATH 设置所有"自动保存"文件的位置,如:C:/HU/。
(3)利用系统变量 SAVEFILE 存储"自动保存"文件名。该系统变量储存的文件是只读文件,用户可以从中查询自动保存的文件名。
(4)利用系统变量 SAVETIME 指定在使用"自动保存"时多长时间保存一次图形。

1.5 思考与练习

一、基本操作题

1. 启动 AutoCAD 2019,进入绘图界面。
2. 调整操作界面大小。
3. 设置绘图窗口颜色与光标大小。
4. 打开、移动、关闭工具栏。
5. 尝试同时用命令行、下拉菜单和工具栏绘制一条线段。
6. 进行自动保存设置。
7. 将图形以新的文件名保存。
8. 退出该图形文件。
9. 尝试打开已保存的图形文件。

二、选择题

1. 打开未显示工具栏的方法有(　　)
(1)右击任一工具栏,在弹出的"工具栏"快捷菜单中,单击该工具栏名称,选中欲显示的工具栏。
(2)在命令行输入 TOOLBAR 命令。

2. 调用 AutoCAD 2019 命令的方法有(　　)
(1)在命令行输入命令名。

(2)在命令行输入命令缩写字。

(3)选择下拉菜单中的菜单选项。

(4)单击工具栏中的对应图标。

(5)以上均可。

3.正常退出 AutoCAD 2019 的方法有(　　)

(1)命令行:QUIT 或 EXIT。

(2)菜单栏:"文件"→"退出"。

(3)工具按钮:AutoCAD 2019 操作界面右上角的"✕"按钮。

(4)标题栏左侧 AutoCAD 2019 程序的控制按钮。

三、练习题

1.执行"文件"→"新建"命令,系统打开一个新的绘图窗口,同时打开"创建新图形"对话框。

(1)选择其中的"高级设置"向导选项。

(2)单击"确定"按钮,系统打开"高级设置"对话框。

(3)分别逐项选择:测量单位为"小数",精度为"0.00";角度的测量单位为"度、分、秒",精度为"0d00′00″";角度测量的起始方向为"其他",数值为"135";角度测量的方向为"顺时针";绘图区域为"297×210";然后单击"完成"按钮。

2.用四种方法调用 AutoCAD 2019 的画圆弧(ARC)命令。

3.将下面左侧所列功能键与右侧相应功能用连线连接:

(1)Esc　　　　　　　　　　　　(a)剪切

(2)UNDO(在"命令:"提示下)　　(b)弹出"帮助"对话框

(3)F2　　　　　　　　　　　　 (c)取消和终止当前命令

(4)F1　　　　　　　　　　　　 (d)图形窗口,文本窗口切换

(5)Ctrl+X　　　　　　　　　　 (e)撤销上次命令

4.将下面左侧所列文件操作命令与右侧相应命令功能用连线连接:

(1)OPEN　　　　　　　　　　　(a)打开图形文件

(2)QSAVE　　　　　　　　　　 (b)将当前图形另命名保存

(3)SAVEAS　　　　　　　　　　(c)退出

(4)QUIT　　　　　　　　　　　 (d)将当前图形保存

5.分别以 A,B 为起点绘制如图 1-39 所示的平面图形,不需要标注尺寸。

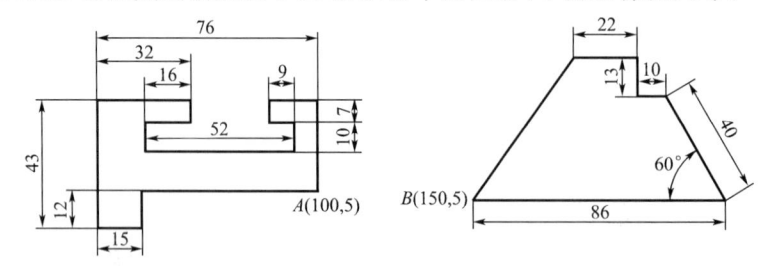

图 1-39　平面图形

6.将第 5 题绘制的图形另存为"D:\CAD 图例\平面图形.dwg",退出系统后重新打开。

7.打开文件 D:\CAD 图例\平面图形.dwg。

第 2 章

基本绘图命令

基本绘图命令　　绘制多段线、样条曲线、图案填充

AutoCAD 2019 提供了大量的绘图工具，可以帮助用户完成二维图形及三维图形的绘制，而图形主要由一些基本几何元素组成，如点、直线、圆弧、圆、椭圆、矩形、多边形等。本章介绍这些基本几何元素的画法，所使用的命令主要是在"绘图"面板、"绘图"菜单或"绘图"工具栏中，如图 2-1、图 2-2 所示。其中常用命令的图标、命令名、简捷命令及其功能见表 2-1。

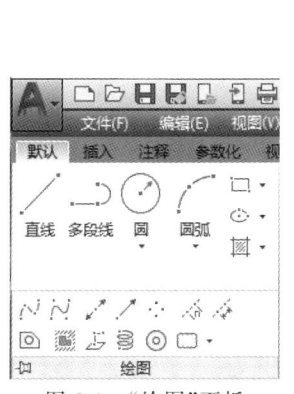

图 2-1　"绘图"面板　　图 2-2　"绘图"菜单和工具栏

表 2-1　　　　　　　　常用命令的图标、命令名、简捷命令及其功能

序号	图标	命令名	简捷命令	功能
1		LINE	L	绘制直线
2		XLINE	XL	绘制构造线

(续表)

序号	图标	命令名	简捷命令	功能
3		PLINE	PL	绘制多段线
4		POLYGON	POL	绘制正多边形
5		RECTANG	REC	绘制矩形
6		ARC	A	绘制圆弧
7		CIRCLE	C	绘制圆
8		SPLINE	SPL	绘制样条曲线
9		ELLIPSE	EL	绘制椭圆
10		INSERT	I	插入块
11		BLOCK	B	创建块
12		POINT	PO	绘制点
13		HATCH	H	图案填充
14		TEXT	T	标注多行文本
15		ADDSELECTED	ADD	添加选定对象

2.1 绘制直线

直线是由起点和终点来确定的,起点和终点可通过鼠标或键盘输入。

启动"直线"命令,可以使用下列方法:

(1)命令行:LINE 或 L

(2)面板(或工具栏):"绘图"→ /

(3)菜单栏:"绘图"→"直线"

【操作步骤】

命令:LINE↙

指定第一点:(输入线段的起点,用鼠标指定点或者指定点的坐标)

指定下一点或[放弃(U)]:(输入线段的端点)

指定下一点或[放弃(U)]:(输入下一线段的端点,输入 U 表示放弃前面的输入,右击选择"确认"命令,或按"Enter"键,结束命令)

指定下一点或[闭合(C)/放弃(U)]:(输入下一线段的端点,或输入 C 使图形闭合,结束命令)

💡 提示、注意、技巧

(1)若用按"Enter"键响应"指定第一点:"提示,系统会把上次绘制线(或弧)的终点作为本次操作的起始点。若上次操作为绘制圆弧,按"Enter"键响应后将绘出通过圆弧终点的与该圆弧相切的线段,该线段的长度由鼠标在屏幕上指定的一点与切点之间线段的长度确定。

(2)执行画线命令一次可画一条线段,也可以连续画出多条首尾连接的线段,每条线段都是一个独立的图形实体。

AutoCAD 2019中所指的图形实体是图形对象中的最小单元,如直线、折线、曲线或一个平面图形等,可独立进行各种编辑操作,在后续内容中将做进一步说明。

(3)绘制两条以上的线段后,若用"C"响应"指定下一点:"提示,系统会自动连接起始点和最后一个端点,从而绘制出封闭的图形。

(4)若用"U"响应"指定下一点:"提示,则擦除最近一次绘制的线段。

(5)若设置动态数据输入方式,则可以动态输入坐标或长度值。后面介绍的命令同样可以设置动态数据输入方式,效果与非动态数据输入方式类似。除了特别需要,以后不再强调,而只按非动态数据输入方式输入相关数据。

【例 2-1】 绘制如图 2-3 所示的五角星。

命令:_line

指定第一点:100,100↵ (顶点 P_1 的位置,也可以用鼠标在绘图区任意确定一点)

指定下一点或[放弃(U)]:@100<252↵ (P_2 点,也可以按下"DYN"按钮,在鼠标位置为 108°时,动态输入 100)

指定下一点或[放弃(U)]:@100<36↵ (P_3 点)

指定下一点或[闭合(C)/放弃(U)]:@100,0↵ (P_4 点,也可以按下"DYN"按钮,在鼠标位置为 0 时,动态输入 —100)

指定下一点或[闭合(C)/放弃(U)]:U↵ (取消对 P_4 点的输入)

图 2-3 五角星

指定下一点或[闭合(C)/放弃(U)]:@—100,0(P_4 点,也可以按下 DYN 按钮,在鼠标位置为 180°时,动态输入 100)

指定下一点或[闭合(C)/放弃(U)]:@100<—36↵ (P_5 点)

指定下一点或[闭合(C)/放弃(U)]:C↵ (封闭五角星并结束命令)

2.2 绘制射线

射线是一条单向无限长的直线。

启动"射线"命令,可以使用下列方法:

(1)命令行:RAY

(2)面板:"绘图"→

(3)菜单栏:"绘图"→"射线"

【操作步骤】

命令:RAY↙

指定起点:(给出起点)

指定通过点:(给出通过点,画出射线)

指定通过点:(过起点画出另一条射线,用按"Enter"键结束命令)

2.3 绘制构造线

构造线是一条双向无限长直线。

启动"构造线"命令,可以使用下列方法:

(1)命令行:XLINE

(2)菜单栏:"绘图"→"构造线"

(3)面板(或工具栏):"绘图"→

【操作步骤】

命令:XLINE↙

指定点或[水平(H)/垂直(V)/角度(A)/二等分(B)/偏移(O)]:(给出通过点1)

指定通过点:(给出通过点2,绘制一条双向无限长的直线)

指定通过点:(继续给点,继续绘制线,按"Enter"键结束)

操作结果如图2-4所示。

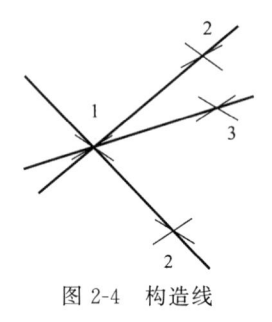

图2-4 构造线

2.4 绘制多线

多线是一种复合线,如图2-5所示。它由1至16条平行线组成,这些平行线称为元素,通过创建多线样式,可以控制元素的数量及特性。这种线的一个突出优点是,能够提高绘图效率,保证图线之间的统一性。可以对所绘多线进行编辑,编辑多线的有关知识将在第4章中介绍。

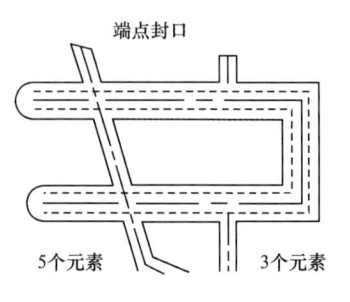

图2-5 多线图例

2.4.1 创建多线样式

(1)命令行:MLSTYLE
(2)菜单栏:"格式"→"多线样式"

> 提示、注意、技巧

系统执行该命令,打开如图 2-6 所示的"多线样式"对话框。在该对话框中,用户可以对多线样式进行定义、保存和加载等操作。下面通过定义一个新的多线样式来介绍该对话框的使用方法。欲定义的多线样式为建筑平面内墙图线,由 3 条平行线组成,中心轴线为红色的中心线,其余两条平行线为随层的实线,相对于中心轴线上、下各偏移 120。步骤如下:

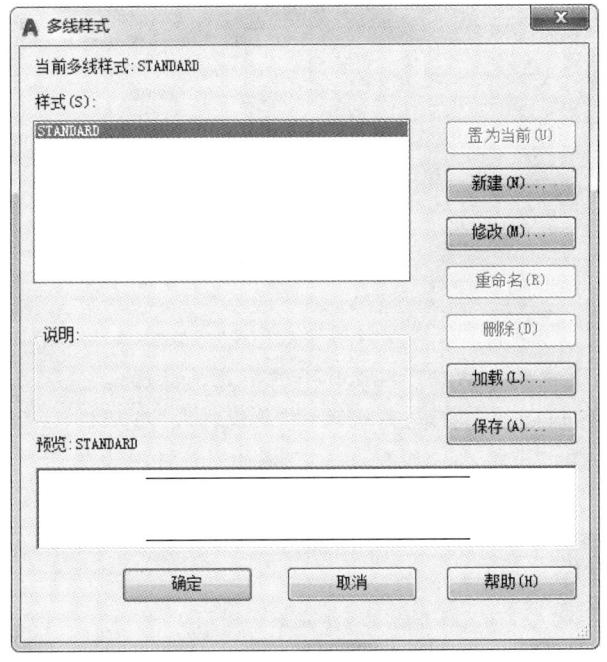

图 2-6 "多线样式"对话框

(1)在"多线样式"对话框中单击"新建"按钮,打开"创建新的多线样式"对话框,如图 2-7 所示。

图 2-7 "创建新的多线样式"对话框

(2)在"新样式名"文本框中输入 240,然后单击"继续"按钮。系统打开"新建多线样式"对话框,如图 2-8 所示。

(3)在"封口"选项组中设置多线起点和端点的形式,封口可以选择"直线""外弧""内弧",还可以设置封口直线或圆弧的"角度"。在此,为样式 240 选择封口为"直线","角度"默认 90°。

(4)在"图元"选项组中可以设置组成多线的元素及其特性。单击"添加"按钮,可以为多线添加元素。默认为2;反之,单击"删除"按钮,可以为多线删除元素。在"偏移"文本框中可以设置选中元素的偏移距离。在"颜色"下拉列表框中可以为选中元素选择颜色。单击"线型"按钮,可以为选中元素设置线型。在此,为样式3"添加"1个元素;"偏移"距离为120;"颜色"中间为红色,两边为蓝色;"线型"中间为中心线,两边为粗实线。(有关"线型"详见3.1节)

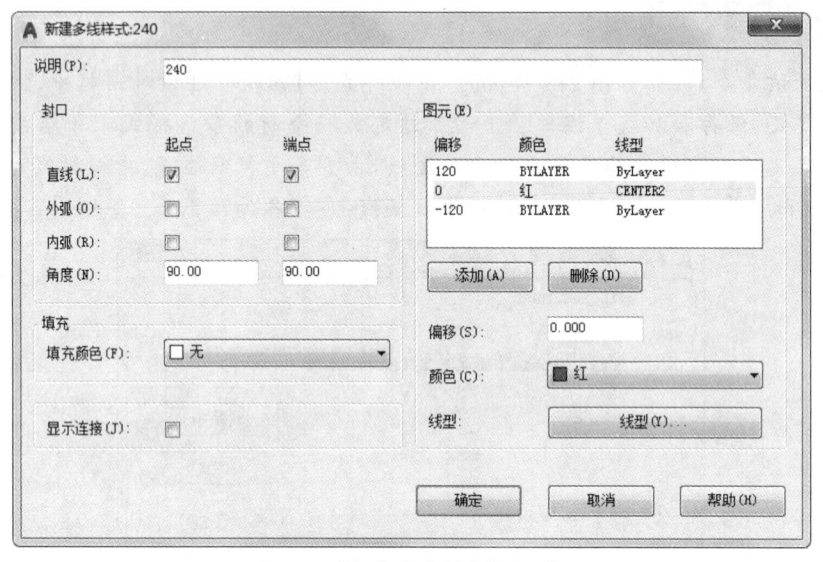

图 2-8　"新建多线样式"对话框

(5)在"填充颜色"下拉列表框中可以选择多线填充的颜色。

(6)设置完毕后,单击"确定"按钮,系统返回"多线样式"对话框,在"样式"列表中会显示刚设置的多线样式名,选择该样式,单击"置为当前"按钮,则将刚设置的多线样式设置为当前样式,下面的预览框中会显示当前多线样式。

(7)单击"确定"按钮,完成多线样式的设置。

2.4.2　多线的画法

启动"多线"命令,可以使用下列方法:

(1)命令行:MLINE

(2)菜单栏:"绘图"→"多线"

【例 2-2】　按照上述设置多线样式"240"的步骤,绘制如图 2-9 所示的建筑内墙图形,绘图比例为 1∶100。

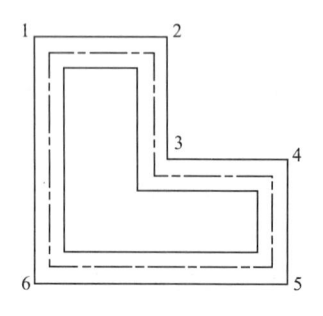

图 2-9　建筑内墙图形

【操作步骤】
命令:MLINE✓
当前设置:对正=上,比例=20.00,样式=STANDARD
指定起点或[对正(J)/比例(S)/样式(ST)]:J(选择对正方式)
输入对正类型[上(T)/无(Z)/下(B)]<上>:Z
当前设置:对正=无,比例=20.00,样式=STANDARD
指定起点或[对正(J)/比例(S)/样式(ST)]:S(选择比例选项)
输入多线比例<20.00>:0.01
当前设置:对正=无,比例=0.01,样式=STANDARD
指定起点或[对正(J)/比例(S)/样式(ST)]:ST(选择样式选项)
输入多线样式名或[?]:240
当前设置:对正=无,比例=0.01,样式=240
指定起点或[对正(J)/比例(S)/样式(ST)]:(指定第1点)
指定下一点:(继续给定下一点绘制线段,指定第2点)
指定下一点或[放弃(U)]:(指定第3点)
指定下一点或[闭合(C)/放弃(U)]:(指定第4点)
指定下一点或[闭合(C)/放弃(U)]:(指定第5点)
指定下一点或[闭合(C)/放弃(U)]:(指定第6点)
指定下一点或[闭合(C)/放弃(U)]:C✓(闭合多线)

【选项说明】

(1)对正(J)

该项用于给定绘制多线的基准。共有上对正、无对正和下对正3种选择,其中,"上对正(T)"表示以多线上侧的线为基准,其他依此类推。

(2)比例(S)

选择该项,要求用户设置平行线的间距。输入值为零时平行线重合,值为负时多线的排列倒置。

(3)样式(ST)

该项用于设置当前使用的多线样式。

2.5 绘制圆

绘制圆命令是AutoCAD 2019中最简单的曲线命令。
启动"圆"命令,可以使用下列方法:
(1)命令行:CIRCLE
(2)菜单栏:"绘图"→"圆"
(3)面板(或工具栏):"绘图"→ ⊘

【操作步骤】
命令:CIRCLE✓
指定圆的圆心或[三点(3P)/两点(2P)/相切、相切、半径(T)]:(指定圆心)

指定圆的半径或[直径(D)]<默认值>:(直接输入半径数值或用鼠标指定半径长度)
指定圆的直径<默认值>:(输入直径数值或用鼠标指定直径长度)

【选项说明】

(1)三点(3P)

用指定圆周上三点的方法画圆。

(2)两点(2P)

指定直径的两端点画圆。

(3)相切、相切、半径(T)

按先指定两个相切对象,后给出半径的方法画圆。

【例 2-3】 绘制如图 2-10 所示的图形。

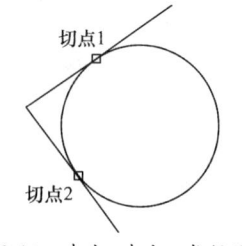

图 2-10 相切、相切、半径画圆

【操作步骤】

命令:_line

指定第一点:(指定第一点)

指定下一点或[放弃(U)]:(指定第二点)

指定下一点或[放弃(U)]:(指定第三点)

指定下一点或[闭合(C)/放弃(U)]:↙(按"Enter"键退出)

命令:_circle

指定圆的圆心或[三点(3P)/两点(2P)/相切、相切、半径(T)]:T↙

指定对象与圆的第一个切点:(指定第一个切点)

指定对象与圆的第二个切点:(指定第二个切点)

指定圆的半径<30.0000>:↙(默认)

(4)相切、相切、相切

菜单中的画圆选项比工具栏选项多一种,即"相切、相切、相切"的方法,如图 2-11 所示。

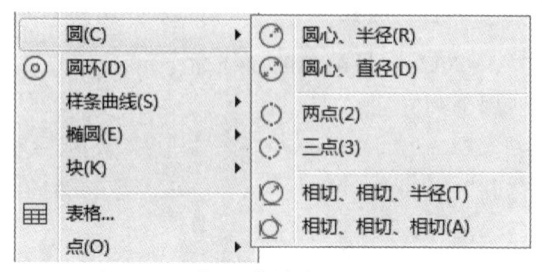

图 2-11 "绘图"菜单中的"圆"子菜单

当选择此方式时系统提示:

指定圆上的第一个点:_tan 到(指定相切的第一条线)

指定圆上的第二个点:_tan 到(指定相切的第二条线)
指定圆上的第三个点:_tan 到(指定相切的第三条线)

【例 2-4】 绘制如图 2-12 所示的图形。

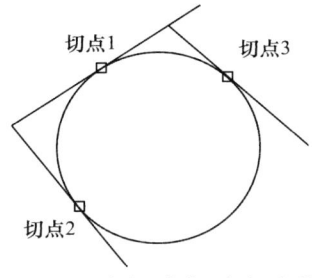

图 2-12 相切、相切、相切画圆

【操作步骤】
命令:_line
指定第一点:(指定第一点)
指定下一点或[放弃(U)]:(指定第二点)
指定下一点或[放弃(U)]:(指定第三点)
指定下一点或[闭合(C)/放弃(U)]:✓(按"Enter"键退出)
命令:_line
指定第一点:(重复直线命令,指定第一点)
指定下一点或[放弃(U)]:(指定第二点)
指定下一点或[闭合(C)/放弃(U)]:✓(按"Enter"键退出)
命令:_circle
指定圆的圆心或[三点(3P)/两点(2P)/相切、相切、半径(T)]:_3P✓
(菜单:"绘图"→"圆"→"相切、相切、相切")
指定圆上的第一个点:_tan 到(指定第一个切点)
指定圆上的第二个点:_tan 到(指定第二个切点)
指定圆上的第三个点:_tan 到(指定第三个切点)

2.6 绘制圆弧

启动"圆弧"命令,可以使用下列方法:
(1)命令行:ARC(缩写名:A)
(2)菜单栏:"绘图"→"圆弧"
(3)面板(或工具栏):"绘图"→

【操作步骤】
命令:ARC✓
指定圆弧的起点或[圆心(C)]:(指定起点)
指定圆弧的第二个点或[圆心(C)/端点(E)]:(指定第二点)
指定圆弧的端点:(指定端点)

用命令行方式画圆弧时,可以根据系统提示,选择不同的选项,具体功能与"圆弧"子菜单的 11 种方式相似,如图 2-13 所示。用"圆弧"的 11 种方式所绘图形如图 2-14 所示。

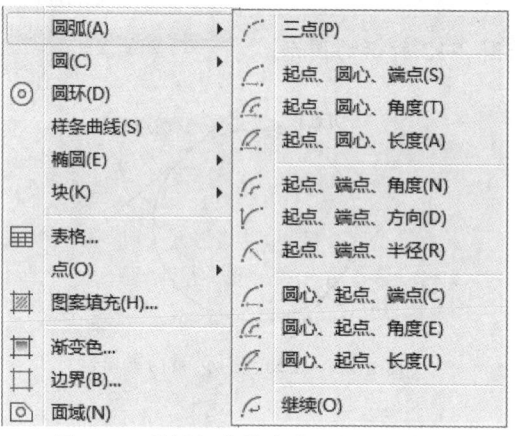

图 2-13 "绘图"菜单中的"圆弧"子菜单

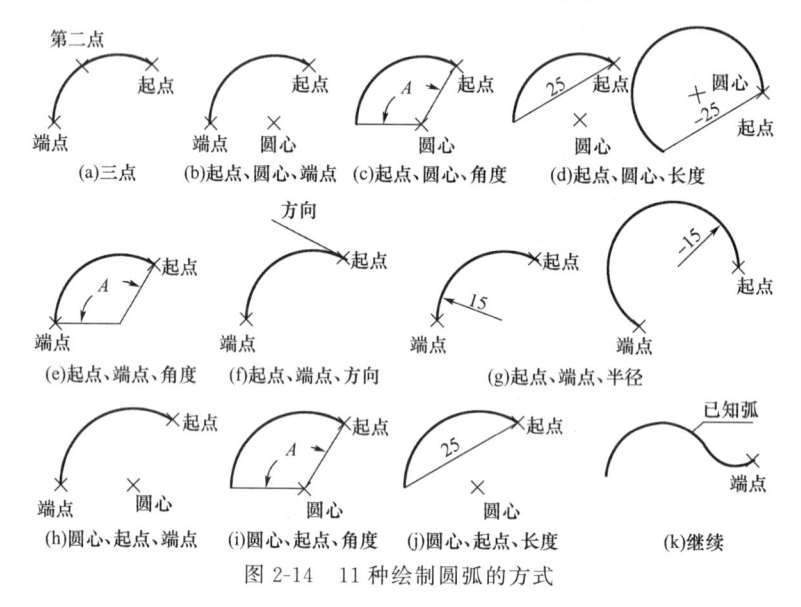

图 2-14 11 种绘制圆弧的方式

提示、注意、技巧

(1)用"起点、圆心、长度"方式画弧时,长度是指连接弧上两点的弦长。沿逆时针方向画弧时,若弦长值为正,则得到劣弧;反之,则得到优弧。

(2)用"起点、端点、半径"方式画弧时,只能沿逆时针方向画,若半径值为正,则得到劣弧;反之,则得到优弧。

(3)用"继续"方式绘制的圆弧与上一线段或圆弧相切,因此继续画圆弧段时,提供端点即可。

2.7 绘制圆环

启动"圆环"命令,可以使用下列方法:

(1)命令行:DONUT
(2)菜单栏:"绘图"→"圆环"
(3)面板:"绘图"→◉

【操作步骤】

命令:DONUT↙

指定圆环的内径<默认值>:(指定圆环的内径)

指定圆环的外径<默认值>:(指定圆环的外径)

指定圆环的中心点或<退出>:(指定圆环的中心点)

指定圆环的中心点或<退出>:(继续指定圆环的中心点,则继续绘制相同内外径的圆环。用按"Enter"键、空格键或鼠标右键结束命令)

操作结果如图 2-15(a)所示。

(a)　　　(b)　　　(c)　　　(d)

图 2-15　用"圆环"命令绘制的圆环和实心圆

提示、注意、技巧

(1)若指定内径为零,则画出实心填充圆,如图 2-15(b)所示。

(2)命令 FILL 可以控制圆环是否填充,具体操作方法:

命令:FILL↙

输入模式[开(ON)/关(OFF)]<开>:

选择 ON 表示填充,选择 OFF 表示不填充,不填充的圆环如图 2-15(c)、图 2-15(d)所示。

2.8　绘制椭圆

启动"椭圆"命令,可以使用下列方法:

(1)命令行:ELLIPSE 或 EL(简捷命令)
(2)菜单栏:"绘图"→"椭圆"
(3)面板(或工具栏):"绘图"→⬭

如图 2-16 所示,用椭圆命令绘制椭圆有多种方式,但实际上都是以不同的顺序输入椭圆的中心点、长轴、短轴 3 个要素。在实际应用中,应根据条件灵活选择。

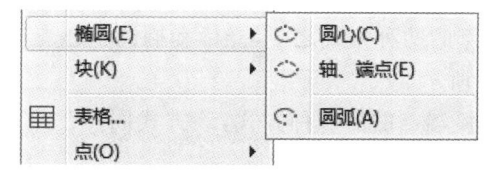

图 2-16　"绘图"菜单的"椭圆"子菜单

【操作步骤】

命令:ELLIPSE↙

指定椭圆的轴端点或[圆弧(A)/中心点(C)]:(指定轴端点1)
指定轴的另一个端点:(指定轴端点2)
指定另一条半轴长度或[旋转(R)]:(指定轴端点3)
操作结果如图2-17所示。

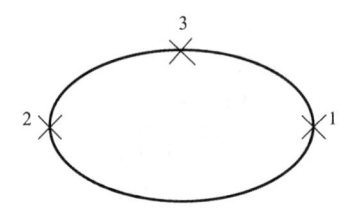

图 2-17 定义轴端点绘制椭圆

【选项说明】

(1)指定椭圆的轴端点:根据两个端点定义椭圆的第一条轴。第一条轴的角度确定了整个椭圆的角度。第一条轴既可定义椭圆的长轴也可定义椭圆的短轴。

(2)中心点(C):通过指定的中心点创建椭圆。

(3)旋转(R):通过绕一条轴旋转圆的方法创建椭圆。相当于将一个圆绕椭圆长轴翻转一个角度后的投影视图,如图2-18所示。

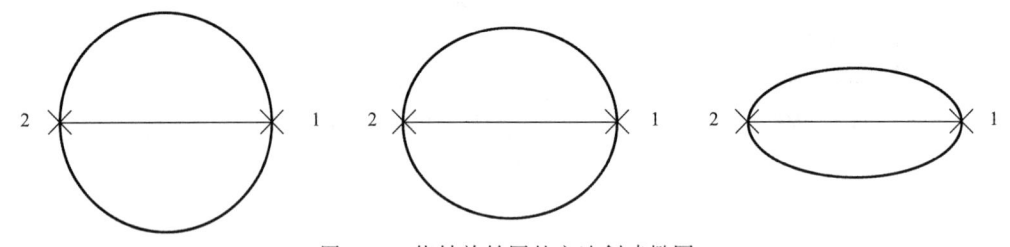

图 2-18 绕轴旋转圆的方法创建椭圆

2.9 绘制椭圆弧

启动"椭圆弧"命令,可以使用下列方法:
(1)命令行:ELLIPSE 或 EL→"圆弧"
(2)菜单栏:"绘图"→"椭圆"→"圆弧"
(3)面板(或工具栏):"绘图"→

该命令用于创建一段椭圆弧。与"绘制"工具栏中"椭圆弧"按钮的功能相同。其中第一条轴的角度确定了椭圆弧的角度。第一条轴既可定义椭圆弧长轴也可定义椭圆弧短轴。

【选项说明】

(1)角度指定椭圆弧端点的两种方式之一,光标和椭圆中心点连线与水平线的夹角为椭圆端点位置的角度,如图2-19所示。

(2)参数(P):指定椭圆弧端点的另一种方式,该方式同样是指定椭圆弧端点的角度,但是通过矢量参数方程式来创建椭圆弧。

(3)包含角度(I):定义从起始角度开始的包含角度。

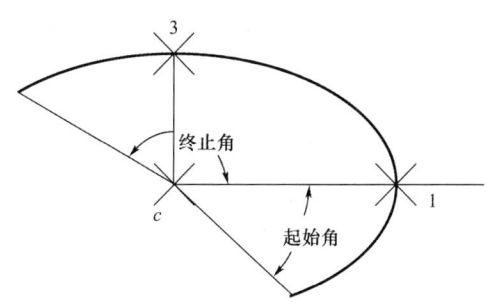

图 2-19　绕轴旋转圆的方法创建椭圆示例

2.10　绘制矩形

启动"矩形"命令,可以使用下列方法:
(1)命令行:RECTANG 或 REC
(2)菜单栏:"绘图"→"矩形"
(3)面板(或工具栏):"绘图"→□

【操作步骤】

命令:RECTANG↙

指定第一个角点或[倒角(C)/标高(E)/圆角(F)/厚度(T)/宽度(W)]:(指定一点)

指定另一个角点或[面积(A)/尺寸(D)/旋转(R)]:

【选项说明】

(1)第一个角点:通过指定两个角点确定矩形,如图 2-20(a)所示。

(2)倒角(C):指定倒角距离,绘制带倒角的矩形,如图 2-20(b)所示。每一个角点的逆时针和顺时针方向的倒角可以相同,也可以不同,其中第一个倒角距离是指角点逆时针方向倒角距离,第二个倒角距离是指角点顺时针方向倒角距离。

(3)标高(E):指定矩形标高(Z 坐标)把矩形画在标高为 Z,与 XOY 坐标面平行的平面上,并作为后续矩形的标高值。

(4)圆角(F):指定圆角半径,绘制带圆角的矩形,如图 2-20(c)所示。

(5)厚度(T):指定矩形的厚度,如图 2-20(d)所示。

(6)宽度(W):指定线宽,如图 2-20(e)所示。

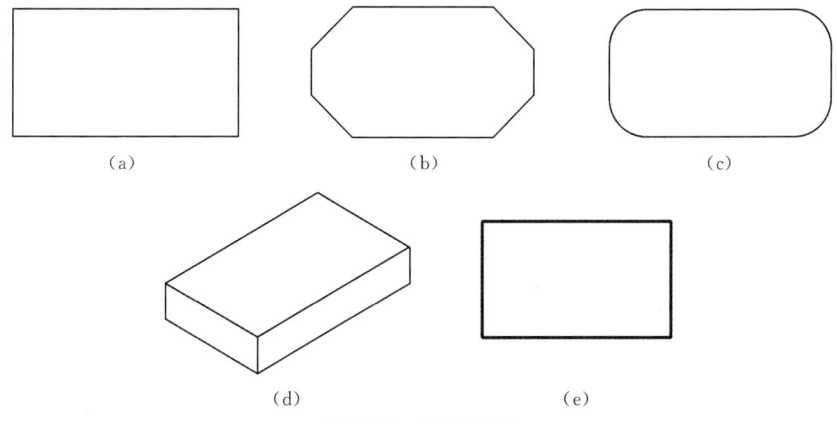

图 2-20　绘制矩形

(7)面积(A):指定面积的长或宽创建矩形。选择该项,系统提示:

输入以当前单位计算的矩形面积<20.0000>:(输入面积值)

计算矩形标注时依据[长度(L)/宽度(W)]<长度>:(按"Enter"键或输入 W)

输入矩形长度<4.0000>:(指定长度或宽度)

指定长度或宽度后,系统会自动计算绘制出矩形。如果矩形被倒角或圆角,则在长度或宽度计算中会考虑此设置。

(8)尺寸(D):使用长和宽创建矩形。第二个指定点将矩形定位在与第一个角点相关的四个位置之一。

(9)旋转(R):旋转所绘制的矩形的角度。选择该项,系统提示:

指定旋转角度或[拾取点(P)]<45>:(指定角度)

指定另一个角点或[面积(A)/尺寸(D)/旋转(R)]:(指定另一个角点或选择其他选项)

指定旋转角度后,系统按指定角度创建矩形。

2.11 绘制正多边形

启动"正多边形"命令,可以使用下列方法:

(1)命令行:POLYGON

(2)菜单栏:"绘图"→"正多边形"

(3)面板(或工具栏):"绘图"→

【操作步骤】

命令:POLYGON↙

输入边的数目<4>:(指定多边形的边数,默认值为 4)

指定正多边形的中心点或[边(E)]:(指定中心点)

输入选项[内接于圆(I)/外切于圆(C)]<I>:(指定内接于圆或外切于圆,I 表示内接于圆,C 表示外切于圆)

指定圆的半径:(指定外接圆或内切圆的半径)

所绘正多边形如图 2-21(a)、图 2-21(b)所示。

提示、注意、技巧

如果选择"边"选项,则只要指定多边形的一条边,系统就会按逆时针方向创建该正多边形,如图 2-21(c)所示。

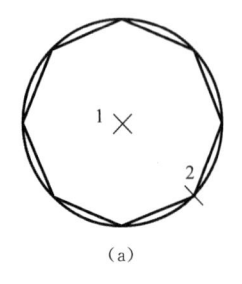

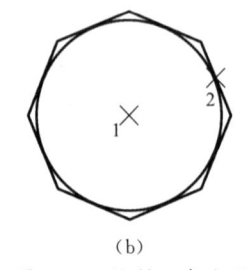

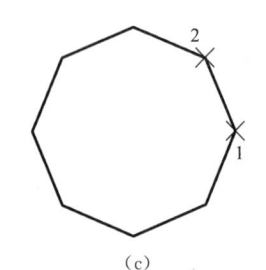

(a)　　　　　　　　(b)　　　　　　　　(c)

图 2-21　绘制正多边形

【例 2-5】 绘制如图 2-22 所示的螺母外形图。

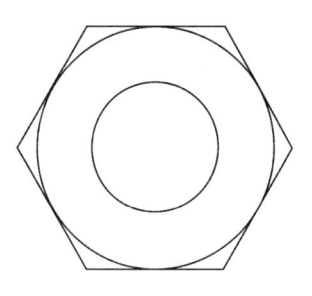

图 2-22 绘制螺母外形图

【操作步骤】
(1) 利用"圆"命令绘制一个圆。命令行提示与操作如下:
命令:CIRCLE✓
指定圆的圆心或[三点(3P)/两点(2P)/相切、相切、半径(T)]:150,150✓
指定圆的半径或[直径(D)]:50✓
得到的结果如图 2-23 所示。
(2) 利用"正多边形"命令绘制正六边形,命令行提示与操作如下:
命令:ROLYGON✓
输入边的数目<4>:6✓
指定正多边形的中心点或[边(E)]:150,150✓
输入选项[内接于圆(I)/外切于圆(C)]<I>:c✓
指定圆的半径:50✓
得到的结果如图 2-24 所示。

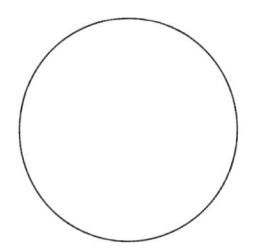

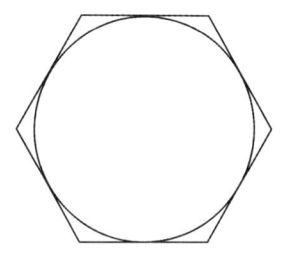

图 2-23 绘制圆　　图 2-24 绘制正六边形

(3) 同样以(150,150)为中心,以 30 为半径绘制另一个圆,结果如图 2-22 所示。

2.12 绘制点

2.12.1 点

在 AutoCAD 2019 中,点可以作为实体,用户可以像创建直线、圆和圆弧一样创建点。点同其他实体一样,具有各种实体属性,也可以编辑。

启动"点"命令,可以使用下列方法:

(1)命令行:POINT

(2)菜单栏:"绘图"→"点"→"单点"/"多点"

(3)面板(或工具栏):"绘图"→ ∴ (多点)

【操作步骤】

命令:POINT↙

指定点:(指定点所在的位置)

提示、注意、技巧

(1)通过菜单方法操作时,如图2-25所示。"单点"命令表示只输入一个点,"多点"命令表示可输入多个点。

(2)可以打开状态栏中的"对象捕捉"开关设置点捕捉模式,帮助用户拾取点。

(3)点在图形中的表示样式有20种。可通过命令"DDPTYPE"或菜单命令"格式"→"点样式",在弹出的"点样式"对话框中进行设置,如图2-26所示。

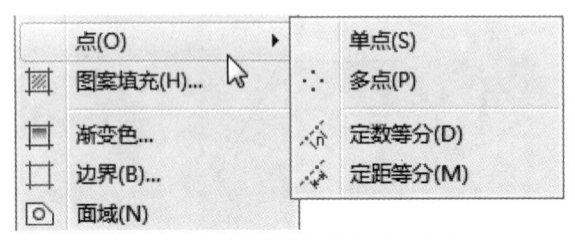

图2-25 "绘图"菜单的"点"子菜单

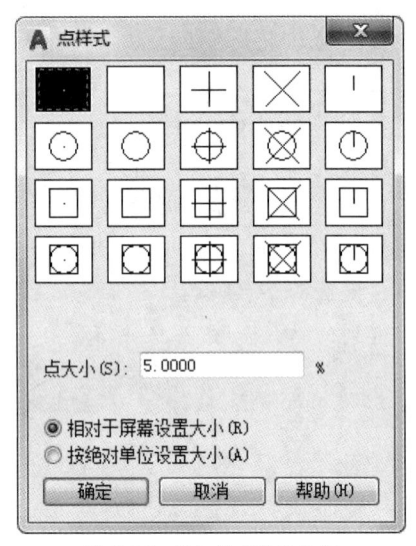

图2-26 "点样式"对话框

2.12.2 定数等分点

启动"等分点"命令,可以使用下列方法:

(1)命令行:DIVIDE 或 DIV

(2)菜单栏:"绘图"→"点"→"定数等分"

(3)面板:"绘图"→

【操作步骤】

命令:DIVIDE↙

选择要定数等分的对象:(选择要等分的实体)

输入线段数目或[块(B)]:(指定实体的等分数)

绘制结果如图2-27所示。

图 2-27 绘制等分点

2.12.3 定距等分点

启动"定距等分点"命令,可以使用下列方法:
(1)命令行:MEASURE 或 ME
(2)菜单栏:"绘图"→"点"→"定距等分"
(3)面板:"绘图"→

【操作步骤】
命令:MEASURE↙
选择要定距等分的对象:(选择要设置测量点的实体)
指定线段长度或[块(B)]:(指定分段长度)
绘制结果如图 2-28 所示。

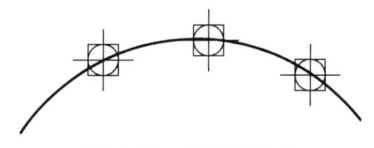

图 2-28 定距等分点

2.13 绘制多段线

多段线是由多个线段和圆弧组合而成的单一实体对象。在一条多段线中,无论包含多少段直线或弧,它都是一个实体。这种线由于其组合形式多样,线宽可变化,弥补了直线或圆弧功能的不足,适合绘制各种复杂的图形轮廓,因而得到了广泛的应用。多段线可以利用"PEDIT"命令进行编辑,有关知识将在第 4 章中介绍。

启动"多段线"命令,可以使用下列方法:
(1)命令行:PLINE 或 PL
(2)菜单栏:"绘图"→"多段线"
(3)面板(或工具栏):"绘图"→

【操作步骤】
命令:PLINE↙
指定起点:(指定多段线的起点)
当前线宽为 0.0000
指定下一个点或[圆弧(A)/半宽(H)/长度(L)/放弃(U)/宽度(W)]:(指定多段线的下一点)
如果在上述提示中选择"圆弧(A)",则命令行提示:
指定圆弧的端点或[角度(A)/圆心(CE)/闭合(CL)/方向(D)/半宽(H)/直线(L)/半径

(R)/第二个点(S)/放弃(U)/宽度(W)]:

绘制圆弧的方法与"圆弧"命令相似。

提示、注意、技巧

(1) 当多段线的宽度大于0时,如果绘制闭合的多段线,一定要用"闭合"选项才能使其完全封闭。否则起点与终点会出现一段缺口,如图2-29所示。图2-29(a)为使用"闭合"选项的情况,图2-29(b)为没有使用"闭合"选项的情况。

(2) 在绘制多段线的过程中如果选择"U",则会取消刚刚绘制的那一段多段线,当确定刚画的多段线有错误时,选择此项。

(3) 多段线起点宽度值以上一次输入值为默认值,而终点宽度值是以起点宽度值为默认值。

(4) 当使用分解命令对多段线进行分解时,多段线的线宽信息将会丢失。

如图2-30所示的图形是用"多段线"命令绘制的,分别为几何公差中的圆跳动符号和电路二极管符号。

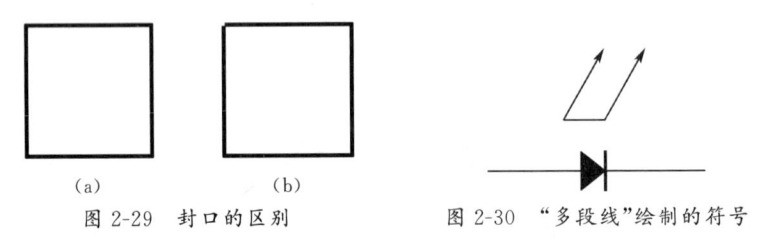

图2-29 封口的区别

图2-30 "多段线"绘制的符号

【例2-6】 用"多段线"命令绘制如图2-31所示的图形。

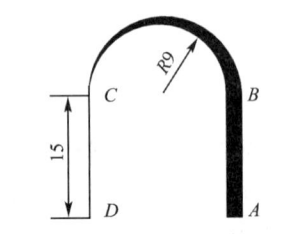

图2-31 "多段线"命令绘制的图形

【操作步骤】

命令:PLINE↙

指定起点:(指定一点为A点)

当前线宽为0.0000↙

指定下一个点或[圆弧(A)/半宽(H)/长度(L)/放弃(U)/宽度(W)]:W↙ (选择宽度选项)

指定起点宽度<0.0000>:2↙ (起点线宽2)

指定端点宽度<2.0000>:↙ (终点线宽2)

指定下一个点或[圆弧(A)/半宽(H)/长度(L)/放弃(U)/宽度(W)]:@0,15↙ (给出B点)

指定下一个点或[圆弧(A)/闭合(C)/半宽(H)/长度(L)/放弃(U)/宽度(W)]:A↙ (选择画弧方式)

指定圆弧的端点或[角度(A)/圆心(CE)/闭合(CL)/方向(D)/半宽(H)/直线(L)/半径

42

(R)/第二个点(S)/放弃(U)/宽度(W)]:W↙ （选择宽度选项）

指定起点宽度<2.0000>:2↙ （起点线宽2）

指定端点宽度<2.0000>:0↙ （终点线宽0）

指定圆弧的端点或[角度(A)/圆心(CE)/闭合(CL)/方向(D)/半宽(H)/直线(L)/半径(R)/第二个点(S)/放弃(U)/宽度(W)]:R↙ （选择半径选项）

指定圆弧的半径:9↙ （指定半径为9）

指定圆弧的端点或[角度(A)]:@-18,0↙ （给出C点）

指定圆弧的端点或[角度(A)/圆心(CE)/闭合(CL)/方向(D)/半宽(H)/直线(L)/半径(R)/第二个点(S)/放弃(U)/宽度(W)]:L↙ （选择直线选项）

指定下一点或[圆弧(A)/闭合(C)/半宽(H)/长度(L)/放弃(U)/宽度(W)]:@0,-15↙ （给出D点）

指定下一点或[圆弧(A)/闭合(C)/半宽(H)/长度(L)/放弃(U)/宽度(W)]:↙ （结束命令）

2.14 绘制样条曲线

样条曲线是经过或接近一系列给定点的光滑曲线。样条曲线可以是规则的，也可以是不规则的。

有两种方法创建样条曲线：使用"样条曲线—SPLINE"命令创建样条曲线；使用"多段线编辑—PEDIT"命令拟合多段线使之转换为样条曲线。多段线编辑的有关知识将在第4章中介绍。

启动"样条曲线"命令，可以使用下列方法：

(1)命令行：SPLINE

(2)菜单栏："绘图"→"样条曲线"

(3)面板(或工具栏)："绘图"→ ～

【操作步骤】

命令:SPLINE↙

指定第一个点或[对象(O)]:(指定一点选择"对象(O)"选项)

指定下一点:(指定一点)

指定下一个点或[闭合(C)/拟合公差(F)]<起点切向>:

【选项说明】

(1)对象(O)

将二维或三维的二次或三次样条曲线拟合多段线转换为等价的样条曲线，然后(根据DELOBJ系统变量的设置)删除该多段线。

(2)闭合(C)

将最后一点定义为与第一点一致，并使它在连接处相切，这样可以闭合样条曲线。选择该项，系统继续提示：

指定切向:(指定点或按Enter键)

用户可以指定一点来定义切向矢量，或者使用"切点"和"垂足"对象捕捉模式使样条曲线与现有对象相切和垂直。如图 2-32 所示。

(3) 拟合公差(F)

修改当前样条曲线的拟合公差,根据新公差以现有点重新定义样条曲线。公差表示样条曲线拟合所指定的拟合点集时的拟合精度。公差越小,样条曲线与拟合点越接近。公差为 0 时,样条曲线将通过该点。输入大于 0 的公差,将使样条曲线在指定的公差范围内通过拟合点。在绘制样条曲线时,可以改变样条曲线拟合公差以查看效果。如图 2-33 所示的两条样条曲线,它们使用的点相同,但相差较大。

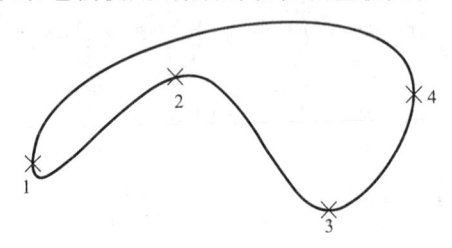

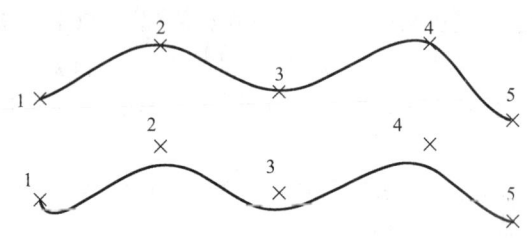

图 2-32　闭合的样条曲线图　　　　图 2-33　公差等于 0 和大于 0 的样条曲线

(4) <起点切向>

定义样条曲线的第一点和最后一点的切向。可以指定一点来定义切向矢量,或者使用"切点"和"垂足"对象捕捉模式使样条曲线与现有对象相切和垂直,如果按"Enter"键,AutoCAD 2019 将计算默认切向。如图 2-34 所示的两条样条曲线,它们使用的点相同,但起点切线和端点切线不同。

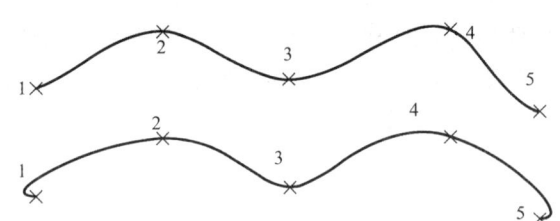

图 2-34　起点切线和端点切线不同的样条曲线

2.15　图案填充

当需要用一个重复的图案或颜色填充一个区域时,可以使用图案填充命令建立一个相关联的填充对象,然后指定相应的区域进行填充。已填充的图案可以利用"BHATCH"命令进行编辑。

启动"图案填充"命令,可以使用下列方法:

(1) 命令行:BHATCH 或 HATCH

(2) 菜单栏:"绘图"→"图案填充"

(3) 面板(或工具栏):"绘图"→▨

执行上述命令后,系统在功能区打开如图 2-35(a)所示的"图案填充创建"面板。单击面板"选项"卡右下角的"图案填充设置"符号" ",系统打开如图 2-35(b)所示的"图案填充和渐变色"对话框,对话框右边孤岛部分需要单击右下角的伸缩箭头" "才会被拉开。

44

(a)"图案填充创建"面板

(b)"图案填充和渐变色"对话框

图 2-35 "图案填充"命令填充区域

> **提示、注意、技巧**

如果在命令提示下输入－BHATCH,－HATCH 则不会打开面板,而是使用命令窗口按提示进行操作,如:

命令:－HATCH

当前填充图案:ANGLE

指定内部点或[特性(P)/选择对象(S)/绘图边界(W)/删除边界(B)/高级(A)/绘图次序(DR)/原点(O)/注释性(AN)/图案填充颜色(CO)/图层(LA)/透明(T)]:

下面介绍面板和对话框中主要选项的含义。

2.15.1 "边界"

当进行图案填充时,首先要确定填充图案的边界。定义边界的对象可以是直线、射线、构造线、多段线、样条曲线、圆弧、圆、椭圆、椭圆弧、面域等,或用这些对象定义的块,作为边界的对象在当前屏幕上必须全部可见。

1. "拾取点"

以拾取点的形式自动确定填充区域的边界。在填充的区域内任意点取一点，AutoCAD 2019会自动确定出包围该点的封闭填充边界，并且这些边界会以高亮度显示，如图 2-36 所示。

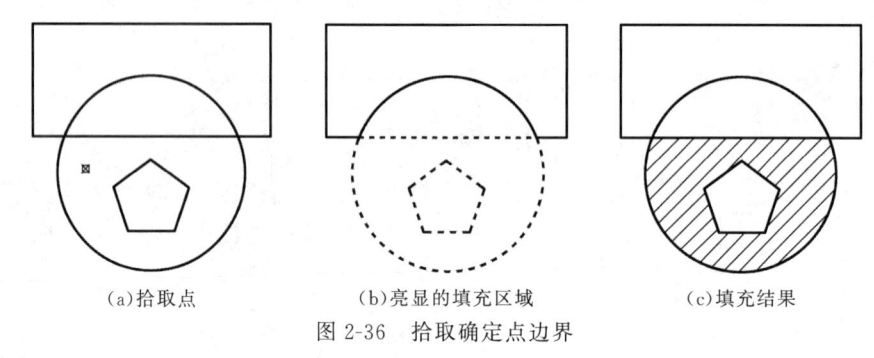

(a)拾取点　　(b)亮显的填充区域　　(c)填充结果

图 2-36　拾取确定点边界

2. "选择对象"

以选择对象的方式确定填充区域的边界。用户可以根据需要选取构成填充区域的边界对象。同样，被选取的边界也会以高亮度显示，如图 2-37 所示。但如果选取的边界对象有部分重叠或交叉，填充后将会出现有些填充区域混乱或图案超出边界的现象，如图 2-38 所示。因此，最好少用这种方式来选择边界。

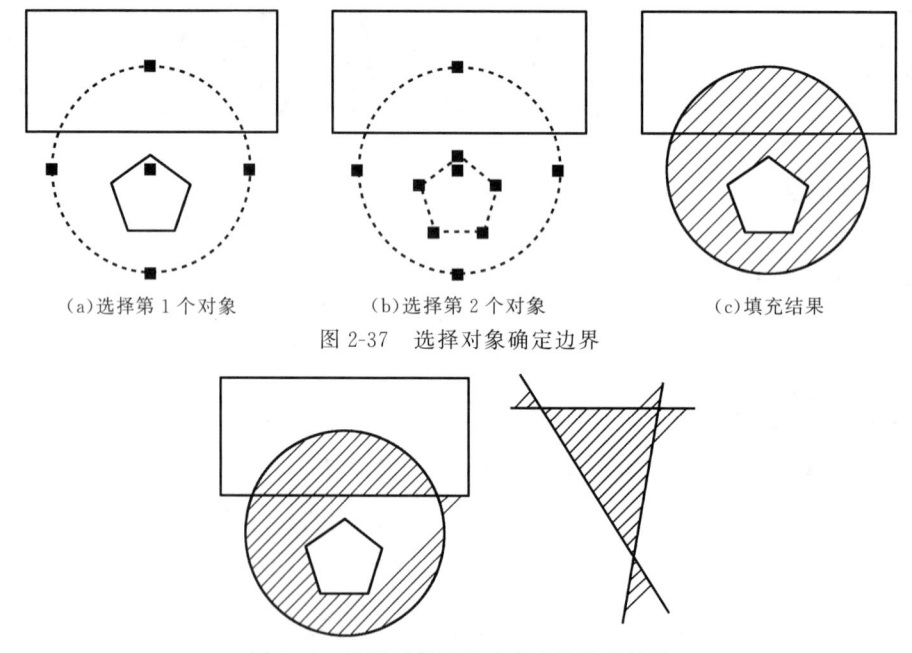

(a)选择第 1 个对象　　(b)选择第 2 个对象　　(c)填充结果

图 2-37　选择对象确定边界

图 2-38　选择对象重叠或交叉的填充结果

3. "删除边界"

从边界定义中删除以前添加的任何对象，如图 2-39 所示。

4. "重新创建边界"

围绕选定的图案填充或填充对象创建多段线或面域。

5. "查看选择集"

查看填充区域的边界。单击"查看选择集"按钮，AutoCAD 2019 将临时切换到作图屏幕，将所选择的作为填充边界的对象以高亮方式显示。只有通过"添加:拾取点"按钮或"添加:选择对象"按钮选取了填充边界,"查看选择集"按钮才可以使用。如果对所定义的边界不满意,可以重新定义。

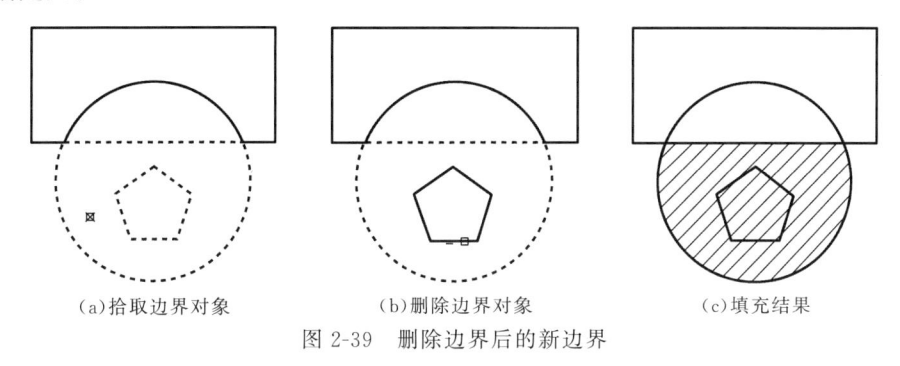

(a)拾取边界对象　　　　(b)删除边界对象　　　　(c)填充结果

图 2-39　删除边界后的新边界

2.15.2　"图案"

打开"图案填充和渐变色"对话框的"图案填充"选项卡,可以看到图 2-35(b)左边的选项。下面介绍各选项的含义。

1."类型"

"类型"下拉列表框用于确定填充图案的类型。单击右侧的下三角按钮,弹出其下拉列表,系统提供三种图案类型可供用户选择。

(1)预定义:指图案已经在 ACAD.PAT 文本文件中定义好。

(2)用户定义:使用当前线型定义的图案。

(3)自定义:指定义在除 ACAD.PAT 外的其他文件中的图案。设计填充图案的定义时要求具备一定的知识、经验和耐心。只有熟悉填充图案的用户才能自定义填充图案,因此建议新用户不要进行此操作。

2."图案"

"图案"下拉列表用于确定标准图案文件中的填充图案。在弹出的下列拉表中,用户可从中选取填充图案。选取所需要的填充图案后,在"样例"框内会显示出该图案。只有用户在"类型"下拉列表中选择了"预定义",此项才以正常亮度显示,即允许用户从"预定义"的图案文件中选取填充图案。

如果选择的图案类型是"预定义",单击"图案"下拉列表右边的按钮,会弹出如图 2-40 所示的"填充图案选项板"对话框,该对话框中显示了"预定义"图案类型所具有的图案,用户可从中确定所需要的图案。填充图案和绘制其他对象一样,图案所使用的颜色和线型将使用当前图层的颜色和线型。AutoCAD 2019 提供实体填充以及 50 多种行业标准填充图案,可以使用它们区分对象的部件或表现对象的材质。AutoCAD 2019 还提供 14 种符合 ISO(国际标准化组织)标准的填充图案。

3."样例"

"样例"框是一个"样例"图案预览小窗口。单击该窗口,同样会弹出"填充图案选项板"对话框,以利于迅速查看或选取已有的填充图案。

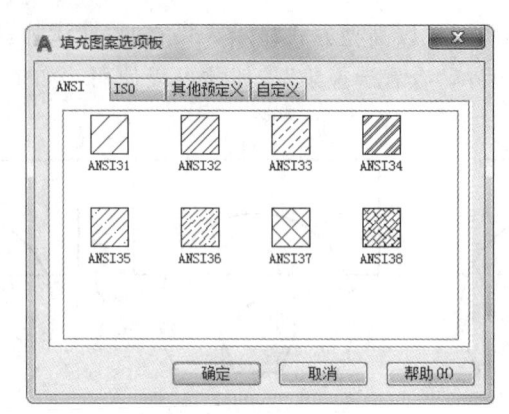

图 2-40 "填充图案选项板"对话框

4."自定义图案"

"自定义图案"下拉列表框用于从用户定义的填充图案中进行选取。只有在"类型"下拉列表框中选用"自定义"选项后,该项才以正常亮度显示,即允许用户从自己定义的图案文件中选取填充图案。

5."角度"

"角度"下拉列表框用于确定填充图案时的旋转角度。每种图案在定义时的旋转角度均为零,用户可在"角度"下拉列表框中输入所需要的旋转角度。

6."比例"

"比例"下拉列表框用于确定填充图案的比例值。每种图案在定义时的默认比例均为1,用户可以根据需要放大或缩小,方法是在"比例"下拉列表框内输入相应的比例值。

7."双向"

它是用于确定用户临时定义的填充线是一组平行线,还是相互垂直的两组平行线。只有在"类型"下拉列表框中选用"用户定义"选项时,该项才可以使用。

8."相对图纸空间"

它是相对图纸空间单位确定填充图案的比例值。选择该选项可以按适合版面布局的比例方便地显示填充图案。该选项仅仅适用于图形版面编排。

9."间距"

指定线之间的间距,在"间距"文本框内输入值即可。只有在"类型"下拉列表框中选用"用户定义"选项时,该项才可以使用。

10."ISO 笔宽"

用户根据此下拉列表框确定所选择的笔宽与 ISO 有关的图案比例。只有选择了已定义的 ISO 填充图案后,才可确定内容。

11."图案填充原点"

控制填充图案生成的起始位置。某些图案填充,例如砖块图案,需要与图案填充边界上的一点对齐。默认情况下,所有图案填充原点均是对应于当前的 UCS 原点。也可以选择"指定的原点"及下面一级的选项重新指定原点。

2.15.3 "渐变色"

渐变色是指从一种颜色到另一种颜色的平滑过渡。渐变色能产生光的效果,可为图形添加视觉效果。单击"图案填充和渐变色"对话框中的渐变色选项,打开如图 2-41 所示的"渐变色"选项卡,其中各选项含义如下:

1. "单色"单选按钮

"单色"是指从较深色调到较浅色调平滑过渡的单色填充。选择"单色"时,AutoCAD 2019 显示带"浏览"按钮和"着色""色调"滑动条的颜色样本。其下面的显示框显示了用户所选择的真彩色,单击"浏览"按钮,系统打开"选择颜色"对话框,如图 2-42 所示。

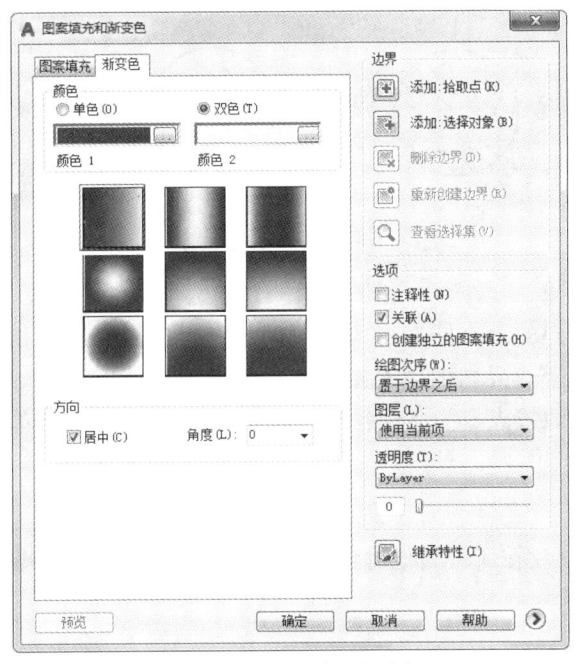

图 2-41 "渐变色"选项卡

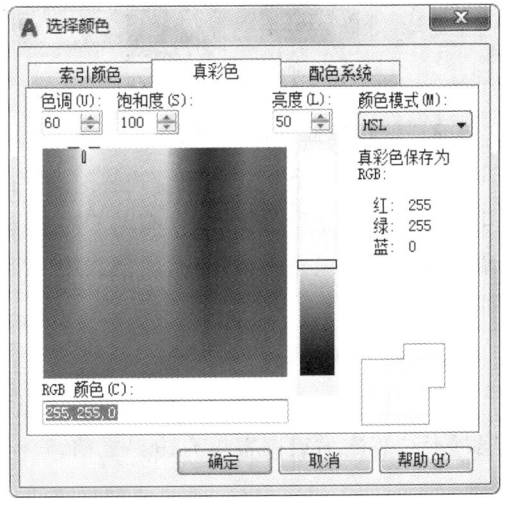

图 2-42 "选择颜色"对话框

2. "双色"单选按钮

单击此单选按钮,系统指定在两种颜色之间平滑过渡的双色渐变填充。AutoCAD 2019 分别为颜色 1 和颜色 2 显示带"浏览"按钮的颜色样本。填充颜色将从颜色 1 渐变到颜色 2。颜色 1 和颜色 2 的选取与单色选取类似。

3. "颜色样本"

在"渐变色"标签的下方有 9 种渐变色样板,包括线形、球形和抛物线形等方式。

4. "居中"复选框

指定对称的渐变配置。如果没有选定此选项,渐变填充将朝左上方变化,创建光源在对象左边的图案。

5. "角度"下拉列表框

在该下拉列表框中选择角度,此角度为渐变色倾斜的角度,如图 2-43 所示为倾斜 30°的渐变色填充。

2.15.4 "选项"

1. "关联"

此复选按钮用于确定填充图案与边界的关系。若单击此按钮,则填充的图案与填充边界保持着关联关系,即图案填充后,当对边界进行拉伸、移动等修改时,AutoCAD 2019 会根据边界的新位置重新生成填充图案。关联与不关联的区别如图 2-44 所示。

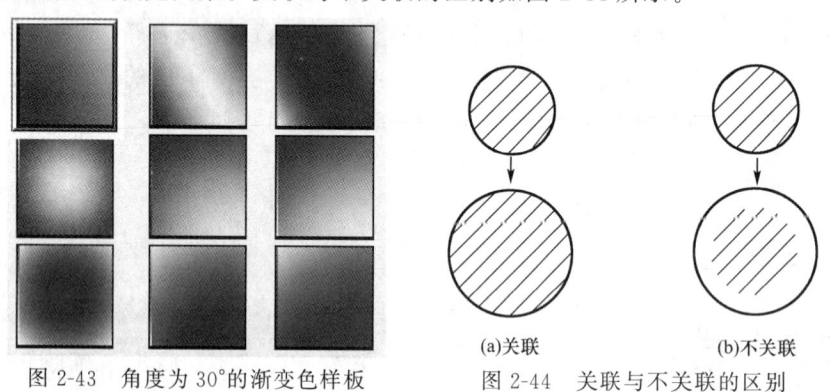

图 2-43　角度为 30°的渐变色样板

图 2-44　关联与不关联的区别

(a)关联　　(b)不关联

2. "创建独立的图案填充"

当指定了几个独立的闭合边界时,控制创建的填充图案对象在不同的闭合边界中不是相互独立的。填充设为独立时,有利于对单个闭合边界内的填充图案进行编辑。另外用"分解"命令还可以将填充图案炸开,使图案中的每条线或点成为一个独立的实体,这些实体可以被单独编辑。

3. "绘图次序"

指定图案填充的绘图次序。图案填充可以放在所有其他对象之后、所有其他对象之前、图案填充边界之后或图案填充边界之前。

2.15.5 "继承特性"

此按钮的作用是选用图中已有的填充图案作为当前的填充图案。新图案继承原图案的特性参数,包括图案名称、旋转角度、填充比例等。在绘制复杂图形时,如果有多个相同类别的图形区域需要填充,选用该功能既快速又方便。例如,在机械工程的装配图中,要求同一个零件在不同视图中的剖面线间隔相同、方向一致,填充剖面线图案时可选用"继承特性"功能。

2.15.6 "孤岛"

在进行图案填充时,我们把位于总填充域内的封闭区域称为孤岛,如图 2-45 所示。如果要对孤岛进行填充,则必须确切地点取这些岛。

1. "孤岛检测"

确定是否检测孤岛。

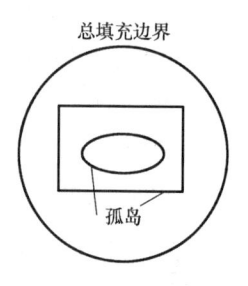

图 2-45　孤岛

2. "孤岛显示样式"

该选项组用于确定图案的填充方式。在进行图案填充时,需要控制填充的范围,AutoCAD 2019 为用户设置了 3 种填充方式来实现对填充范围的控制。用户可以从中选取所需要的填充方式。默认的填充方式为"普通"。用户也可以在右键快捷菜单中选择填充方式。

(1)普通方式。如图 2-46(a)所示,该方式将从最外层边界开始,交替填充第一、第三、第五等奇数层区域。该方式为系统内部的默认方式。

(2)最外层方式。如图 2-46(b)所示,将只填充最外层的区域。

(3)忽略方式。如图 2-46(c)所示,该方式忽略边界内的对象,所有内部结构都被剖面符号覆盖。

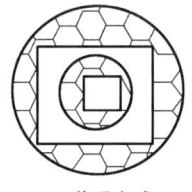

(a)普通方式　　(b)最外层方式　　(c)忽略方式

图 2-46　填充方式

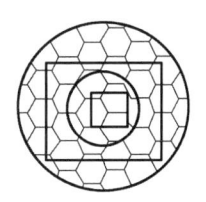

2.15.7 "边界保留"

指定是否将边界保留为对象,并确定应用于这些边界对象的类型是多段线还是面域。

2.15.8 "边界集"

此选项组用于定义边界集。当单击"添加:拾取点"按钮以根据一指定点的方式确定填充区域时,有两种定义边界集的方式:一种是将包围所指定点的最后的有效对象作为填充边界,即"当前视口"选项,该项是系统的默认方式;另一种方式是用户自己选定一组对象来构造边界,即"现有集合"选项,选定对象通过选项组中的"新建"按钮实现,按下该按钮后,AutoCAD 2019 临时切换到作图屏幕,并提示用户选取作为构造边界集的对象,此时若选取"现有集合"选项,AutoCAD 2019 会根据用户指定的边界集中的对象来构造一封闭边界。

2.15.9 "允许的间隙"

"允许的间隙"设置将对象用作图案填充边界时可以忽略的最大间隙。默认值为 0,此值指定对象必须封闭区域而没有间隙。

2.16　绘制徒手线和修订云线

徒手线和修订云线是两种不规则的线,如图 2-47 所示。这两种线正是由于其不规则性和随意性,给刻板规范的工程图绘制带来了很大的灵活性,有利于绘制者个性化和创造性的发挥,绘制出自然形象的图画。

(a)徒手线　　　　　(b)修订云线

图 2-47　徒手线和修订云线

2.16.1 "绘制徒手线"

"绘制徒手线"主要是通过移动鼠标来实现,用户可以根据自己的需要绘制任意形状的图形。比如,个性化的签名或印鉴等。

徒手画的时候,鼠标就像画笔一样,单击左键把"画笔"放到屏幕上,这时可以进行绘图,再次单击提起画笔停止画图。徒手所绘图画由许多条线段组成,每条线段都可以是独立的对象或多段线,用户可以设置线段的最小长度或增量。

启动"徒手线"命令的方法如下:

命令行:SKETCH

【操作步骤】

命令:SKETCH✓

记录增量<0.1000>:(输入增量)

徒手画:画笔(P)/退出(X)/结束(Q)/记录(R)/删除(E)/连接(C)

提示、注意、技巧

(1)记录增量:输入记录增量值。徒手线实际上是将微小的直线段连接起来模拟任意曲线,其中的每一条直线段称为一个记录。记录增量的意思实际上是指单位线段的长度,不同记录增量绘制的徒手线精度和形状不同,如图 2-48 所示。

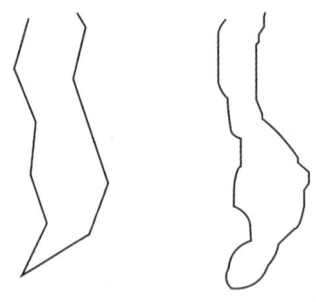

图 2-48　不同记录增量绘制的徒手线

(2)画笔(P):按 P 键或单击表示徒手线的提笔和落笔。在用定点设备选取菜单项前必须提笔。

(3)连接(C):自动落笔,继续从上次所画线段的端点或上次删除线段的端点开始画线。将光标移到上次所画线段的端点或上次删除线段的端点附近,系统自动连接到上次所画线段的端点或上次删除线段的端点,并继续绘制徒手线。

2.16.2 "绘制修订云线"

修订云线是由连续圆弧组成的多段线构成的云线形对象,其主要是作为对象标记使用。用户可以从头开始创建修订云线,也可以将闭合对象(例如圆、椭圆、闭合多段线或闭合样条曲线)转换为修订云线。将闭合对象转换为修订云线时,如果DELOBJ设置为1(默认值),原始对象将被删除。

用户可以为修订云线的弧长设置默认的最小值和最大值。绘制修订云线时,可以使用拾取点选择较短的弧线段来更改圆弧的大小,也可以通过调整拾取点来编辑修订云线的单个弧长和弦长。

启动"修订云线"命令,可以使用下列方法。

(1)命令行:REVCLOUD

(2)菜单栏:"绘图"→"修订云线"

(3)工具栏:"绘图"→☁

【操作步骤】

命令:REVCLOUD✓

最小弧长:2.0000　最大弧长:2.0000　样式:普通

指定起点或[弧长(A)/对象(O)/样式(S)]<对象>:

【选项说明】

(1)指定起点

在屏幕上指定起点,并拖动鼠标指定云线路径。

(2)弧长(A)

指定组成云线的圆弧的弧长范围。选择该项,系统继续提示:

指定最小弧长<0.5000>:(指定一个值或按"Enter"键)

指定最大弧长<0.5000>:(指定一个值或按"Enter"键)

(3)对象(O)

将封闭的图形对象转换成修订云线,包括圆、圆弧、椭圆、矩形、多边形、多段线和样条曲线等,如图2-49所示。选择该项,系统继续提示:

选择对象:(选择对象)

反转方向[是(Y)/否(N)]<否>:(选择是否反转,修订云线完成)

(a)椭圆　　(b)转换修订云线(不反转)　　(c)转换修订云线(反转)

图2-49　修订云线

2.17 区域覆盖

使用区域覆盖可以在现有对象上生成一个空白区域,用于添加注释或详细的屏蔽信息。

区域覆盖是一块多边形区域,它可以使用当前背景色屏蔽底层的对象。此区域由覆盖边框确定,用户可以打开此区域进行编辑,也可以关闭此区域进行打印。如图2-50所示。

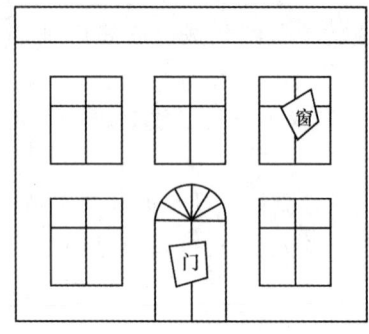

图2-50　用区域覆盖添加注释

通过使用一系列点指定多边形的区域创建区域覆盖,也可以将闭合多段线转换成区域覆盖。

启动"区域覆盖"命令,可以使用下列方法:

(1)命令行:WIPEOUT

(2)菜单栏:"绘图"→"区域覆盖"

(3)面板:"绘图"→

【操作步骤】

命令:WIPEOUT✓

指定第一点或[边框(F)/多段线(P)]<多段线>:

2.18　添加选定对象

使用"添加选定对象"命令根据选定对象的对象类型和常规特性创建新对象。它与COPY不同,仅复制对象的"常规特性",例如,基于选定的圆创建对象会采用该圆的常规特性(如颜色和图层),但会提示用户输入新圆的圆心和半径。

启动"添加选定对象"命令,可以使用下列方法:

(1)命令行:ADDSELECTED

(2)工具栏:"绘图"→

除常规特性外,某些对象还具有受支持的特殊特性,如选定对象为文字、多行文字、属性定义时,受支持的特殊特性有文字样式和高度;选定对象为标注时,包括线性、对齐、半径、直径、角度等,受支持的特殊特性有标注样式和标注比例。

2.19　思考与练习

一、思考题

1.将下面的命令与其命令名进行连线。

直线段　　RAY　　　　　构造线　　PLINE

多段线　　　XLINE　　　　　　射线　　　　LINE

2.画图时可以设置线的宽度值的有(　　)。

A.构造线　　　　B.多段线　　　　C.射线　　　　D.矩形

3.下面的命令能绘制出直线段或类似直线段图形的有(　　)。

A.LINE　　　B.SPLINE　　　C.PLINE　　　D.XLINE　　　E.ARC

4.指出"PLINE"与"LINE"的异同点。

5.写出六种以上绘制圆弧的方法。

二、练习题

1.绘制如图 2-51 所示的图形。

2.绘制如图 2-52 所示的矩形。外层矩形长为 100,宽为 76,线宽为 5,圆角半径为 10。

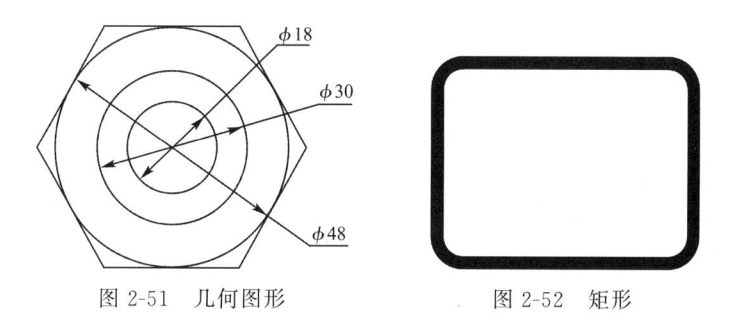

图 2-51　几何图形

图 2-52　矩形

3.绘制如图 2-53 所示的连环圆。

圆是最常见、最基本的二维平面图形。本题所设计的四个圆由于其位置比较特殊,因此要求灵活应用绘制圆的各种方法。

【操作提示】

(1)利用"圆心、半径"方法绘制圆 A。

(2)利用"3P"方法绘制圆 B。

(3)利用"相切、相切、半径"方法绘制圆 C。

(4)利用"绘图"→"圆"菜单中提供的"相切、相切、相切"方法绘制圆 D。

4.绘制如图 2-54 所示的图形并用图案填充。

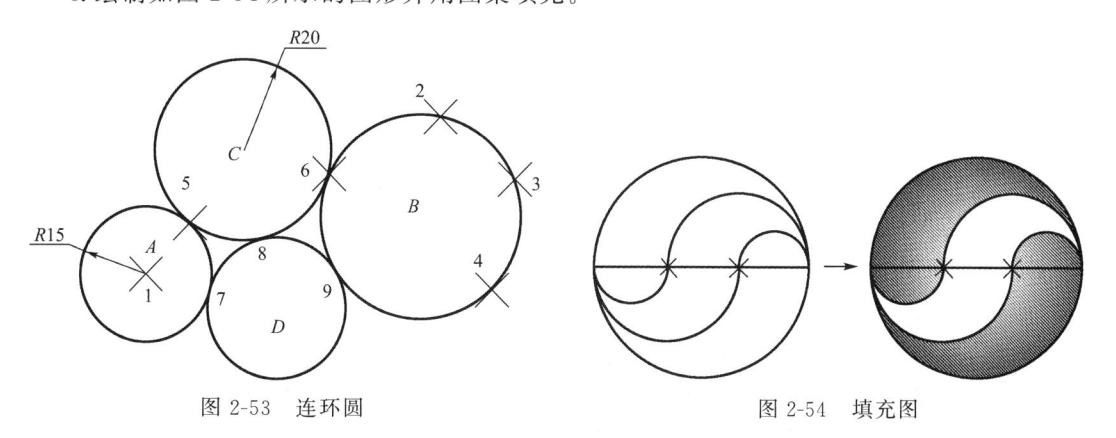

图 2-53　连环圆

图 2-54　填充图

第 3 章

绘图辅助工具

图层

3.1 图 层

AutoCAD 2019 使用图层来管理和控制复杂的图形。例如,在机械图样中,图形主要由中心线、轮廓线、虚线、剖面线、尺寸标注以及文字说明等元素构成,这些元素统称为图形对象。AutoCAD 2019 的每一图形对象都具有线型、颜色、线宽等特性,如果把具有相同特性的图形对象统一管理,不仅能使图形的各种信息清晰、有序、便于观察,而且也会给图形的编辑和输出带来很大的方便。一个图层可以想象成一张透明的图纸,在每张图纸上分别绘制不同特性的图形,然后将这些图纸对齐叠加起来,得到一张复杂且完整的图形。

同一图层上的图形具有相同的对象特性和状态。对象特性通常是指该图层所特有的线型、颜色、线宽等;图层状态是指其开/关、冻结/解冻、锁定/解锁状态等。默认情况下,AutoCAD 2019 自动创建了一个图层名为"0"的图层,并可根据需要,实现创建图层、设置图层特性和管理图层等各种操作。

3.1.1 创建图层

AutoCAD 2019 提供了详细直观的"图层特性管理器"对话框,可通过对话框创建图层。
启动"图层"命令,可以使用下列方法:
(1)命令行:LAYER
(2)菜单栏:"格式"→"图层"
(3)面板(或工具栏):"图层"→

执行上述操作,系统弹出"图层特性管理器"对话框,如图 3-1 所示。

单击"新建图层"按钮,图层列表中出现一个新的图层,默认名称为"图层 1",再次点击该按钮,出现又一个新的图层,名称为"图层 2",依次可创建多个图层。用户可以使用默认的图层名,也可以为其输入新的图层名(如中心线、虚线等),以表示所绘制图形的元素特征。图层的名字可以包含字母、数字、空格和特殊符号,AutoCAD 2019 支持长达 255 个字符的图层名字。新的图层继承了建立新图层时所选中的已有图层的所有特性和状态(包括颜色、线型、ON/OFF 状态等),如果新建图层时没有图层被选中,则新图层具有默认的设置。

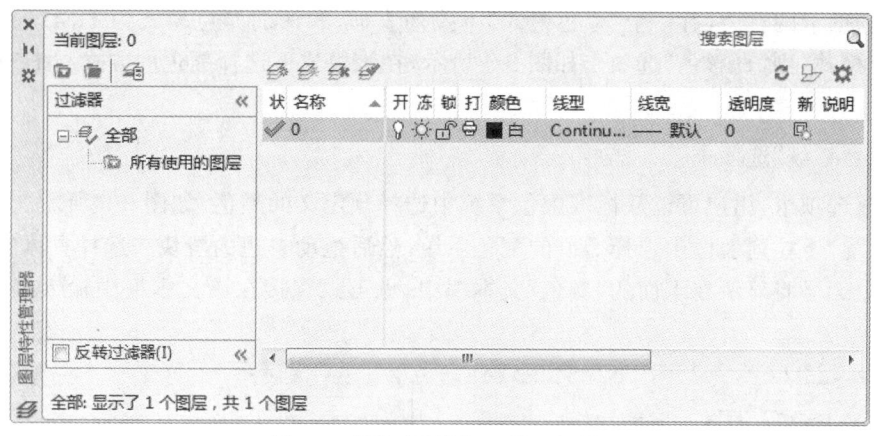

图 3-1 "图层特性管理器"对话框

3.1.2 设置图层颜色

为便于区分图形中的元素,AutoCAD 2019 允许为图层设置颜色,将同一类型的图形对象用相同的颜色绘制,并使不同类型的对象具有不同的颜色。为图层设置和修改颜色,可以使用下述方法:

打开"图层特性管理器"对话框,单击图层列表中该图层所在的颜色方块"■白",系统将打开"选择颜色"对话框,如图 3-2 所示。该对话框有"索引颜色""真彩色""配色系统"三个选项卡。

1. "索引颜色"选项卡

打开该选项卡,可以在系统所提供的"AutoCAD 2019 颜色索引"列表框中选择所需要的颜色,如单击"蓝",再单击"确定"按钮即可。所选颜色的代号值显示在"颜色"文本框中,也可以直接在该文本框中输入颜色代号值来选择颜色。

2. "真彩色"选项卡

打开该选项卡,可以选择需要的任意颜色,如图 3-3 所示。可以拖动调色板中的颜色指示光标和"高度"滑块选择颜色及其亮度,也可以通过"色调""饱和度""高度"文本框来选择需要的颜色。所选择颜色的红、绿、蓝值显示在下面的"颜色"文本框中,当然也可以直接在该文本框中输入自己设定的红、绿、蓝代号值选择颜色。

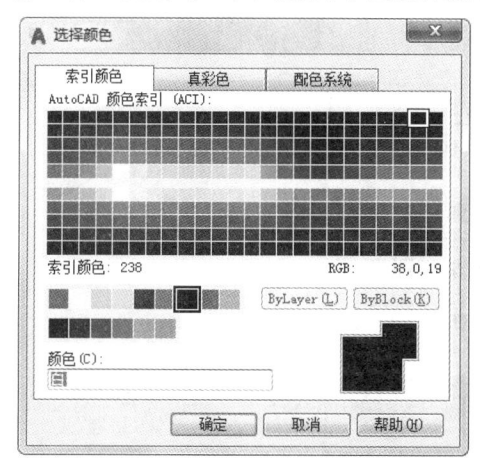

图 3-2 "选择颜色"对话框   图 3-3 "真彩色"选项卡

在该选项卡的右边,有一个"颜色模式"下拉列表框,默认的颜色模式为 HSL 模式。如果选择 RGB 模式,则"真彩色"选项卡如图 3-4 所示,在该模式下选择颜色的方式与 HSL 模式下类似。

3."配色系统"选项卡

打开该选项卡,用户可以从标准配色系统中选择预定义的颜色,如图 3-5 所示。用户可以在"配色系统"下拉列表框中选择需要的配色系统,然后拖动右边的滑块来选择具体的颜色,所选择的颜色编号将显示在下面的"颜色"文本框中,也可以直接在该文本框中输入编号值来选择颜色。

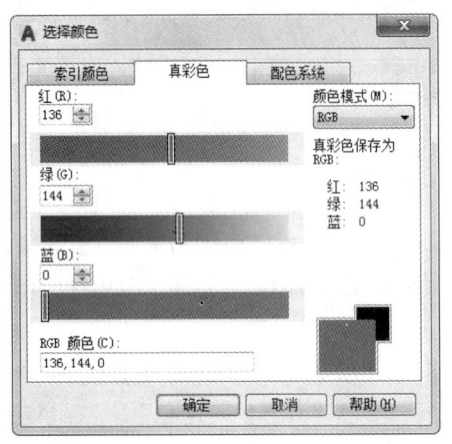

图 3-4　RGB 模式"真彩色"选项卡　　　　图 3-5　"配色系统"选项卡

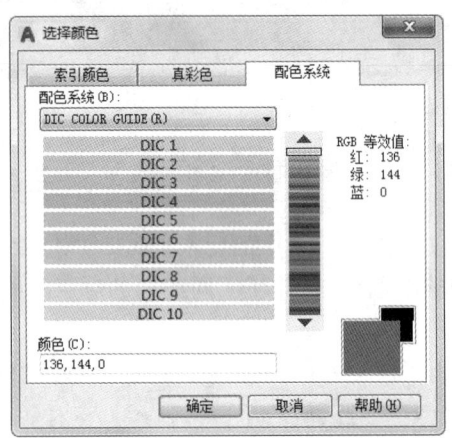

提示、注意、技巧

可以为新建的图形对象设置当前颜色,即不采用图层设置的颜色画图。

设置当前图形颜色,可以使用下列方法:

(1)命令行:COLOR

(2)菜单栏:"格式"→"颜色"

执行上述命令,系统将打开"选择颜色"对话框,选择所需要的颜色。

(3)通过"特性"面板中"对象颜色"下拉列表框,选择某一颜色(如红色、黄色等),如图 3-6 所示,或单击"更多颜色"打开"选择颜色"对话框来设置颜色。用同样的方法还可以设置或修改线型、线宽等。

图 3-6　"对象特性"工具栏中"颜色控制"下拉列表框

(4)用以上方法设置的颜色(包括线型、线宽等)不受图层的限制,对各个图层的设置没有影响。因此,可在少量图形元素的特性修改时使用。而在使用图层绘制图形时,应在"特性"面板的"对象颜色""线型""线宽"下拉列标框中,设置成"ByLayer"(随层)。否则,将使图层设置的颜色、线型、线宽失去作用。

3.1.3 设置图层线型

线型可用于区分图形中不同元素,在国家标准 GB/T 17450—1998 和 GB/T 4457.4—2002 中,对各种技术图样和机械图样中使用的图线,对其名称、线型、线宽以及在图样中的应用等都做了相应的规定。其中常用的图线有粗实线、细实线、细点画线、细虚线。

要设置和改变图层的线型,可用与设置颜色同样的方法,打开"图层特性管理器"对话框。在图层列表的"线型"栏中单击该层的线型名,如"Continuous",系统打开"选择线型"对话框,如图 3-7 所示。

图 3-7 "选择线型"对话框

该对话框中各选项的含义如下:

1. "已加载的线型"列表框

显示在当前已加载的线型,可供用户选用,其右侧显示出线型的外观及说明。默认情况下,图层的线型为 Continuous(连续线型)。

2. "加载"按钮

如果"已加载的线型"列表中没有需要的线型,单击"加载"按钮,打开"加载或重载线型"对话框,如图 3-8 所示。从对话框的当前线型库中选中要选择的线型,如中心线(CENTER)、虚线(DASHED)等,单击"确定"按钮,则该线型即被添加到选择线型对话框的线型列表框中,供用户选择。

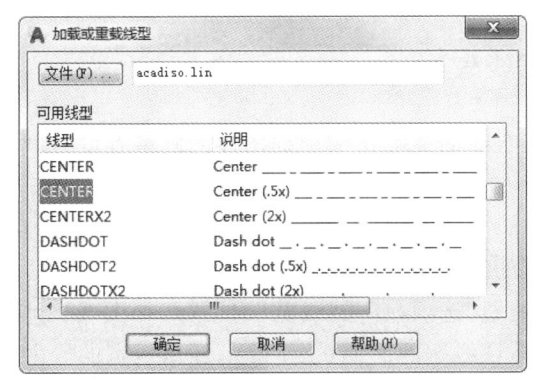

图 3-8 "加载或重载线型"对话框

提示、注意、技巧

为新建的图形对象设置当前线型,使用下列方法:
(1)命令行:LINETYPE
(2)菜单栏:"格式"→"线型"

执行上述命令,系统将打开如图 3-9 所示的"线型管理器"对话框,选择所需线型,并可设置线型比例、加载线型或删除线型。

图 3-9 "线型管理器"对话框

(3)通过"特性"面板(或工具栏)中"线型"下拉列表框,选择线型,如图 3-10 所示。单击"其他"按钮,会打开"线型管理器"对话框,用于管理线型。

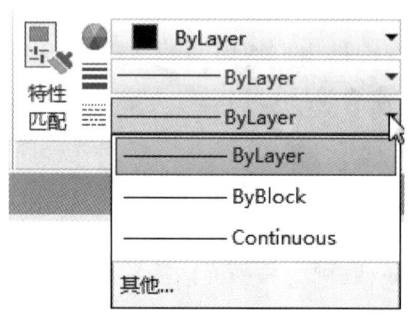

图 3-10 "特性"面板中"线型"下拉列表框

3.1.4 设置图层线宽

图线分为粗、细两种,粗线的宽度 d 应根据图样的复杂程度、尺寸大小以及微缩复制的要求,在 0.25 mm、0.35 mm、0.5 mm、0.7 mm、1 mm、1.4 mm、2 mm 中选择,优先采用 $d=0.5$ 或 0.7。细线的宽度约为 $d/2$。

设置或修改某一图层的线宽时,打开"图层特性管理器"对话框(图 3-1)。在图层列表的"线宽"栏中单击该层的"线宽"选项,打开"线宽"对话框,如图 3-11 所示。"线宽"列表框显示可以选用的线宽值,其中默认线宽的值为 0.25 mm,默认线宽的值由系统变量 LWDEFAULT 设置。当建立一个新图层时,"旧的"显示行显示图层默认的或修改前赋予的线宽。"新的"显示行显示赋予图层的新的线宽,选定新的线宽后,单击"确定"按钮即可。

图 3-11 "线宽"对话框

> **提示、注意、技巧**

可以为新建的图形对象设置当前线宽,方法如下:
(1)命令行:LWEIGHT
(2)菜单栏:"格式"→"线宽"

执行上述命令,系统将打开如图 3-12 所示的"线宽设置"对话框。在"线宽"列表框选择所需线宽;"显示线宽"复选框设置打开或关闭线宽在屏幕上显示;"默认"项设置线宽的默认值;调节"调整显示比例"滑块,还可以调整线宽显示的宽窄效果。单击"确定"按钮完成设置。
(3)单击用户界面状态行中的"线宽"按钮,可以打开或关闭线宽的显示。
(4)通过"特性"面板(或工具栏)中"线宽"下拉列表框,选择某一线宽,如图 3-13 所示。

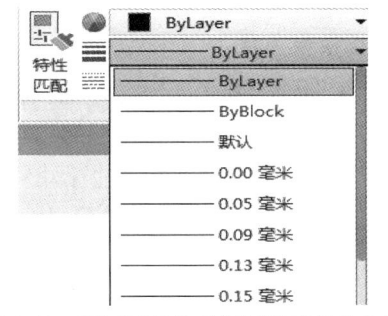

图 3-12 "线宽设置"对话框　　　　图 3-13 "特性"面板的"线宽"下拉列表框

3.1.5 设置图层状态

在"图层特性管理器"对话框中单击特征图标,如"💡"打开/关闭、"☼"解冻/冻结、"🔒"解锁/加锁、"🖨"打印与否等,可控制图层的状态。如图 3-14 所示,"图层 0"为默认的打开、解冻、解锁、打印状态;"图层 1"设置为关闭、冻结、加锁、不打印状态。

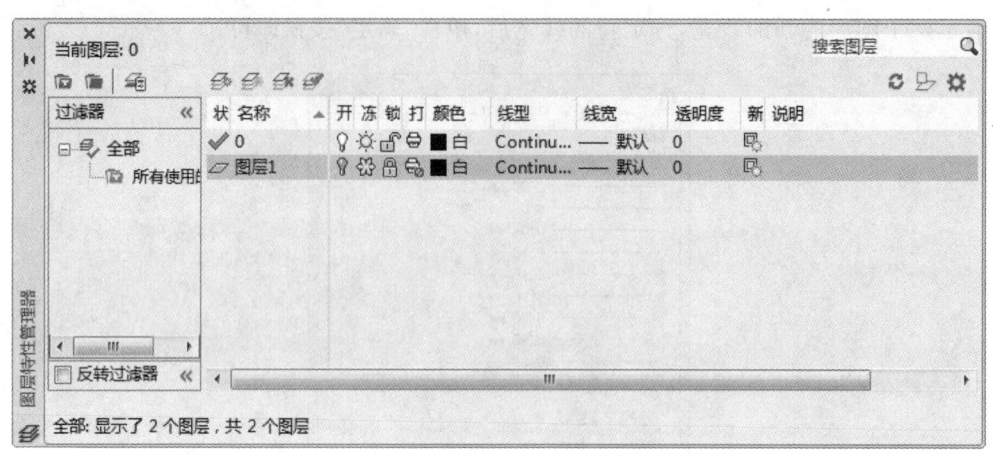

图 3-14 "图层特性管理器"对话框中图层的状态

提示、注意、技巧

(1)打开/关闭：图层打开时，可显示和编辑图层上的图形对象；图层关闭时，图层上的内容全部被隐藏，且不可被编辑或打印，但参加重生成图形。

(2)冻结/解冻：冻结图层时，图层上的图形对象全部被隐藏，且不可被编辑或打印，也不被重生成，从而减少复杂图形的重生成时间。

(3)加锁/解锁：锁定图层时，图层上的图形对象仍然可见，并且能够捕捉或添加新对象，也能够打印，但不能编辑修改。

(4)当前层可以被关闭和锁定，但不能被冻结。

3.1.6 管理图层

使用"图层特性管理器"对话框，还可以对图层进行更多设置与管理，如图层的切换、删除与重命名等。

1. 切换当前层

在"图层特性管理器"对话框的图层列表中选中一层，单击"置为当前"按钮，则该层被设置为当前层。另外，双击图层名也可把该图层设置为当前层。

在实际绘图时，用户可通过"图层"面板的下拉列表框来实现图层切换更加便捷，如图 3-15 所示。这时只需选择设置为当前层的图层即可。

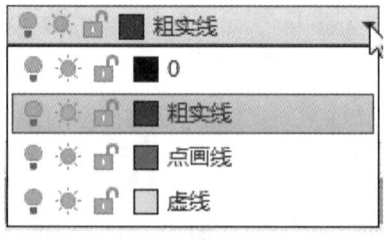

图 3-15 "图层"面板的下拉列表框

2. 删除图层

在图层列表中选中某一图层，然后单击"删除图层"按钮，或按"Delete"键，则把该层删除。但是，当前层、0 层、定义点层、参照层和包含图形对象的层不能被删除。

3. 重命名图层

若要重命名图层,在"图层特性管理器"对话框的图层列表中,选中某一图层,双击图层的"名称"项,使其变为输入状态时,在名称框中输入新名称;或在图层名上右击,打开相关快捷菜单,选择"重命名图层"。

4. 设置线型比例

在 AutoCAD 2019 中,系统提供了大量的非连续性线型,如虚线、点画线等。通常,根据图幅的大小、图形比例、显示比例等因素的不同,非连续线型的线段有长短的不同要求,如图 3-16 所示,有时会由于间距太小而变成了连续线。为此可对图形设置线型比例,以改变非连续线型的外观。

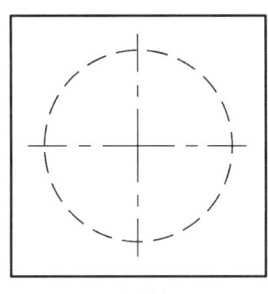

(a) 比例为 1　　(b) 比例为 0.3

图 3-16　非连续线型受线型比例的影响

设置线型比例的方法如下:

下拉菜单:"格式"→"线型"

打开"线型管理器"对话框。单击"显示细节"按钮,在线型列表中选择某一线型,然后利用"详细信息"设置区中的"全局比例因子"编辑框选择适当的比例系数,即可设置图形中所有非连续线型的外观。也可设置"当前对象缩放比例"。

利用"当前对象缩放比例"编辑框,可以设置绘制当前对象的非连续线型的外观,而原来绘制的非连续线型的外观并不受影响。

3.1.7　修改现有图形对象特性

已画好的图形实体,可以修改其颜色、线型、线型比例、线宽以及所在图层等特性。

如图 3-17 所示的图形,左图中的粗实线六边形若要改变成虚线六边形,可以用以下方法实现。

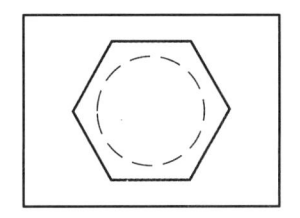

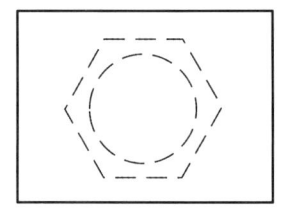

图 3-17　修改线型

1. 使用"特性"面板(或工具栏)

【操作步骤】

(1) 选中要修改的粗实线六边形。

(2)在"特性"面板的"线型控制"下拉列表框,选择"DASHED2"线型。粗实线六边形随即变成虚线。若要修改某一实体的颜色、线宽,操作方法相同。

(3)按"Esc"键结束。

2.使用"图层"面板(或工具栏)

【操作步骤】

(1)选中要修改的粗实线六边形。

(2)在"图层"面板的"图层"下拉列表框,选择"点画线"层,如图3-18所示。粗实线六边形随即变为虚线六边形。同时,该实体的其他特性也随新图层而改变。

(3)按"Esc"键结束。

3.使用"特性"选项板

【操作步骤】

(1)选中要修改的粗实线六边形。

(2)输入修改特性命令。

打开"特性"选项板,可以使用下列方法:

①命令行:DDMODIFY 或 PROPERTIES

②菜单栏:"修改"→"特性"

③面板:"特性"→

(3)执行"特性"命令,AutoCAD 2019 将打开"特性"选项板,如图3-18所示。在"基本"项目框中单击"图层"项的下拉按钮,在弹出的下拉列表中选择"虚线"层。

图 3-18 "特性"选项板

(4)关闭"特性"选项板。

(5)按"Esc"键结束。

用同样的方法可以单独修改颜色、线型、线宽。当然,利用"特性"选项板也可以设置或改变图形对象的其他属性。在学习后面章节时请注意灵活应用"特性"选项板。

4.使用"特性匹配"功能

特性匹配即将选定对象的特性应用到其他对象,所以利用特性匹配功能也可以实现特性修改。

启动"特性匹配"功能,可以使用下列方法:

(1)命令行:MATCHPROP 或 PAINTER(或'MATCHPROP,用于透明使用)

(2)菜单栏:"修改"→"特性匹配"

(3)面板:"特性"→

【操作步骤】

命令:_'matchprop

选择源对象: (选择虚线圆)

当前活动设置:颜色 图层 线型 线型比例 线宽 厚度 打印样式 文字 标注 填充图案 多段线 视口 表格 (当前选定的特性匹配设置)

选择目标对象或[设置(S)]: (选择六边形,六边形随即变成虚线)

选择目标对象或[设置(S)]:↙　　　　　　　　　　　　　　　　　　　　　　　　　（结束）

【选项说明】

(1)目标对象

指定要将源对象的特性复制到其上的对象。可以继续选择目标对象或按"Enter"结束该命令。

(2)设置

显示"特性设置"对话框,从中可以控制要将哪些对象特性复制到目标对象。默认情况下,将选择"特性设置"对话框中的所有对象特性进行复制。如图 3-19 所示。

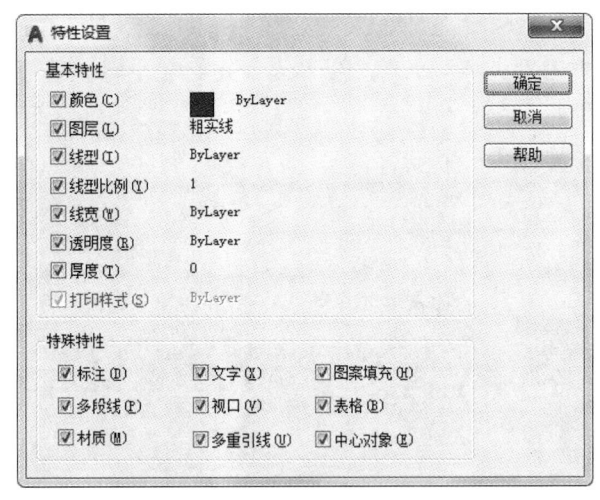

图 3-19　"特性设置"对话框

【例 3-1】　应用图层绘制如图 3-20 所示的平面图形。(通过绘制本例图形,熟悉对图层、线型、线宽、颜色的设置方法)

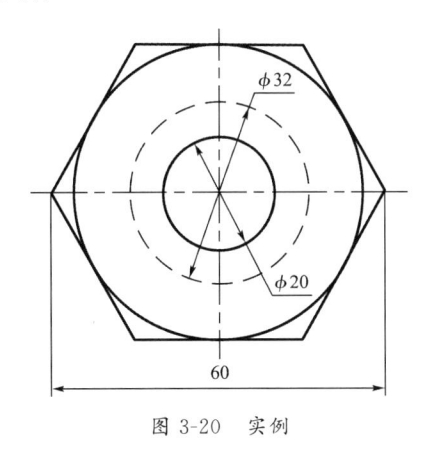

图 3-20　实例

【操作步骤】

1. 设置图形界限

菜单栏:"格式"→"图形界限",设置图形界限为左下角(0,0);右上角(420,297)。

2. 创建图层

(1)菜单栏:"格式"→"图层",打开"图层特性管理器"对话框。

(2)单击"新建"按钮,新建 4 个图层,将"图层 1"改名为"粗实线","图层 2"改名为"点画线","图层 3"改名为"细实线","图层 4"改名为"虚线"。

(3)单击图层列表中各图层所在的颜色块,系统将打开"选择颜色"对话框,在对话框中选择颜色,其中"粗实线"层为绿色,"点画线"层为红色,"细实线"层为黄色,"虚线"层为青色,单击"确定"按钮。

(4)单击图层列表中各图层所在的线型名,会出现选择线型对话框。单击"加载"按钮,在"加载或重载线型"对话框中选中"CENTER2"线型,按住"Ctrl"键再选择"DASHED2"线型,单击"确定"按钮,"点画线"层设置"CENTER2"线型,"虚线"层设置"DASHED2"线型其余图层用默认线型。

(5)单击"粗实线"层所在的"线宽"项,在"线宽"对话框中选择线宽为 0.5 mm。

(6)完成后单击"确定"按钮。

创建的图层如图 3-21 所示。

图 3-21 创建的图层

3. 绘制中心定位线及各圆

(1)选择"中心线"层作为当前层,绘制中心定位线,如图 3-22(a)所示。

(2)选择"粗实线"层作为当前层,以给定的直径 20、32 作圆,如图 3-22(b)所示。

(3)选择"粗实线"层作为当前层,以给定的条件画正六边形,如图 3-22(c)所示。

(4)选择"粗实线"层作为当前层,用"相切、相切、相切"方式画正六边形内切圆,如图 3-22(d)所示。

4. 修改图形特性

(1)选择直径为 32 的圆。

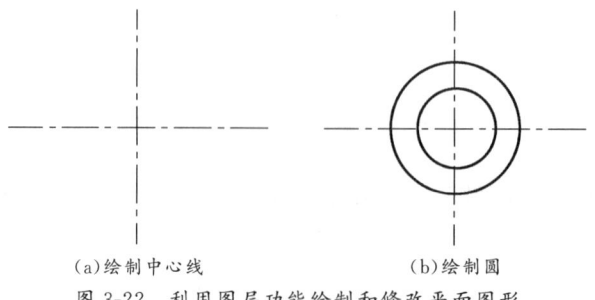

(a)绘制中心线　　　　(b)绘制圆

图 3-22 利用图层功能绘制和修改平面图形

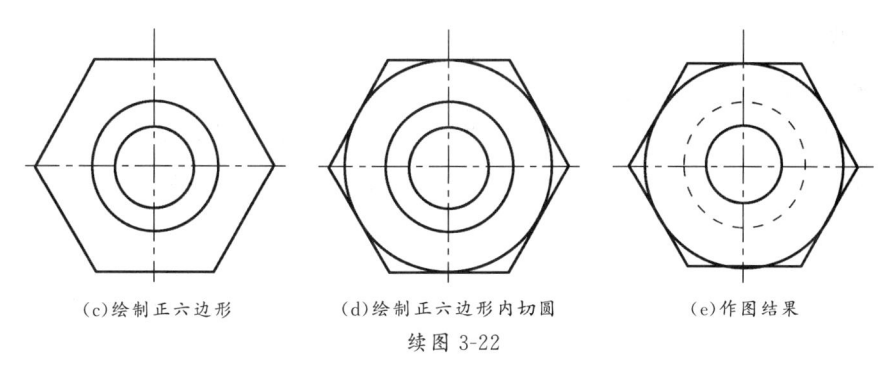

(c)绘制正六边形　　　　　(d)绘制正六边形内切圆　　　　(e)作图结果

续图 3-22

(2)在"图层"工具栏中打开"图层控制"下拉列表框,选择"虚线"层(图 3-15)。粗实线圆随即变为虚线圆。

(3)按"Esc"键结束,完成全部作图,如图 3-22(e)所示。

3.2 设置绘图环境

AutoCAD 2019 的图形都是在一定的绘图环境下进行的,如图形界限、图形单位、角度单位和精度等。绘图时可以使用默认的环境,还可以根据需要对图形环境进行设置和修改。

3.2.1 设置绘图单位

启动"单位"命令,可以使用下列方法:

(1)命令行:DDUNITS(或 UNITS)

(2)菜单栏:"格式"→"单位"

执行上述命令后,系统打开"图形单位"对话框,如图 3-23 所示。该对话框用于定义单位和角度的格式。

图 3-23 "图形单位"对话框

【选项说明】

1. "长度"与"角度"选项组

这两个选项组用于指定测量的长度与角度当前单位及当前单位及精度。

2. "方向"按钮

单击该按钮,系统显示"方向控制"对话框,如图 3-24 所示。可以在该对话框中进行方向控制设置。

图 3-24 "方向控制"对话框

3.2.2 设置图形界限

启动"图形界限"命令,可以使用下列方法:

(1)命令行:LIMITS

(2)菜单栏:"格式"→"图形界限"

【操作步骤】

命令:LIMITS↙

重新设置模型空间界限:

指定左下角点或[开(ON)/关(OFF)]<0.0000,0.0000>:(输入图形边界左下角的坐标后,按"Enter"键)

指定右上角点<420.0000,297.0000>:(输入图形边界右上角的坐标后,按"Enter"键)

【选项说明】

(1)开(ON)

打开界限检查,使绘图边界有效。系统将把在绘图边界以外拾取的点视为无效,无法输入。因为界限检查只测试输入点,所以对象(例如圆)的某些部分可能会延伸出图形界限以外。

(2)关(OFF)

关闭界限检查,使绘图边界无效。用户可以在绘图边界以外拾取点,但是保持当前的界限值用于下一次打开界限检查。

> 提示、注意、技巧

重新设置图形界限后,可以用"窗口缩放(ZOOM)"命令的"全部(A)"选项,使设置的图形界限全屏显示,也可以利用"栅格"显示。

3.3 图形显示控制

在绘图的过程中,有时需要绘制细部结构,而有时又要观察图形的全貌,因为受到视窗显示范围的限制,需要频繁地缩放或移动绘图区域。因此,AutoCAD 2019 提供了视窗缩放功能,控制图形显示的大小,但图形的实际尺寸并没有改变,从而可方便地绘制出各种不同大小的图形。

3.3.1 窗口缩放

该命令可以对图形的显示进行放大或缩小,而对图形的实际尺寸不产生任何影响。
启动"窗口缩放"命令,可以使用下列方法:
(1)命令行:ZOOM
(2)菜单栏:"视图"→"缩放"
(3)工具栏:"标准"→ ± 🔍 🔲 🔍(左键按住 🔍 键,弹出如图 3-25 所示嵌套按钮)
(4)快捷菜单→"缩放"(图 3-26)

图 3-25 缩放工具栏　　图 3-26 快捷菜单

执行上述命令后,命令行出现如下提示:
命令:_zoom
指定窗口的角点,输入比例因子(nX 或 nXP),或者
[全部(A)/中心(C)/动态(D)/范围(E)/上一个(P)/比例(S)/窗口(W)/对象(O)]<实时>:
按"Esc"或"Enter"键退出,或单击右键显示快捷菜单。

【选项说明】

1. 实时 ± 🔍

通过按住它并移动鼠标,对当前视图显示进行缩放。上移为放大;下移为缩小。用当前图形区域确定缩放因子。ZOOM 以移动窗口高度的一半距离表示缩放比例为 100%。在窗口的中点按住拾取键并垂直移动到窗口顶部,则图形被放大 100%。反之,在窗口的中点按住拾取键并垂直向下移动到窗口底部,则图形被缩小 100%。

若将光标置于窗口底部,按住拾取键并垂直向上移动到窗口顶部,则放大比例为 200%。
当达到放大极限时光标的加号消失,这表示不能再放大;当达到缩小极限时光标的减号消失,这表示不能再缩小。

松开拾取键时缩放终止。可以在松开拾取键后将光标移动到图形的另一个位置,然后再按住拾取键便可从该位置继续缩放显示。

2. 窗口缩放(W)

缩放显示由两个角点定义的矩形窗口框定的区域。

3. 上一个(P)

缩放显示上一个视口。最多可恢复此前的 10 个视口。

4. 动态(D)

利用此项选项,缩放显示在视图框中的部分图形,可以实现动态缩放及平移两个功能。

视图框表示视口,可以改变它的大小,或在图形中移动。移动视图框或调整它的大小,将其中的图像平移或缩放,以充满整个视口。

首先显示平移视图框。将其拖动到所需位置并单击,继而显示缩放视图框。调整其大小然后按"Enter"键进行缩放,或单击以返回平移视图框。

按"Enter"键使当前视图框中的区域布满当前视口。

5. 比例(S)

按照输入的比例,以当前视图中心为中心缩放视图。比例因子大于 1,图像将被放大;比例因子小于 1,图像将被缩小。如果在比例因子中带有 x,表示对当前视图进行缩放;带有 xp,表示相对图纸空间缩放当前视图;如果仅仅是数字,则将图形的真实尺寸进行缩放后显示在屏幕上。

6. 中心(C)

系统将按照用户指定的中心点,比例或高度进行缩放。

7. 对象(O)

缩放以便尽可能大地显示一个或多个选定的对象并使其位于绘图区域的中心。可以在启动 ZOOM 命令之前或之后选择对象。

8. 放大

默认的情况下,放大 1 倍。

9. 缩小

默认的情况下,缩小 1 倍。

10. 全部(A)

显示全部的图形界限和所有实际已绘制的图形范围,如图 3-27 所示。

11. 范围(E)

使已绘制的图形充满屏幕。与全部缩放不同的是,它仅显示图形范围,而不显示图形界限,如图 3-28 所示。

双击鼠标中键,等同于范围缩放功能。

> **提示、注意、技巧**
>
> 实际操作时,鼠标滚轮能更方便地控制窗口缩放,且操作简单。向上推动滚轮,窗口将以

光标位置为基点缩小视窗范围,即窗口中的图形显示变大;向下推动滚轮,则放大视窗范围。

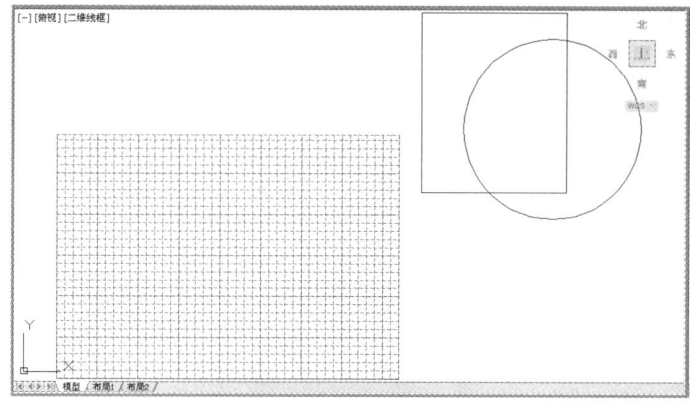

图 3-27 全部缩放

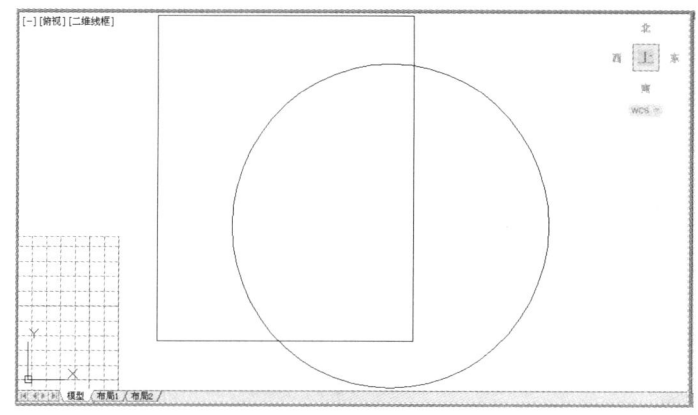

图 3-28 范围缩放

3.3.2 窗口平移

此命令用于移动视图,而不对视图进行缩放。

1. 实时平移

启动"实时平移"命令,可以使用下列方法。

(1)命令:PAN

(2)菜单栏:"视图"→"平移"→"实时"

(3)工具栏:"标准"→🖐

(4)"快捷菜单"→"平移"(图 3-29)

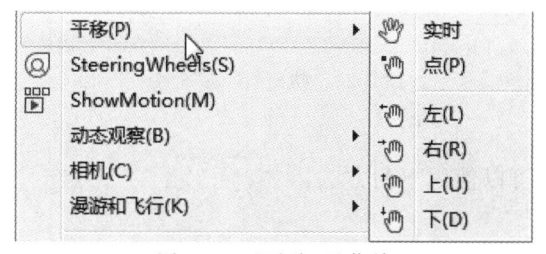

图 3-29 "平移"子菜单

执行上述命令后,光标变成手型,此时按住左键可以使图形显示向任意方向平移。右击,在弹出的快捷菜单选择"退出"或按"Enter""Esc"键退出。

2. 定点平移和方向平移

启动"定点平移",可以使用下列方法。

(1)命令:－PAN

(2)菜单栏:"视图"→"平移"→"定点"

【操作步骤】

命令:－pan↙

指定基点或位移:(指定基点位置或输入位移值)

指定第二点:(指定第二点,确定位移和方向)

执行上述命令后,当前图形按指定的位移和方向进行平移。另外,在"平移"子菜单中,还有"左""右""上""下"4个平移命令,选择这些命令时,图形显示按指定的方向平移。

> **提示、注意、技巧**

实际操作时,只要按住鼠标滚轮,光标显示变成"🖐",此时向任意方向移动鼠标,视口将随之平移。

3.3.3 重画与重生成

重画与重生成都是重新显示图形,但两者的本质不同。重画仅仅是重新显示图形,而重生成不但重新显示图形,而且将重新生成图形数据,速度上较之前者更慢。

1. 重画

启动"重画"命令,可以使用下列方法:

(1)命令行:REDRAWALL

(2)菜单栏:"视图"→"重画"

执行该命令后,将从屏幕中删除所有视口中的某些操作遗留的临时图形、零散像素痕迹,使图形显得整洁清晰。如图3-30所示。

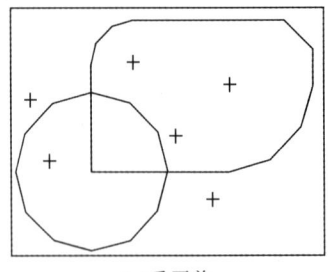

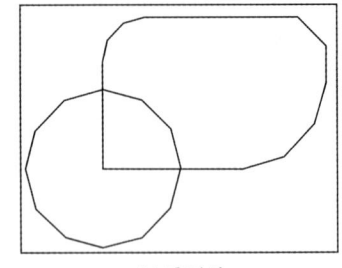

(a)重画前　　　　　　　　　　　(b)重画后

图 3-30　执行"重画"命令

2. 重生成

启动"重生成"命令,可以使用下列方法:

(1)命令行:REGEN

(2)菜单栏:"视图"→"重生成"

执行该命令后,可以删除执行某些编辑操作后遗留在显示区域中的零散像素,以获得最优的显示,如图 3-31 所示。

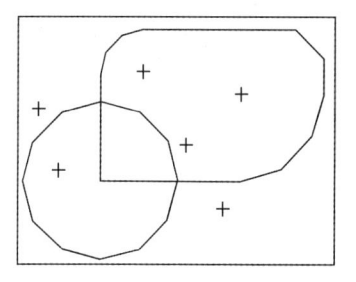

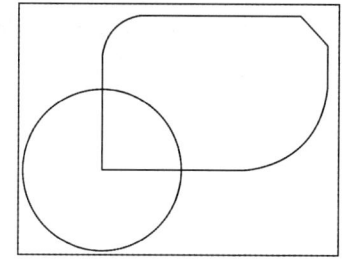

(a)重生成前　　　　　　　　　　(b)重生成后

图 3-31　执行"重生成"命令

3. 全部重生成

启动"全部重生成"命令,可以使用下列方法:

(1)命令行:REGENALL

(2)菜单栏:"视图"→"重生成"

执行该命令后,为所有视口中的所有对象生成整个图形,并重新计算所有对象的位置和可见性,重新生成图形数据库的索引,以获得最优的显示和对象选择性能。

4. 全屏显示

利用全屏显示功能,可以将显示界面中绘图区以外的一些配置从屏幕上清理掉,屏幕上只显示菜单栏、"模型"选项卡和布局选项卡、状态栏和命令行,这样更有利于突出图形本身。

启动"全屏显示"命令,可以使用下列方法:

(1)命令行:CLEANSCREENON(或 CLEANSCREENOFF)

(2)菜单栏:"视图"→"全屏显示"

(3)状态栏:"全屏显示"

执行该命令后,系统清除屏幕或返回。

组合键 Ctrl+0(零)可以实现 CLEANSCREENON 和 CLEANSCREENOFF 之间的切换。

3.4　栅格与捕捉设置

3.4.1　栅格

栅格是显示在绘图区域上的可见网格,由一些排列规则的点组成,它就像一张传统的坐标纸。绘图时利用栅格可以掌握图形的尺寸大小和视图的位置。栅格与自动捕捉配合使用,对于提高绘图精确度有重要作用。

控制栅格显示及设置栅格参数可以使用下列方法:

(1)菜单栏:"工具"→"绘图设置"

(2)状态栏:右击"栅格"　,在弹出的快捷菜单中选择"设置"

执行上述操作将打开"草图设置"对话框的"捕捉和栅格"选项卡,如图 3-32 所示。

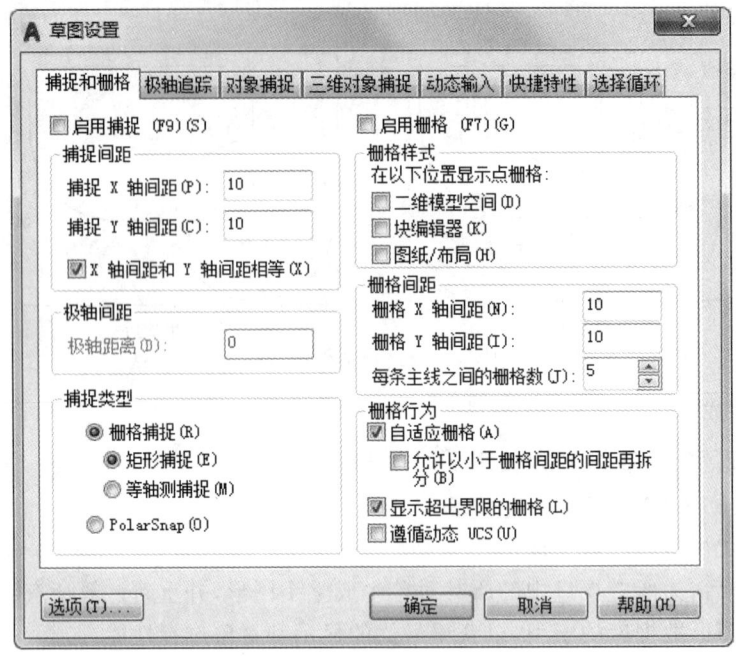

图 3-32 "草图设置"对话框

【选项说明】

(1)"启用栅格"复选框控制是否显示栅格。

(2)"栅格 X 轴间距"和"栅格 Y 轴间距"文本框用来设置栅格在水平与垂直方向的间距。

> **提示、注意、技巧**

(1)栅格只在"图形界限"范围内显示。

(2)栅格只是一种定位图形,不是图形实体,因此不能打印输出。

(3)单击状态栏"栅格"按钮和快捷键"F7",可以控制栅格显示的开关状态。

(4)命令行为 GRID(仅通过命令行提示设置栅格间距)

3.4.2 自动捕捉

为了准确地在屏幕上捕捉点,AutoCAD 2019 提供了捕捉工具。捕捉分为两种,即自动捕捉与对象捕捉。自动捕捉是对光标的移动设定一个步距,即光标沿 X 轴与 Y 轴方向的移动的间距。光标的移动量为步距的整数倍,从而保证光标取点的精确性。

对象捕捉则是准确捕捉目标对象的特定点(见 3.6 节)。

设置自动捕捉可以使用下列方法。

(1)菜单栏:"工具"→"绘图设置"

(2)状态栏:右击"栅格"按钮,在弹出的快捷菜单中选择"设置"

(3)命令行:SNAP(通过命令行提示设置捕捉间距)

执行上述操作将打开"草图设置"对话框的"捕捉和栅格"选项卡。

【选项说明】

(1)"启用捕捉"复选框控制捕捉功能的开关

(2)"栅格 X 轴间距"和"栅格 Y 轴间距"文本框用来设置捕捉栅格点在水平与垂直方向的

间距,且其原点和角度总是和捕捉栅格的原点和角度相同。

(3)在"捕捉类型和样式"对话框中,选择捕捉类型。"矩形捕捉"用于画平面图,"等轴测捕捉"用于画正轴测图。

(4)"极轴间距"选项组,只有在"极轴捕捉"类型时才可使用。可在"极轴距离"文本框中输入距离值。

> **提示、注意、技巧**
>
> 单击状态栏的"捕捉"按钮和快捷键"F9"也可以控制自动捕捉的开启状态。

3.5 正交方式

在绘图的过程中,经常需要绘制水平直线和铅垂直线,但是用鼠标拾取线段的端点时很难保证两个点的连线真正沿水平或垂直方向,为此,AutoCAD 2019提供了正交功能,当启用正交模式时,画线或移动对象时只能沿水平方向或垂直方向移动光标,只能绘制平行于坐标轴的正交线段。

启用"正交模式"可以使用下列方法:

(1)命令行:ORTHO

(2)状态栏:"正交"

(3)快捷键"F8"

3.6 对象捕捉

画图时经常要用到一些特殊的点,例如圆心、切点、线段的端点、中点等,如果用鼠标拾取或用坐标输入是十分困难的,而且非常麻烦。为此,AutoCAD 2019提供了识别并捕捉这些点的功能,这种功能称为"对象捕捉"。利用"对象捕捉"功能就可以迅速、准确地捕捉到这些点。表3-2列出了对象捕捉模式及其功能,下面对其中一部分进行介绍。

表 3-2　　　　　　　　　　　对象捕捉模式及其功能

捕捉模式	功能
临时追踪点	建立临时追踪点
捕捉自	建立一个临时参考点,作为指出后继点的基点
两点之间的中点	捕捉两个独立点之间的中点
点过滤器	由坐标选择点
端点	线段或圆弧的端点
中点	线段或圆弧的中点
交点	线段、圆弧或圆等的交点
外观交点	图形对象在视图平面上的交点
延长线	指定对象的延伸线
圆心	圆或圆弧的圆心

(续表)

捕捉模式	功能
象限点	距光标最近的圆或圆弧上可见部分的象限点,即圆周上 0°、90°、180°、270°位置上的点
切点	最后生成的一个点到选中的圆或圆弧上引切线的切点位置
垂足	在线段、圆、圆弧或它们的延长线上捕捉一个点,使之和最后生成的点的连线与该线段、圆或圆弧正交
平行线	绘制与指定对象平行的图形对象
节点	捕捉用 POINT 或 DIVIDE 等命令生成的点
插入点	文本对象和图块的插入点
最近点	离拾取点最近的线段、圆、圆弧等对象上的点
无	关闭对象捕捉模式
对象捕捉设置	设置对象捕捉

1. "捕捉自"模式

"捕捉自"模式要求确定一个临时参考点作为指定后继点的基点,通常与其他对象捕捉模式及相关坐标联合使用。当在"指定下一点或[放弃(U)]"的提示下输入 FROM,或单击相应的按钮时,命令行提示:

基点:(指定一个基点)

<偏移>:(输入相对于基点的偏移量)

则得到一个点,这个点与基点之间的距离为指定的偏移量。例如,执行如下的画线操作:

命定:LINE✓

指定第一点:20,20✓(A 点)

指定下一点或[放弃(U)]:FROM✓

基点:50,50✓ (指定一个临时点作基点,B 点)

偏移@10,−10✓(指定捕捉点与基点的相对位移,C 点)

结果绘制出从点(20,20)到点(60,40)的一条线段,如图 3-33 所示。

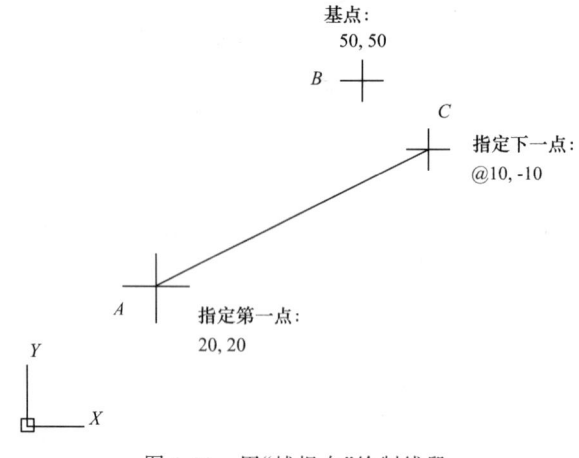

图 3-33 用"捕捉自"绘制线段

2. "点过滤器"模式

在"点过滤器"模式下,可以由一个点的 X 坐标和另一点的 Y 坐标确定一个新点。在"指

定下一点或[放弃(U)]:"提示下选择此项(在快捷菜单中选取),命令行提示:

.X 于:(指定一个点,含捕捉点的 X 坐标)

(需要 YZ):(指定一个点,含捕捉点的 Y 坐标)

则新建的点具有第一个点的 X 坐标和第二个点的 Y 坐标。

对象捕捉在使用中有两种方式,即"临时对象捕捉"和"自动对象捕捉"。

3.6.1 临时对象捕捉

启动"临时对象捕捉"可以使用下列方法:

(1)直接使用捕捉命令。在提示输入点时,直接在提示后面输入相应捕捉模式的前 3 个英文字母,然后根据提示操作即可。

(2)打开如图 3-34 所示的"对象捕捉"工具栏,单击相应捕捉模式。

(3)按下"Shift"(或"Ctrl")键并右击,弹出如图 3-35 所示的"对象捕捉"快捷菜单,选择相应捕捉模式。

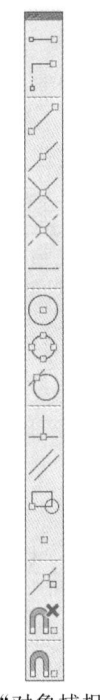

图 3-34 "对象捕捉"工具栏　　图 3-35 "对象捕捉"快捷菜单

提示、注意、技巧

临时捕捉方式的特点是只对当前选择模式有效,而且选择一次只能用一次。

3.6.2 自动对象捕捉

在用 AutoCAD 2019 绘图之前,可以根据需要事先设置对象捕捉模式,绘图时能自动捕捉这些特殊点,从而加快绘图速度,提高绘图质量。

设置"对象捕捉"模式,可以使用下列方法:

(1)命令行:OSNAP 或 DDOSNAP

(2)菜单栏:"工具"→"绘图设置"

(3)状态栏:在"对象捕捉"处右击,在弹出的菜单中选择"设置"

(4)对象捕捉快捷菜单:选择"对象捕捉设置"

执行上述操作系统将打开"草图设置"对话框的"对象捕捉"选项卡,如图3-36所示。利用此对话框可以设置对象捕捉模式。必须在"草图设置"对话框选中"启用对象捕捉"复选框,才能使捕捉功能处于开启状态。设置完毕后,单击"确定"按钮确认。

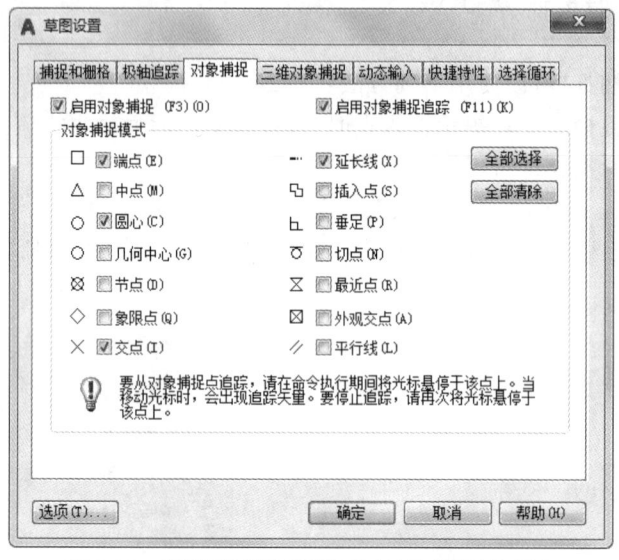

图 3-36 "草图设置"对话框的"对象捕捉"选项卡

提示、注意、技巧

通过状态栏的"对象捕捉"按钮或快捷键"F3"可以控制捕捉功能的开关状态。

【例 3-2】 绘制如图 3-37 所示的盘盖。

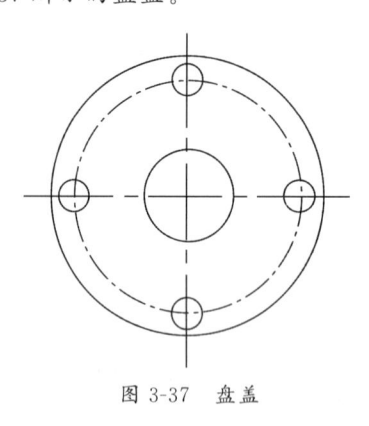

图 3-37 盘盖

【操作步骤】

(1)用"图层"命令设置图层(同例 3-1)。

(2)将点画线层设置为当前层,利用"直线"命令绘制垂直中心线。

(3)执行菜单命令"工具"→"绘图设置",打开"草图设置"对话框中的"对象捕捉"选项卡,单击"全部选择"按钮,选择所有的捕捉模式,并选中"启用对象捕捉"复选框,单击"确定"按钮退出。

(4)利用"圆"命令绘制圆形中心线,在指定圆心时,捕捉垂直中心线的交点,如图 3-38(a)所示。结果如图 3-38(b)所示。

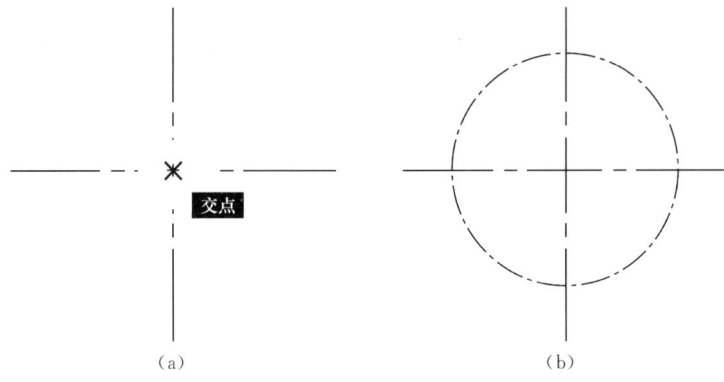

图 3-38 绘制圆形中心线

(5)转换到粗实线层,利用"圆"命令绘制盘盖外圆和内孔,在指定圆心时,捕捉垂直中心线的交点,如图 3-39(a)所示。结果如图 3-39(b)所示。

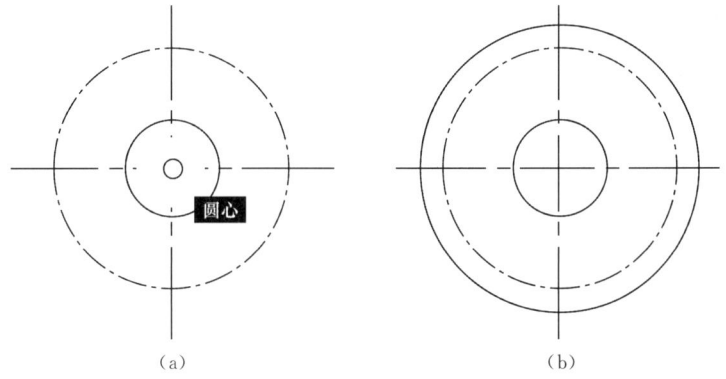

图 3-39 绘制同心圆

(6)利用"圆"命令绘制小孔,在指定圆心时,捕捉圆形中心线与水平中心线或垂直中心线的交点,如图 3-40(a)所示。结果如图 3-40(b)所示。

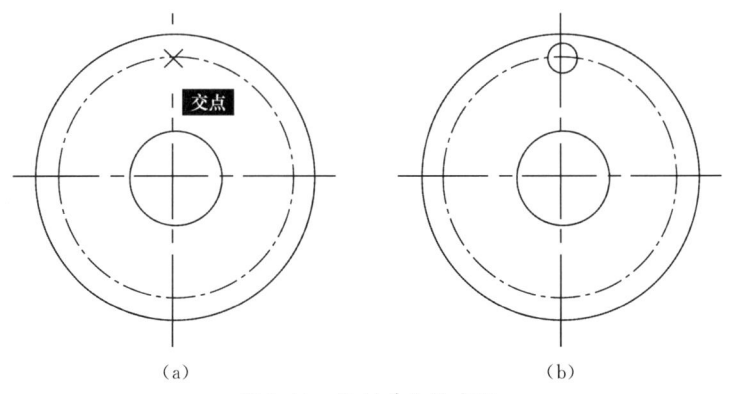

图 3-40 绘制单个均布圆

(7)用同样方法绘制其他 3 个小孔,最终结果如图 3-37 所示。

3.7 对象追踪

对象追踪是指按指定角度或与其他对象的指定关系绘制对象。可以结合对象捕捉功能进行自动追踪,也可以指定临时点进行临时追踪。利用自动追踪功能,可以对齐路径,以精确的位置和角度创建对象。自动追踪包括两种追踪选项,即"极轴追踪"和"对象捕捉追踪"。

3.7.1 极轴追踪

"极轴追踪"是指按指定的极轴角或极轴角的倍数对齐要指定点的路径。"极轴追踪"必须配合"极轴"功能和"对象追踪"功能一起使用,即同时打开状态栏上的"极轴"开关和"对象追踪"开关;

启用"极轴追踪"设置,可以使用下列方法:

(1)命令行:DDOSNAP
(2)菜单栏:"工具"→"绘图设置"→"极轴追踪"
(3)工具栏:"对象捕捉"→"对象捕捉设置"
(4)对象捕捉快捷菜单:对象捕捉设置
(5)状态栏:光标放在"极轴"按钮处单击鼠标右键,在弹出的快捷菜单中选择"设置"。

按照上述方法执行操作,系统打开如图3-41所示的"草图设置"对话框的"极轴追踪"选项卡。

图3-41 "草图设置"对话框"极轴追踪"选项卡

【选项说明】

(1)"启用极轴追踪"复选框:选中该复选框,即启用极轴追踪功能。

(2)"极轴角设置"选项组:设置极轴角的值。可以在"增量角"下拉列表框中选择一种角度值。也可选中"附加角"复选框,单击"新建"按钮设置任意附加角。系统在进行极轴追踪时,同时追踪增量角和附加角,可以设置多个附加角。

(3)"对象捕捉追踪设置"和"极轴角测量"选项组:按界面提示设置相应单选选项。

> **提示、注意、技巧**
>
> 单击快捷键F10和状态栏的"极轴"按钮可以控制"极轴"功能的开启状态。

3.7.2 对象捕捉追踪

"对象捕捉追踪"是指以捕捉到的特殊位置点为基点,按指定的极轴角或极轴角的倍数对齐要指定点的路径,"对象捕捉追踪"必须配合"对象捕捉"功能和"对象追踪"功能一起使用,即同时打开状态栏上的"对象捕捉"开关和"对象追踪"开关。

设置"对象捕捉追踪"可以使用下列方法:

(1)命令行:DDOSNAP

(2)菜单栏:"工具"→"绘图设置"→"对象捕捉追踪"

(3)工具栏:"对象捕捉"→"对象捕捉设置"。

(4)状态栏:在"对象追踪"按钮处单击鼠标右键,在快捷菜单中选择"设置"

(6)对象捕捉快捷菜单:对象捕捉设置

按照上面执行方式操作系统打开"草图设置"对话框的"对象捕捉"选项卡,选中"启用对象捕捉追踪"复选框,即完成了对象捕捉追踪设置。

> **提示、注意、技巧**
>
> 单击快捷键F11和状态栏的"对象追踪"按钮可以控制"对象追踪"功能的开关状态。

3.7.3 临时追踪

绘制图形对象时,除了可以进行自动追踪外,还可以指定临时点作为基点进行临时追踪。

在提示输入点时,输入"tt",或右击打开快捷菜单,选择其中的"临时追踪点"命令,然后指定一个临时追踪点。该点上将出现一个小的加号(+)。移动光标时,将相对于这个临时点显示自动追踪对齐路径。要删除此点,请将光标移回到加号(+)上面。

【例3-3】 绘制一条线段,如图3-42所示使其一个端点与一个已知点水平。

【操作步骤】

(1)打开状态栏上的"对象捕捉"开关,并打开"草图设置"对话框中的"极轴追踪"选项卡,将"增量角"设置为90,将"对象捕捉追踪设置"设置为"仅正交追踪"。

(2)利用"直线"命令绘制直线,命令行提示与操作如下:

命令:LINE↙

指定第一点:(适当指定一点)

指定下一点或[放弃(U)]:tt↙

指定临时对象追踪点:(捕捉左边的点,该点显示一个+号,移动鼠标,显示追踪线,如图3-42所示)

指定下一点或[放弃(U)]:(在追踪线上适当位置指定一点)

指定下一点或[放弃(U)]:↙

结果如图3-43所示。

图 3-42　显示追踪线　　　　　　　　　图 3-43　绘制结果

【例 3-4】　绘制如图 3-44 所示图形，此图形内包含正三角形、正方形、正五边形、正六边形和圆。绘图步骤如下：

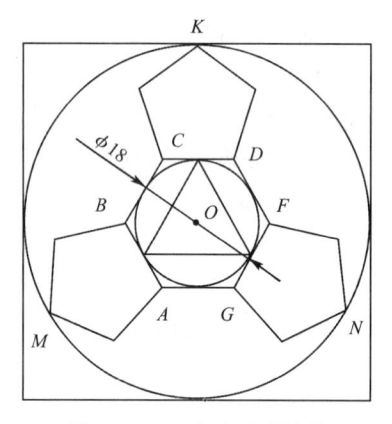

图 3-44　正多边形的绘制

(1) 绘制直径为 18 的圆。
(2) 绘制圆内接正三角形。
命令：_polygon 输入边的数目<6>：3↙
指定正多边形的中心点或[边(E)]：捕捉圆心 O 点。　（圆心 O 即正三角形的中心）
输入选项[内接于圆(I)/外切于圆(C)]<C>：I↙
（此正三角形内接于圆）
指定圆的半径：捕捉 90°极轴线与圆的交点
(3) 绘制圆外切正六边形。
命令：POLYGON 输入边的数目<3>：6↙
指定正多边形的中心点或[边(E)]：捕捉圆心 O 点
输入选项[内接于圆(I)/外切于圆(C)]<I>：C↙　（此六边形外切于圆）
指定圆的半径：捕捉正三角形的顶点
(4) 绘制正五边形。
命令：POLYGON 输入边的数目<6>：5↙
指定正多边形的中心点或[边(E)]：E↙
指定边的第一个端点：捕捉正六边形上点 A。
指定边的第二个端点：捕捉正六边形上点 B。
同理绘制出另外两个正五边形。

(5)绘制过 K、M、N 三点的圆。

命令:C✓

CIRCLE 指定圆的圆心或[三点(3P)/两点(2P)/相切、相切、半径(T)]:3P✓

指定圆的半径或[直径(D)]<9.0000>:捕捉 K、M、N 三个点。

(6)绘制圆的外切正方形。

命令:_polygon 输入边的数目<5>:4✓

指定正多边形的中心点或[边(E)]:捕捉 O 作为正多边形的中心。

输入选项[内接于圆(I)/外切于圆(C)]<C>:✓ (此正方形外切于圆)

指定圆的半径:捕捉圆上 K 点。 (O 点与 K 点的连线即此圆的半径)

图形绘制完成。

3.8 动态输入

动态输入功能可以在绘图平面直接动态的输入绘制对象的各种参数,使绘图变得直观简捷。

设置"动态输入",可以使用下列方法:

(1)命令行:DSETTINGS

(2)菜单栏:"工具"→"绘图设置"→"动态输入"

(3)工具栏:"对象捕捉"→"对象捕捉设置"

(4)快捷菜单:"对象捕捉设置"

(5)在 DYN 开关处单击鼠标右键,在弹出的快捷菜单中选择"设置"

执行上述操作,系统将打开如图 3-45 所示的"草图设置"对话框的"动态输入"选项卡。

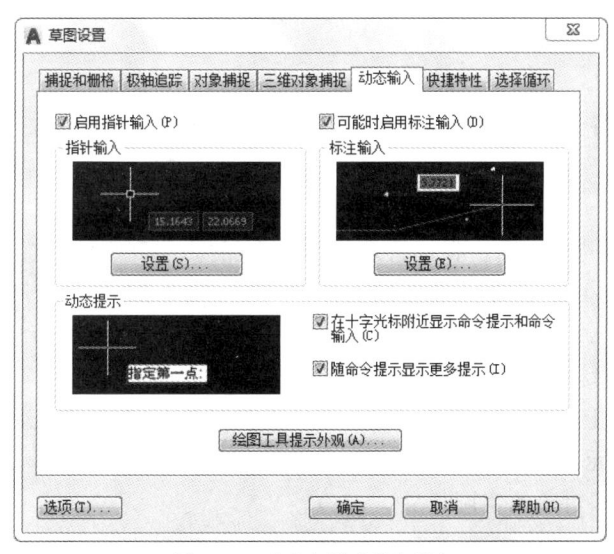

图 3-45 "动态输入"选项卡

【选项说明】

1. 启用指针输入

打开动态输入的指针输入功能。

2. 设置

指定下一点或放弃。单击该按钮,打开"指针输入设置"对话框,如图 3-46 所示,可以设置指针输入的格式和可见性。

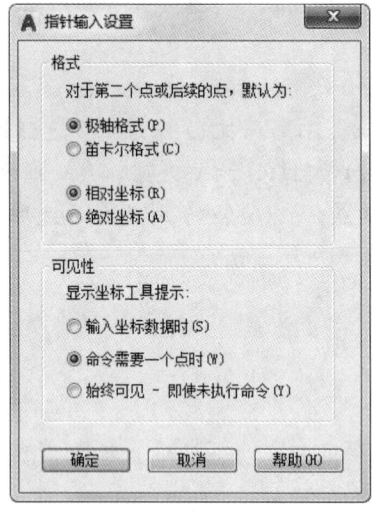

图 3-46 "指针输入设置"对话框

> **提示、注意、技巧**
>
> 单击快捷键 F12 和状态栏的"DYN"按钮可以控制"动态输入"功能的开关状态。

3.9 思考与练习

一、思考题

1. 选择题

(1) 在打开"图层特性管理器"对话框后,想要显示详细信息,应单击( )按钮。

A. 新建 B. 当前
C. 显示细节 D. 恢复状态

(2) 改变图层颜色时,在"图层特性管理器"对话框的图层列表中应( )颜色块。

A. 单击 B. 双击
C. 右击 D. 拖动

(3) 当图层锁定时,下列说法不正确的是( )。

A. 可以显示图层上的图形元素 B. 可以捕捉或添加新的图形元素
C. 可以修改图形元素 D. 不能编辑图形元素

(4) 执行缩放命令,对象的实际尺寸( )。

A. 变 B. 不变

(5) 对于缩放命令,可以执行"上一个"的次数是( )。

A. 4 B. 6
C. 8 D. 10

(6)重生成的执行速度比重画(　　)。
A. 快　　　　　　　　　　B. 慢
(7)在绘图过程中,按(　　)键,可打开或关闭对象捕捉模式。
A. F2　　　　　　　　　　B. F3
C. F6　　　　　　　　　　D. F7

2. 填空题
(1)图层的特性主要有_____。
(3)视图缩放的命令是_____,平移命令是_____。
(4)重新生成屏幕图形数据的命令是_____。
(5)激活鸟瞰视图窗口的命令是_____。
(6)重画的命令是_____。

3. 简答题
(1)绘图时为什么要使用图层?
(2)如何设置图层线型?
(3)怎样保存和恢复图层状态?
(4)缩放命令中的范围与全部选项有何区别?
(5)什么是极轴追踪?如何设置极轴角?
(6)如何设置对象捕捉模式?同时捕捉的特征点是否越多越好?

二、练习题

1. 用栅格和捕捉功能绘制如图3-47所示的平面图形,不标注尺寸。

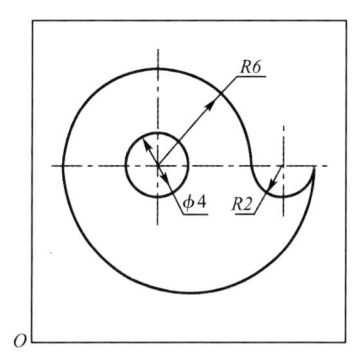

图3-47　绘制平面图形

(1)菜单栏:"文件"→"新建"→"创建新图形",使用默认公制设置。
(2)菜单栏:"格式"→"图形界限",重新设置模型空间界限。
指定左下角点:0,0
指定右上角点:20,20
(3)菜单栏:"视图"→"缩放"→"全部",使图形界限全屏显示。
(4)工具栏:"图层"→中心线、粗实线。
(5)状态栏:"栅格"加"捕捉"。
(6)绘制图形,大圆心定位在(8,11)。

2. 分析图 3-48 所示的平面图形及线型,并分层绘制,不标注尺寸。

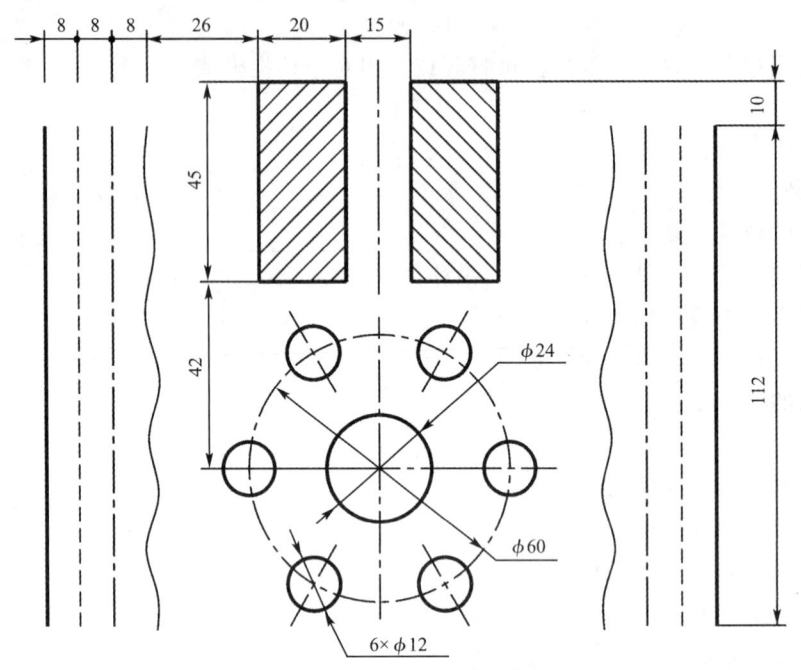

图 3-48　平面图形及线型练习

第 4 章

图形的编辑

图形的编辑　　复制、镜像、偏移、阵列　　钳夹功能

　　AutoCAD 2019 提供了许多修改图形的命令,可以帮助完成二维图形及三维图形的编辑工作,如删除、复制、镜像、偏移和阵列等,这些命令大致可分为以下几类:复制类命令、改变位置类命令、改变几何特性类命令、删除及恢复类命令。本章介绍编辑二维图形的基本方法,所使用的命令主要是在"修改"面板、"修改"菜单和"修改"工具栏中,如图 4-1、图 4-2 所示。其中常用命令的图标、命令名、简捷命令及功能列于表 4-1 中。

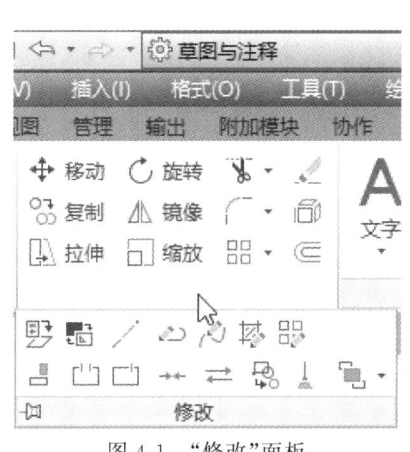

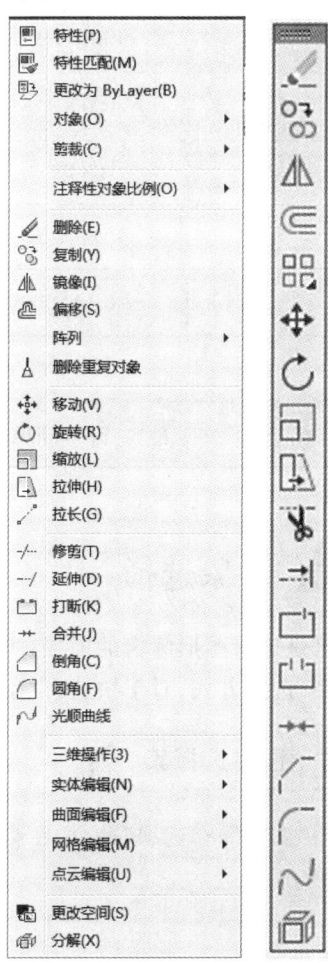

图 4-1　"修改"面板　　　　图 4-2　"修改"菜单和工具栏

表 4-1　　　　　　　　　　常用命令的图标、命令名、简捷命令及功能

序号	图标	命令名	简捷命令	功能
1		ERASE	E	删除
2		COPY	CO、CP	复制
3		MIRROR	MI	镜像
4		OFFSET	O	偏移
5		ARRAY	AR	阵列
6		MOVE	M	移动
7		ROTATE	RO	旋转
8		SCALE	SC	比例缩放
9		STRETCH	S	拉伸
10		LENGTHEN	LEN	拉长
11		TRIM	TR	修剪
12		EXTEND	EX	延伸
13		BREAK	BR	打断
14		CHAMFER	CHA	倒角
15		FILLET	F	圆角
16		EXPLODE	X	分解

4.1 对象选择

选择对象是进行图形编辑的前提。在编辑复杂图形时,往往需要同时对多个实体进行编辑,适当的对象选择方式,对于快速、准确地确定编辑对象起着重要的作用。

4.1.1 设置选择集

可以利用"工具"→"选项"命令,在打开的"选项"对话框的"选择集"选项卡中设置对象选择,如图 4-3 所示。

图 4-3 "选项"对话框的"选择集"选项卡

【选项说明】

1."拾取框大小"滑块

当命令行出现"选择对象:"提示时,十字光标变成一个正方形小框,在 AutoCAD 2019 中,称这个正方形小框为拾取框,可设置拾取框的大小。

移动"拾取框大小"滑块可以调整拾取框的大小。左侧的拾取框会实时显示其相应的尺寸大小。拾取框的大小应合适,过大时容易选中与目标对象相邻的其他实体,过小则不容易选中目标对象。

2."选择集模式"选项组

有 5 个选择模式,下面介绍常用选项组:

(1)"先选择后执行"

选中该复选框,表示先选择要编辑的对象,然后执行编辑命令。也可以先执行编辑命令,然后选择要编辑的对象。若不选择该选项,则只能先执行编辑命令,然后选择要编辑的对象。

(2)"用 Shift 键添加到选择集"

关闭"用 Shift 键添加到选择集"复选框,可以直接用拾取框连续选择多个对象。如果要取消某个已被选中的对象,可按下"Shift"键,用拾取框选取即可。

选中"用 Shift 键添加到选择集"复选框,则只能选择一次对象。当第二次拾取对象时,前一次被选中的对象随即退出。若需要多次选择对象,可按下"Shift"键,用拾取框选取添加进选择集。

(3)"关联图案填充"

用于确定填充图案与封闭区域的关系。若选中此复选框,则填充的图案与填充封闭区域保持着关联关系,即选择图案填充时,封闭区域和边界也自动被选择。

(4)"隐含选择窗口中的对象"

确定是否启用选择窗口选择对象。

3. "预览"选项组

该选项组可以设置对象选择的视觉效果,单击其中的"视觉效果设置"按钮,会弹出如图 4-4 所示的对话框,根据对话框进行设置。

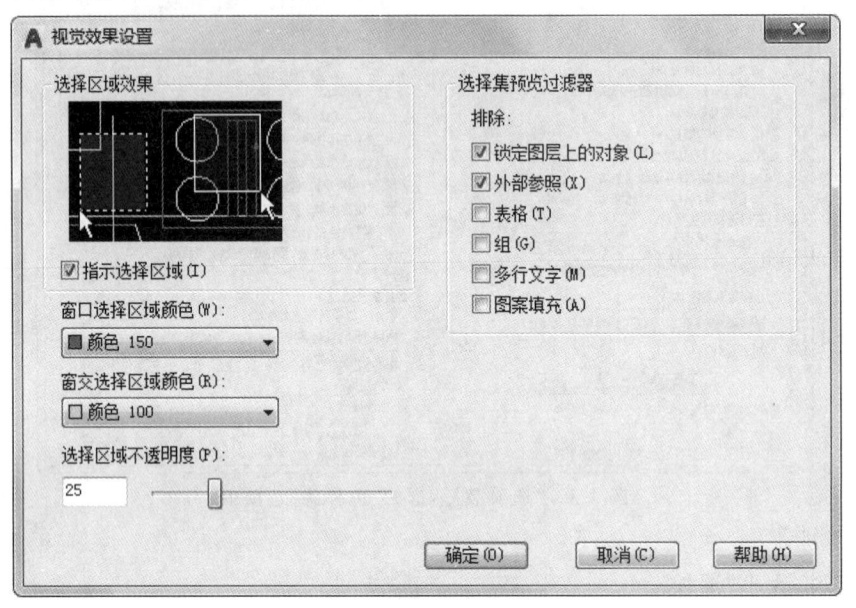

图 4-4 "视觉效果设置"对话框

> **提示、注意、技巧**

(1) 如果在执行编辑命令之前选择对象,则被选实体上会出现几个蓝色的小正方形,称为"夹点",利用夹点可以非常方便地进行有关编辑操作(详见 4.6 "钳夹功能")。

(2) 并非所有命令都适用"先选择后执行"方式,如"实体编辑"的"并集"命令。

4. "夹点"选项组

可对夹点大小以及夹点颜色进行设置。

4.1.2 选择对象的方法

"选择对象"命令可以单独使用,即在命令行输入"SELECT";也可以在执行其他编辑命令时被自动调用。此时命令行会出现"选择对象:"的提示,光标显示为拾取框。AutoCAD 2019 有多种不同的选择对象方式,在命令行输入"?",命令行提示:

需要点或窗口(W)/上一个(L)/窗交(C)/框(BOX)/全部(ALL)/栏选(F)/圈围(WP)/圈交(CP)/编组(G)/添加(A)/删除(R)/多个(M)/前一个(P)/放弃(U)/自动(AU)/单个(SI)/子对象(SU)/对象(O)

【选项说明】

1. 需要点

这是 AutoCAD 2019 默认的选择对象方式之一,在"选择对象:"提示下,将拾取框移至要编辑的目标对象上单击,即可选中对象,被选中的对象默认呈蓝色高亮显示(可以设置选择效果颜色,方法见 4.1.1)。用拾取框每次只能选取一个对象,重复操作,可依次选取多个对象。

2. 窗口(W)

在"选择对象:"提示下输入"W",用由两个对角顶点确定的矩形选择窗口选择单个或多个对象。矩形窗口是实线型的,称为窗口。位于窗口内部的所有对象均被选中,与边界相交的对象不被选中。

3. 上一个(L)

在"选择对象:"提示下输入"L",系统会自动选取最后绘制的一个对象。

4. 窗交(C)

在"选择对象:"提示下输入"C",用由两个对角顶点确定的矩形选择窗口选择单个或多个对象。矩形窗口是虚线型的,称为窗交。该方式与上述"窗口"方式的区别在于:矩形窗口内部的对象和与矩形窗口边界相交的对象均被选中。

5. 框(BOX)

在"选择对象:"提示下输入"BOX"。直接用两个对角点确定的矩形选择窗口,系统根据用户在屏幕上给出的两个对角点的先后位置自动引用"窗口"或"窗交"选择方式。

若从左向右指定对角点,绘图区内将拉出一个实线型的矩形框,为"窗口"方式,如图 4-5 所示。

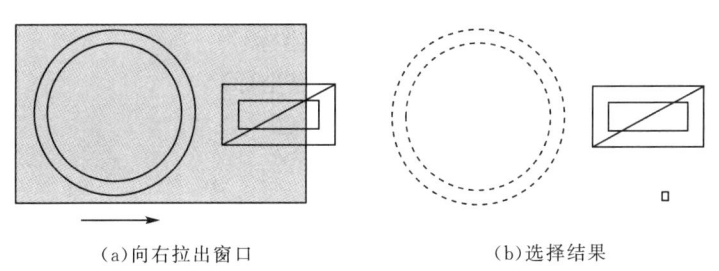

(a)向右拉出窗口　　　　　　　　　(b)选择结果

图 4-5 "窗口"方式选择对象

若从右向左指定对角点,绘图区内将拉出一个虚线型的矩形框,为"窗交"方式,如图 4-6 所示。

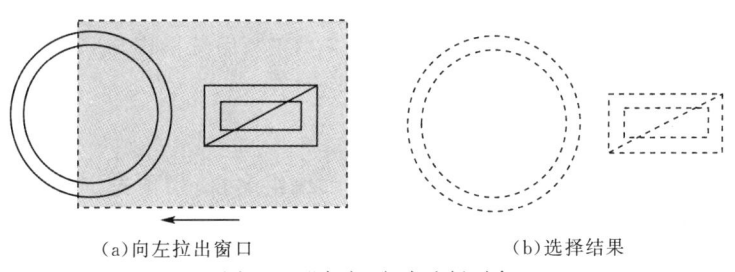

(a)向左拉出窗口　　　　　　　　　(b)选择结果

图 4-6 "窗交"方式选择对象

6. 全部(ALL)

在"选择对象:"提示下输入"ALL",图样文件中的所有对象均被选中。

7. 栏选(F)

绘制一些直线,这些直线不必构成封闭图形,凡是与这些直线相交的对象均被选中。这种方式对选择相距较远的对象比较方便。交线可以穿过本身。在"选择对象:"提示下输入"F",选择该选项后,出现如下提示:

第一栏选点:(指定交线的第一点)

指定直线的端点或[放弃(U)]:(指定交线的第二点)
指定直线的端点或[放弃(U)]:(指定下一条交线的端点)
……
指定直线的端点或[放弃(U)]:(按"Enter"键结束操作)
绘制的栏选直线及选择结果如图 4-7 所示。

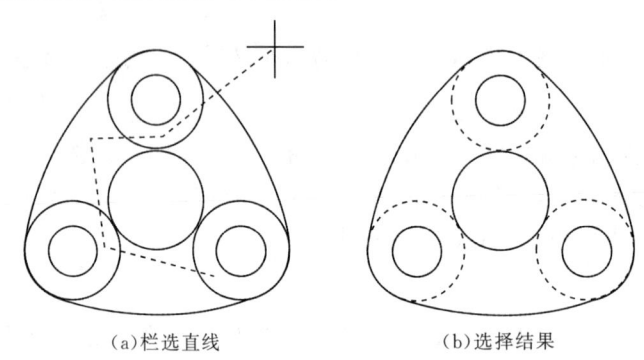

(a)栏选直线　　　　　　(b)选择结果
图 4-7　"栏选"对象选择方式

8. 圈围(WP)

使用一个不规则的多边形来选择对象。在"选择对象:"提示下输入"WP",系统提示:

第一圈围点:(输入不规则多边形的第一个顶点坐标)
指定直线的端点或[放弃(U)]:(输入第二个顶点坐标)
指定直线的端点或[放弃(U)]:(输入下一个顶点坐标)
……
指定直线的端点或[放弃(U)]:(按"Enter"键结束操作)

根据提示,顺次输入构成多边形的顶点,若输入"U",则取消上一个输入的顶点,继续输入点,直到用按"Enter"键结束,系统自动连接第一个顶点与最后一个顶点形成封闭的多边形。多边形的边不能接触或穿过本身,凡是被多边形围住的对象均被选中。

9. 圈交(CP)

类似于"圈围"方式,在"选择对象:"提示下输入"CP",后续操作与"WP"方式相同,区别是与多边形边界相交的对象也被选中。

10. 编组(G)

在"选择对象:"提示下输入"G",系统提示输入编组名,使用预先定义的对象组作为选择集。定义和删除对象组可通过"组"面板操作。

11. 添加(A)

在"选择对象:"提示下输入"A",则可继续向选择集中添加对象。

12. 删除(R)

在"选择对象:"提示下输入"R",可以从当前选择集中删除对象。

13. 多个(M)

在"选择对象:"提示下输入"M",指定多个点,指定过程中被选中对象不高亮显示。这种方法可以加快在复杂图形上的对象选择过程。若两个对象交叉,则指定交叉点两次可以选中这两个对象。

14. 前一个(P)

在"选择对象:"提示下输入"P",将最近的一个选择集设置为当前选择集。

15. 放弃(U)

在"选择对象:"提示下输入"U",用于取消加入选择集的对象。它可以将用户在选择集中所做的操作一步一步地回退,每退一步都把最近加入的对象移出。

16. 自动(AU)

这也是 AutoCAD 2019 的默认选择方式。其选择结果视用户在屏幕上的选择操作而定。如果选中单个对象,则该对象即为自动选择的结果;如果选择点落在对象内部或外部的空白处,系统会提示:

指定对角点:

此时,系统会采取矩形框的选择方式,操作方法及选择结果同"BOX"。

17. 单个(SI)

在"选择对象:"提示下输入"SI",则当第一个对象或对象集被选中后,不再提示进行进一步的选择而结束。

18. 子对象(SU)

使用户可以逐个选择原始形状,这些形状是复合实体的一部分或三维实体上的顶点、边和面。可以选择这些子对象的其中之一,也可以创建多个子对象的选择集。选择集可以包含多种类型的子对象。

按住"Ctrl"键操作与选择 SELECT 命令的"子对象"选项相同。

19. 对象(O)

结束选择子对象的功能。使用户可以使用对象选择方法。

> **提示、注意、技巧**
>
> 如果在"选择对象:"提示下单击鼠标左键,系统将按"框(BOX)"方式选择对象。

4.1.3 快速选择

有时用户需要选择具有某些共同属性的对象组构造选择集,如选择具有相同颜色、线型或线宽的对象,用户可以使用前面介绍的方法选择这些对象,但如果要选择的对象数量较多且分布在较复杂的图形中,工作量会很大。AutoCAD 2019 提供了 QSELECT 命令来解决这个问题。调用 QSELECT 命令后,打开"快速选择"对话框,如图 4-8 所示。利用该对话框可以根据用户指定的过滤标准快速创建选择集。

打开"快速选择"对话框,可以使用下列方法:

(1)命令行:QSELECT

(2)菜单栏:"工具"→"快速选择"

(3)快捷菜单:"快速选择"

(4)"特性"选项板→"快速选择"

执行上述命令后,系统会打开"快速选择"对话框。在该对话框中可以选择符合条件的对象或对象组。

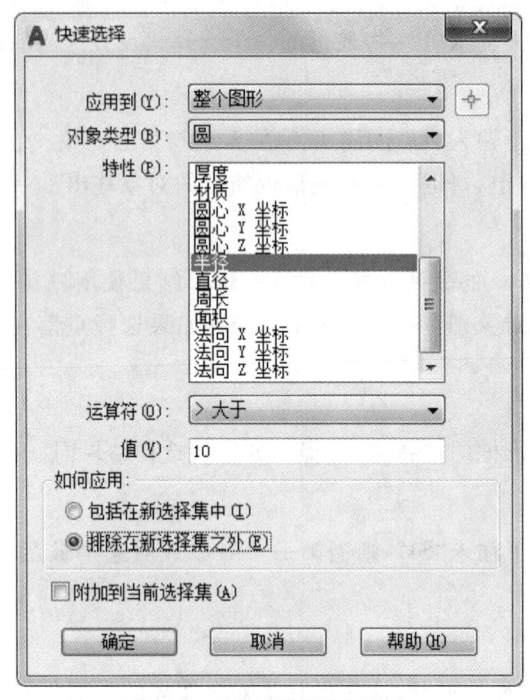

图 4-8 "快速选择"对话框

【例 4-1】 从选择集中删除一幅图中所有半径大于 10 的圆。

【操作步骤】
(1)调出"快速选择"对话框。
(2)在"应用到"下拉列表框中选择"整个图形"。
(3)在"对象类型"下拉列表框中选择"圆"。
(4)在"特性"列表框中选择"半径"。
(5)在"运算符"下拉列表框中选择">大于"。
(6)在"值"文本框中输入 10。
(7)在"如何应用"选项组中选择"排除在新选择集之外"。设置结果如图 4-8 所示。

执行结果:从选择集中删除一幅图中所有半径大于 10 的圆,然后关闭"快速选择"对话框。

4.2 复制类命令

4.2.1 复制

"复制"命令即在指定方向上按指定距离或指定位置复制对象,使用坐标、栅格捕捉、对象捕捉和其他工具可以精确复制对象,也可以进行多重复制。

启用"复制"命令,可以使用下列方法。
(1)命令行:COPY
(2)菜单栏:"修改"→"复制"

(3)面板(或工具栏):"修改"→"复制"

(4)快捷菜单:选择要复制的对象,在绘图区域右击,从打开的快捷菜单上选择"复制"命令。

【操作步骤】

命令:COPY↙

选择对象:(选择要复制的对象)

选择对象:↙(按"Enter"键结束选择操作)

指定基点或[位移(D)]<位移>:

指定第二个点或<使用第一个点作为位移>:

指定第二个点或[退出(E)/放弃(U)]<退出>:(指定第二点,继续复制对象)

指定第二个点或[退出(E)/放弃(U)]<退出>:↙(按"Enter"键结束并退出复制操作)

【选项说明】

1. 选择对象

用前面介绍的对象选择方法选择一个或多个对象。

2. 指定基点或[位移(D)]<位移>

移动光标或在命令行输入确定一点,如输入(12,9),该点将作为复制对象的基点或复制对象的相对位移;位移(D),在命令行输入"D",将继续提示指定位移,如输入(20,15),对象即在 X 方向和 Y 方向上分别移动 20、15 个单位。

3. 指定第二个点或<使用第一个点作为位移>

指定第二个点,系统将前面确定的点作为基点,确定与该点的位移矢量,把选择的对象复制到第二点处。

如果直接按"Enter"键,即选择默认的"使用第一个点作为位移",系统将前面输入的(12,9)当作 X、Y 方向的位移。对象从它当前的位置在 X 方向上移动 12 个单位,在 Y 方向上移动 9 个单位。

4. 指定第二个点或[退出(E)/放弃(U)]<退出>

可以不断指定新的第二点,从而实现多重复制。若要放弃上一个复制的对象,则可以输入"U",连续操作可实现重复放弃。完成复制后按"Enter"键结束并退出复制操作。

> 提示、注意、技巧

(1)当提示"指定基点或[位移(D)]<位移>"时,在绘图区域右击,从打开的快捷菜单上,也可以选择"位移(D)"命令。

(2)当提示"指定第二个点或[退出(E)/放弃(U)]<退出>"时,也可以在绘图区域右击,从打开的快捷菜单上,选择"退出(E)"或者"放弃(U)"等有关操作。

(3)在操作过程中,其他图形修改命令也可以在绘图区域右击,从打开的快捷菜单上,选择选项进行有关操作,以后不再复述。

【例 4-2】 绘制如图 4-9 所示的图形。

【操作步骤】

(1)绘制矩形和圆

利用"矩形"命令与"圆"命令绘制一个矩形和一个圆,如图 4-9(a)图所示。

(2)利用"复制"命令绘制圆

输入复制命令。

命令：_copy

选择对象：选择小圆。

选择对象：↙　　　　　　　　　　　　（按"Enter"键结束选择对象）

指定基点或[位移(D)]＜位移＞：捕捉圆心点A。

指定位移的第二点：分别捕捉B、C、D三点。　（将圆分别复制到B、C、D处）

完成全图。

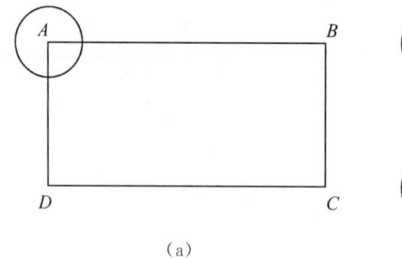

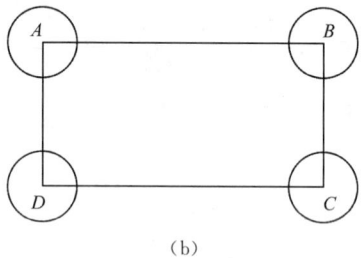

(a)　　　　　　　　　　　　　(b)

图 4-9　复制对象

4.2.2　镜像

镜像是指绕指定轴翻转对象创建对称的镜像图像。镜像对创建对称的图形非常有用，因为可以快速地绘制半个图形对象，然后将其镜像，而不必绘制整个图形。镜像操作完成后，可以保留原对象，也可以将其删除。

启用"镜像"命令，可以使用下列方法。

(1)命令行：MIRRIR

(2)菜单栏："修改"→"镜像"

(3)面板(或工具栏)："修改"→"镜像"

【操作步骤】

命令：MIRROR↙

选择对象：(选择要镜像的对象)

指定镜像线的第一点：(指定第一个点)

指定镜像线的第二点：(指定第二个点)

是否删除源对象？[是(Y)/否(N)]＜N＞：(确定是否删除选择的镜像对象)

由镜像线的第一个点和第二个点确定一条镜像线，被选择的对象以该线为对称轴进行镜像。

【例 4-3】　绘制如图 4-10 所示的平面图形。

【操作步骤】

(1)绘制直径为 40 的圆。

圆心位置可在绘图区内任取一点，绘制直径为 40 的圆如图 4-11 所示。

(2)绘制直径为 20 的圆。

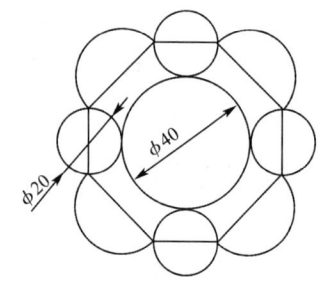

图 4-10　平面图形

用对象追踪功能确定圆心位置,以直径为 40 的圆的圆心为捕捉对象往左移动光标,出现极轴线时输入 30 即可,如图 4-12 所示。

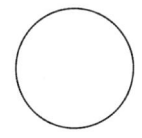

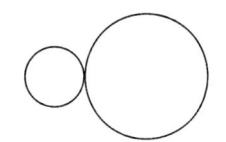

图 4-11　绘制直径为 40 的圆　　图 4-12　绘制直径为 20 的圆

(3)利用镜像命令绘制第二个小圆。

输入镜像命令。

命令:_mirror

选择对象:选择小圆

选择对象:↙　　　　　　　　　　　　　　　(按"Enter"键结束选择)

指定镜像线的第一点:选择大圆上象限点。

指定镜像线的第二点:选择大圆下象限点。　　(上、下象限点连线为镜像线)

是否删除源对象?[是(Y)/否(N)]<N>:↙　　(按"Enter"键确定选择)

结果如图 4-13 所示。

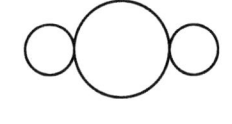

图 4-13　图形的镜像

(4)利用复制命令绘制第三个小圆。

输入复制命令。

命令:_copy

选择对象:选择左侧小圆。

选择对象:↙　　　　　　　　　(按"Enter"键确定选择)

指定基点或[位移(D)]<位移>:捕捉左侧小圆的上象限点,

指定第二个点或<使用第一个点作为位移>:移动光标到大圆下象限点处。

指定第二个点或[退出(E)/放弃(U)]<退出>:↙

结果如图 4-14 所示。

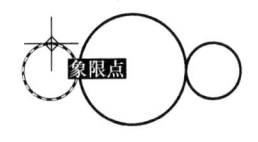

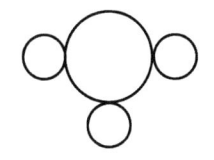

图 4-14　图形的复制

(5)利用镜像命令绘制第四个圆。

选择第三个小圆为镜像对象,指定左、右象限点连线为镜像线,绘制第四个圆,如图 4-15 所示。

(6)绘制直线

利用绘制直线命令及象限点捕捉功能绘制各段直线,如图 4-16 所示。

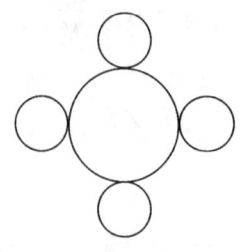

图 4-15　图形的镜像　　　　图 4-16　直线的绘制

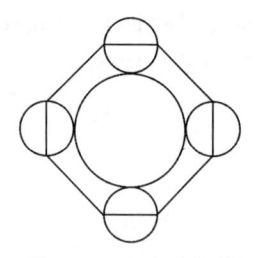

(7) 绘制第一段圆弧

利用绘制圆弧命令绘制第一段圆弧。输入圆弧命令,选择"起点、圆心、端点"方式。

命令:_arc 指定圆弧的起点或[圆心(C)]:<对象捕捉 开>捕捉 B 点

指定圆弧的第二个点或[圆心(C)/端点(E)]:_c(指定圆弧的圆心:捕捉直线 AB 的中点 O)

指定圆弧的端点或[角度(A)/弦长(L)]:捕捉 A 点

结果如图 4-17 所示。

(8) 绘制另三段圆弧

利用镜像命令绘制另三段圆弧,完成全图,如图 4-18 所示。

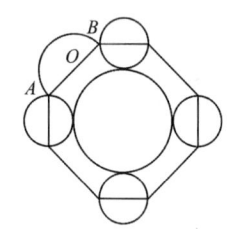

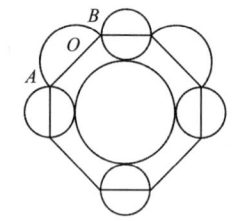

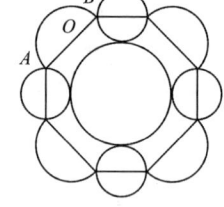

图 4-17　绘制 AB 圆弧　　　图 4-18　分别利用镜像命令绘制右方圆弧和下方两段圆弧

4.2.3　偏移

"偏移"命令用于创建与选定的图形对象平行的新对象。偏移圆或圆弧可以创建更大或更小的圆或圆弧,其大或小取决于向哪一侧偏移,如图 4-19 所示。

图 4-19　用"偏移"命令创建的图形

可以创建偏移图形的对象有直线、圆弧、圆、椭圆和椭圆弧、二维多段线和样条曲线等。

启用"偏移"命令,可以使用下列方法:

(1) 命令行:OFFSET

(2) 菜单栏:"修改"→"偏移"

(3) 面板(或工具栏):"修改"→"偏移"

【操作步骤】

命令:OFFSET↙

指定偏移距离或[通过(T)]<默认值>:(指定距离值)
选择要偏移的对象或<退出>:(选择要偏移的对象或按"Enter"键结束操作)
指定点以确定偏移所在一侧:(指定偏移方向)

【选项说明】

1. 指定偏移距离

输入一个距离值,或按"Enter"键使用当前的距离值,系统把该距离值作为偏移距离,如图4-20 所示。

图 4-20　指定距离偏移对象

2. 通过(T)

指定偏移的通过点。选择该选项后出现如下提示:
选择要偏移的对象或<退出>:(选择要偏移的对象。按"Enter"键结束操作)
指定通过点:(指定偏移对象的一个通过点)
操作完毕后,系统根据指定的通过点绘出偏移对象。如图 4-21 所示。

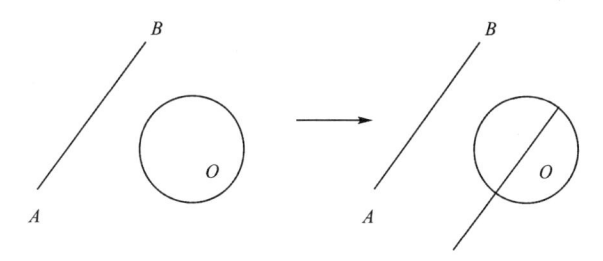

图 4-21　指定通过点偏移对象

提示、注意、技巧

(1)偏移命令在选择实体时,每次只能选择一个实体。
(2)偏移命令中的偏移距离值,默认为上次输入的值。

【例 4-4】 绘制如图 4-22 所示的图形

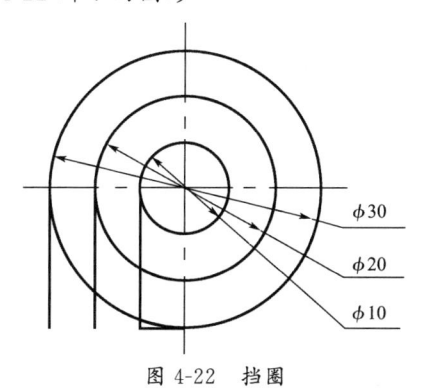

图 4-22　挡圈

【操作步骤】

(1)设置图层。

利用"图层"命令设置两个图层。

"粗实线"图层:线宽为 0.5 mm,其余属性为默认值。

"中心线"图层:线型为 CENTER2,其余属性为默认值。

(2)绘制直径为 30 的圆。

设置"粗实线"图层为当前层。命令行提示与操作如下:

命令:_circle

指定圆的圆心或[三点(3p)/两点(2p)/相切、相切、半径(T)]:(用鼠标指定一点为圆心)

指定圆的半径或[直径(D)]:15✓(指定半径值)

结果如图 4-23 所示。

(3)绘制中心线。

设置"中心线"图层为当前层。命令行提示与操作如下:

命令:_line

指定第一点:<对象捕捉 开><对象捕捉追踪 开>

(将光标移到圆心稍停,往上移动输入 18,确定竖直中心线的第一点)

指定下一点或[放弃(U)]:(将光标往下移动输入 36,确定竖直中心线的第二点)

指定下一点或[放弃(U)]:✓

用相同方法绘制水平中心线,结果如图 4-24 所示。

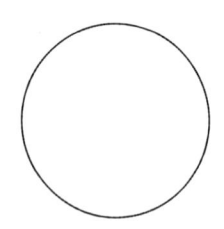

图 4-23 绘制直径为 30 的圆   图 4-24 绘制中心线

(4)用"偏移"命令绘制直径为 20 和 10 的圆。

输入偏移命令

命令:_offset

当前设置:删除源=否 图层=源 OFFSETGAPTYPE=0

指定偏移距离或[通过(T)/删除(E)/图层(L)]<通过>:5✓ (指定偏移距离 5)

选择要偏移的对象,或[退出(E)/放弃(U)]<退出>:(指定绘制的圆)

指定要偏移的那一侧上的点,或[退出(E)/多个(M)/放弃(U)]<退出>:M✓(选择多重偏移)

指定要偏移的那一侧上的点,或[退出(E)/放弃(U)]<下一个对象>:(指定圆内侧的一点)

指定要偏移的那一侧上的点,或[退出(E)/放弃(U)]<下一个对象>:(指定圆内侧的一点)

指定要偏移的那一侧上的点,或[退出(E)/放弃(U)]<下一个对象>:✓

结果如图 4-25 所示。

(5)绘制水平直线和竖直直线。

命令：＜极轴 开＞

命令：＜对象捕捉 开＞

利用极轴追踪功能绘制直线，结果如图 4-26 所示。

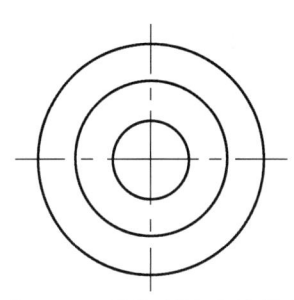

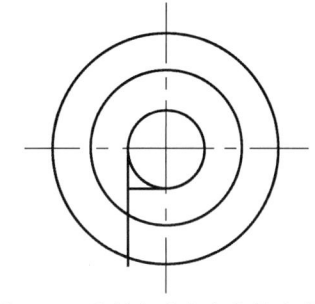

图 4-25　用"偏移"命令绘制圆　　　图 4-26　绘制水平直线和竖直直线

(6)用"偏移"命令绘制直线

输入偏移命令

命令：_offset

当前设置：删除源＝否　图层＝源　OFFSETGAPTYPE＝0

指定偏移距离或[通过(T)/删除(E)/图层(L)]＜5.0000＞:T↙(选择通过点方式偏移)

选择要偏移的对象，或[退出(E)/放弃(U)]＜退出＞:(指定绘制的竖直直线)

指定通过点或[退出(E)/多个(M)/放弃(U)]＜退出＞:M↙(选择多重偏移)

指定通过点或[退出(E)/放弃(U)]＜下一个对象＞:(指定直径为 20 的圆的左象限点为通过点)

指定通过点或[退出(E)/放弃(U)]＜下一个对象＞:(指定直径为 30 的圆的左象限点为通过点)

指定通过点或[退出(E)/放弃(U)]＜下一个对象＞:↙

用相同方法绘制水平直线，结果如图 4-27 所示。

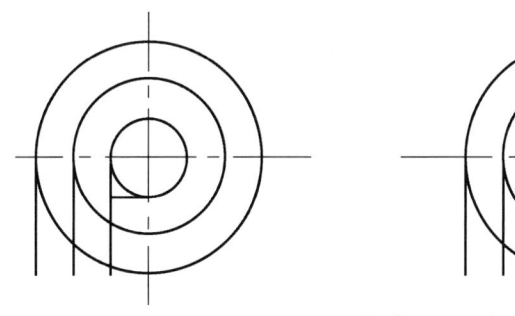

图 4-27　用"偏移"命令绘制直线

4.2.4　阵列

建立阵列是指多重复制图形对象，并把这些图形对象按矩形、环形或路径排列。按矩形排列称为建立矩形阵列，按环形排列称为建立环形阵列，结果如图 4-28 所示。建立环形阵列时，可以控制复制对象的数目和决定对象是否被旋转；对于矩形阵列，可以控制复制对象的行数和列数以及它们之间的距离。对于创建多个按矩形或环形排列的对象，阵列比复制要快。

(a)矩形阵列　　　　　　　(b)环形阵列

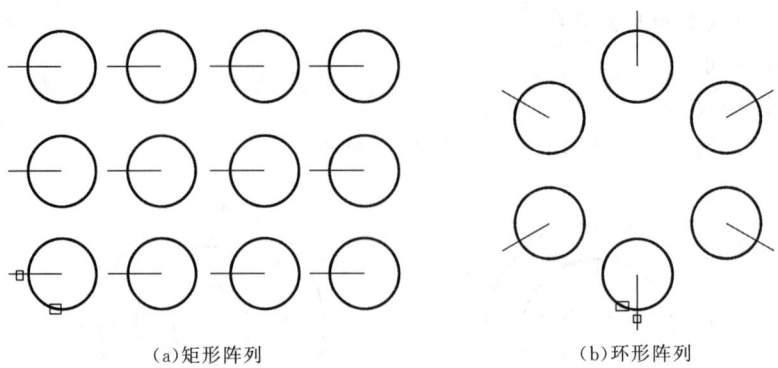

图 4-28　阵列图形

启用"阵列"命令,可以使用下列方法:

(1)命令行:ARRAY

(2)菜单栏:"修改"→"阵列"

(3)面板(或工具栏):"修改"→"阵列"

执行上述(1)(2)方式后,将显示以下提示:

选择对象:使用对象选择方法

输入阵列类型[矩形(R)/路径(PA)/极轴(PO)]<矩形>:(输入选项或按"Enter"键)

执行上述(3)方式,即单击并按住工具按钮　　选择嵌套按钮矩形、路径、极轴,后续操作与(1)(2)方式相同。

1. 矩形(R)

将对象分布到行、列和标高的任意组合。

输入 R,将显示以下提示:

类型＝矩形　关联＝是

指定项目数的对角点或[基点(B)/角度(A)/计数(C)]<计数>:(输入选项或按"Enter"键)

指定对角点以间隔项目或[间距(S)]<间距>:

按"Enter"键接受或[关联(AS)/基点(B)/行数(R)/列数(C)/层级(L)/退出(X)]<退出>:(按"Enter"键或选择选项)

【选项说明】

(1)项目

指定阵列中的项目数。使用预览网格以指定反映所需配置的点。

计数:分别指定行和列的值。

(2)间隔项目

指定行间距和列间距。使用预览网格以指定反映所需配置的点。

(3)基点

对于关联阵列,在源对象上指定有效的约束点(或关键点)以用作基点。如果编辑生成阵列的源对象,阵列的基点保持与源对象的关键点重合。

(4)角度

指定行轴的旋转角度。行和列轴保持相互正交。对于关联阵列,可以稍后编辑各个行和列的角度。

(5)关联

指定是否在阵列中创建项目作为关联阵列对象,或作为独立对象。关联阵列对象相当于一个图块,可以通过编辑阵列的特性和源对象,快速传递修改。

不关联阵列对象中的每个项目为独立对象,更改一个项目不影响其他项目。

(6)行数

编辑阵列中的行数和行间距,以及它们之间的增量标高。

①全部:指定第一行和最后一行之间的总距离。

②表达式:使用数学公式或方程式获取值。

(7)列数

编辑列数和列间距。

行距和列距有正、负之分,行距为正将向上阵列,为负则向下阵列;列距为正将向右阵列,为负则向左阵列。其正负方向符合坐标轴正负方向。

(8)层级

指定阵列中的层数和层间距。

全部:指定第一层和最后一层之间的总距离

2. 路径(PA)

沿路径或部分路径均匀分布对象副本。

输入"PA",将显示以下提示:

类型=路径　关联=是

选择路径曲线:(使用一种对象选择方法)

输入沿路径的项数或[方向(O)/表达式(E)]<方向>:(指定项目数或输入选项)

指定基点或[关键点(K)]<路径曲线的终点>:(指定基点或输入选项)

指定与路径一致的方向或[两点(2P)/法线(N)]<当前>:(按"Enter"键或选择选项)

指定沿路径的项目之间的距离或[定数等分(D)/全部(T)/表达式(E)]<沿路径平均定数等分>:(指定距离或输入选项)

按"Enter"键接受或[关联(AS)/基点(B)/项目(I)/行数(R)/层级(L)/对齐项目(A)/Z方向(Z)/退出(X)]<退出>:(按"Enter"键或选择选项)

【选项说明】

(1)路径曲线

指定用于阵列路径的对象,选择直线、多段线、三维多段线、样条曲线、螺旋、圆弧、圆或椭圆。

(2)项目数

指定阵列中的项目数。

方向:控制选定对象是否将相对于路径的起始方向重定向(旋转),然后再移动到路径的起点。

①两点:指定两个点来定义与路径的起始方向一致的方向,如图 4-29 所示。

②法线:对象对齐垂直于路径的起始方向,如图 4-30 所示。

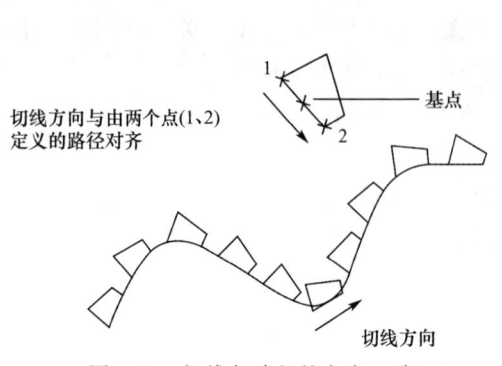

图 4-29 切线与路径的方向一致 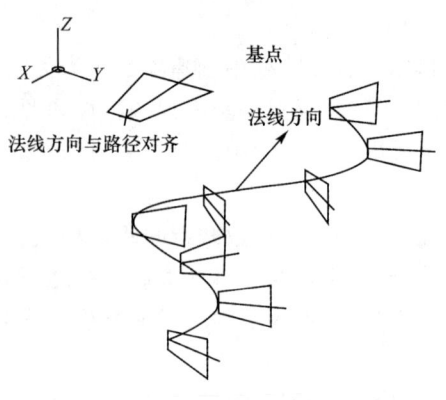　　　　图 4-30 法线与路径的方向一致

(3) 基点

指定阵列的基点。

(4) 项目之间的距离

指定项目之间的距离。

①定数等分：沿整个路径长度平均定数等分项目。

②全部：指定第一个和最后一个项目之间的总距离

(5) 项目

编辑阵列中的项目数。如果"方法"特性设置为"测量"，则会提示用户重新定义分布方法（项目之间的距离、定数等分和全部选项）。

(6) 对齐项目

指定是否对齐每个项目以与路径的方向相切。对齐相对于第一个项目的方向，如图 4-31 所示。

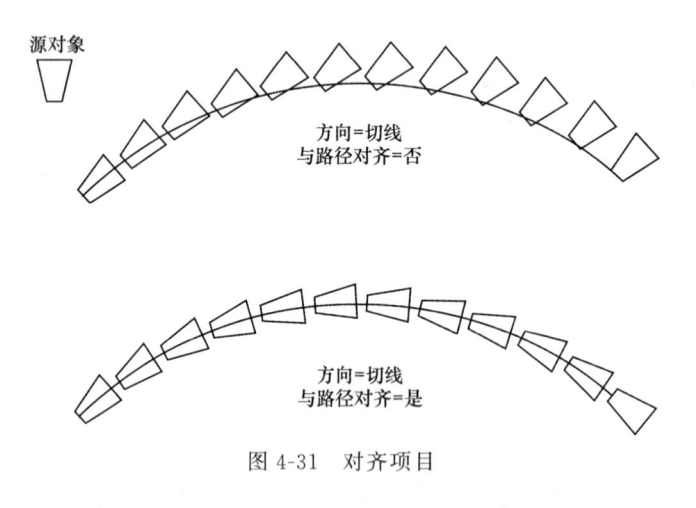

图 4-31 对齐项目

(7) Z 方向

控制是否保持项目的原始 Z 方向或沿三维路径自然倾斜项目。

其余选项与矩形阵列相同。

3. 极轴(PO)

通过围绕指定的中心点或旋转轴复制选定对象来创建阵列，如图 4-32 所示。

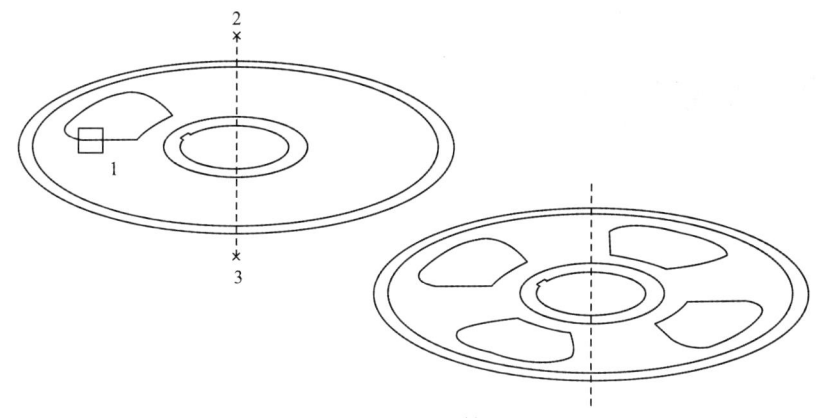

图 4-32　极轴

输入"PO",将显示以下提示:

型＝极轴　关联＝是

指定阵列的中心点或[基点(B)/旋转轴(A)]:(指定中心点或输入选项)

输入项目数或[项目间角度(A)/表达式(E)]＜最后计数＞:(指定项目数或输入选项)

指定要填充的角度(逆时针为＋,顺时针为－)或[表达式(E)]:(输入填充角度或输入选项)

按"Enter"键接受或[关联(AS)/基点(B)/项目(I)/项目间角度(A)/填充角度(F)/行(ROW)/层级(L)/旋转项目(ROT)/退出(X)]＜退出＞:(按"Enter"键或选择选项)

【选项说明】

(1)基点

指定分布阵列项目所围绕的点。旋转轴是当前 UCS 的 Z 轴

(2)旋转轴

指定由两个指定点定义的自定义旋转轴。

(4)项目数

指定阵列中的项目数。

表达式:使用数学公式或方程获取值。当在表达式中定义填充角度时,结果值中的"＋""－"数学符号不会影响阵列的方向。

(5)项目间角度

指定项目之间的角度。

(6)填充角度

指定阵列中第一个和最后一个项目之间的角度。

(7)旋转项目

控制在排列项目时是否旋转项目。

其余选项与矩形和路径阵列相同。

提示、注意、技巧

(1)创建环形阵列时,阵列按逆时针还是按顺时针方向排列,取决于设置填充角度时输入的是正值还是负值。

(2)在环形阵列中,阵列项数默认包括原有实体本身。

(3)在矩形阵列中,通过设置阵列角度可以进行倾斜阵列。

4.3 改变位置类命令

改变位置类命令的功能,是按照指定要求改变当前图形或图形的某部分的位置,主要包括移动、旋转和缩放等命令。

4.3.1 移动

在指定方向上按指定距离移动对象。启用"移动"命令,可以使用下列方法:
(1)命令行:MOVE
(2)菜单栏:"修改"→"移动"
(3)面板(或工具栏):"修改"→"移动" ✥
(4)快捷菜单:选择要复制的对象,在绘图区域右击,从打开的快捷菜单中选择"移动"命令

【操作步骤】

命令:MOVE↙

选择对象:(选择对象)

指定基点或[位移(D)]<位移>:(指定基点或移至点)

指定第二个点或<使用第一个点作为位移>:

各选项功能与 COPY 命令相关选项功能相同。所不同的是对象被移动后,原位置处的对象消失。

【例 4-5】 将图 4-33(a)所示的图形叠加,合并为一个图,如图 4-33(b)所示。

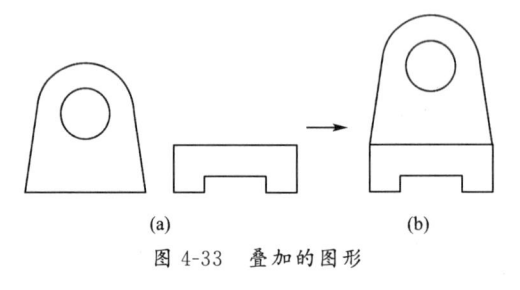

图 4-33 叠加的图形

【操作步骤】

输入"移动"命令。

命令:_move

选择对象:指定对角点:找到 6 个 (选择 A 图)

选择对象:↙

指定基点或[位移(D)]<位移>:

指定第二个点或<使用第一个点作为位移>:

(指定 A 图的右下角作为基点,指定 B 图的右上角作为第二个点,如图 4-34 所示)

结果如图 4-33 所示。

图 4-34 "移动"图形

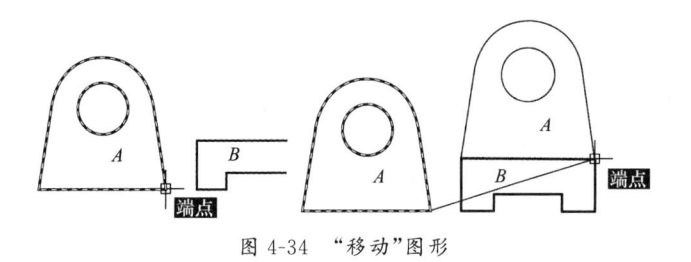

4.3.2 旋转

绕指定基点旋转图形中的对象。启用"移动"命令,可以使用下列方法:
(1)命令行:ROTATE
(2)菜单栏:"修改"→"旋转"
(3)工具栏:"修改"→"旋转"
(4)快捷菜单:选择要旋转的对象,在绘图区域右击,从打开的快捷菜单中选择"旋转"命令

【操作步骤】
命令:ROTATE✓
UCS 当前的正角方向:ANGDIR=逆时针　ANGBASE=0
选择对象:(选择要旋转的对象)
指定基点:(指定旋转的基点)
指定旋转角度,或[复制(C)/参照(R)]<0>(指定旋转角度或其他选项)

【选项说明】

1. 直接输入角度

如图 4-35 所示图形的绘制过程如下:

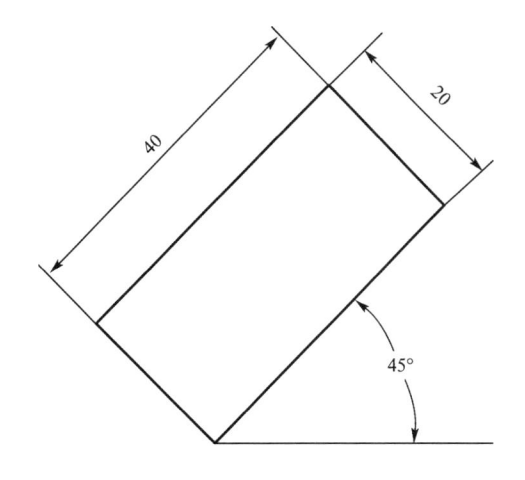

图 4-35　平面图形的绘制

(1)绘制矩形

利用绘制直线命令,绘制长为 40,宽为 20 的矩形,如图 4-36(a)所示。

(a)旋转前　　　　　　　　(b)旋转后

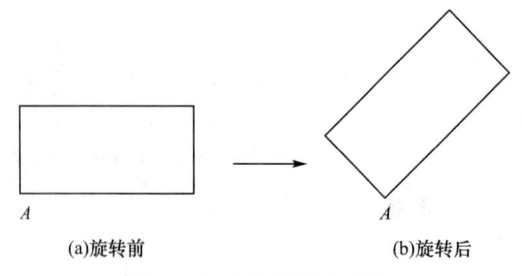

图 4-36　平面图形的旋转

（2）对矩形进行旋转

命令:_rotate

UCS 当前的正角方向:ANGDIR＝逆时针　ANGBASE＝0

选择对象:选择刚绘制的矩形 4－39(a)。指定对角点:找到 4 个

选择对象:↙(按"Enter"键结束选择)

指定基点:＜对象捕捉 开＞捕捉矩形的 A 点。

指定旋转角度,或[复制(C)/参照(R)]＜315＞:45

图形由图 4-36(a)变成图 4-36(b),完成图形的绘制。

2. 复制(C)

选择该项,旋转对象的同时保留原对象。如图 4-37 所示。

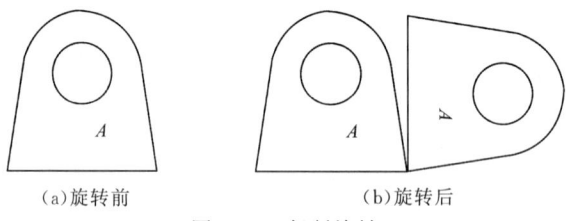

(a)旋转前　　　　　　　　(b)旋转后

图 4-37　复制旋转

3. 参照(R)

采用参照方式旋转对象时,系统提示:

指定参照角＜0＞(指定要参考的角度,默认值为 0)

指定新角度:(输入旋转后的角度值)

操作完毕后,对象被旋转至指定的角度位置。

（1）将已知直线旋转到给定的位置,如图 4-38 所示,将图 4-38(a)中的矩形经过旋转变成图 4-38(b)中的形式。

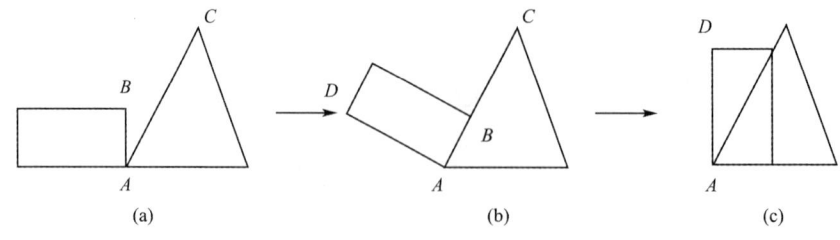

(a)　　　　　　　　(b)　　　　　　　　(c)

图 4-38　使用参照进行旋转

输入旋转命令:

命令:_rotate

UCS 当前的正角方向:ANGDIR=逆时针　ANGBASE=0　（提示当前相关设置）

选择对象:选择矩形。　　　　　　　　　　　　（选择要旋转的矩形）

指定对角点:找到 1 个

选择对象:✓　　　　　　　　　　　　　　　　（按"Enter"键结束对图形的选择）

指定基点:<对象捕捉 开>捕捉 A 点。　　　　　（选择不动的点 A）

指定旋转角度或[参照(R)]:R✓　　　　（由于旋转角度值不能确定,可选择参照旋转）

指定参照角<0>:捕捉矩形的 A 点。

指定第二点:捕捉矩形的 B 点。

指定新角度:捕捉三角形的 C 点。

(2)将已知直线旋转到给定的角度

如图 4-38 所示,将图 4-38(b)中矩形经过旋转变成图 4-38(c)的形式。

输入旋转命令:

命令:_rotate

UCS 当前的正角方向:ANGDIR=逆时针　ANGBASE=0　（提示当前相关设置）

选择对象:选择矩形。　　　　　　　　　　　　（选择要旋转的矩形）

指定对角点:找到 1 个

选择对象:✓　　　　　　　　　　　　　　　　（按"Enter"键结束对图形的选择）

指定基点:捕捉 A 点。　　　　　　　　　　　　（选择不动的点 A）

指定旋转角度或[参照(R)]:R✓　　　　（由于旋转角度值不能确定,故可选择参照旋转）

指定参照角<0>:捕捉矩形的 A 点。

指定第二点:捕捉矩形的 D 点。

指定新角度:90✓　　　　　　　　　　　　　　（将 AD 旋转到与 X 轴正向呈 90°）

图形绘制完成。

> 💡 **提示、注意、技巧**

(1)可以用拖动鼠标的方法旋转对象。选择对象并指定基点后,从基点到当前光标位置会出现一条连线,移动鼠标,选择的对象会动态地随着该连线与水平方向的夹角的变化而旋转,按"Enter"键会确认旋转操作,如图 4-39 所示。

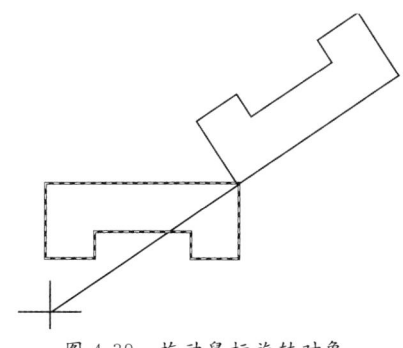

图 4-39　拖动鼠标旋转对象

(2)当使用角度旋转时,旋转角度有正、负之分,逆时针为正值,顺时针为负值。

(3)使用参照旋转时,当出现最后一个"提示指定新角度"时,可直接输入要转到的角度,X 轴正向为 0。

4.3.3 缩放

在 X、Y 和 Z 方向按比例放大或缩小对象。启用"缩放"命令，使用下列方法：

(1)命令行：SCALE
(2)菜单栏："修改"→"缩放"
(3)面板(或工具栏)："修改"→"比例"
(4)快捷菜单：选择要缩放的对象，在绘图区域右击，从打开的快捷菜单中选择"缩放"命令

【操作步骤】

命令：SCALE↙
选择对象：(选择要缩放的对象)
指定基点：(指定缩放操作的基点)

【选项说明】

1. 采用"参照(R)"缩放对象

采用参照缩放对象时系统提示：
指定参照长度<0.0000>：(指定参考长度值)
指定新长度或[点(P)]<0.0000>：(指定新长度值)

若新长度值大于参考长度值，则放大对象；否则，缩小对象。操作完毕后，系统以指定的点为基点按指定的比例因子缩放对象。如果选择"点(P)"选项，则指定两点来定义新的长度。

2. 可以用拖动鼠标的方法缩放对象

选择对象并指定基点后，从基点到当前光标位置会出现一条连线，线段的长度即为比例大小。移动鼠标，选择的对象会动态地随着该连线和长度的变化而缩放，按"Enter"键确认缩放操作。

3. 选择"复制(C)"

选择"复制(C)"时，可以复制缩放对象，即缩放对象时，保留原对象，这是 AutoCAD 2019 的新增功能。如图 4-40 所示。

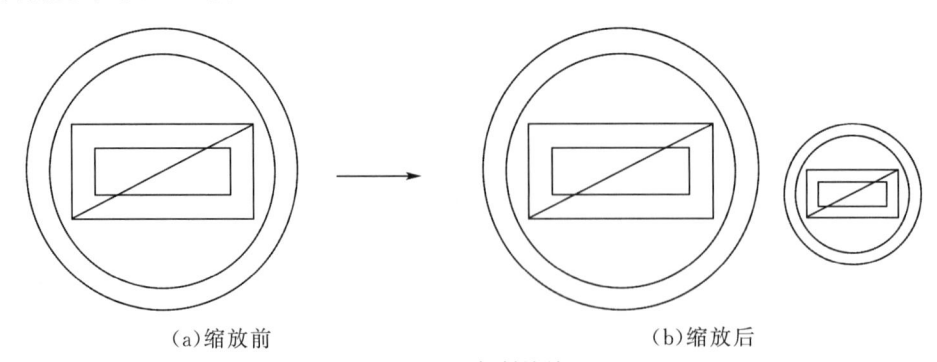

(a)缩放前　　　　　　　　(b)缩放后

图 4-40　复制缩放

💡 提示、注意、技巧

(1)比例缩放真正改变了图形的大小，和图形显示中缩放(ZOOM)命令的缩放不同，ZOOM 命令只改变图形在屏幕上的显示大小，图形本身的大小没有任何变化。

(2)采用比例因子缩放,当比例因子为 1 时,图形大小不变;当比例因子小于 1 时,图形将缩小;当比例因子大于 1 时,图形将放大。

【例 4-6】 如图 4-41 所示,将图 4-41(a)的矩形放大 2 倍,变成图 4-41(b)尺寸的矩形,再将图 4-41(b)的矩形经过缩放,变为图 4-41(c)尺寸的矩形。在变换过程中,图形的长宽比保持不变。

【操作步骤】

(1)绘制矩形。

利用绘制矩形命令,绘制长为 20,宽为 10 的矩形,如图 4-41(a)所示。

(2)利用比例因子对矩形进行缩放,将图 4-41(a)变为图 4-41(b)。

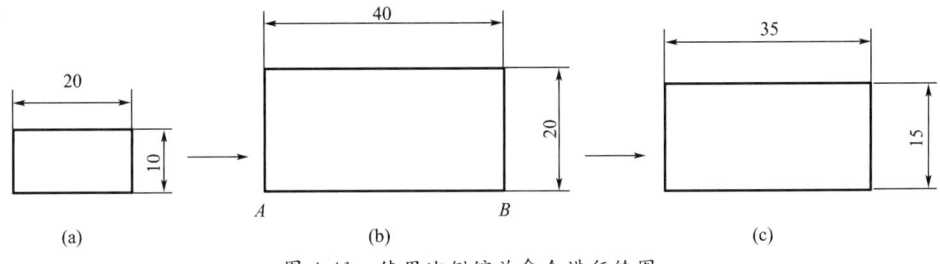

图 4-41　使用比例缩放命令进行绘图

输入缩放命令:

命令:_scale

选择对象:选择矩形

找到 1 个

选择对象:✓ （按"Enter"键结束对象选择）

指定基点:捕捉矩形上不动的点 （此例可任指定一点,如矩形的左下角点）

指定比例因子或[参照(R)]:2✓ （输入比例因子）

图形由图 4-41(a)变成图 4-41(b),完成图形的绘制。

(3)利用参照对矩形进行缩放,将图 4-41(b)变为图 4-41(c)。

输入缩放命令:

命令:_scale

选择对象:选择矩形

找到 1 个

选择对象:✓ （按"Enter"键结束对象选择）

指定基点:捕捉矩形上点 A。 （捕捉缩放过程中不变的点）

指定比例因子或[参照(R)]:R✓ （比例因子没有直接给出,但缩放后的实体
　　　　　　　　　　　　　　　　　长度已知,可选择[参照(R)]选项）

指定参照长度<1>:捕捉 A 点。

指定第二点:捕捉 B 点。

指定新长度:35✓ （根据已知条件,将 AB 线长度变为 35）

图形由图 4-41(b)变为图 4-41(c),图形绘制完成。

4.4 改变几何特性类命令

这一类编辑命令在对指定对象进行编辑后,被编辑对象的几何特性将发生改变。包括修剪、延伸、拉伸、拉长、圆角、倒角、打断、打断于点、分解、合并、编辑多线段、编辑样条曲线、编辑多线等命令。

4.4.1 修剪

修剪即按其他对象定义的剪切边修剪对象。启用"修剪"命令,可以使用下列方法:

(1)命令行:TRIM

(2)菜单栏:"修改"→"修剪"

(3)面板(或工具栏):"修改"→"修剪"

【操作步骤】

命令:TRIM↙

当前设置:投影=USC,边=无

选择剪切边...

选择对象:(选择用作修剪边界的对象,按"Enter"键结束对象选择)

选择要修剪的对象,或按住"Shift"键选择要延伸的对象,或[栏选(F)/窗交(C)/投影(P)/边(E)/删除(R)/放弃(U)]:

【选择说明】

(1)在选择对象时,如果按住"Shift"键,系统就自动将"修剪"命令转换成"延伸"命令,"延伸"命令将在4.2.2介绍。

(2)选择"边"选项时,可以选择对象的修剪方式。

①延伸(E):延伸边界进行修剪。在此方式下,如果剪切边界没有与要修剪的对象相交,系统会延伸剪切边界直到与对象相交,然后再修剪,如图4-42所示。

②不延伸(N):不延伸边界修剪对象,只修剪与剪切边界相交的对象,如图4-43所示。

图 4-42 延伸方式修剪对象　　图 4-43 不延伸方式修剪对象

(3)选择"栏选(F)"选项时,系统以栏选的方式选择被修剪对象,如图4-44所示。修剪结果如图4-45所示。

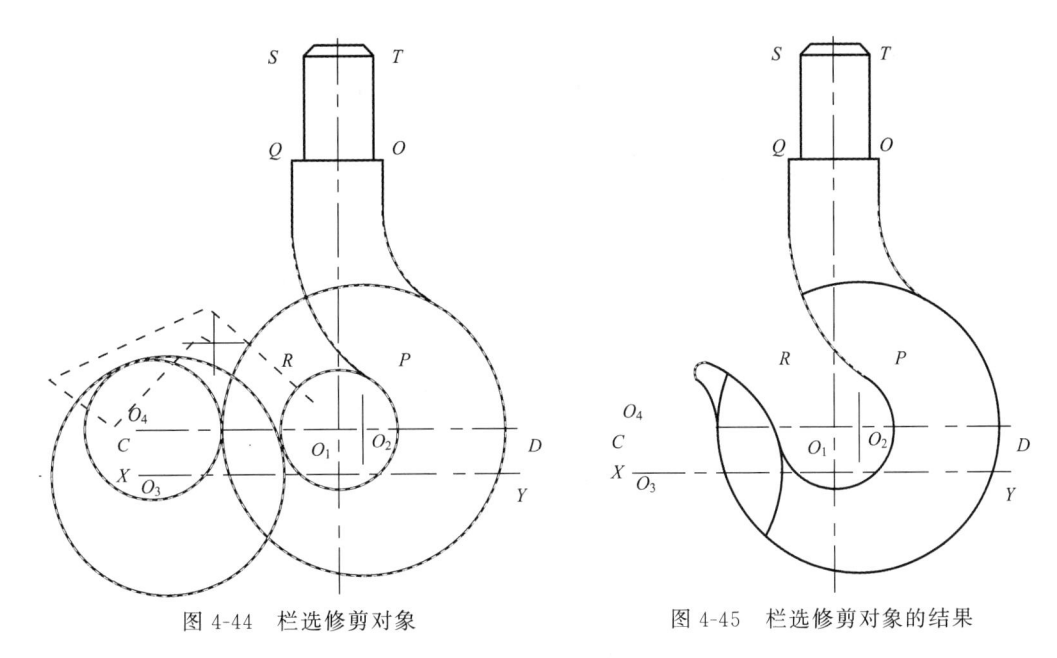

图 4-44　栏选修剪对象　　　　　　图 4-45　栏选修剪对象的结果

(4)选择"窗交(C)"选项时,系统以窗交的方式选择被修剪对象,如图 4-46 所示,修剪结果如图 4-47 所示。

(5)被选择的对象可以互为边界和被修剪对象,此时系统会在选择的对象中自动判断边界,如图 4-46、图 4-47 所示。

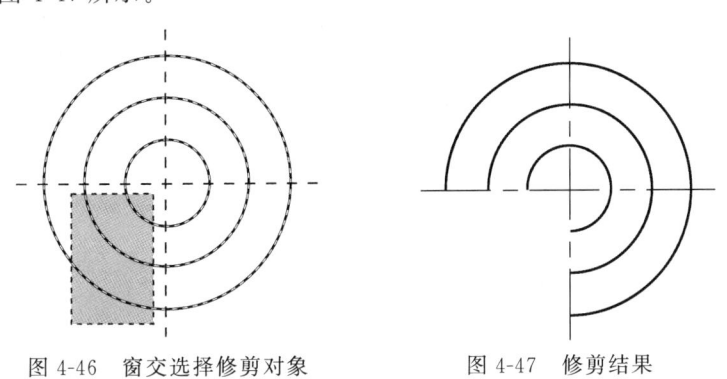

图 4-46　窗交选择修剪对象　　　　　　图 4-47　修剪结果

提示、注意、技巧

修剪图形时最后的一段或单独的一段是无法剪掉的,可以用删除命令删除。

【例 4-7】

绘制如图 4-48 所示的图形。

【操作步骤】

(1)绘制圆

参照【例 4-4】完成图 4-22 所示图形的绘制。

(2)"修剪"圆

用"修剪"命令剪去左下方 1/4 圆,如图 4-46、图 4-47 所示。

(3)绘制直线

用"直线"命令、"偏移"命令绘制直线,结果如图 4-48 所示。

(4)绘制平面图形

用"阵列"命令,选择环形阵列。指定阵列中心 A 点,填充角度为360°,项目总数为4。阵列结果如图 4-49 所示。

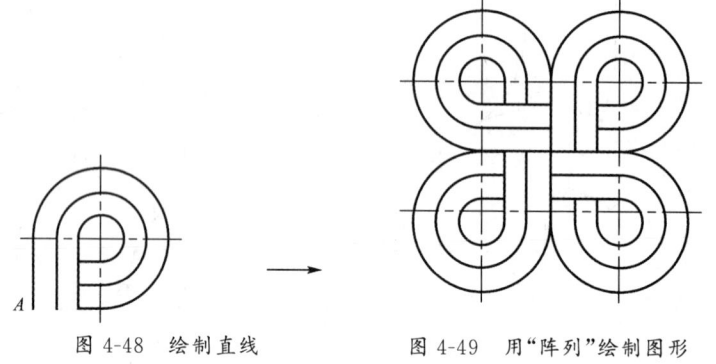

图 4-48 绘制直线

图 4-49 用"阵列"绘制图形

4.4.2 延伸

延伸是指将对象的端点延伸到另一对象的边界线。如图 4-50 所示。

(a)选择边界对象　　(b)选择要延伸的对象　　(c)延伸结果

图 4-50 延伸对象(1)

启用"延伸"命令,可以使用下列方法:

(1)命令行:EXTEND

(2)菜单栏:"修改"→"延伸"

(3)面板(或工具栏):"修改"→"延伸"

【操作步骤】

命令:EXTEND↙

当前设置:投影=UCS,边=无

选择边界的边...

选择对象:(选择边界对象)

此时可以选择对象来定义边界。若直接按"Enter"键,则选择所选对象作为可能的边界对象。例如圆、椭圆、二维和三维多段线、样条曲线、文本、浮动的视口、区域。如果选择二维多段线作为边界对象,系统会忽略其宽度而把对象延伸至多段线的中心线。

选择边界对象后,系统继续提示:

选择要延伸的对象,或按住"Shift"键选择要修剪的对象,或[栏选(F)/窗交(C)/投影(P)/边(E)/放弃(U)]:

【选项说明】

(1)"延伸"命令中各选项的含义与"修剪"命令相同。

(2)如果要延伸的对象是样条多段线,则延伸后会在多段线的控制框上增加新节点。如果要延伸的对象是锥形的多段线,AutoCAD 2019 会修正延伸端的宽度,使多段线从起始端平滑地延伸至新终止端。如果延伸操作导致终止端的宽度可能为负值,则取宽度值为 0。如图 4-51 所示。

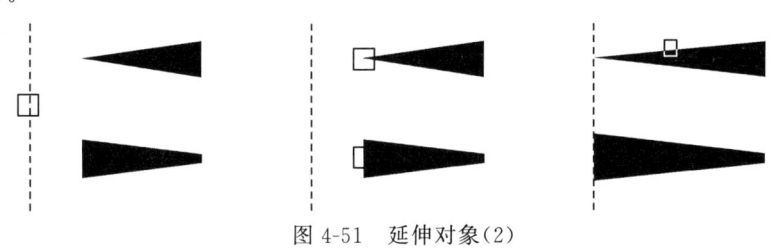

图 4-51 延伸对象(2)

(3)选择对象时,如果按住"Shift"键,系统就自动将"延伸"命令转换成"修剪"命令。

【例 4-8】 绘制如图 4-52(a)所示平面图形,再将图形由图 4-52(a)变为图 4-52(b)。

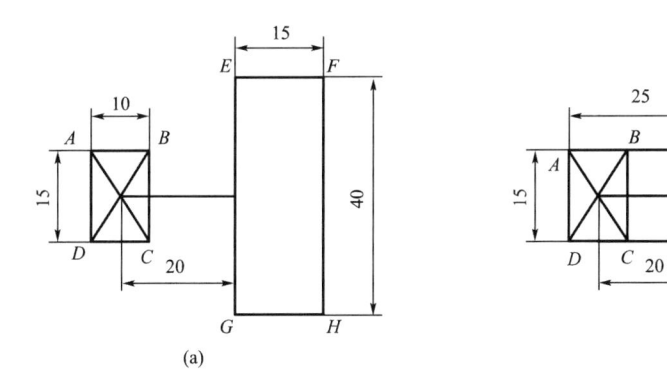

图 4-52 用延伸命令修改平面图形

【操作步骤】

(1)绘制基本平面图形,如图 4-52(a)所示。

根据已知图形尺寸,利用矩形命令、直线命令,捕捉及对象捕捉追踪功能绘制图形。

(2)将图 4-52(a)经过编辑变为图 4-52(b)。

此过程用延伸命令来完成,步骤如下:

命令:_extend

当前设置:投影=无,边=延伸　　　　　　　(提示当前设置)

选择边界的边...　　　　　　　　　　　　　(选择作为延伸边界的边)

选择对象:单击直线 GE 找到 1 个　　　　　(直线 GE 作为延伸边界的边)

选择对象:✓　　　　　　　　　　　　　　　(按"Enter"键结束边界的选择)

选择要延伸的对象或[投影(P)/边(E)/放弃(U)]:单击直线 AB 的右侧。　(AB 为将要延伸的对象)

选择要延伸的对象或[投影(P)/边(E)/放弃(U)]:单击直线 DC 的右侧。　(DC 为将要延伸的对象)

选择要延伸的对象,或[投影(P)/边(E)/放弃(U)]:↙ (按"Enter"键结束延伸命令)
结果如图 4-52(b)所示。

4.4.3 拉伸

拉伸命令可拉伸或移动对象,拉伸对象是指拖拉选择的对象,使对象的形状发生改变。拉伸对象时应指定拉伸的基点和移置点。利用一些辅助工具,如捕捉功能及相对坐标等可以提高拉伸的精度。

启用"拉伸"命令,可以使用下列方法:

(1)命令行:STRETCH

(2)菜单栏:"修改"→"拉伸"

(3)面板(或工具栏):"修改"→"拉伸"

【操作步骤】

命令:STRETCH↙

选择对象:C↙   (确定交叉窗口或交叉多边形的选择方式)

指定第一个角点:

指定对角点:找到 2 个   (采用交叉窗口的方式选择要拉伸的对象)

指定基点或[位移(D)]<位移>:   (指定拉伸的基点)

指定第二个点或<使用第一个点作为位移>:(指定拉伸的移至点)

此时,若指定第二个点,系统将根据这两点决定的矢量拉伸对象。若直接按"Enter"键,系统会把第一个点作为 X 和 Y 轴方向的位移。

"拉伸"命令移动完全包含在交叉窗口内的顶点和端点。部分包含在交叉选择窗口内的对象将被拉伸,如图 4-53 所示。

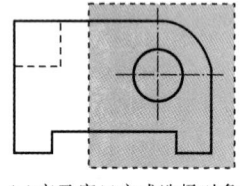

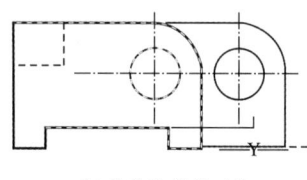

(a)交叉窗口方式选择对象   (b)拖拉选择的对象   (c)拉伸的结果

图 4-53 拉伸应用举例

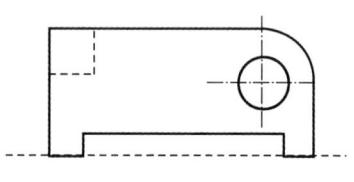

提示、注意、技巧

(1)拉伸命令可以方便地对图形进行拉伸或移动,但只能拉伸由直线、多边形、圆弧、多段线等命令绘制的带顶点或端点的图形;圆、椭圆等图形不会被拉伸,但圆心被选择时会被移动。

(2)使用拉伸命令时,选择对象必须用交叉窗口或交叉多边形的选择方式。拉伸对象至少要有一个顶点或端点包含在交叉窗口内。只有包含在窗口内的顶点或端点,才会同时被移动,窗口外的所有点都不会被移动。

(3)使用拉伸命令时,如果选择对象用窗口方式或用拾取框单个选择,则拉伸命令的执行效果等同于移动命令,如图 4-54 所示。

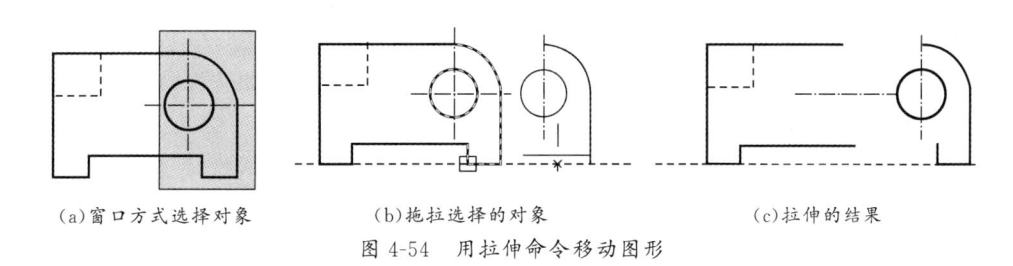

(a)窗口方式选择对象　　　　(b)拖拉选择的对象　　　　(c)拉伸的结果

图 4-54　用拉伸命令移动图形

【例 4-9】　将图 4-55(a)经过编辑变为图 4-55(b)。

此过程用拉伸命令来完成,步骤如下:

命令:_stretch

以交叉窗口或交叉多边形选择要拉伸的对象…　　　　(提示选择对象的方式)

选择对象:利用交叉窗口选择矩形 EFHG 的 GH、HF、FE 各边

指定对角点:找到 3 个

选择对象:↙　　　　　　　　　　　　　　　　　　(按"Enter"键结束对象选择)

指定基点或位移:单击图形内任意一点。　　　　　　(指定拉伸基点)

指定位移的第二个点或＜用第一个点作位移＞:＜极轴　开＞10↙

　　　　　　　　　　　　　　　　　　　　　　　　(光标右移输入 10)

结果如图 4-55(b)所示。

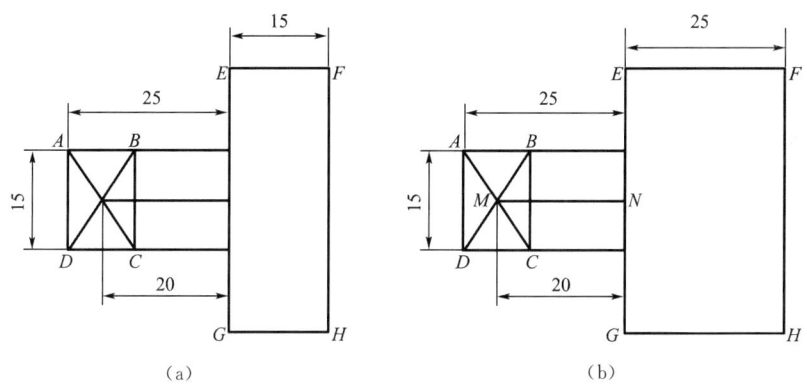

(a)　　　　　　　　　　　　(b)

图 4-55　用拉伸命令修改平面图形

4.4.4　拉长

拉长即修改对象的长度和圆弧的包含角。启用"拉长"命令,可以使用下列方法:

(1)命令行:LENGTHEN

(2)菜单栏:"修改"→"拉长"

(3)面板工具栏:"修改"→▱

【操作步骤】

命令:LENGTHEN↙

选择对象或[增量(DE)/百分数(P)/全部(T)/动态(DY)]:　　　　　　(选定对象)

当前长度:30.5001　　(给出选定对象的长度,如果选择圆弧,则还将给出圆弧的包含角)

选择对象或[增量(DE)/百分数(P)/全部(T)/动态(DY)]:DE↙

(选择拉长或缩短的方式,如选择[增量(DE)]方式)

输入长度增量或[角度(A)]<0.0000>:10↙

(输入长度增量数值。如果选择圆弧段,则可输入选项 A 给定角度增量)

选择要修改的对象或[放弃(U)]: （选定要修改的对象,进行拉长操作）

选择要修改的对象或[放弃(U)]: （继续选择,按"Enter"键结束命令）

【选项说明】

1. 增量(DE)

用指定增加量的方法改变对象的长度或角度。长度或角度的增加量可正可负,正值时,实体被拉长;负值时,实体被缩短。

2. 百分数(P)

用指定占总长度的百分比的方法改变圆弧或线段的长度。百分数为 100 时,实体长度不发生变化;百分数小于 100 时,实体被缩短;大于 100 时,实体被拉长。

3. 全部(T)

用指定新的总长度或总角度值的方法来改变对象的长度或角度。

4. 动态(DY)

打开动态拖拉模式。在这种模式下,可以使用拖拉鼠标的方法来动态地改变对象的长度或角度。

> 提示、注意、技巧
>
> 使用拉长命令,延长或缩短时从被选择对象的近距离端开始。

【例 4-10】 将图 4-56(a)经过编辑变为图 4-56(b)。

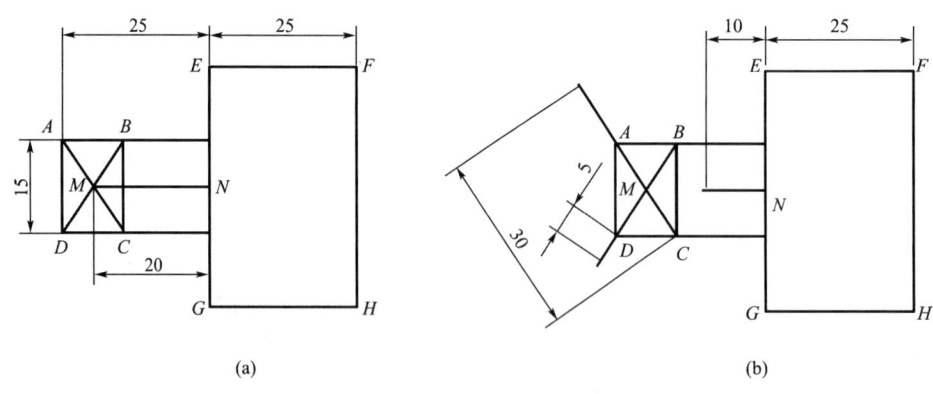

图 4-56 用拉长命令修改平面图形

此过程用拉长命令来完成,步骤如下:

(1)将 AC 直线拉长至 30。

命令:_lengthen

选择对象或[增量(DE)/百分数(P)/全部(T)/动态(DY)]:T↙

(已知直线变化后的总长时选择 T)

指定总长度或[角度(A)]<1.0000>:30↙　　　　　　　　　　　（输入长度值）
选择要修改的对象或[放弃(U)]:单击直线 AC 靠上部分。　　（选择要拉长的直线）
选择要修改的对象或[放弃(U)]:↙
　　　　　　　　　　　　　　　　　　　　　　　（按"Enter"键结束对象选择）

结果直线 AC 长变为 30。
(2)将 BD 直线拉长,拉长量为 5。
命令:_lengthen
选择对象或[增量(DE)/百分数(P)/全部(T)/动态(DY)]:DE↙
　　　　　　　　　　　　　　　　　　　　　　（已知直线的增量选择此选项）
输入长度增量或[角度(A)]<0.0000>:5↙　　　　　　　　　　（输入增量值为 5）
选择要修改的对象或[放弃(U)]:单击 BD 直线靠下部分。　　（选择要拉长的直线）
选择要修改的对象或[放弃(U)]:↙　　　　　　　　（按"Enter"键结束对象选择）
结果直线 BD 在原来的基础上拉长 5。
(3)将直线 MN 缩短,长度变为原来的一半。
命令:_lengthen
选择对象或[增量(DE)/百分数(P)/全部(T)/动态(DY)]:P↙
　　　　　　　　　　　　　　　　　　　　（已知直线变化的百分比,选择此项）
输入长度百分数<100.0000>:50↙　　　　　　　　　（长度变为原来的一半）
选择要修改的对象或[放弃(U)]:单击直线 MN 左侧。　　（选择要变化的直线）
选择要修改的对象或[放弃(U)]:↙　　　　　　　　（按"Enter"键结束对象选择）
结果直线 MN 在原来的基础上缩短一半,图形绘制完成。

4.4.5　圆角

圆角是指用指定半径的一段圆弧平滑连接两个对象。AutoCAD 2019 规定,可以用一段平滑的圆弧连接一对直线段、多段线、样条曲线、构造线、射线、圆、圆弧和椭圆。可以在任何时刻圆滑连接多段线的每个节点。

启用"圆角"命令,可以使用下列方法:
(1)命令行:FILLET
(2)菜单栏:"修改"→"圆角"
(3)面板(或工具栏):"修改"→"圆角"

【操作步骤】
命令:FILLET↙
当前设置:模式=修剪,半径=0.000
选择第一个对象或[放弃(U)/多段线(P)/半径(R)/修剪(T)/多个(M)]:
　　　　　　　　　　　　　　　　　　　　　　　（选择第一个对象或其他选项）
选择第二个对象,或按住"Shift"键选择要应用角点的对象:　　（选择第二个对象）
【选项说明】
1. 多段线(P)
在一条二维多段线的两段直线段的节点处插入圆滑的弧。选择多段线后,系统会根据指

定的圆弧半径把多段线各顶点用圆滑的弧连接起来。如图 4-57 所示,绘图步骤如下:

图 4-57　多段线进行圆角

命令:_fillet
当前设置:模式＝修剪,半径＝0.0000　　　　　　(提示当前圆角模式及圆角半径值)
选择第一个对象或[多段线(P)/半径(R)/修剪(T)/多个(U)]:R↙
　　　　　　　　　　　　　　　　　(系统此时默认的半径值为 0,需对它进行修改)
指定圆角半径＜0.0000＞:5↙　　　　　　　　　　　　　　(输入圆角半径值为 5)
选择第一个对象或[多段线(P)/半径(R)/修剪(T)/多个(U)]:P↙　(选择多段线选项)
选择二维多段线:单击矩形,选择此矩形。(4 条直线已被圆角,图形倒圆角完成)

2. 修剪(T)

决定在圆滑连接两条边时,是否修剪这两条边。如图 4-58 所示。

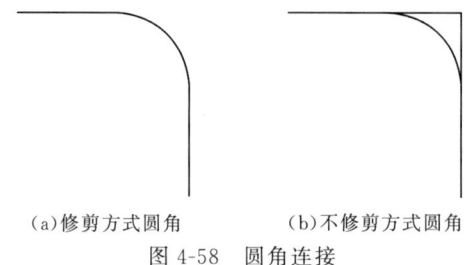

(a)修剪方式圆角　　　(b)不修剪方式圆角

图 4-58　圆角连接

3. 多个(M)

同时对多个对象进行圆角编辑,而不必重新启用命令。
按住"Shift"键并选择两条直线,可以快速创建零距离圆角或零半径圆角。

💡 提示、注意、技巧

(1)圆角命令中的圆角半径值,以及圆角模式总是默认上次输入的值,所以在执行该命令时,一定要先看一看所给定的各项值是否正确,是否需要进行调整。
(2)如图 4-59 所示,如果将图 4-59(a)变为图 4-59(b),使原来不平行的两条直线相交,可对其进行圆角,半径值为 0。

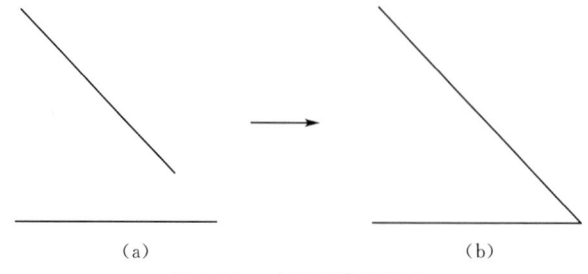

(a)　　　　　　　　　　　(b)

图 4-59　对图形进行圆角

(3)当圆角半径大于某一边时,圆角不能生成。

(4)圆角命令可以应用圆弧连接,如图 4-60 所示为用 $R10$ 的圆弧把图 4-60(a)所示的两条直线连接起来。

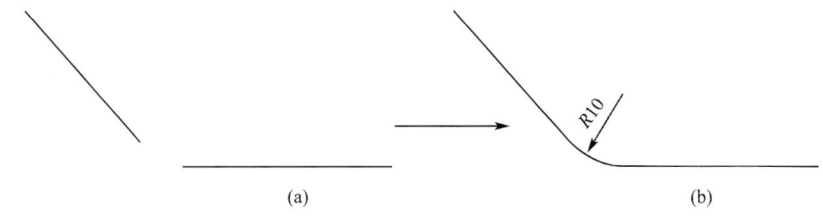

图 4-60　圆弧连接

4.4.6　倒角

倒角是指用斜线连接两个不平行的线型对象。

采用两种方法确定连接两个线型对象的斜线:指定两个斜线距离、指定斜线角度和一个斜线距离。下面分别介绍这两种方法。

(1)指定两个斜线距离。斜线距离是指从被连接的对象与斜线的交点到被连接的两对象的交点之间的距离,如图 4-61 所示。

(2)指定斜线角度和一个斜线距离。采用这种方法用斜线连接对象时,需要输入两个参数:斜线与一个对象的斜线距离和斜线与另一个对象的夹角,如图 4-62 所示。

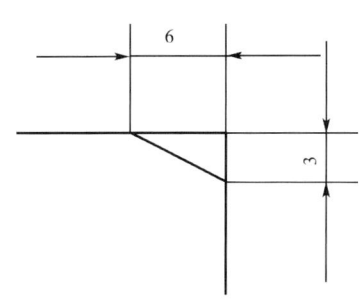

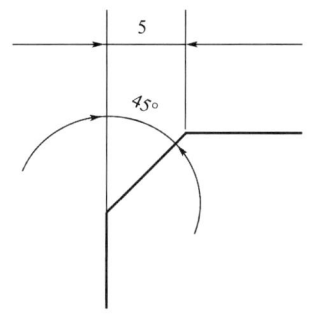

图 4-61　斜线距离　　　图 4-62　斜线距离与夹角

启用"倒角"命令,可以使用下列方法:

(1)命令行:CHAMFER

(2)菜单栏:"修改"→"倒角"

(3)面板(或工具栏):"修改"→"倒角"

【操作步骤】

命令:CHAMFER↙

("不修剪"模式)当前倒角距离 1=0.0000,距离 2=0.0000

选择第一条直线或[放弃(U)/多段线(P)/距离(D)/角度(A)/修剪(T)/方式(E)/多个(M)]:(选择第一条直线或其他选项)

选择第二条直线,或按住"Shift"键选择要应用角点的直线:(选择第二条直线)

提示、注意、技巧

有时用户在执行"圆角"和"倒角"命令时,发现命令不执行或执行后没有什么变化,那是因为系统默认圆角半径和斜线距离均为 0,如果不事先设定圆角半径或斜线距离,系统就以默认值 0 执行命令,所以图形没有变化。

【选项说明】

1. 多段线(P)

对多段线的各个交叉点倒斜角。为了得到最好的连接效果,一般设置斜线是相等的值。系统根据指定的斜线距离把多段线的每个交叉点都做斜线连接,连接的斜线成为多段线新添加的构成部分。如图 4-63 所示,绘图步骤如下:

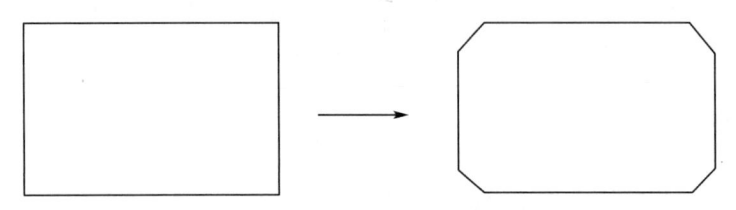

图 4-63　斜线连接多段线

命令:_chamfer

("修剪"模式)当前倒角距离 1=3.0000,距离 2=3.0000

(提示当前倒角模式,此题取此默认值)

选择第一条直线或[多段线(P)/距离(D)/角度(A)/修剪(T)/方式(M)/多个(U)]:P↙

(要对矩形进行倒角,矩形属于二维多段线,故选择[多段线(P)]选项)

选择二维多段线:单击矩形,选择此矩形。　　　　　　　　　　(4 条直线已被倒角)

矩形倒角完成。

2. 距离(D)

选择倒角的两个斜线距离。这两个斜线距离可以相同或不相同。若二者均为 0,则系统不绘制连接的斜线,而是把两个对象延伸至相交点处并修剪超出的部分。

3. 角度(A)

选择第一条直线的斜线距离和第一条直线的倒角角度。

4. 修剪(T)

与圆角连接命令 FILLET 相同,该选项决定连接对象后是否剪切原对象。

5. 方式(M)

决定采用"距离"方式还是"角度"方式来倒斜角。

6. 多个(U)

同时对多个对象进行倒斜角编辑。

💡 提示、注意、技巧

(1)倒角命令中的距离值,以及倒角模式总是默认上次输入的值,所以在执行该命令时,一定要先看一看所给定的各项值是否正确,是否需要进行调整。

(2)执行倒角命令时,当两个倒角距离不同时,要注意两条线的选中顺序。

【例 4-11】 绘制如图 4-64 所示图形。

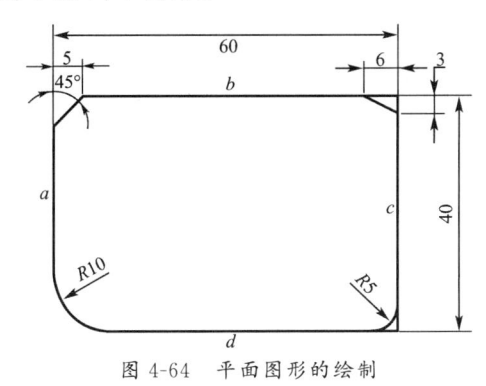

图 4-64 平面图形的绘制

【作图步骤】

1. 绘制矩形

利用绘制直线命令,绘制长为 60,宽为 40 的矩形。

2. 对矩形进行倒角

(1) 对矩形的左上角进行倒角

命令:_chamfer

("修剪"模式)当前倒角距离 1=6.0000,距离 2=3.0000

(提示当前所处的倒角模式及数值)

选择第一条直线或[多段线(P)/距离(D)/角度(A)/修剪(T)/方式(M)/多个(U)]:A↙

(选择角度方式输入倒角值)

指定第一条直线的倒角长度<5.0000>:5↙　　　　（第一条直线的倒角长度为 5）

指定第一条直线的倒角角度<45>:↙　　　　（倒角斜线与第一条直线的夹角为 45°）

选择第一条直线或[多段线(P)/距离(D)/角度(A)/修剪(T)/方式(M)/多个(U)]:选择直线 b。

选择第二条直线:选择直线 a。　　　　　　　　　　　　　　　　（完成倒角绘制）

(2) 对矩形的右上角进行倒角

命令:_chamfer

("修剪"模式)当前倒角长度=5.0000,角度=45　　（提示当前所处的倒角模式及数值）

选择第一条直线或[多段线(P)/距离(D)/角度(A)/修剪(T)/方式(M)/多个(U)]:T↙

(当前模式为"修剪"模式,根据图中尺寸,应对其进行修改)

输入修剪模式选项[修剪(T)/不修剪(N)]<修剪>:N↙　　（更改修剪模式为不修剪）

选择第一条直线或[多段线(P)/距离(D)/角度(A)/修剪(T)/方式(M)/多个(U)]:D↙

(根据已知条件,选择距离(D)方式输入距离)

指定第一个倒角距离<6.0000>:↙

(第一个倒角距离为 6,取系统默认值,直接按"Enter"键)

指定第二个倒角距离<2.0000>:3↙　　　　　　　　　　　　　（第二个倒角距离为 3）

选择第一条直线或[多段线(P)/距离(D)/角度(A)/修剪(T)/方式(M)/多个(U)]:选择直线 b。

选择第二条直线:选择直线 c。　　　　　　　　　　　　　　　　（完成倒角绘制）

3. 对矩形进行圆角

(1) 对矩形的左下角进行圆角。

命令：_fillet

当前设置：模式＝不修剪，半径＝5.0000　　　（提示当前所处的圆角模式及圆角半径值）

选择第一个对象或[多段线(P)/半径(R)/修剪(T)/多个(U)]：T↙

（根据已知条件，需要修改圆角模式）

输入修剪模式选项[修剪(T)/不修剪(N)]＜不修剪＞：T↙

（根据已知条件，将圆角模式改成修剪模式）

选择第一个对象或[多段线(P)/半径(R)/修剪(T)/多个(U)]：R↙

（查看圆角的半径值）

指定圆角半径＜5.0000＞：10↙　　　（此时默认值为5，重新输入半径值10）

选择第一个对象或[多段线(P)/半径(R)/修剪(T)/多个(U)]：选择直线 a。

选择第二个对象：选择直线 d。　　　　　　　　　　　　　（完成圆角绘制）

(2) 对矩形的右下角进行圆角。

命令：_fillet

当前设置：模式＝修剪，半径＝10.0000　　　（提示当前所处的圆角模式及圆角半径值）

选择第一个对象或[多段线(P)/半径(R)/修剪(T)/多个(U)]：T↙

（由当前设置可知模式为修剪模式，不满足已知条件，需对其进行修改）

输入修剪模式选项[修剪(T)/不修剪(N)]＜修剪＞：N↙　　（将模式改为不修剪模式）

选择第一个对象或[多段线(P)/半径(R)/修剪(T)/多个(U)]：R↙　　（查看圆角半径值）

指定圆角半径＜10.0000＞：5↙　　　（默认值为10，重新输入半径值5）

选择第一个对象或[多段线(P)/半径(R)/修剪(T)/多个(U)]：选择直线 c。

选择第二个对象：选择直线 d。　　　　　　　　　　　　　（完成圆角绘制）

图形绘制完成。

4.4.7 打断

打断用于把选定对象两点之间的部分打断并删除。启用"打断"命令，可以使用下列方法：

(1) 命令行：BREAK

(2) 菜单栏："修改"→"打断"

(3) 工具栏："修改"→"打断"

【操作步骤】

命令：BREAK↙

选择对象：　　　　　　　　　　　　　　　　　　　　　（选择要打断的对象）

指定第二个打断点或[第一点(F)]：　　　　　　　（指定第二个断开点或输入"F"）

【选项说明】

1. 选择对象

使用某种对象选择方法，如果使用拾取框选择对象，本程序将选择对象并将选择点视为第一个打断点。

2. 指定第二个打断点或[第一点(F)]

可以继续指定第二个打断点,或输入"F"指定对象上的新点替换原来的第一个打断点。指定第二个打断点后,两个指定点之间的对象部分将被删除。

> **提示、注意、技巧**

(1)如果第二个打断点不在对象上,将选择对象上与该点最接近的点,因此,要打断直线、圆弧或多段线的一端,可以在要删除的一端附近指定第二个打断点。

(2)要将对象一分为二并且不删除某个部分,输入的第一个打断点和第二个打断点应相同。通过输入@指定第二个打断点即可实现此过程。一个完整的圆或椭圆不能在同一个点被打断。

(3)直线、圆弧、圆、多段线、椭圆、样条曲线、圆环以及其他对象类型都可以拆分为两个对象或将其中的一端删除。

(4)程序将按逆时针方向删除圆上第一个打断点到第二个打断点之间的部分,从而将圆转换成圆弧。

4.4.8 打断于点

打断于点是指在对象上指定一点,从而把对象在此点拆分成两部分。此命令与打断命令类似。启用"打断于点"命令,可以使用下列方法:

工具栏:"修改"→"打断于点"

【操作步骤】

命令:

选择对象:(选择要打断的对象)

指定第二个打断点或[第一点(F)]:_F(系统自动执行[第一点(F)]选项)

指定第一个打断点:(选择打断点)

指定第二个打断点:@(系统自动忽略此提示,退出)

指定第一个打断点后,在指定点将对象一分为二。

【例4-12】 绘制如图4-65所示图形。

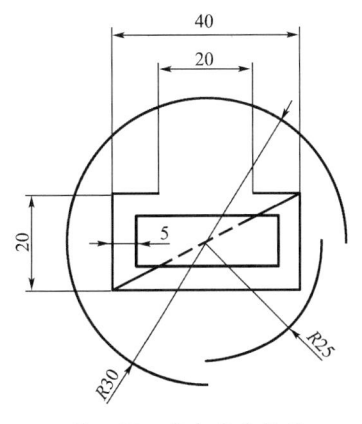

图4-65 基本平面图形

【操作步骤】

1. 设置图层

利用"图层"命令设置两个图层。

"粗实线"图层:线宽为 0.5 mm,其余属性为默认值。

"虚线"图层:线型为 HIDDEN,其余属性为默认值。

2. 绘制基本平面图形

选择"粗实线"图层。根据已知图形尺寸,利用矩形命令、圆命令、直线命令和偏移命令,绘制如图 4-66 所示的图形。

3. 打断圆

将图 4-66 经过编辑变成图 4-67 所示的图形。

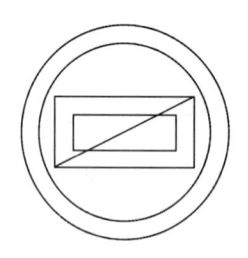

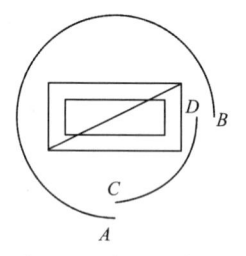

图 4-66　平面图形　　　　图 4-67　断开两个圆

(1)将大圆在 AB 处断开

此过程用打断命令来完成,步骤如下:

命令:_break

选择对象:<对象捕捉 开>捕捉大圆上的象限点 A

(选择大圆并将对象捕捉打开,直接选择大圆上的象限点作为第一打断点)

指定第二个打断点或[第一点(F)]:捕捉大圆上的象限点 B　　　(大圆在 AB 处断开)

(2)将小圆在 CD 处断开

命令:_break

选择对象:在小圆上任意一点处单击(选择小圆)

指定第二个打断点或[第一点(F)]:F↙

　　　　　　　　　　(选择对象时所单击的点不作为第一个打断点时,选择此项)

指定第一个打断点:捕捉小圆上的象限点 D　　　(D 点作为第一个打断点)

指定第二个打断点:捕捉小圆上的象限点 C

　　　　　　　　　　(C 点作为第二个打断点。小圆在 CD 处断开)

4. 修改直线 MN

将直线 MN 的一部分线段 EF 变为虚线,如图 4-68 所示。

(1)将直线 MN 在 E 点断开。

输入"打断于点"命令:

命令:_break

选择对象:选择直线 MN　　　　　　　　　　　(选择要打断的对象)

指定第二个打断点或[第一点(F)]:_F　　(系统自动执行[第一点(F)]选项)

指定第一个打断点:捕捉 E 点。　　　　　　　　(捕捉打断点的位置)

指定第二个打断点:@　　　　　　　　　　　　(直线在点 E 点断开)

(2)用同样方法将直线 MN 在 F 点断开。

(3)将线段 EF 变为虚线。选择 EF 线段,使其亮显,在图层工具栏内单击下拉工具条,选择"虚线"图层即可。

5. 打断直线 PN

将直线 PN 在 QS 处断开,尺寸由已知条件确定,如图 4-69 所示。

命令:_break
选择对象:单击直线 PN　　　　　　　　　　　　　　　　　　(选择要打断的直线)
指定第二个打断点或[第一点(F)]:F↵
　　　　　　　　　　　　　　　　　(选择对象所单击的点不作为第一个打断点时,选择此项)
指定第一个打断点:<对象捕捉 开>10↵　　　(利用对象捕捉追踪功能捕捉 Q 点)
指定第二个打断点:10↵　　　　　　　　　　　(利用对象捕捉追踪功能捕捉 S 点)

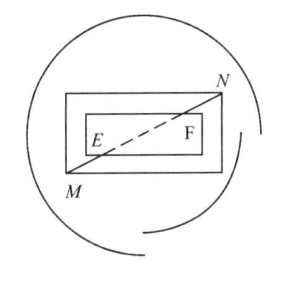

图 4-68　线型的改变　　　　图 4-69　断开直线

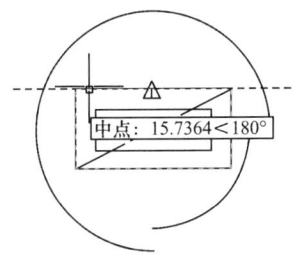

图形绘制完成。

4.4.9　分解

分解用于将整体对象分解为其个体对象。启用"分解"命令,可以使用下列方法:
(1)命令行:EXPLODE
(2)菜单栏:"修改"→"分解"
(3)面板(或工具栏):"修改"→"分解"

【操作步骤】
命令:EXPLODE↵
选择对象:(选择要分解的对象)

【选项说明】
选择一个对象后,该对象会被分解。系统将继续提示该行信息,允许分解多个对象。任何分解对象的颜色、线型和线宽都可能会改变。选择的对象不同,分解的结果就会有所不同。下面列出了几种对象的分解结果。

1. 块

对块的分解操作,一次分解会删除一个编组级。如果块中包含有多段线或嵌套块,首先把多段线或嵌套块从该块中分解出来,然后再分别分解该块中的各个对象。如果块中元素具有相同的坐标,则该块被分解为其构成元素;如果块中元素坐标不统一,执行分解操作可能会产生意想不到的结果。

不能分解用 MINSERT 和外部参照插入的块以及外部参照依赖的块。

2. 二维多段线

分解后会放弃所有关联的宽度或切线信息。对于宽多段线，将沿多段线中心放置结果直线和圆弧。

3. 三维多段线

将应用到每一段分解得到的线段。

4. 多行文本

分解成单行文本实体。

5. 引线

根据引线的不同，可分解成直线、样条曲线、实体（箭头）、块插入（箭头、注释块）、多行文字或公差对象。

6. 多线

分解成直线和圆弧。

7. 三维实体

将平面表面分解成面域。将非平面表面分解成体。

8. 圆弧

如果位于非一致比例的块内，则分解为椭圆弧。

9. 体

分解成一个单一表面的体（非平面表面）、面域或曲线。

10. 面域

分解成直线、圆弧或样条曲线。

4.4.10 合并

合并用于将对象合并以形成一个完整的对象。可以将直线、圆弧、椭圆弧和样条曲线等独立的线段合并为一个对象，如图 4-70 所示。启用"合并"命令，可以使用下列方法：

(1) 命令行：JOIN
(2) 菜单栏："修改"→"合并"
(3) 面板（或工具栏）："修改"→"合并"

(a) 合并前　　　　　　　　(b) 合并后

图 4-70　合并直线

【操作步骤】

命令：_join
选择源对象：　　　　　　　　　　　　　（选择直线段 *a*）
选择要合并到源的直线：找到 1 个　　　　（选择直线段 *b*）

选择要合并到源的直线:↙　　　　　　　　（按"Enter"键结束选择）
已将 1 条直线合并到源

【选项说明】

选择源对象:可选择一条直线、多段线、圆弧、椭圆弧或样条曲线,根据选定的源对象,显示以下提示之一:

1. 直线

选择要合并到源的直线:选择一条或多条直线,按"Enter"键。直线对象必须共线(位于同一无限长的直线上),但是它们之间可以有间隙。

2. 多段线

选择要合并到源的对象:选择一个或多个对象,按"Enter"键。对象可以是直线、多段线或圆弧。对象之间不能有间隙,并且必须位于与 UCS 的 XOY 平面平行的同一平面上。

3. 圆弧

选择圆弧,以合并到源或进行[闭合(L)]:选择一个或多个圆弧,按"Enter"键,或输入"L"。圆弧对象必须位于同一假想的圆上,但是它们之间可以有间隙。"闭合"选项可将源圆弧转换成圆。合并两条或多条圆弧时,将从源对象开始按逆时针方向合并圆弧。

4. 椭圆弧

选择椭圆弧,以合并到源或进行[闭合(L)]:选择一个或多个椭圆弧,按"Enter"键,或输入"L"。椭圆弧必须位于同一椭圆上,但是它们之间可以有间隙。"闭合"选项可将源椭圆弧闭合成完整的椭圆。合并两条或多条椭圆弧时,将从源对象开始按逆时针方向合并椭圆弧。

5. 样条曲线

选择要合并到源的样条曲线:选择一条或多条样条曲线,按"Enter"键。样条曲线对象必须位于同一平面内,并且必须首尾相邻(端点到端点放置)。

【例 4-13】将图 4-71(a)所示的圆弧编辑成为图 4-71(b)所示的圆弧或图 4-71(c)所示的圆。

【操作步骤】

命令:_join

选择源对象:(选择一段圆弧)

选择圆弧,以合并到源或进行[闭合(L)]:(选择另一段圆弧,两段圆弧合并,如图 4-71(b)所示)

选择要合并到源的圆弧:找到 1 个

已将 1 个圆弧合并到源

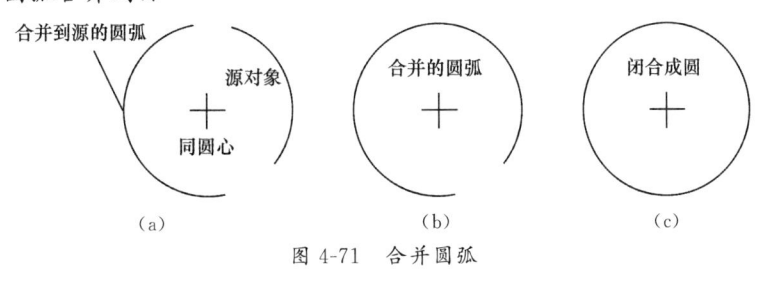

图 4-71　合并圆弧

> 提示、注意、技巧

(1)当选择圆弧作为源对象后,输入"L",圆弧将闭合成圆,如图4-71(c)所示。
(2)"合并"命令还可以使一段圆弧或椭圆弧闭合成完整的圆或椭圆,如图4-72所示。

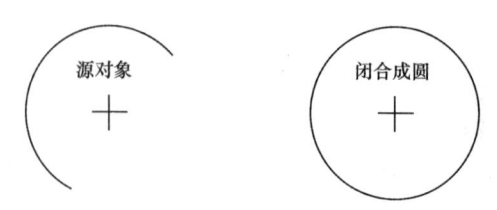

图 4-72　圆弧合并成完整的圆

4.4.11　编辑多段线

编辑多段线命令用于修改多段线。启用"编辑多段线"命令,可以使用下列方法:
(1)命令行:PEDIT(缩写名:PE)
(2)菜单栏:"修改"→"对象"→"多段线"
(3)面板:"修改"→
(4)工具栏:"修改Ⅱ"→"编辑多段线"
(5)快捷菜单:选择要编辑的多段线,右击,在打开的快捷菜单中选择"编辑多段线"命令
【操作步骤】
命令:PEDIT↙
选择多段线或[多条(M)]:(选择一条要编辑的多段线)
输入选项[闭合(C)/合并(J)/宽度(W)/编辑顶点(E)/拟合(F)/样条曲线(S)/非曲线化(D)/线型生成(L)/放弃(U)/退出(X)]:
【选项说明】

1.选择要修改的多段线

如果选定对象是直线或圆弧,则显示以下提示:
选定的对象不是多段线。
是否将其转换为多段线?＜Y＞:(输入Y或N,或按"Enter"键)
如果输入Y,则对象被转换为可编辑的单段二维多段线。使用此操作可以将直线和圆弧合并为多段线。通过输入一个或多个以下选项编辑多段线。

2.闭合(C)

创建闭合的多段线,如图4-73所示。

3.合并(J)

以选中的多段线为主体,合并其他直线段、圆弧和多段线,使其成为一条多段线。能合并的条件是各段端点首尾相连,如图4-73所示。

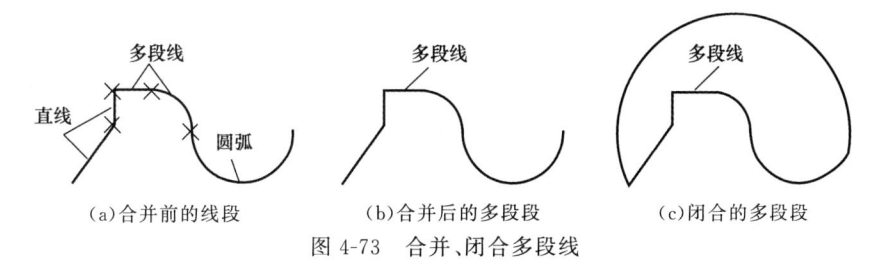

(a) 合并前的线段 (b) 合并后的多段段 (c) 闭合的多段段

图 4-73　合并、闭合多段线

3. 宽度(W)

修改整条多段线的线宽,使其具有同一线宽,如图 4-74 所示。

图 4-74　修改整条多段线的线宽

4. 编辑顶点(E)

选择该项后,在多段线起点处出现一个斜的十字叉"×",它是当前顶点的标记,并作为命令行出现后进行后续操作的提示:

[下一个(N)/上一个(p)/打断(B)/插入(I)/移动(M)/重生成(R)/拉直(S)切向(T)/宽度(W)/退出(X)]<N>:

这些选项允许用户进行移动、插入顶点和修改任意两点间的线宽等操作。

5. 拟合(F)

将指定的多段线生成由光滑圆弧连接的圆弧拟合曲线,该曲线经过多段线的各端点,如图 4-75 所示。

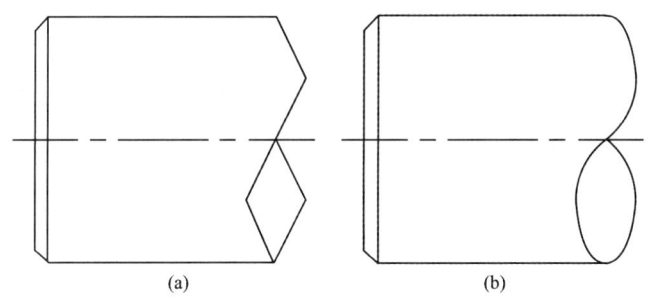

(a)　　(b)

图 4-75　生成圆弧拟合曲线

6. 样条曲线(S)

创建样条曲线的近似线,如图 4-76 所示。

(a)　　(b)

图 4-76　生成样条曲线

7. 非曲线化(D)

将指定的多段线中的圆弧由直线代替。对于选用"拟合(F)"或"样条曲线(S)"选项后生成的圆弧拟合曲线或样条曲线,则删去生成曲线时新插入的顶点,恢复成由直线段组成的多段线。

8. 线型生成(L)

当多段线的线型为点画线时,控制多段线的线型生成方式开关。选择此项,系统提示:

输入多段线型生成选项[开(ON)/关(OFF)]<关>:

选择"ON"时,将在每个端点处允许以短画线开始和结束生成线型;选择"OFF"时,将在每个端点处以长画线开始和结束生成线型,如图 4-77 所示。"线型生成"不能用于带变宽线段的多段线。

(a) ON　　　　　　　(b) OFF

图 4-77　控制多段的线型(线型为点画线时)

9. 放弃(U)

放弃返回 PEDIT 的起始处。

10. 退出(X)

结束命令退出。

4.4.12　编辑样条曲线

编辑样条曲线用于编辑样条曲线或样条曲线拟合多段线。启用"编辑样条曲线"命令,可以使用下列方法:

(1)命令行:SPLINEDIT

(2)菜单栏:"修改"→"对象"→"样条曲线"

(3)面板:"修改"(或工具栏"修改Ⅱ")→"编辑样条曲线"

(4)快捷菜单:选择要编辑的样条曲线,右击,从打开的快捷菜单上选择"编辑样条曲线"命令。

【操作步骤】

命令:SPLINEDIT↙

选择样条曲线:(选择要编辑的样条曲线。若选择的样条曲线是用 SPLINE 命令创建的,其近似点以夹点的颜色显示出来;若选择的样条曲线是用 PLINE 命令创建的,其控制点以夹点的颜色显示出来)

输入选项[拟合数据(F)/闭合(C)/移动顶点(M)/精度(R)/反转(E)/放弃(U)]:

【选项说明】

1. 拟合数据(F)

编辑近似数据。选择该项后,创建该样条曲线时指定的各点以小方格的形式显示出来。

2. 移动顶点(M)

移动样条曲线上的当前点。

3. 精度(R)

调整样条曲线的定义。

4. 反转(E)

翻转样条曲线的方向。该项操作主要用于应用程序。

4.4.13 编辑多线

编辑多线用于编辑多线交点、打断和顶点。启用"编辑多线"命令,可以使用下列方法:
(1)命令行:MLEDT
(2)菜单栏:"修改"→"对象"→"多线"

【操作步骤】

调用该命令后,打开"多线编辑工具"对话框,如图 4-78 所示。

利用该对话框,可以创建或修改多线的模式。对话框中分四列显示了示例图形。其中,第一列管理十字交叉形式的多线,第二列管理 T 形多线,第三列管理拐角接合点和节点,第四列管理多线被剪切或连接的形式。

图 4-78 "多线编辑工具"对话框

单击某个示例图形,然后单击"关闭"按钮,就可以调用该项编辑功能。

下面以"十字打开"为例介绍多线编辑方法:把选择的两条多线进行打开交叉。选择该选项后,出现如下提示:

选择第一条多线:(选择第一条多线)

选择第二条多线:(选择第二条多线)

选择完毕后,第二条多线被第一条多线横断交叉。系统继续提示:

选择第一条多线[放弃(U)]:

可以继续选择多线进行操作。选择"放弃(U)"功能会撤销前次操作。其他编辑方法与"十字打开"相同,如图4-79所示。

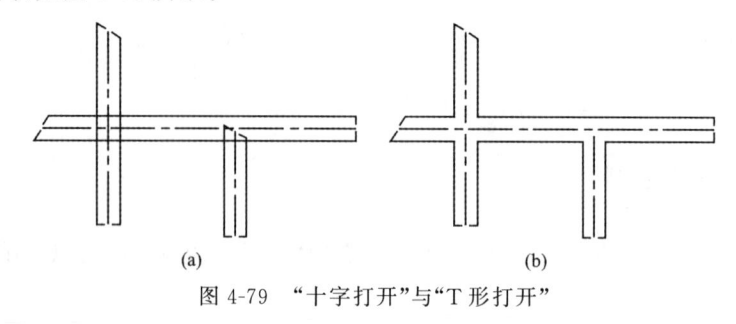

(a)　　　　　　　　　　　　　(b)

图4-79 "十字打开"与"T形打开"

4.5 删除及恢复类命令

这一类命令主要用于删除图形的某一部分或对已被删除的部分进行恢复。包括删除、放弃、恢复、清除等命令。

4.5.1 删除

删除用于删除绘制不符合要求的图形或不小心画错的图形。启用"删除"命令,可以使用下列方法：

(1)命令行：ETASE

(2)菜单栏："修改"→"删除"

(3)面板(或工具栏)："修改"→"删除"

(4)快捷菜单：选择要删除的对象,在绘图区域右击,从打开的快捷菜单中选择"删除"命令

【操作步骤】

命令：_erase

选择对象：　　　　　　　　　　　　　　　　　　　　　　　　(选择要删除的对象)

选择对象：↙　　　　　　　(按"Enter"键结束选择,执行删除命令,所选对象被删除)

选择对象时可以使用前面介绍的各种选择对象的方法。当选择多个对象时,多个对象都被删除;若选择的对象属于某个对象组,则该对象组的所有对象都被删除。

4.5.2 恢复

如果不小心删除了有用的图形,可以使用"恢复"命令或"放弃"命令恢复删除的对象。启用"恢复"或"放弃"命令,可以使用下列方法：

(1)命令行：OOPS 或 UNDO

(2)工具栏："标准"→"放弃"

(3)快捷键：Ctrl+Z

【操作步骤】

在命令行中输入"OOPS",按"Enter"键。该命令与1.3.2节中介绍的"撤销"类似。

4.5.3 清除

此命令与"删除"命令功能完全相同,启用"清除"命令,可以使用下列方法:
(1)菜单栏:"编辑"→"清除"
(2)快捷键:"Delete"

【操作步骤】
用菜单或快捷键输入上述命令后,系统提示:
选择对象: (选择要清除的对象)
选择对象:✓ (按"Enter"键结束选择,执行清除命令,所选对象被清除)

4.6 钳夹功能

利用钳夹功能可以快速、方便地编辑对象。AutoCAD 2019 在图形对象上定义了一些特殊点,称为特征点(也称为夹点),利用特征点可以灵活地控制对象。

4.6.1 使用夹点编辑对象的基本方法

1. 选择对象

在编辑对象之前先选择对象,可用于夹点编辑的图形对象如图 4-80 所示,这些图形若被选中,则对象就会显示一些蓝色小方格,如图 4-81 所示,这些方格就是夹点,夹点表示了对象的控制位置。

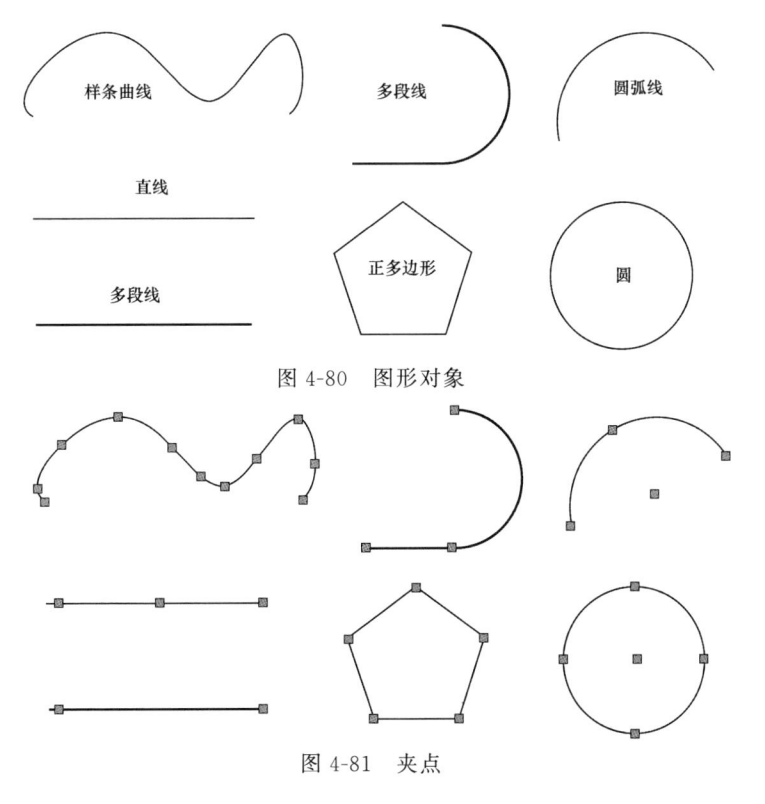

图 4-80 图形对象

图 4-81 夹点

2. 选择基准夹点

使用夹点编辑对象时需选择一个夹点作为基点,称为基准夹点,被选择的夹点呈红色。然后,选择一种编辑操作,如镜像、移动、旋转、拉伸和缩放等。这时也可以右击,打开快捷菜单,如图 4-82 所示,选择一种编辑操作。

图 4-82 编辑快捷菜单

3. 设置钳夹功能

可以设置钳夹功能,方法是选择菜单中的"工具"→"选项"命令,在"选择"选项卡的"夹点"选项组中选中"启用夹点"复选框。在该选项卡中还可以设置代表夹点的小方格的尺寸和颜色。

4. 夹点编辑

下面仅就其中的镜像对象操作为例进行讲述,其他操作类似。

在图形上拾取一个夹点,该夹点马上改变颜色,此点为夹点编辑的基准点。这时系统指示:

命令:

﹡﹡拉伸﹡﹡

指定拉伸点或[基点(B)/复制(C)/放弃(U)/退出(X)]:_mirror

在上述拉伸编辑提示下输入镜像命令或右击,在快捷菜单中选择"镜像"命令,这时系统指示:

﹡﹡镜像﹡﹡

指定第二点或[基点(B)/复制(C)/放弃(U)/退出(X)]:

系统就会转换为"镜像"操作,用夹点编辑图形不能保留源图形,结果如图 4-83 所示。

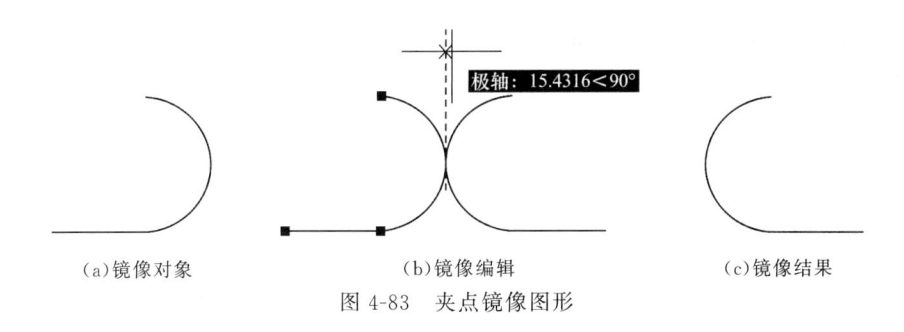

(a)镜像对象　　　　　　　(b)镜像编辑　　　　　　　(c)镜像结果

图 4-83　夹点镜像图形

4.6.2　常用夹点编辑方法

1. 拉长或缩短

在绘制工程图中,经常用到夹点编辑的情况是将图形中的点画线进行拉长或缩短。如图 4-84 所示,图 4-84(a)中点画线不满足制图标准,可用夹点编辑将其右端缩短。

方法:单击水平点画线,使其显示夹点,再单击直线右端的夹点,将其移动到合适的位置,如图 4-84(b)所示。(注意:由于直线沿水平拉伸,此时应打开正交或极轴模式。此外为了避免捕捉的影响,应将对象捕捉关闭)

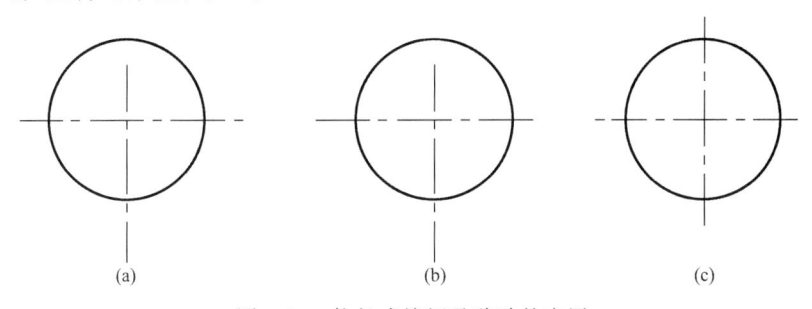

(a)　　　　　　　　　　　(b)　　　　　　　　　　　(c)

图 4-84　拉长或缩短及移动的应用

2. 移动

图 4-84(a)、图 4-84(b)中竖直点画线不满足制图标准,可用夹点编辑将其上移。

方法:单击竖直点画线,使其显示夹点,再单击直线的中间夹点,将其移动到圆心的位置,如图 4-84(c)所示。

【例 4-14】 如图 4-85 所示,用夹点编辑方法,完成由图 4-85(a)到图 4-85(d)及由图 4-85(a)到图 4-85(e)的绘制过程。

1. 绘制图 4-85(a)

绘制基础图 4-85(a)。

2. 夹点编辑"移动"

利用夹点编辑方法将矩形移向三角形,使图中 A 点移到 C 点。绘图步骤如下:

(1)单击选择矩形,使夹点显示出来。(夹点:单击实体,会看到实体上出现一些蓝色小方框,标识出实体的特征点,称为夹点)

(2)点取 A 处的夹点,使之变成红色(这个被选定的夹点称为基夹点)。

(3)右击,弹出快捷菜单如图 4-82 所示,从此快捷菜单中选择"移动"选项。

137

(4)拖动基准夹点,在 C 点处单击。

(5)按"Esc"键,取消夹点。完成由图 4-85(a)到图 4-85(b)的绘制。

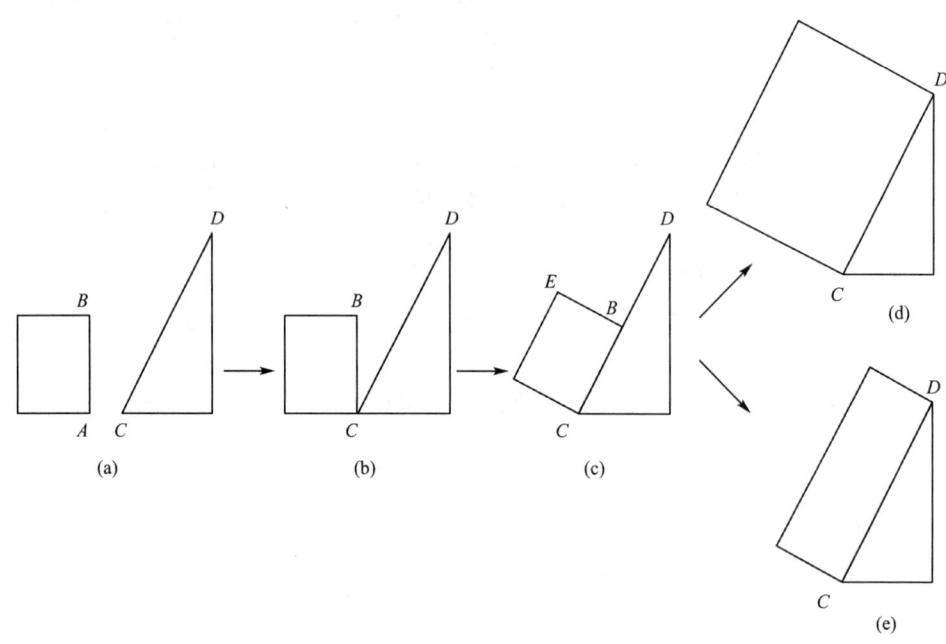

图 4-85　夹点编辑平面图形

3. 夹点编辑"旋转"

利用夹点编辑方法将图 4-85(b)的矩形绕 C 点旋转,使矩形的 AB 边与三角形的 CD 边重合。绘图步骤如下:

(1)单击选择矩形,使夹点显示出来。

(2)点取 C 处的夹点,使之变成红色。

(3)右击,弹出快捷菜单如图 4-82 所示,从此快捷菜单中选择"旋转"选项。

(4)状态栏中提示如下信息:

指定旋转角度或[基点(B)/复制(C)/放弃(U)/参照(R)/退出(X)]:R↙

(如果已知旋转角度,可输入角度值,此例中已知实体上某线的旋转前后的位置,故选择此项)

指定参照角<0>:单击 C 点。

指定第二点:单击 B 点。

指定新角度或[基点(B)/复制(C)/放弃(U)/参照(R)/退出(X)]:单击 D 点。

(5)按"Esc"键,取消夹点。完成由图 4-85(b)到图 4-85(c)的绘制。

4. 夹点编辑"比例"

利用夹点编辑方法将图 4-85(c)的矩形进行比例缩放,使矩形的 CB 边与三角形 CD 边重合。绘图步骤如下:

(1)单击选择矩形,使夹点显示出来。

(2)点取 C 处的夹点,使之变成红色。

(3)右击,在弹出的快捷菜单中选择"缩放"选项。

(4)状态栏中提示如下信息:

命令:_scale

找到 1 个

指定比例因子或[基点(B)/复制(C)/放弃(U)/参照(R)/退出(X)]:R↙

(如果已知缩放的比例因子,可直接输入其值)

指定参照长度<1.0000>:单击 C 点。

指定第二点:单击 B 点。

指定新长度或[基点(B)/复制(C)/放弃(U)/参照(R)/退出(X)]:单击 D 点。

(5)按"Esc"键,取消夹点。完成由图 4-85(c)到图 4-85(d)的绘制。

5. 夹点编辑"拉伸"

利用夹点编辑方法将图 4-85(c)的矩形进行拉伸,矩形的宽度不发生变化,并使矩形的 CB 边与三角形的 CD 边重合。

(1)单击选择矩形,使夹点显示出来。

(2)按住"Shift"键,点取 B 和 E 处的夹点,使之变成红色。

(3)释放"Shift"键,再单击 B 点。

(4)拖动基夹点,在 D 点处单击。

(5)按"Esc"键,取消夹点。完成由图 4-85(c)到图 4-85(e)的绘制。

【例 4-15】 绘制如图 4-86(a)所示的图形,并利用钳夹功能将其编辑成图 4-86(b)所示的图形。

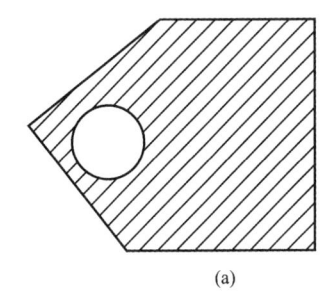

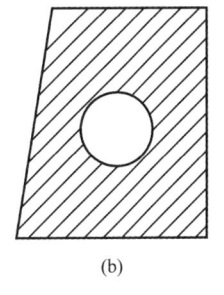

图 4-86　利用钳夹功能编辑图形

【操作步骤】

1. 绘制图形轮廓

利用"直线"和"圆"命令绘制图形轮廓。

2. 进行图案填充

利用"图案填充"命令进行图案填充。选择"绘图"→"图案填充"命令,系统打开"图案填充和渐变色"对话框,在"图案填充"选项卡的"类型"下拉列表框中选择"预定义"选项,图案选择"ANSI31",角度默认为"0","比例"和"间距"默认为"1",选中选项卡中的"关联"复选框,填充设置如图 4-87 所示。填充结果如图 4-86(a)所示。

3. 钳夹编辑

分别点取图 4-88 所示图形的左边界的两线段,这两条线段上会显示出相应的夹点,再用鼠标左键点取图中最左边的夹点,如图 4-88(a)所示。该点则以红色显示,称为基准夹点,拖动基准夹点右移,如图4-88(b)所示。移到图4-89(a)所示的位置,按"Esc"键确定。从图中可以看出,AutoCAD 2019按照填充边界的新位置重新生成了填充图案。

图4-87 "图案填充和渐变色"对话框

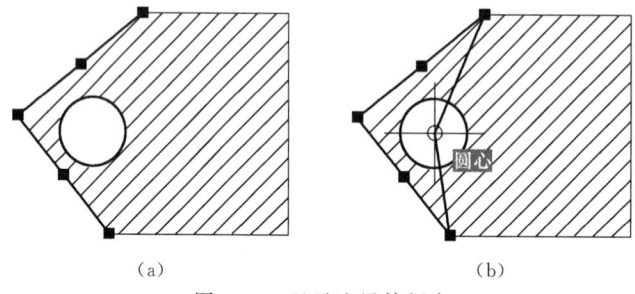

图4-88 显示边界特征点

选择圆,圆上会出现相应的夹点,再激活圆心点,如图4-89(b)所示。拖动鼠标,使光标位于另一点的位置,然后按"Esc"键确认,则得到图4-89(c)的结果。

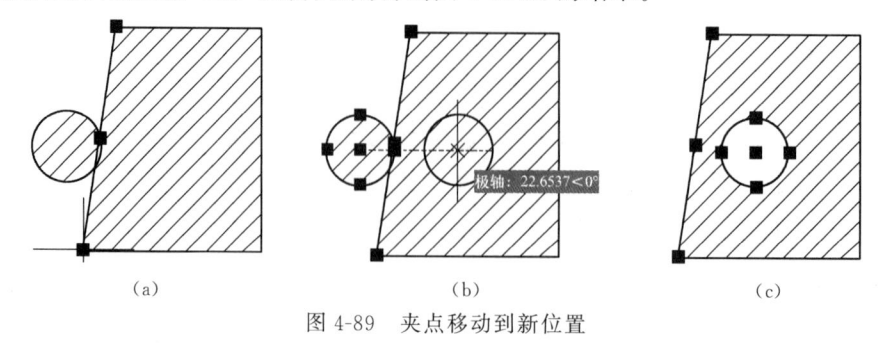

图4-89 夹点移动到新位置

> 提示、注意、技巧

(1)钳夹编辑执行拉伸操作的结果与所选夹点有关,例如对于直线,选择端点可以拉伸,选择中点将会移动;对于圆,选择圆心将会移动,选择象限点将会缩放。

(2)取消实体的夹点状态,可以连续按下"Esc"键,直到夹点消失。

4.7 绘制和编辑二维图形

本节在前面所学知识的基础上,综合运用所学的知识,通过几个有代表性的例子,进一步巩固和加强常用的绘图与修改命令的使用,熟练掌握绘制平面图形的一般步骤和方法,从中掌握一定的绘图操作技巧,并能尽快熟练地绘制各种图形。

绘制平面图时,首先应该对图形进行线段分析和尺寸分析,根据定形尺寸和定位尺寸,判断出已知线段、中间线段和连接线段,按照先绘制已知线段、再绘制中间线段、后绘制连接线段的顺序完成图形的绘制。

4.7.1 平面图形——曲柄

绘制如图 4-90 所示曲柄的主视图。

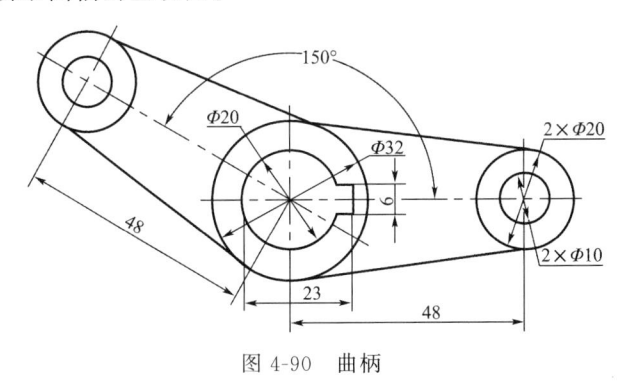

图 4-90 曲柄

1. 设置绘图环境

【操作步骤】

(1)设置图形界限

新建一张图纸,按该图形的尺寸,图纸大小应设置成 A4,横放。因此图形界限设置为 297 mm×210 mm。

(2)显示图形界限

单击"全部缩放"按钮,或者在命令窗口输入"Z",按"Enter"键,再输入"A",按"Enter"键。单击状态栏的"栅格"按钮打开栅格显示,图形栅格的界限将填充当前视口。

(3)设置对象捕捉

在状态栏的"对象捕捉"按钮上右击,选择"设置...",在弹出的"草图设置"对话框中选择"交点""切点""圆心""端点",单击"确定"按钮,并在状态栏按钮极轴、对象捕捉、对象追踪和线宽打开。

(4)设置图层

利用"图层"命令设置图层：

中心线层：线型为 CENTER2，其余为默认值；

粗实线层：线宽为 0.50 mm，其余为默认值。

2. 绘图方法一：画线定位

【操作步骤】

(1)绘制中心线

将"中心线"层设置为当前层。利用"直线"命令绘制中心线。坐标分别为{(100,100)(180,100)}，和{(120,120)(120,80)}，结果如图 4-91 所示。

绘制另一条中心线，利用"打断"命令剪掉多余部分。命令行提示与操作如下：

①偏移

命令：OFFSET(对所绘制的竖直对称中心线进行偏移操作)

[通过(T)]<通过>：48✓

选择要偏移的对象或<退出>：(选择所绘制的竖直对称中心线)

指定点以确定偏移所在一侧：(在选择的竖直对称中心线右侧任一位置单击鼠标左键)

选择要偏移的对象或<退出>：✓

②打断

命令：BREAK(打断命令)

选择对象：(在偏移的中心线上面适当位置选择一点)

指定第二个打断点或[第一点(F)]：(在超出偏移的中心线上方的位置选择一点)

③打断

命令：BREAK

选择对象：(在偏移的中心线下面适当位置选择一点)

指定第二个打断点或[第一点(F)]：(在超出偏移的中心线上方的位置选择一点)

④打断

命令：BREAK

选择对象：(在偏移的中心线下面适当位置选择一点)

指定第二个打断点或[第一点(F)]：(在超出偏移的中心线下方的位置选择一点)

结果如图 4-92 所示。

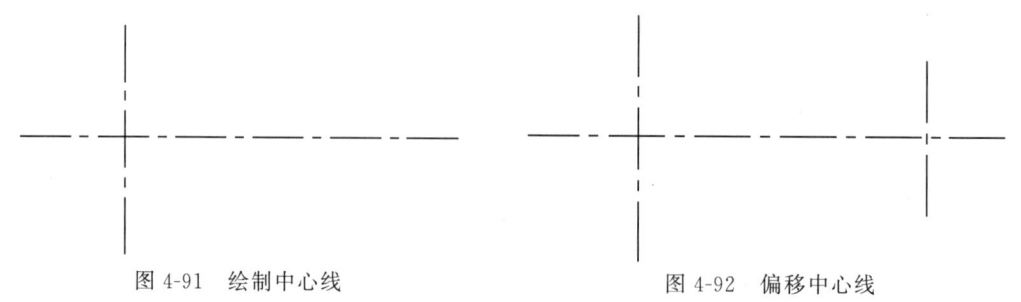

图 4-91　绘制中心线　　　　图 4-92　偏移中心线

(2)绘制圆

转换到"粗实线"层，利用"圆"命令绘制图形轴孔部分。其中绘制圆时，以水平中心线与左边竖直中心线交点为圆心，以 32 和 20 为直径绘制同心圆，以水平中心线与右边竖直中心线交点为圆心，以 20 和 10 为直径绘制同心圆，结果如图 4-93 所示。

(3)绘制连接板

利用"直线"命令绘制连接板。分别捕捉左、右外圆的切点为端点,绘制上、下两条连接线,结果如图4-94所示。

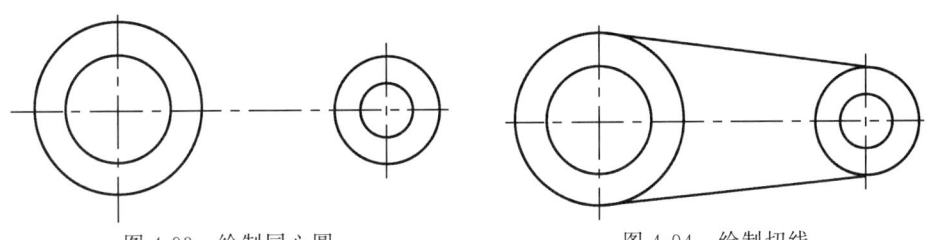

图4-93　绘制同心圆　　　　图4-94　绘制切线

(4)绘制键槽

利用"偏移"命令绘制辅助线。命令行提示与操作如下:

①水平辅助线

命令:_offset(偏移水平对称中心线)

指定偏移距离或[通过(T)]<通过>:3↙

选择要偏移的对象或<退出>:(选择水平对称中心线)

指定点以确定偏移所在一侧:(在选择的水平对称中心线上侧任一点处单击鼠标左键)

选择要偏移的对象或<退出>:(继续选择水平对称中心线)

指定点以确定偏移所在一侧:(在选择的水平对称中心线下侧任一点处单击鼠标左键)

选择要偏移的对象或<退出>:↙

②竖直辅助线

命令:_offset

指定偏移距离或[通过(T)]<通过>:12.8↙

指定偏移的对象或<退出>:(选择竖直对称中心线)

指定点以确定偏移所在一侧:(在选择的竖直对称中心线右侧任一点处单击鼠标左键)

选择要偏移的对象或<退出>:↙

结果如图4-95所示。

③利用"直线"命令绘制键槽

上面偏移产生的辅助线为键槽提供定位作用。捕捉刚绘制的辅助线与左边内圆交点以及辅助线之间相互交点,将它们作为端点绘制直线,如图4-96所示。

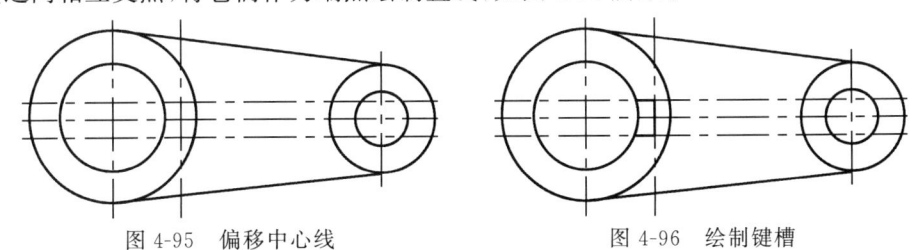

图4-95　偏移中心线　　　　图4-96　绘制键槽

④利用"修剪"命令剪掉圆弧上键槽开口部分。命令行提示与操作如下:

命令:_trim(剪去多余的线段)

当前设置:投影=UCS,边=无

选择剪切边...

选择对象:(分别选择键槽的上、下边)

……

找到 1 个,总计 2 个

选择对象:↙

选择要修剪的对象,或按住"Shift"键选择要延伸的对象,或[栏选(F)/窗交(C)/投影(P)/边(E)/删除(R)/放弃(U)]:(选择键槽中间的圆弧)

结果如图 4-97 所示。

⑤利用"删除"命令删除多余的辅助线,命令行提示与操作如下:

命令:ERASE↙(删除偏移的对称中心线)

选择对象:(分别选择偏移的 3 条对称中心线)

……

找到 1 个,总计 3 个

选择对象:↙

结果如图 4-98 所示。

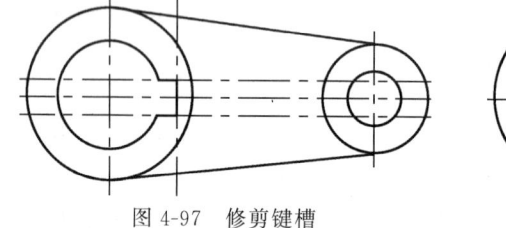

图 4-97 修剪键槽　　　　图 4-98 删除多余辅助线

(5)复制旋转

利用"旋转"命令,将所绘制的图形进行复制旋转,命令行提示与操作如下:

命令:ROTATE↙

UCS 当前的正角方向:ANGDIT=逆时针　ANGBASE=0

选择对象:(如图 4-99 所示,选择图形中要旋转的部分)

……

找到 1 个,总计 6 个

选择对象:↙

指定基点:_int 于(捕捉左边中心线的交点)

指定旋转角度或[复制(C)/参照(R)]<0>:C↙

旋转一组选定对象

指定旋转角度或[复制(C)/参照(R)]<0>:C↙

最终结果如图 4-90 所示。

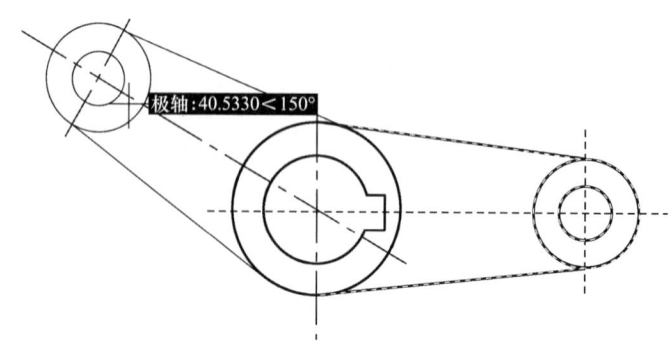

图 4-99 选择旋转复制对象

3. 绘图方法二：追踪定位

【操作步骤】

(1) 绘制圆

将"粗实线"层设置为当前层，利用"圆"命令和对象捕捉追踪功能绘制图形轴孔部分。

① 绘制直径为 32 和 20 的同心圆，圆心坐标为(120,100)。命令行提示与操作如下：

命令：_circle

指定圆的圆心或[三点(3P)/两点(2P)/相切、相切、半径(T)]:120,100↙

指定圆的半径或[直径(D)]<6.7319>:16↙

命令：circle

指定圆的圆心或[三点(3P)/两点(2P)/相切、相切、半径(T)]:(捕捉圆心)

指定圆的半径或[直径(D)]<16.0000>:10↙

② 绘制直径为 20 和 10 的同心圆，命令行提示与操作如下：

命令：_circle

指定圆的圆心或[三点(3P)/两点(2P)/相切、相切、半径(T)]:48↙

(捕捉直径为 32 和 20 的同心圆圆心：将光标在圆心处稍停后往右拖拽，当出现极轴线时输入"48")

指定圆的半径或[直径(D)]<13.5679>:10↙

命令：_circle

指定圆的圆心或[三点(3P)/两点(2P)/相切、相切、半径(T)]:(捕捉圆心)

指定圆的半径或[直径(D)]<10.0000>:5↙

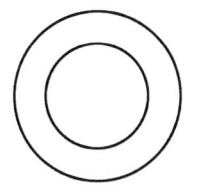

结果如图 4-100 所示。

图 4-100　绘制圆

(2) 绘制中心线

将"中心线"层设置为当前层，利用"直线"命令和对象捕捉追踪功能绘制中心线。命令行提示与操作如下：

① 水平中心线

命令：_line

指定第一点:20↙

(捕捉直径为 32 和 20 的同心圆圆心：将光标在圆心处稍停后往左拖拽，当出现极轴线时输入"20")

指定下一点或[放弃(U)]:80↙　　　(将光标往右拖拽，输入"80"，如图 4-101 所示)

指定下一点或[放弃(U)]:↙

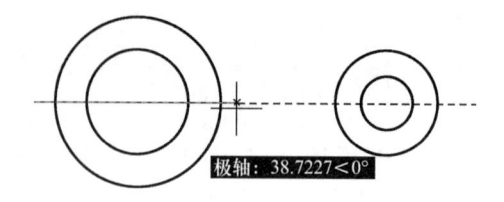

图 4-101　绘制水平中心线

②竖直中心线

第一条竖直中心线：

命令：_line

指定第一点：20↙

(捕捉直径为 32 和 20 的同心圆圆心：将光标在圆心处稍停后往上拖拽，当出现极轴线时输入"20")

指定下一点或[放弃(U)]：40↙　　　　　　　　　　　(将光标往下拖拽，输入"40")

指定下一点或[放弃(U)]：↙

第二条竖直中心线：

命令：_line

指定第一点：14↙

(捕捉直径为 20 和 10 的同心圆圆心：将光标在圆心处稍停后往上拖拽，当出现极轴线时输入"14")

指定下一点或[放弃(U)]：28↙　　　　　　　　　　　(将光标往下拖拉，输入"28")

指定下一点或[放弃(U)]：↙

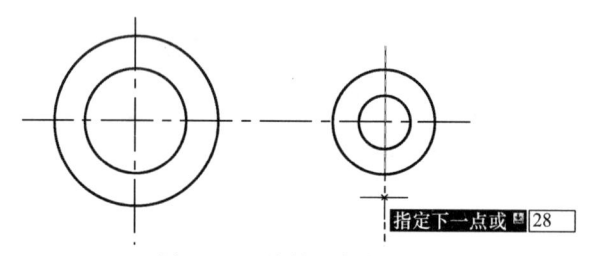

结果如图 4-102 所示。

图 4-102　绘制竖直中心线

(3)绘制键槽

将"粗实线"层设置为当前层。

①利用"直线"命令和对象捕捉追踪功能绘制键槽的下半部分。命令行提示与操作如下：

命令：_line

指定第一点：12.8↙

(捕捉直径为 32 和 20 的同心圆圆心：将光标在圆心处稍停后往右拖拉，当出现极轴线时输入"12.8")

指定下一点或[放弃(U)]：3↙　　　　　　　　　　　(将光标往下拖拉，输入"3")

指定下一点或[放弃(U)]：(将光标往左拖拉，捕捉与直径为 20 的圆的相交点)

指定下一点或[放弃(U)]：↙

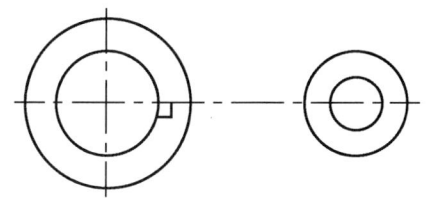

结果如图 4-103 所示。

图 4-103　用对象追踪绘制键槽

②利用"镜像"命令完成键槽的绘制。命令行提示与操作如下：
命令：_mirror
选择对象：找到 2 个
选择对象：↙
指定镜像线的第一点：
指定镜像线的第二点：(在水平中心线上选择两点)
要删除源对象吗？[是(Y)/否(N)]<N>：↙
结果如图 4-104 所示。其余作图步骤与方法一相同，此处省略。

4. 保存图形

输入"保存"命令，选择合适的位置，如"D:\平面图形"，以"图 4-90 曲柄"为文件名保存。

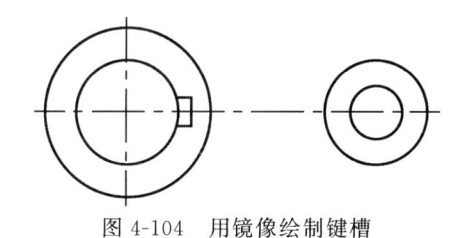

图 4-104　用镜像绘制键槽

4.7.2　平面图形——挂轮架

绘制如图 4-105 所示的挂轮架。

1. 设置绘图环境

【操作步骤】
设置与上一例曲柄大致相同，因此，可取用曲柄的绘图环境。方法如下：
(1) 打开文件
输入"打开"命令，从位置"D:\平面图形"中，打开文件名为"图 4-90 曲柄"的图形文件。
(2) 删除原图形
输入"删除"命令，再输入 A(全部)，按"Enter"键，将原文件的图形全部删除。
(3) 建立文件名
输入"另存为"命令，选择位置"D:\平面图形"，以"图 4-105 挂轮架"文件名保存。

图 4-105 挂轮架

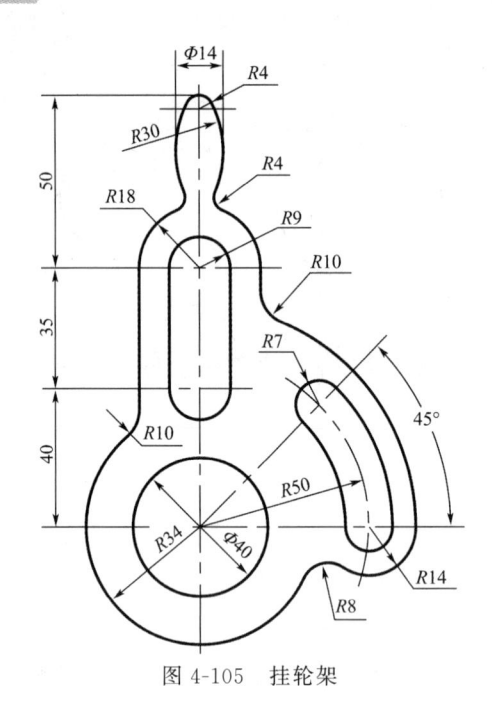

2. 绘制图形

【操作步骤】

(1)绘制中心线

设置"中心线"层为当前层,利用"直线"命令绘制中心线。命令行提示与操作如下:

①绘制最下方的水平中心线

命令:_line

指定第一点:70,60　　　　　　　　　　　　　　　　　　(指定 A 点)

指定下一点或[放弃(U)]:210,60　　　　　　　　　　　　(指定 B 点)

指定下一点或[放弃(U)]:✓

②绘制竖直中心线

命令:_line

指定第一点:140,22　　　　　　　　　　　　　　　　　　(指定 C 点)

指定下一点或[放弃(U)]:140,190　　　　　　　　　　　　(指定 D 点)

指定下一点或[放弃(U)]:✓

两中心线 AB、CD 交于 O 点。

③绘制 45°中心线

利用夹点编辑功能,单击选择水平中心线,使夹点显示出来,即中心线的左、右端点和中点出现三个蓝色小方框(中点与交点 O 重合)。点取中间的夹点,使之变成红色,成为基准夹点。右击,弹出快捷菜单,从快捷菜单中选择"旋转"选项。再次右击,从快捷菜单中选择"复制"选项。输入 45,按"Enter"键,结果如图 4-106 所示。

④修改 45°中心线

利用夹点编辑功能,单击选择 45°中心线,使夹点显示出来,点取左端的夹点,使之成为基准夹点,到交点 O 处单击,结果端点移至交点处,如图 4-107 所示。

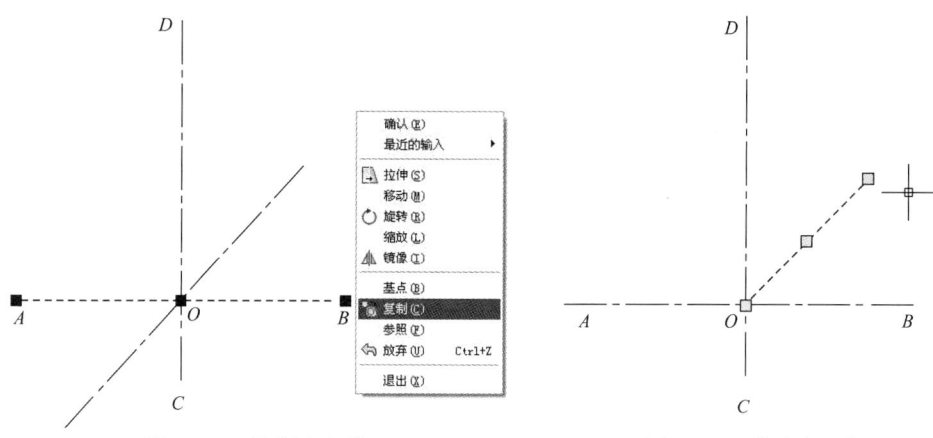

图 4-106　绘制中心线　　　　　　　　图 4-107　修改中心线

⑤利用"偏移"命令绘制其他水平中心线,命令行提示与操作如下:

命令:_offset

指定偏移距离或[通过(T)]<通过>:40↙

选择要偏移的对象或<退出>:(选择水平对称中心线 AB)

指定点以确定偏移所在一侧:(在所选水平对称中心线的上侧任一位置单击鼠标左键,得中心线 EF)

选择要偏移的对象或<退出>:↙

用相同方法绘制另外 3 条水平中心线 GH、KL、MN。

⑥绘制 $\phi50$ 圆弧中心线,命令行提示与操作如下:

命令:_circle

指定圆的圆心或[三点(3P)/两点(2P)/相切、相切、半径(T)]:(捕捉交点 O)

指定圆的半径或[直径(D)]<50.0000>:50↙

⑦"打断"中心线

命令:_break

选择对象:(在适当位置选择对象,因为选择点即为默认的第一点)

指定第二个打断点或[第一点(F)]:(选择对象适当位置点)

结果如图 4-108 所示。

(2)绘制挂轮架的下方两圆

设置"粗实线"层为当前层,利用"圆"命令,按命令行提示以正交中心线交点 O 为圆心,绘制 $\phi40$ 圆和 R34 圆,如果如图 4-109 所示。

(3)绘制挂轮架的中间部分

①利用"圆"命令,按命令行提示分别以交点 R、S 为圆心,绘制两个 R9 圆,命令行提示与操作如下:

小圆 R

命令:_circle

指定圆的圆心或[三点(3P)/两点(2P)/相切、相切、半径(T)]:(指定 R 点)

指定圆的半径或[直径(D)]<18.0000>:9↙

小圆 S

命令:_circle

指定圆的圆心或[三点(3P)/两点(2P)/相切、相切、半径(T)]:(指定 S 点)

指定圆的半径或[直径(D)]<9.0000>:↙

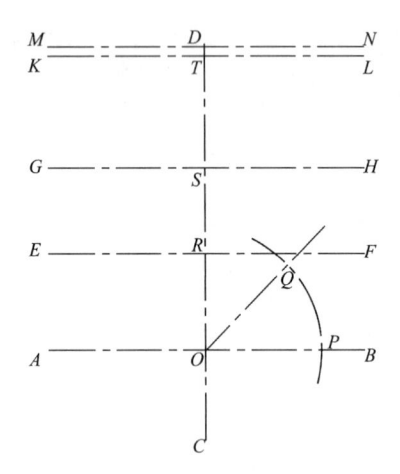

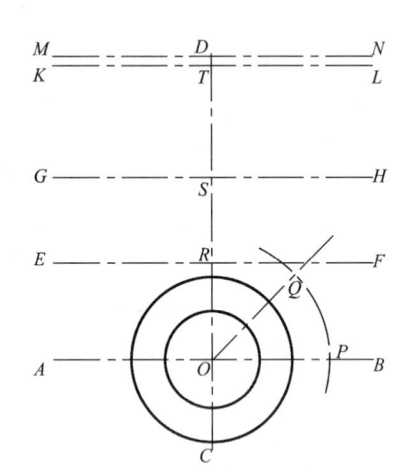

图 4-108　绘制中心线　　　　图 4-109　绘制下方两圆

②利用"圆弧"命令,按命令行提示分别以交点 S 为圆心,绘制 R18 圆弧,命令行提示与操作如下:

菜单:"绘图"→"圆弧"→"圆心、起点、角度"

命令:_arc

指定圆弧的起点或[圆心(C)]:_c　　　　　　　　　　　　　　　　(指定 S 点)

指定圆弧的起点:18↙　　　　　　　　　　　　　　　　(光标右移,输入"18")

指定圆弧的端点或[角度(A)/弦长(L)]:_a

指定包含角:180↙

结果如图 4-110 所示。

③绘制竖直直线

绘制直线 12

命令:_line

指定第一点:　　　　　　　　　　　　　　　　　(指定 R18 圆弧的左象限点 1)

指定下一点或[放弃(U)]:　　　　　　　　　　　　　　(将光标下移指定一适当点 2)

指定下一点或[放弃(U)]:↙

用同样方法绘制另外 3 条直线。

④绘制左部 R10 圆角

命令:_fillet

当前模式:模式=修剪,半径=4.0000

选择第一个对象或[放弃(U)/多段线(P)/半径(R)/修剪(T)/多个(M)]:R↙

指定圆角半径<4.0000>:10↙

选择第一个对象或[放弃(U)/多段线(P)/半径(R)/修剪(T)/多个(M)]:

　　　　　　　　　　　　　　　　　　　　　　　　　　　(选择左侧的竖直线 12)

选择第二个对象,或按住"Shift"键选择要应用角点的对象:　　　　(选择 R34 圆弧)

结果如图 4-111 所示。

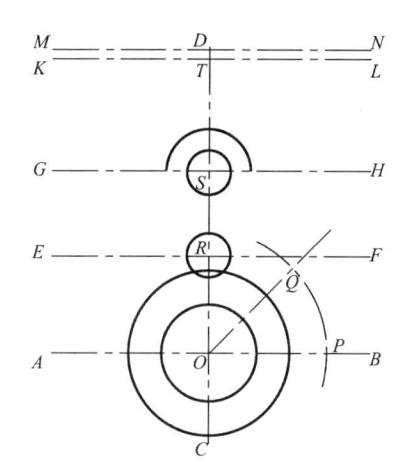

图 4-110 绘制中部两圆　　　　图 4-111 绘制中部竖直直线

⑤为了图面清晰,利用"修剪"命令,修剪中间部分的图形。命令行提示与操作如下:
命令:_trim
当前设置:投影＝UCS,边＝无
选择剪切边...
选择对象或＜全部选择＞:找到 1 个　　　　　　　　　　（选择水平中心线 AB）
选择对象:找到 1 个,总计 2 个

（选择左边 $R10$ 圆角,与水平中心线为边界修剪 $R34$ 圆）
选择对象:找到 1 个,总计 3 个　　　　　　　　　　　　（选择竖直直线 12）
选择对象:找到 1 个,总计 4 个　　　　　　　　　　　　（选择竖直直线 34）
选择对象:找到 1 个,总计 5 个

（选择竖直直线 56,与竖直直线 34 为边界修剪 $R9$ 圆）
选择对象:✓
选择要修剪的对象,或按住"Shift"键选择要延伸的对象,或
[栏选(F)/窗交(C)/投影(P)/边(E)/删除(R)/放弃(U)]:(选择 $R34$ 圆）
选择要修剪的对象,或按住"Shift"键选择要延伸的对象,或
[栏选(F)/窗交(C)/投影(P)/边(E)/删除(R)/放弃(U)]:(选择 $R9$ 圆 R）
选择要修剪的对象,或按住"Shift"键选择要延伸的对象,或
[栏选(F)/窗交(C)/投影(P)/边(E)/删除(R)/放弃(U)]:(选择 $R9$ 圆 S）
选择要修剪的对象,或按住"Shift"键选择要延伸的对象,或
[栏选(F)/窗交(C)/投影(P)/边(E)/删除(R)/放弃(U)]:✓
结果如图 4-112 所示。

(4) 绘制挂轮架右部

利用"圆""圆弧"命令绘制挂轮架右部图形。

①绘制两段 $R7$ 圆弧所在的圆。

绘制圆 P
命令:_circle
指定圆的圆心或[三点(3P)/两点(2P)/相切、相切、半径(T)]:(指定圆心 P）

指定圆的半径或[直径(D)]<9.0000>:7↙

绘制圆 Q

命令:_circle

指定圆的圆心或[三点(3P)/两点(2P)/相切、相切、半径(T)]:(指定圆心 Q)

指定圆的半径或[直径(D)]<7.0000>:↙

②绘制切圆弧 $R14$。

利用"圆弧"命令,按命令行提示分别以交点 P 为圆心,绘制 $R14$ 圆弧,命令行提示与操作如下:

菜单:"绘图"→"圆弧"→"圆心、起点、角度"

命令:_arc

指定圆弧的起点或[圆心(C)]:_c　　　　　　　　　　　　　　　　　(指定 P 点)

指定圆弧的起点:14↙　　　　　　　　　　　　　　　　　　　　(光标左移,输入"14")

指定圆弧的端点或[角度(A)/弦长(L)]:_a

指定包含角:180↙

③利用"圆弧"命令,按命令行提示以交点 O 为圆心,绘制圆弧 12,命令行提示与操作如下:

菜单:"绘图"→"圆弧"→"圆心、起点、端点"

命令:_arc

指定圆弧的起点或[圆心(C)]:_c　　　　　　　　　　　　　　　　　(指定 O 点)

指定圆弧的起点:　　　　　　　　　　　　　　　　　　　　　　(捕捉 1 点)

指定圆弧的端点或[角度(A)/弦长(L)]:　　　　　　　　　　　　　　(捕捉 2 点)

用同样方法绘制切圆弧 34 和圆弧 56,结果如图 4-113 所示。

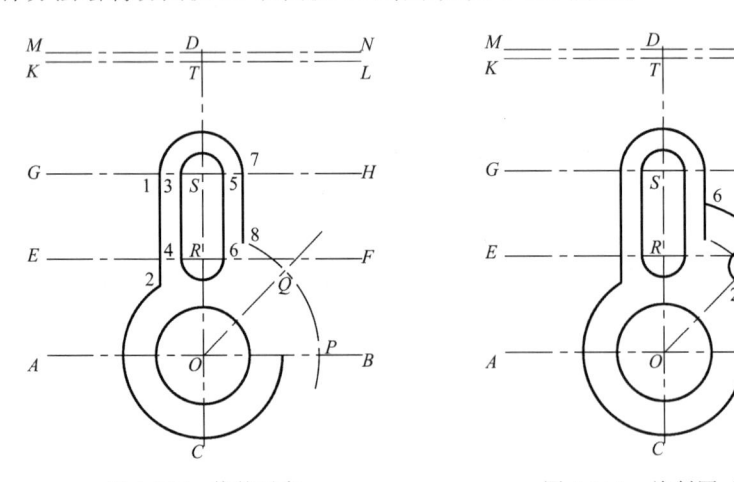

图 4-112　修剪对象　　　　图 4-113　绘制圆、圆弧

④利用"修剪"命令,按照命令行提示修剪两个半径为 $R7$ 的圆。

命令:_trim

当前设置:投影=UCS,边=无

选择剪切边...

选择对象或<全部选择>:找到 1 个　　　　　　　　　　　　　　　(选择圆弧 12)

选择对象:找到 1 个,总计 2 个　　　　　　　　　　　　　　　　(选择圆弧 34)

选择对象：↙

选择要修剪的对象，或按住"Shift"键选择要延伸的对象，或

[栏选(F)/窗交(C)/投影(P)/边(E)/删除(R)/放弃(U)]： （选择圆 P 上适当的一点）

选择要修剪的对象，或按住"Shift"键选择要延伸的对象，或

[栏选(F)/窗交(C)/投影(P)/边(E)/删除(R)/放弃(U)]： （选择圆 Q 上适当的一点）

选择要修剪的对象，或按住"Shift"键选择要延伸的对象，或

[栏选(F)/窗交(C)/投影(P)/边(E)/删除(R)/放弃(U)]：↙

多余的圆弧被修剪。

⑤利用"圆角"命令，以圆弧 56 和右边竖直线为对象绘制上部 R10 圆角。

命令：_fillet

当前设置：模式＝修剪，半径＝10.0000

选择第一个对象或[放弃(U)/多段线(P)/半径(R)/修剪(T)/多个(M)]：（选择圆弧 56）

选择第二个对象，或按住"Shift"键选择要应用角点的对象： （选择右边竖直线）

⑥利用"圆角"命令，以下部 R14 圆与 R34 圆弧为对象绘制下部 R8 圆角。

命令：_fillet

当前设置：模式＝修剪，半径＝10.0000

选择第一个对象或[放弃(U)/多段线(P)/半径(R)/修剪(T)/多个(M)]：r

指定圆角半径＜10.0000＞：8↙

选择第一个对象或[放弃(U)/多段线(P)/半径(R)/修剪(T)/多个(M)]：（选择 R14 圆弧）

选择第二个对象，或按住"Shift"键选择要应用角点的对象： （选择 R34 圆弧）

⑦利用"修剪"命令，按照命令行提示修剪右下方半径为 R14 的圆。

命令：_trim

当前设置：投影＝UCS，边＝无

选择剪切边…

选择对象或＜全部选择＞：找到 1 个 （选择圆弧 56）

选择对象：找到 1 个，总计 2 个 （选择圆弧 R8）

选择对象：↙

选择要修剪的对象，或按住"Shift"键选择要延伸的对象，或

[栏选(F)/窗交(C)/投影(P)/边(E)/删除(R)/放弃(U)]：（选择 R14 圆上适当的一点）

选择要修剪的对象，或按住"Shift"键选择要延伸的对象，或

[栏选(F)/窗交(C)/投影(P)/边(E)/删除(R)/放弃(U)]：↙

结果如图 4-114 所示。

(5) 绘制挂轮架上部

①利用"偏移"命令，以 23 为距离向右偏移竖直对称中心线。

②将当前图层设置为"细实线"层，利用"圆"命令，捕捉上边第二条水平中心线与竖直中心线的交点，以该点为圆心，绘制 R26 辅助圆，结果如图 4-115 所示。

③将当前图层设置为"粗实线"层，利用"圆"命令。捕捉 R26 圆与偏移的竖直中心线的交点，以该点为圆心，绘制 R30 圆，结果如图 4-116 所示。

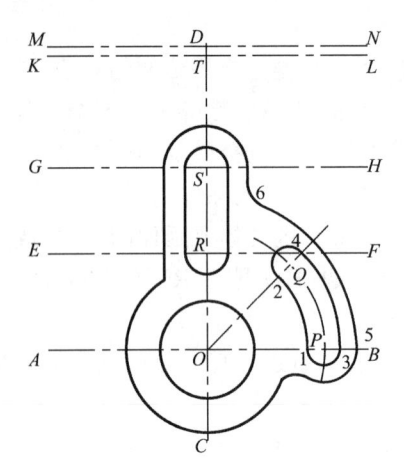

图 4-114 "修剪""圆角"图形

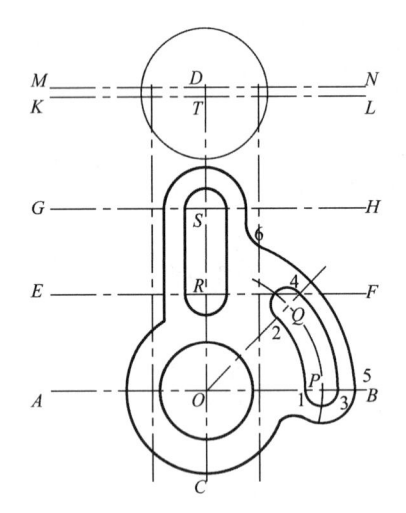

图 4-115 绘制辅助圆   图 4-116 绘制圆

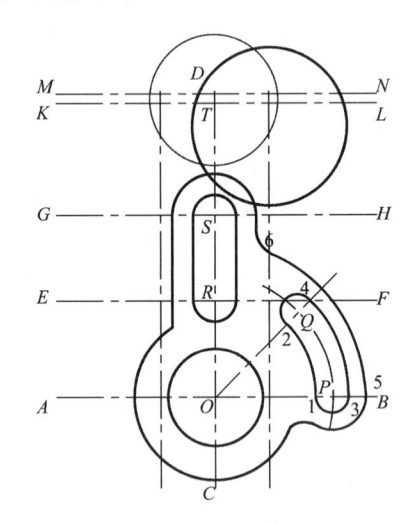

提示、注意、技巧

之所以偏移距离为 23，是因为半径为 30 的圆弧的圆心在中心线左、右各"14/2"处的平行线上。而绘制辅助圆的目的是找到 R30 圆弧的具体圆心位置点，因为 R30 圆弧与 R4 圆弧内切，根据相切的几何关系，R30 圆弧的圆心应在以 R4 圆弧圆心为圆心，"4"为半径的圆上，该辅助圆与上面偏移复制平行线的交点即为 R30 圆弧的圆心。

④利用"删除"命令，分别选择偏移形成的竖直中心线及 R26 圆，删除辅助线。
⑤利用"修剪"命令，修剪 R30 圆。
⑥利用"镜像"命令，捕捉竖直对称中心线上的两端点为镜像线，镜像所绘制的 R30 圆弧。
⑦利用"圆角"命令，以刚绘制的两个 R30 圆弧为圆角对象，绘制最上部 R4 圆弧。
用同样方法分别以两个 R30 圆弧和 R18 圆弧为对象倒 R4 圆角。
⑧利用"修剪"命令，以绘制的 R4 圆角为边界修剪 R30 圆弧。
结果如图 4-117 所示。
⑨利用"打断""拉长""删除"命令对图形中的中心线进行整理，命令行提示与操作如下：
命令：_break   （"打断"命令。对图中的中心线进行调整）

选择对象： （选择过长的中心线上需要打断的第一点）
指定第二个打断点或[第一点(F)]： （选择第二点）
命令：LENGTHEN↵ （"拉长"命令。对图中的中心线进行调整）
选择对象或[增量(DE)/百分数(P)/全部(T)/动态(DY)]：DY↵ （选择动态调整）
选择要修改的对象或[放弃(U)]： （分别选择要调整的中心线）
指定新端点： （将选择的中心线调整到新的长度）
同样方法修剪其他中心线。
命令：_erase （选择最上边的两条水平中心线，删除多余的中心线）
结果如图 4-118 所示。

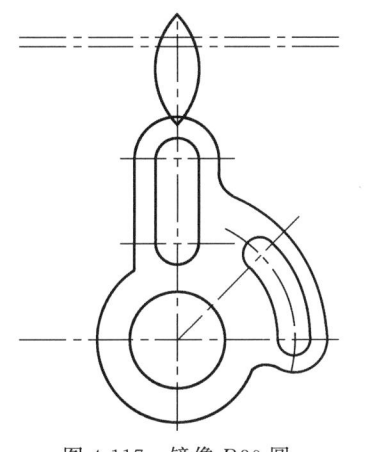

图 4-117　镜像 R30 圆　　　　　　　图 4-118　挂轮架的上部

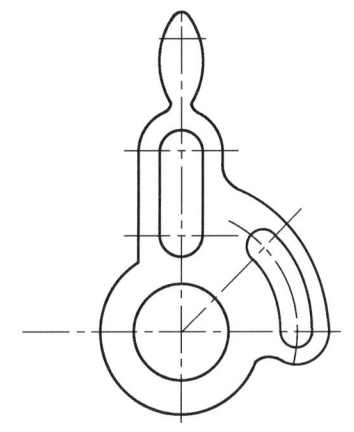

> **提示、注意、技巧**

在机械制图中，中心线应超出轮廓线 2～5 mm，所以在绘制完基本轮廓后，要对中心线进行整理，长了需要打断或缩短，短了则需要拉长，一般不要补画另一条中心线，那样会使中心线的长度不一致。

3．保存图形

单击"保存"按钮，选择适当位置，如"D:\平面图形"，以"图 4-105 挂轮架"为文件名保存。

4.7.3　平面图形——轴测图

绘制如图 4-119 所示的轴测图。

轴测图又称立体图，常用的有正等轴测图和斜二轴测图。绘制轴测图时也要对图形进行形体分析，分析组合体的组成，然后作图。

AutoCAD 2019 在绘制正等轴测图时，专门设置了"等轴测捕捉"的栅格捕捉样式。而画斜二轴测图时利用 45°的极轴追踪很容易绘制，所以这里只介绍正等轴测图的绘制方法。

【图形分析】

该图形表示的是一个正等轴测图。水平方向在一个长方体的板上开一个圆形通孔，并倒有圆角。正立面上结构与水平面相同。侧面上用一个水平面和一个侧垂面截去一个角。

图 4-119　轴测图

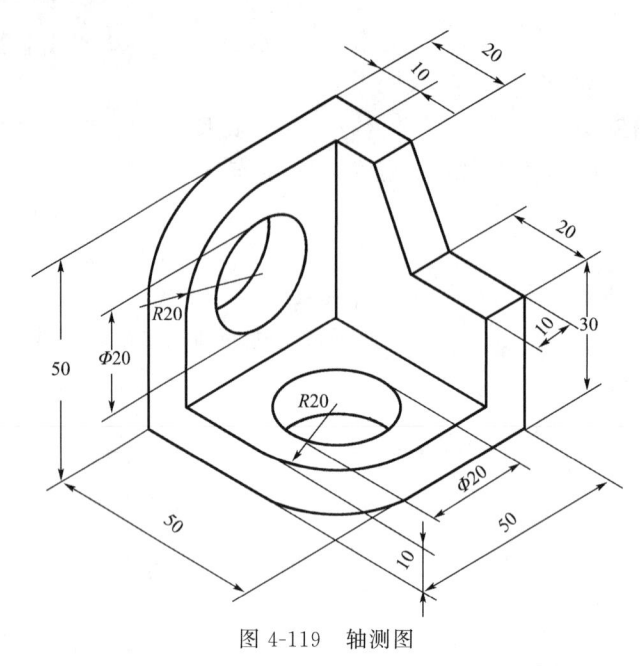

1．设置绘图环境

【操作步骤】

（1）新建图形

创建一张新图，选择默认设置。

（2）设置对象捕捉

在状态栏的"对象捕捉"按钮上右击，选择"设置..."，在弹出的"草图设置"对话框的"对象捕捉"选项组中，选择"端点""中点""交点""圆心""象限点"；在"捕捉和栅格"选项组中，将"捕捉类型"设置为"等轴测捕捉"，如图 4-120 所示。单击"确定"按钮。在状态栏打开正交、对象捕捉、对象追踪和线宽按钮。此时光标变成了等轴测方向，如图 4-121 所示。光标方向可通过"F5"键切换。

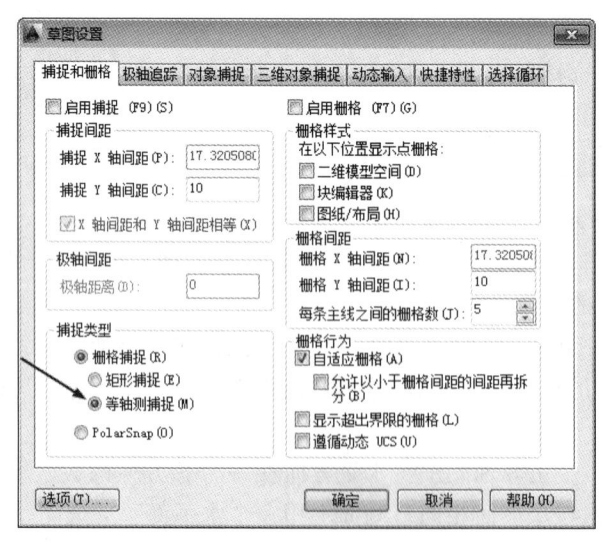

图 4-120　"草图设置"对话框

(a)　　　　　　　　　　(b)　　　　　　　　　　(c)

图 4-121　等轴测捕捉光标

(3) 设置图层

利用"图层"命令设置图层。该图形只用到了粗实线,所以可以只设置一个粗实线,线宽为 0.50 mm,其余属性为默认值。

2. 绘制图形

【操作步骤】

(1) 绘制水平底板

① 绘制上表面

按"F5"键,将光标切换至"等轴测上"状态,调用直线命令,打开"正交",在屏幕上任意一点单击鼠标左键,确定点 A,向左上移动鼠标,输入长度值"40",按"Enter"键,确定点 B。再向右下移动鼠标,输入长度值"40",按"Enter"键,确定点 C。以此类推,画出上表面的菱形,如图 4-122 所示。

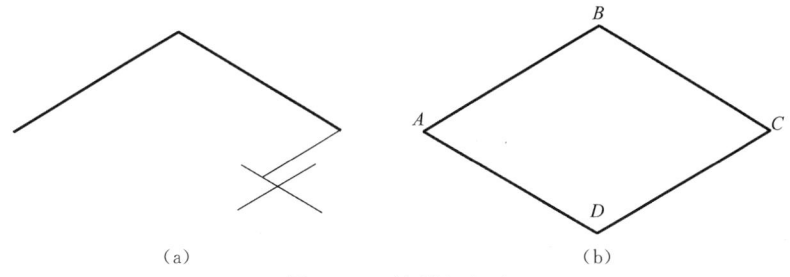

(a)　　　　　　　　　　(b)

图 4-122　绘制上表面

② 绘制左侧面

按"F5"键,将光标切换至"等轴测左"状态。调用直线命令,捕捉点 A,向下移动鼠标,给定距离"10",按"Enter"键,确定点 E。向右下移动鼠标,给定距离"40",按"Enter"键,确定点 F,向上移动鼠标,捕捉端点 D,完成左侧面 $AEFD$ 的绘制,如图 4-123(a)所示。

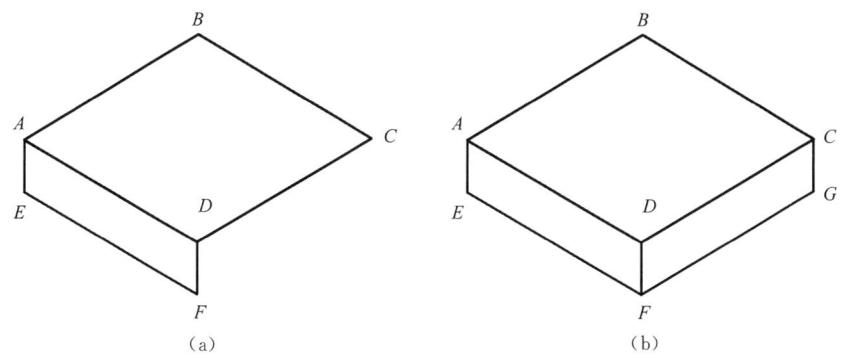

(a)　　　　　　　　　　(b)

图 4-123　绘制左表面前表面

③ 绘制前面

按"F5"键,将光标切换至"等轴测右"状态。以同样的方法绘制前表面线 FGC,得前表面 $FGCD$,如图 4-123(b)所示。

(2)绘制右侧、后侧立板

①按"F5"键,切换鼠标方向,按尺寸要求绘制右侧、后侧立板的内侧轮廓线,再绘制外侧框线。AE、CG 处线段,如图 4-124 所示。

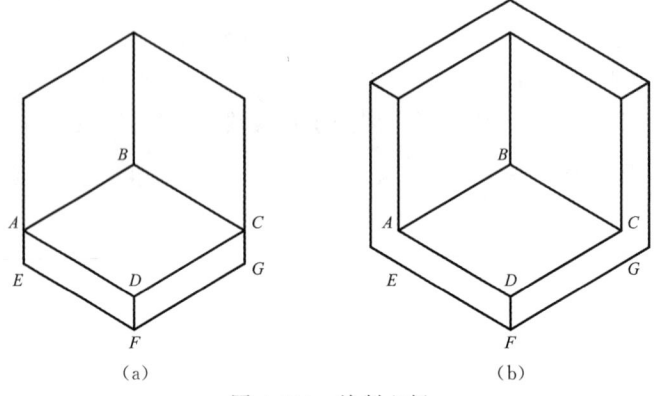

图 4-124 绘制立板

②删除

删除共面结合处的多余图线 AE、CG。

(3)绘制底板圆孔

①确定椭圆中心

调整光标至"等轴测上"状态,调用直线命令,连接 AB、CD 的中点,AD、BC 的中点,连线的交点 O 为圆孔在上表面的中心。

②绘制椭圆

单击"绘图"工具栏上的"椭圆"命令按钮,调用椭圆命令:

命令:_ellipse

指定椭圆轴的端点或[圆弧(A)/中心点(C)/等轴测圆(I)]:I↙　　　　　(绘制等轴测圆)

指定等轴测圆的圆心:捕捉交点 O

指定等轴测圆的半径或[直径(D)]:10↙　　　　　　　　　　　　　　(上表面椭圆完成)

③绘制下底面椭圆

调整鼠标至"等轴测左"或"等轴测右"状态,"正交"处于打开状态,调用复制命令,向下 10 个单位复制刚刚绘制的椭圆,如图 4-125(a)所示。

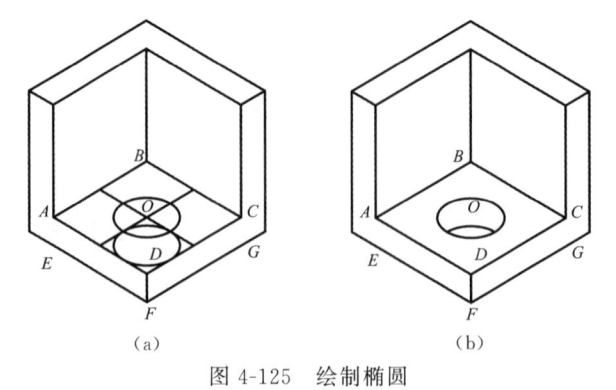

图 4-125 绘制椭圆

④修改图形

删除确定中心的辅助直线。

再以上表面椭圆为修剪边界,修剪下底面椭圆线,结果如图 4-125(b)所示。

(4)绘制底板圆角

调用"椭圆"命令,选择"等轴测圆(I)"选项,以上表面椭圆圆心为圆心,绘制半径为 20 的椭圆,再向下复制该椭圆,如图 4-126(a)所示。

再调用"修剪"命令修剪图形,结果如图 4-126(b)所示。此处不能用"圆角"命令倒圆角,因为轴测图中的圆角是椭圆弧,而用"圆角"命令所绘制的弧线为圆弧。

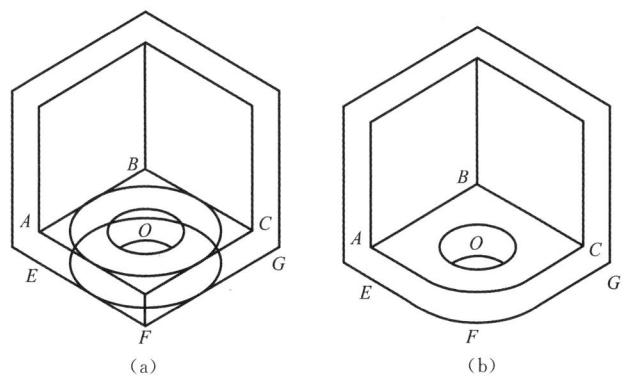

图 4-126　绘制底板圆角

(5)绘制后侧立面的圆孔和倒圆角

调整光标至"等轴测右"状态,以前面的方法绘制圆孔和倒圆角,结果如图 4-127 所示。

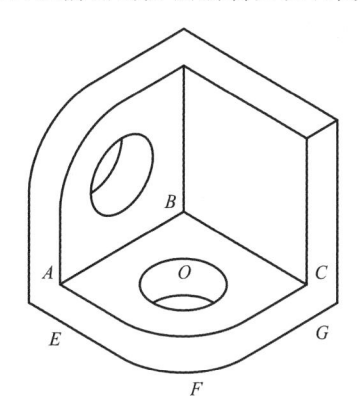

图 4-127　绘制后侧立面结构

(6)绘制右侧结构

①将光标调整至"等轴测右"状态,"正交"处于打开状态,调用直线命令,捕捉端点 P,向上 30 个单位,绘制直线 PH,向左 10 个单位,确定点 I,按"F5"键,调整光标至"等轴测左",向左上移动鼠标,给定距离 20,确定点 J。

②再调用直线命令,将光标调整至"等轴测上"状态,捕捉点 Z,向右下移动鼠标,给定距离 20,确定点 M,再向左下移动鼠标,给定距离 10,确定点 N,捕捉点 J,完成折线 ZMNJ 的绘制。

③调用直线命令,捕捉点 H,"正交"处于打开状态,给定距离 20,绘制 HK,捕捉点 M,完成 HKM 的绘制。

④调用直线命令,连接 JK。结果如图 4-128 所示。

(a)   (b)

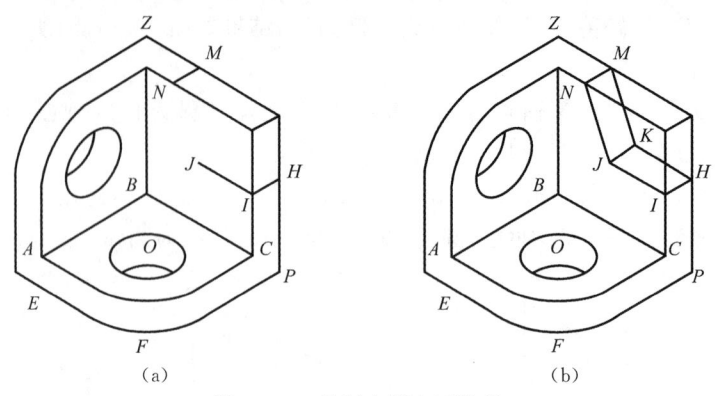

图 4-128　绘制右侧立面结构

(7) 编辑整理图形

删除直线 ZM、PH，用修剪命令修剪图形。完成图形。

> **提示、注意、技巧**

由于底板的形状与后侧板相同，因此可以先绘制底板，再用"镜像"功能绘制后侧板，如图 4-129 所示。

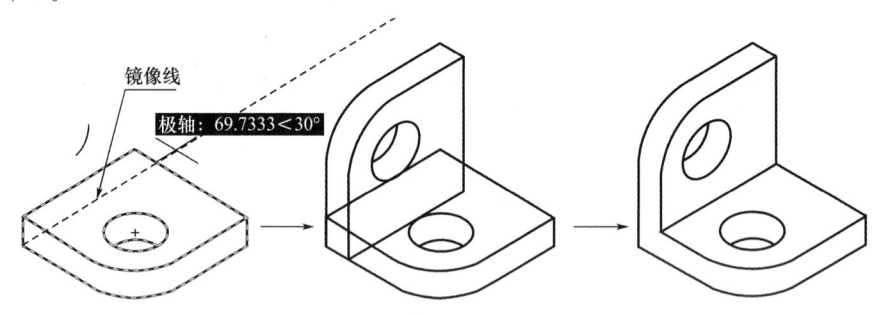

图 4-129　用"镜像"功能绘制后侧板

3. 保存图形

调用"保存"命令，选择合适的位置，如"D:\平面图形"，以"图 4-119 轴测图"文件名保存。

4.8　思考与练习

一、思考题

1. 选择题

(1) 在确定选择集时，要选择最后所绘制图形对象，可采用（　　）选择对象方式。

A. 默认方式　　　B. "W"方式　　　C. "L"方式　　　D. "P"方式

(2) 在绘图过程中，按（　　）功能键，可打开或关闭对象捕捉模式。

A. F2　　　　　　B. F3　　　　　　C. F6　　　　　　D. F7

(3) 能够改变一条线段长度的命令有（　　）。

A. DDMODIFY　　B. LENGTHEN　　C. TEND　　　　D. TRIM

E. STRETCH　　　F. SCALE　　　　G. BREAK　　　H. MOVE

(4) 能够将物体某部分进行大小不变的复制的命令有（　　）。

A. MIRROR　　　B. COPY　　　C. ROTATE　　　D. ARRAY

(5)下列命令中可以用来去掉图形中不需要的部分的是(　　)。

A. 删除　　　B. 清除　　　C. 修剪　　　D. 放弃

(6)ALIGN 命令相当于是 ROTATE(旋转)、SCALE(比例)和(　　)命令的组合。

A. MOVE(移动)　B. COPY(复制)　C. MIRROR(镜像)　D. ARRAY(阵列)

(7)用夹点方式编辑图形时,不能直接完成(　　)操作。

A. 镜像　　　B. 比例缩放　　　C. 复制　　　D. 阵列

2. 填空题

(1)在使用"W"窗口方式选择对象时,＿＿＿＿图形对象被选中,使用"C"窗口方式选择对象时,＿＿＿＿图形对象被选中。

(2)在执行拉伸命令时应使用的选择对象的方式是＿＿＿＿。

(3)在使用阵列命令时,如需使阵列后的图形向左上角排列,则行间距为＿＿＿＿,列间距为＿＿＿＿。

(4)镜像命令的缩写方式为＿＿＿＿。

3. 简答题

(1)什么是拉伸?拉伸图形如何选择对象?

(2)什么是圆角?如何确定圆角半径?

(3)在利用"修剪"命令对图形进行"修剪"时,有时无法实现,试分析可能的原因。

(4)怎样用删除命令绘制矩形的一条边?

(5)怎样得到一个偏移的实体并使之通过一个指定的点?

二、练习题

1. 绘制平面图形

(1)绘制图 4-130 所示的各平面图形,不标注尺寸。

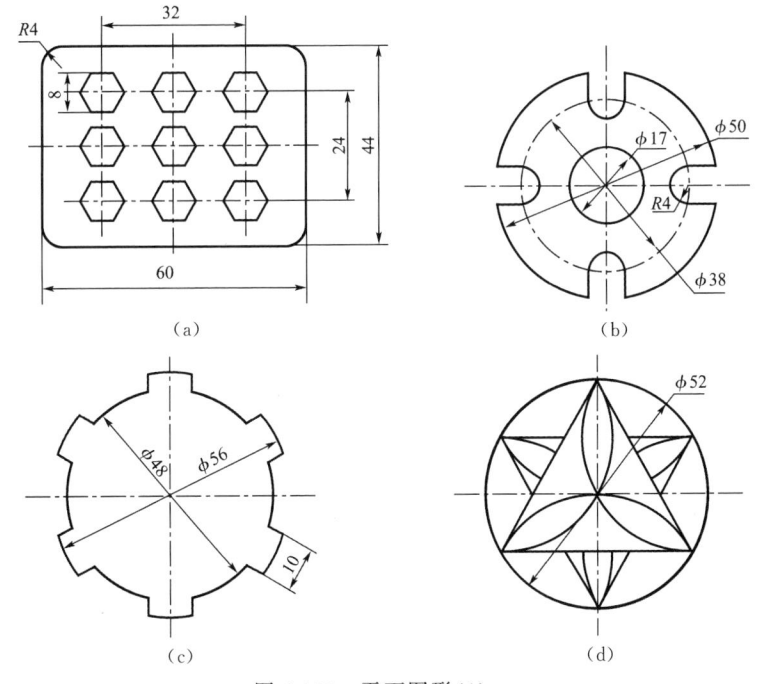

图 4-130　平面图形(1)

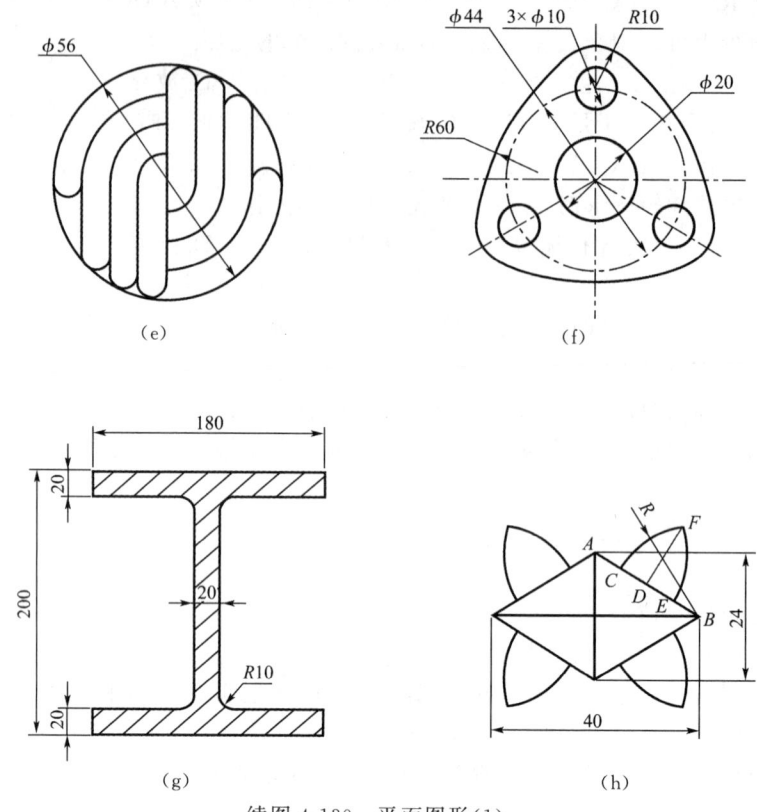

续图 4-130　平面图形(1)

(2)绘制图 4-131 所示的各平面图形,不标注尺寸。

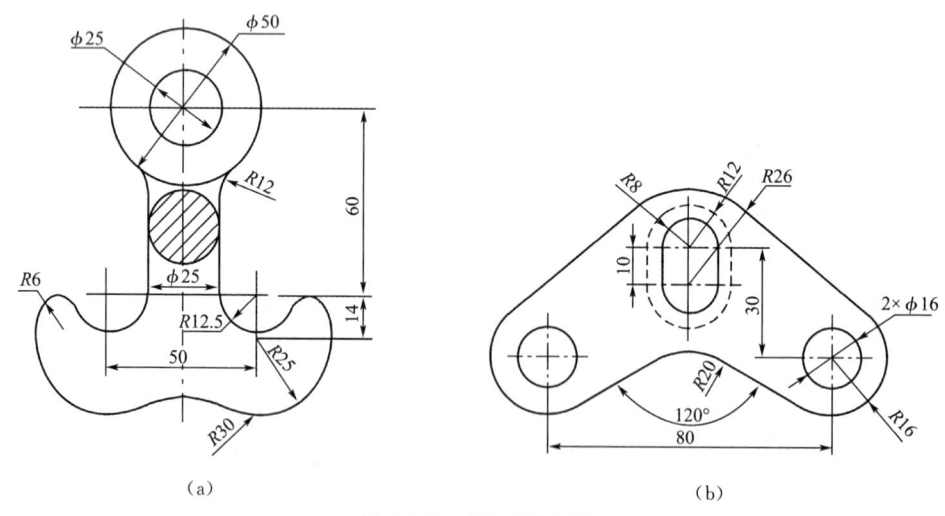

图 4-131　平面图形(2)

续图 4-131 平面图形(2)

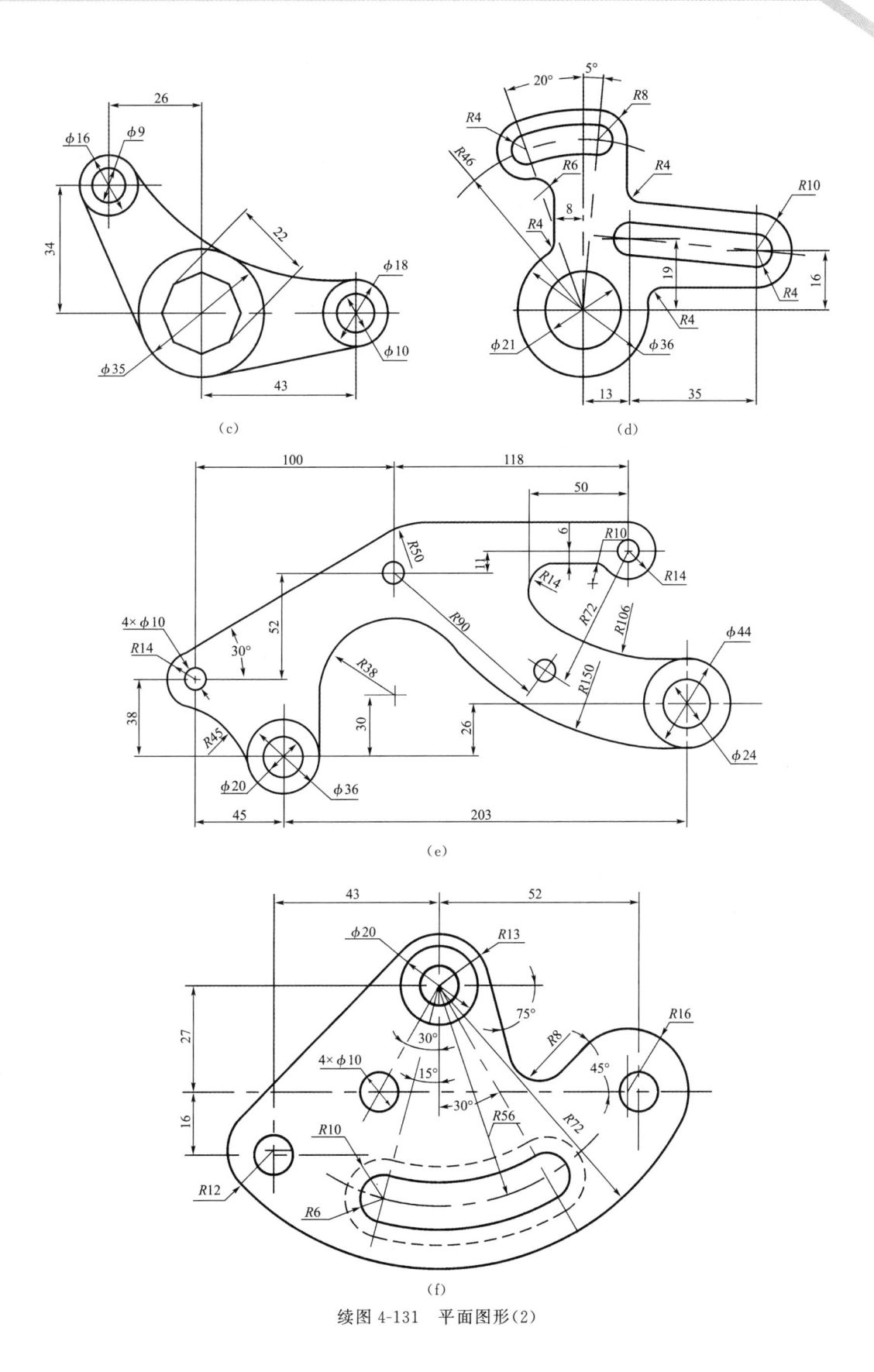

2.绘制如图 4-132 所示的三视图及剖视图。

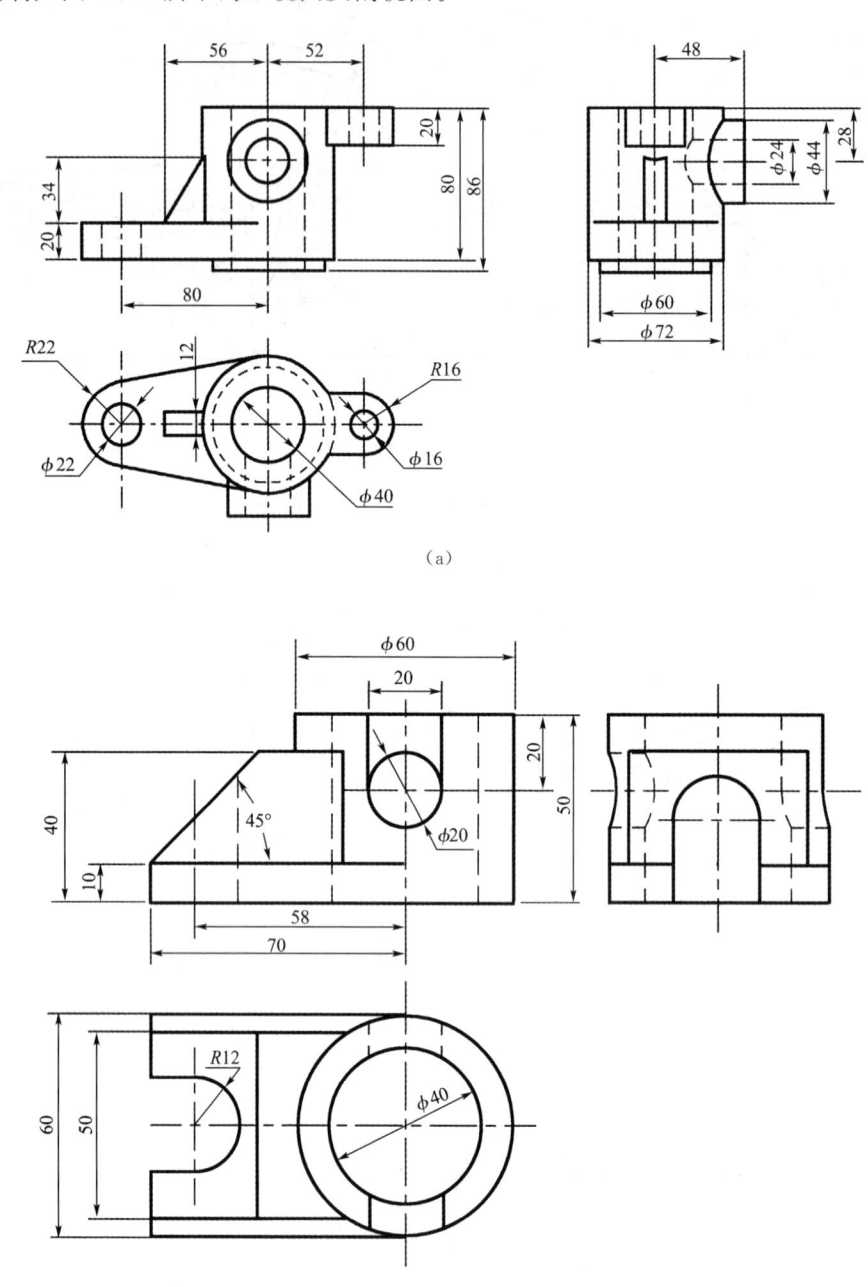

(a)

(b)

图 4-132　三视图及剖视图

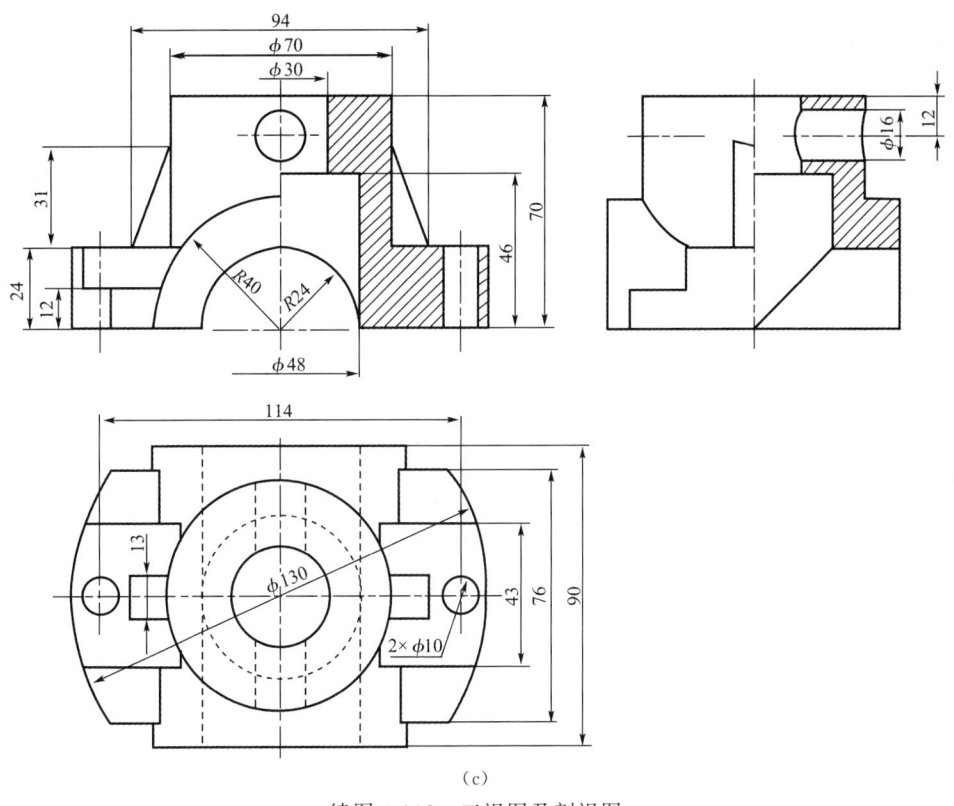

(c)

续图 4-132 三视图及剖视图

3. 绘制如图 4-133 所示的轴测图。

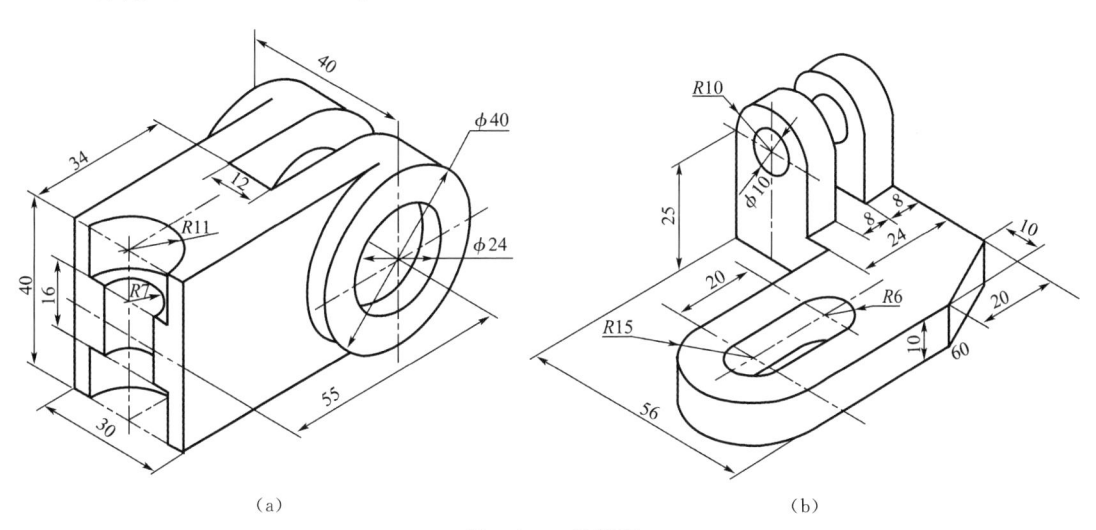

(a)　　　　　　　　　　　　(b)

图 4-133 轴测图

第 5 章

文字与表格

在进行机械工程设计时,不仅要绘出图形,还要在图样中标注技术要求、填写标题栏以及注释说明之类的文字。为此,AutoCAD 2019 提供了文字注写功能,并可以根据需要创建多种文字样式。在图样中注写文字时可以使用"注释"面板并调出"文字"工具栏,如图 5-1 所示。利用"文字"工具栏或其他输入方法可以方便地输入单行文字、多行文字、还可以编辑文字、设置文字样式、改变文字的比例和对正方式等。另外,在工程图样中还要绘制一些表格,如明细表、参数表等,因此,AutoCAD 2019 还具有绘制表格功能,能方便、快捷地绘制一些简单表格。

图 5-1 "注释"面板和"文字"工具栏

5.1 设置文字样式

设置文字样式是进行文字注写和尺寸标注的首要任务。在 AutoCAD 2019 中,文字样式用于控制图形中所使用文字的字体、高度和宽度系数等。当输入文字对象时,必须将使用的文字样式置为当前。在一幅图形中可定义多种文字样式,以适合不同对象的需要,例如技术要求与尺寸标注就需要定义不同的文字样式。

5.1.1 定义文字样式

AutoCAD 2019 提供了"文字样式"对话框,通过这个对话框可方便、直观地设置需要的文字样式,或是对已有样式进行修改。

启用"文字样式"对话框,可以使用下列方法:

(1)命令行：STYLE 或 DDSTYLE
(2)菜单栏："格式"→"文字样式"
(3)面板(或工具栏)："文字"→"文字样式"

执行上述操作，系统将打开"文字样式"对话框，如图 5-2 所示。

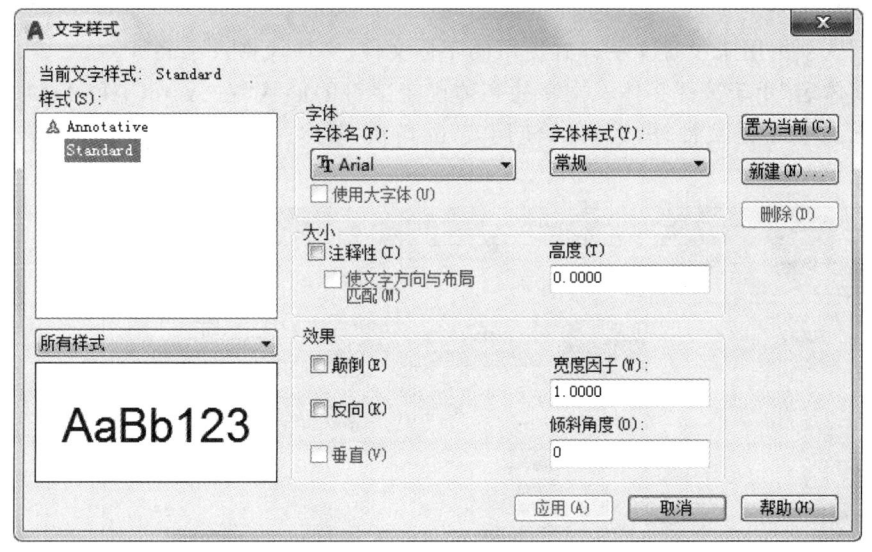

图 5-2　"文字样式"对话框

【选项说明】

1."当前文字样式"标签

显示当前文字样式的名称。在默认情况下，当前文字样式名称为"Standard"，其字体为 txt.shx，高度为 0，宽度因子为 1。

2."样式"列表框

该列表框中列有当前已定义的文字样式，在默认情况下，AutoCAD 2019 仅有一种文字样式，即"Standard"，用户可以根据需要新建几种文字样式，如"仿宋体""标注"等，可从列表框中选择已有的样式置为当前或进行修改，也可以对已有样式重命名。

3.样式列表过滤器

"样式"列表框下方是样式列表过滤器，用于确定"样式"列表框中显示"所有样式"或"正在使用的样式"。

4.预览框

预览框会动态显示所设置样式的文字效果。

5."新建"按钮

新建文字样式。单击"新建"按钮，打开"新建文字样式"对话框，在"样式名"文本框中输入文字样式名称，如图 5-3 所示。单击"确定"按钮，返回"文字样式"对话框。

图 5-3　"新建文字样式"对话框

6. "删除"按钮

删除文字样式。单击"删除"按钮，可删除指定的文字样式。但以下文字样式不能被删除："Standard"样式、当前样式和正在使用的样式。

7. "字体"选项组

"字体"选项组用来设置文字样式使用的字体文件、字体风格及字高等。

（1）"字体名"用于选择字体。文字的字体确定字符的形状，在 AutoCAD 2019 中，除了它固有的.shx 形状字体文件外，还可以使用 TrueType 字体（如宋体、楷体、黑体等），如图 5-4 所示。

图 5-4 "字体"设置

（2）若选中"使用大字体"复选框，则不能选择 TrueType 字体，仅可以指定亚洲语言的大字体文件。只有.shx 文件可以创建大字体，常用的字体样式为 gbcbig.shx，如图 5-5 所示。

(a)　　　　　　　　　　　　(b)

图 5-5 "使用大字体"复选框的选用

8. "大小"选项组

"注释性"复选框用于确定所定义的文字样式是否为注释性文字样式。

"高度"用于设置键入文字的高度。如果在"高度"文本框中输入一个数值，则将它作为创建文字时的固定字高，在输入文字时，AutoCAD 2019 不再提示输入字高参数；如果在此文本框中设置字高为 0，AutoCAD 2019 则会在每一次创建文字时提示输入字高。所以，如果不想固定字高，就可以将其在样式中设置为 0。

9. "效果"设置区

一种字体可以设置不同的效果，如颠倒、反向、垂直和倾斜等，从而被多种文字样式使用，图 5-6 所示为字体的各种样式。

"文字样式"设置完成后，单击"应用"按钮，对话框随即关闭。

图 5-6　字体的各种样式

> **提示、注意、技巧**

"垂直"复选框只有在.shx 字体下才可用,单行文字才可以设置颠倒、反向的效果。

10. "应用"按钮

确认对文字样式的设置。当建立新的样式或者对现有样式的某些特征进行修改后,都需单击此按钮,使 AutoCAD 2019 确认所做的改动。

5.1.2　设置当前文字样式

设置一种文字样式为当前样式,可以使用下列方法:

1. 从"文字样式"对话框设置

打开"文字样式"对话框。从"文字样式"对话框的样式列表中选择所需样式,单击"置为当前"按钮,单击"关闭"按钮退出对话框。

2. 从"样式"工具栏设置

从"样式"工具栏的文字样式下拉列表中选择所需样式,如图 5-7 所示。

图 5-7　设置当前文字样式

3. 从"文字编辑器"设置

输入多行文字时,可以从"文字编辑器"中的"样式"面板中选择某一样式置为当前。

5.2　标注文字

在制图过程中文字传递了很多设计信息,它可能是一个很长、很复杂的说明,也可能是一个简短的文字信息。当需要标注的文本不太长时,可以利用单行文字(TEXT)命令创建单行文字。当需要标注很长、很复杂的文字信息时,用户可以用多行文字(MTEXT)命令创建多行文字。

5.2.1　标注单行文字

"单行文字"用于创建一行或多行文字,输入时通过按"Enter"键换行。其中,每行文字都是独立的对象,可对其进行重定位、调整格式或进行其他修改。

启用"单行文字"命令,可以使用下列方法:

(1)命令行:TEXT 或 DTEXT

(2)菜单栏:"绘图"→"文字"→"单行文字"

(3)面板(或工具栏):"文字"→"单行文字" A

【操作步骤】

输入"单行文字"命令后,命令窗口提示:

命令:TEXT↙

当前文字样式:样式 1　当前文字高度:0.0000

指定文字的起点或[对正(J)/样式(S)]:

指定高度＜5.0000＞:　　　　　　　　　　　　　　　　　　　(确定字符的高度)

指定文字的旋转角度＜0＞:　　　　　　　　　　　　　　　(确定文本行的旋转角度)

输入文字:　　　　　　　　　　　　　　　　　　　　　　　　　　　(输入文本)

输入文字:　　　　　　　　　　　　　　　　　　　　　　　　　　(继续输入文本)

输入文字:↙　　　　　　　　　　　　　　　　　　　　　　　(退出 TEXT 命令)

【选项说明】

1. 指定文字的起点

在此提示下直接在绘图区点取一点作为文本的起始点,命令行提示及操作如下:

指定高度＜5.0000＞:

指定文字的旋转角度＜0＞:

输入文字:

在此提示下输入一行文本后按"Enter"键,命令行再提示"输入文字:"可继续输入文本,起始点默认为第二行的起点,相当于换行输入文字。全部输入完毕后要结束文字输入,可在"输入文字:"提示下再次按"Enter"键,则退出"单行文字"命令。由此可见,由"单行文字"命令也可以创建多行文本,只是这种多行文本每一行是一个对象,因此不能同时对几行文本进行编辑,但可以单独修改每一单行的文字样式、字高、旋转角度和对齐方式等。

> 提示、注意、技巧

(1)只有当前文字样式中设置的字符高度为 0 时,在执行"单行文字"命令时,才出现确定字符高度的提示。

(2)AutoCAD 2019 允许将文本行旋转排列,如图 5-8 所示为旋转角度分别是 0、30°和－30°时的排列效果。在"指定文字的旋转角度＜0＞:"提示下输入文本行的旋转角度或在屏幕上拉出一条直线来指定旋转角度,这与设置文字样式时的文字倾斜角度不同,如图 5-9 所示。

图 5-8　文本行旋转角度排列的效果

旋转角度的文字 456　　　　倾斜角度的文字 123

图 5-9　文本行旋转角度与倾斜角度排列的区别

2. 对正(J)

在"指定文字的起点或[对正(J)/样式(S)]:"的提示下输入"J",用来确定文本的对齐方式,对齐方式决定文本的哪一位置与插入点对齐。执行此选项,命令行提示:

输入选项[对齐(A)/调整(F)/中心(C)/中间(M)/右(R)/左上(TL)/中上(TC)/右上(TR)/左中(ML)/正中(MC)/右中(MR)/左下(BL)/中下(BC)/右下(BR)]:

在此提示下选择一个选项作为文本的对齐方式。

(1)"对齐(A)"

选择此选项,要求确定一条线段作为文本行的基线,即确定文本行起始点与终止点的位置。

输入"A",命令行提示及操作如下:

指定文字基线的第一个端点:　　　　　　　　　　　(指定文本行基线的起点位置)
指定文字基线的第二个端点:　　　　　　　　　　　(指定文本行基线的终点位置)
输入文字:　　　　　　　　　　　　　　　　　　　(输入一行文本后按"Enter"键)
输入文字:　　　　　　　　　　　　　　　　　　　(继续输入文本或直接按"Enter"键结束命令)

执行结果:所输入的文本字符均匀地分布于指定的两点之间,字高、字宽根据两点间的距离、字符的多少以及文字样式中设置的宽度因子自动确定。指定了两点之后,每行输入字符越多,字宽和字高越小,如图 5-10 所示;如果两点间的连线不水平,则文本按旋转角度放置,旋转角度由两点间的连线与 X 轴夹角确定,如图 5-11 所示。

ABCDEFghijklmn

　　基线的第一个端点1　　　　　　　　　　基线的第二个端点2

ABCDklmn

图 5-10　字高、字宽由基线自动确定

图 5-11　旋转角度由两点间的连线与 X 轴夹角确定

(2)"调整(F)"

选择此选项,与对齐方式相似,要求确定一条线段作为文本行的基线。

输入"F",命令行提示及操作如下:

指定文字基线的第一个端点:　　　　　　　　　　(指定文本行基线的起点位置)

指定文字基线的第二个端点:　　　　　　　　　　(指定文本行基线的终点位置)

指定高度<0>:　　　　　　　　　　　　　　　　(确定字符的高度)

输入文字:

输入文字:✓

执行结果:所输入的文本字符均匀地分布于指定的两点之间,文字的宽度随两点间的距离、字符的多少自动确定,但文字的高度是设定的,如图 5-12 所示。

图 5-12　给定字高,字宽由基线自动确定

(3)其他选项

需要输入一点以确定文字的对齐点。当文本串水平排列时,AutoCAD 2019 为标注文本串定义了如图 5-13 所示的顶线、中线、基线和底线,各种对齐的对齐点如图 5-14 所示,图中大写字母对应上述提示中的各条命令。

图 5-13　文本行的顶线、中线、基线和底线

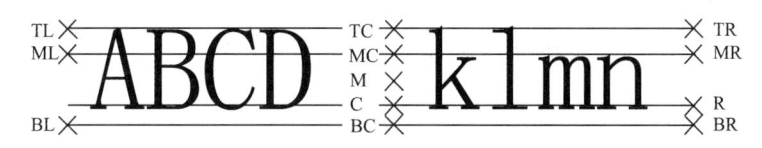

```
TL×         TC×              TR×
ML×         MC×              MR×
   ABCD     M   klmn
            ×
            C×               R×
BL×         BC×              BR×
```

图 5-14　文本的对齐点

如选择左上对齐方式,输入"TL",命令行提示及操作如下:

[对齐(A)/调整(F)/中心(C)/中间(M)/右(R)/左上(TL)/中上(TC)/右上(TR)/左中(ML)/正中(MC)/右中(MR)/左下(BL)/中下(BC)/右下(BR)]:TL↙

指定文字的左上点:　　　　　　　　　　　　　　（指定一点作为文字行顶线的起点）

指定高度＜0＞:

指定文字的旋转角度＜0＞:

输入文字:

输入文字:↙

依前述再依次输入字高、旋转角度并输入相应文字内容即可。

其余各选项的操作与"TL"相同,不再详述。图 5-15 所示为常用对齐方式的书写结果。

左上(TL):文字对齐在第一个字符文字单元的左上角。

左中(ML):文字对齐在第一个文字单元左侧的垂直中点。

左下(BL):文字对齐在第一个文字单元的左下角点。

正中(MC):文字对齐在文字行的垂直中点和水平中点。

中上(TC):文字的起点在文字行顶线的中间,文字向中间对齐。

中心(C):文字的起点在文字行基准底线的中点,文字向中间对齐。

```
┌──────────────┐      ┌──────────────┐
│ 左上方式(TL) │      │ 正中方式(MC) │
└──────────────┘      └──────────────┘

┌──────────────┐      ┌──────────────┐
│ 左中方式(ML) │      │ 中上方式(TC) │
└──────────────┘      └──────────────┘

┌──────────────┐      ┌──────────────┐
│ 左下方式(BL) │      │ 中心方式(C)  │
└──────────────┘      └──────────────┘
```

图 5-15　常用对齐方式的书写结果

💡 提示、注意、技巧

文字注写默认的选项是"左下"方式。

3. 样式(S)

选择书写文字的样式。输入"S",命令行提示及操作如下:

指定文字的起点或[对正(J)/样式(S)]:S↙

输入样式名或[?]＜样式 1＞:?（可输入需要的样式名或默认当前样式。若不记得设置过的样式,可输入"?",命令窗口将列出所有的样式以供选择,命令行提示:）

输入要列出的文字样式＜*＞:↙

文字样式:

样式名:"Standard"　　字体文件:txt.shx,gbcbig.shx

高度:0.0000　宽度比例:1.0000　倾斜角度:0

生成方式:常规
样式名:"样式 1"　　　　字体:仿宋_GB2312
高度:0.0000　宽度比例:1.0000　倾斜角度:0
生成方式:常规
样式名:"样式 2"　　　　字体文件:txt.shx,gbcbig.shx
高度:0.0000　宽度比例:1.0000　倾斜角度:0
生成方式:垂直
当前文字样式:样式 1
按"Enter"键继续:
当前文字样式:样式 1　当前文字高度:5.0000
指定文字的起点或[对正(J)/样式(S)]:

> **提示、注意、技巧**

使用"单行文字"命令创建文本时,在命令行输入的文字同时显示在屏幕上,而且在创建过程中可以随时改变文本的位置,只要将光标移到新的位置单击鼠标,则当前行结束,随后输入的文本在新的位置出现。用这种方法可以把文本标注到绘图区的任何地方。

5.2.2　特殊字符的输入

实际绘图时,有时需要标注一些特殊字符,例如"φ、α、δ…"符号、上划线或下划线、温度符号等,这些符号不能直接从键盘上输入,可用下列两种方法输入:

1. 控制码

AutoCAD 2019 提供了一些控制码,用来实现这些要求。控制码用两个百号(％％)加一个字符构成,常用的控制码见表 5-1。

表 5-1　　　　　　　　　　AutoCAD 2019 常用的控制码

符号	功能	符号	功能
％％O	上划线	\u+0278	电相位
％％U	下划线	\u+E101	流线
％％D	度符号"°"	\u+2261	标态
％％P	正负符号"±"	\u+E102	界碑线
％％C	直径符号"φ"	\u+2260	不相等
％％％	百分号"％"	\u+2126	欧姆
\u+2248	几乎相等	\u+03A9	欧米加
\u+2220	角度	\u+214A	低界线
\u+E100	边界线	\u+2082	下标 2
\u+2140	中心线	\u+00B2	上标 2
\u+0394	差值		

其中,％％O 和％％U 分别是上划线和下划线的开关,第一次出现此符号时开始标注上划线和下划线,第二次出现此符号上划线和下划线终止。例如在"输入文字:"提示后输入"AutoCAD 2019 ％％U 中文版％％U",则得到图 5-16 第一行所示的文本行;输入"％％

C30％％P1.5 60％％D 90％％％",则得到图5-16第二行所示的文本行。

AutoCAD 2019 中文版
$\phi 30\pm1.5$ 60° 90%

图 5-16　特殊字符的输入

2. 模拟键盘

还可借助 Windows 系统提供的模拟键盘输入特殊字符,其具体操作步骤如下：

(1)选择某种汉字输入法,如"搜狗拼音输入法",打开自定义状态栏,如图5-17(a)所示。

(2)在自定义状态栏中的模拟键盘图标处右击,打开模拟键盘快捷菜单,如图5-17(b)所示。

(a)　　　　　　　　　　　　　　　(b)

图 5-17　自定义状态栏及模拟键盘列表

(3)在列表中选中某种模拟键盘,如"希腊字母",打开如图5-18所示的模拟键盘,即可输入所需的符号。

图 5-18　模拟键盘

3. 特殊符号字体"gdt.shx"

如分别输入"x、v、w",则得到符号"x、v、w"。

5.2.3　标注多行文字

"多行文字"命令用于输入或导入文字创建多行文字对象。可以将若干文字段落创建为单个多行文字对象。使用内置编辑器,可以格式化文字外观、列和边界。

启用"多行文字"命令,可以使用下列方法:
(1)命令行:MTEXT
(2)菜单栏:"绘图"→"文字"→"多行文字"
(3)面板(或工具栏):"绘图"→"多行文字"→或"文字"→"多行文字"A

【操作步骤】
选择相应的方法输入命令行后,命令窗口提示:
命令:MTEXT↙
当前文字样式:"Standard"
当前文字高度:2.5
指定第一角点: （指定矩形框的第一个角点）
指定对角点或[高度(H)/对正(J)/行距(L)/旋转(R)/样式(S)/宽度(W)/栏(C)]:

【选项说明】
1. 指定对角点

直接在屏幕上指定一个点,与第一角点形成一个矩形区域,其宽度作为多行文本的宽度,高度不受限制。指定角点后系统打开"在为文字编辑器",其各项含义与功能在本节 5.2.4 详细介绍。

2. 对正(J)

确定所标注文本相对矩形区域的对齐方式。选取此选项,AutoCAD 2019 提示:

输入对正方式[左上(TL)/中上[TC)/右上(TR)/左中(ML)/正中(MC)/右中(MR)/左下(BL)/中下(BC)/右下(BR)]＜左上(TL)＞:(选取一种对齐方式后按"Enter"键,返回上一级提示)

这些对齐方式是将矩形区域分为横向上、中、下与竖向左、中、右三个位置的交叉点,作为"多行文字"的对齐点。例如在"对正方式"提示下输入"正中(MC)",输入文字后的结果如图 5-19 所示。

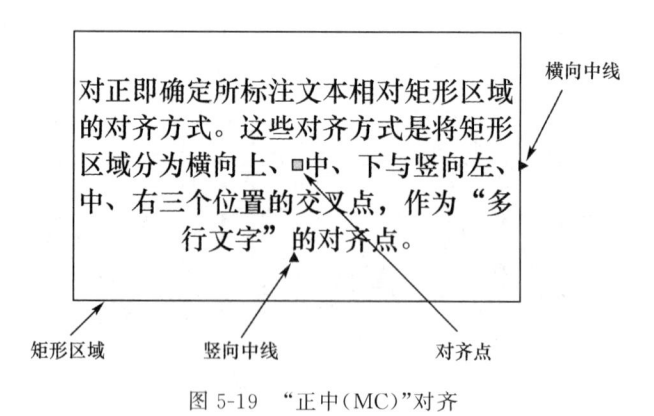

图 5-19 "正中(MC)"对齐

3. 行距(L)

确定多行文本的行间距,这里所说的行间距是指相邻两文本行的基线之间的垂直距离。选择此选项,命令行提示:

输入行距类型[至少(A)/精确(E)]＜至少(A)＞:

在此提示下有两种方式确定行间距,"至少"方式和"精确"方式。在"至少"方式下,AutoCAD 2019 根据每行文本中最大的字符自动调整行间距。在"精确"方式下,AutoCAD 2019 给多行文本赋予一个固定的行间距。可以直接输入一个确切的间距值,也可以输入"nx"的形式,其中 n 是一个具体数,表示行间距设置为每行文本高度的 n 倍,而每行文本高度是本行文本字符高度的 1.66 倍。

4. 旋转(R)

确定文本行的倾斜角度。执行此选项,命令行提示:

指定旋转角度<0>: （输入倾斜角度）

5. 样式(S)

确定当前的文字样式。

6. 宽度(W)

指定多行文本的宽度。可在屏幕上选取一点,将其与前面确定的第一个角点组成的矩形框的宽度作为多行文本的宽度,也可以输入一个数值,精确设置多行文本的宽度。

7. 栏(C)

可将文本分为多个栏输入,可设置栏的数量、宽度、间距和高度。选择此选项,命令行提示:

输入栏类型[动态(D)/静态(S)/不分栏(N)]<动态(D)>:s （选择静态类型）
指定总宽度:<200>:50✓ （输入总宽度 50）
指定栏数:<2>:✓ （确定栏数 2）
指定栏间距宽度:<12.5>:✓ （确定栏间距宽度 12.5）
指定栏高:<25>:✓ （确定栏高 12.5）

结果弹出如图 5-20、图 5-21 所示的"文字编辑器"面板和两栏文字输入区。如果选择动态类型,则不指定栏的数量,当文字输入范围超过栏指定的宽高时,会自动增加栏的数量。

图 5-20 "文字编辑器"面板

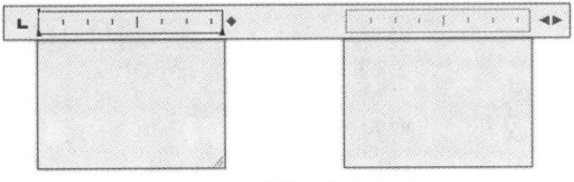

图 5-21 两栏文字输入区

5.2.4 文字编辑器

文字编辑器与 Word 界面类似,在某些功能上趋于一致,可以编辑多行文本,包括设置字高、文字样式以及倾斜角度等。用来控制多行文字对象的文字样式、选定文字的字符格式和段落格式。下面介绍几个主要选项。

【选项说明】

1. 样式

样式面板用来选用已定义的文字样式,可随时选用当前的文字样式,也可以改变已输入的文字的样式。

2. 格式

格式面板用来确定文字的字体格式，包括是否添加下划线，是否为黑体字、斜体字、字间距和字宽、文字堆叠等。可选择当前文字的字体，也可以改变已输入的文字的字体。

3. 注释性

注释性按钮确定所标注的文字是否为注释性文字。

4. 堆叠

堆叠按钮用于设置或取消堆叠文字。堆叠按钮在一般情况下无效，只有当出现"/""^""＃"等层叠符号时才可使用。如在文本中输入"123/456""＋0.028^＋0.007""月＃年"，如选中"123/456"，文字格式中的堆叠功能被激活，单击按钮，则文字形成堆叠形式，如图 5-22（a）所示。如果分别选中"＋0.028^＋0.007""月＃年"后单击堆叠按钮，则得到图 5-22（b）和图 5-22（c）的堆叠文字。如果选中已经层叠的文本对象后单击堆叠按钮，则文本恢复到非堆叠形式。

$$\frac{123}{456} \quad \begin{matrix}+0.028\\+0.007\end{matrix} \quad {}^{月}\!/\!_{年}$$

　　(a)　　　　(b)　　　　(c)

图 5-22　文字的堆叠形式

5. 符号

符号按钮用于输入各种符号。单击该按钮，系统打开"符号"菜单，如图 5-23 所示。用户可以从中选择符号输入文本中。

6. 插入字段

插入字段按钮用于在图形中插入一些常用或预设字段。单击该命令，系统打开"字段"对话框，如图 5-24 所示。用户可以从中选择字段类别和字段名称等。

度数(D)	%%d
正/负(P)	%%p
直径(I)	%%c
几乎相等	\U+2248
角度	\U+2220
边界线	\U+E100
中心线	\U+2104
差值	\U+0394
电相角	\U+0278
流线	\U+E101
恒等于	\U+2261
初始长度	\U+E200
界碑线	\U+E102
不相等	\U+2260
欧姆	\U+2126
欧米加	\U+03A9
地界线	\U+214A
下标 2	\U+2082
平方	\U+00B2
立方	\U+00B3
不间断空格(S)	Ctrl+Shift+Space
其他(O)...	

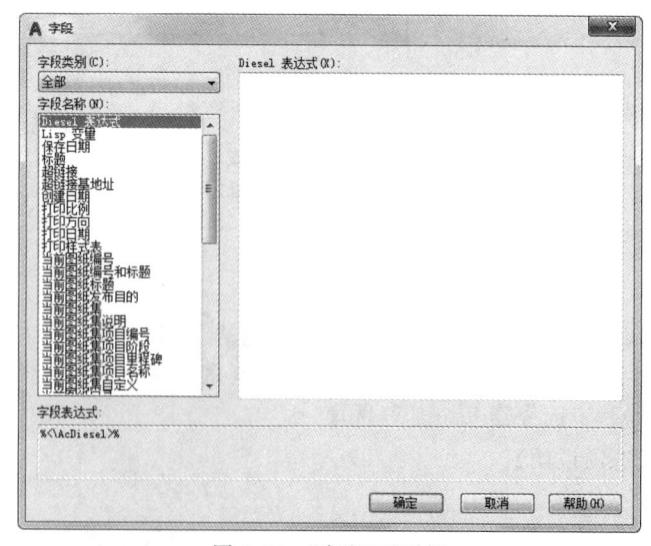

图 5-23　"符号"菜单　　　　图 5-24　"字段"对话框

【例 5-1】 在标注文字时,插入"ϕ"符号。

【操作步骤】

(1)在"文字格式"工具栏上单击"符号"按钮,系统打开"符号"菜单,如图 5-23 所示。

(2)在"符号"菜单中选择"其他"选项,打开"字符映射表"对话框,其中包含当前字体的整个字符集,如图 5-25 所示。在"字符映射表"对话框中选中"ϕ",单击 选择(S) 、 复制(C) 按钮,关闭该对话框,返回到文字编辑器。

(4)在多行文字编辑器中在要插入符号处右击,在弹出的快捷菜单上选择"粘贴",即可将"ϕ"符号插入多行文字。

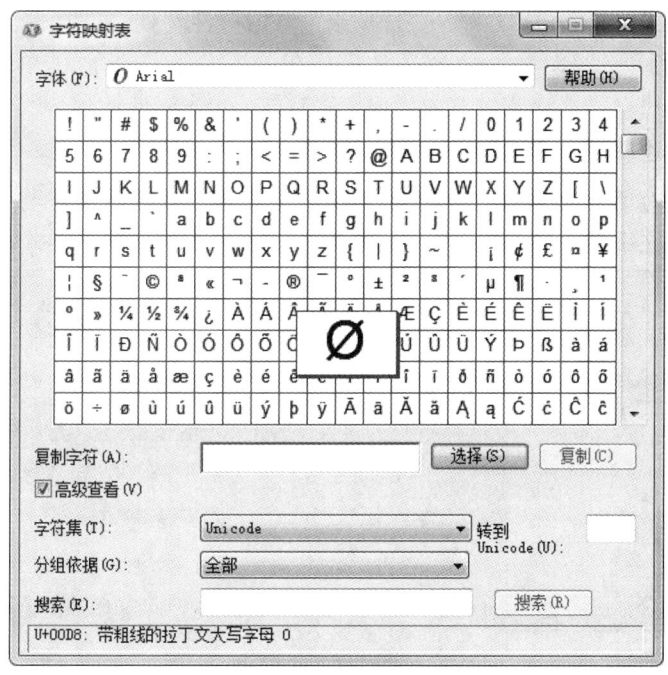

图 5-25 "字符映射表"对话框

5.3 注释性文字

工程图样需要以不同的比例表达工程对象,如 1∶2、1∶5、1∶20、2∶1 等。在图纸上用手工绘图,需要根据图形比例换算出图形对象的尺寸。但用计算机绘图可以避免尺寸换算的麻烦,而直接用 1∶1 绘制。当通过打印机或绘图仪输出图纸时,可设置不同的输出比例,获得不同比例的图纸。设置不同的输出比例,图形中的注释对象也将随之放大或缩小,这可能不符合国家标准要求和使用要求,注释性功能可以解决这个问题。

注释对象即图形中添加的信息,如文字、标注、图案填充、公差、块、属性、符号、说明以及其他类型的说明符号或说明对象。

注释性即图形中注释对象的特性。该特性使用户可以自动完成注释缩放过程。将注释性对象定义为图纸高度,并在布局视口和模型空间中,按照由这些空间的注释比例设置确定的尺寸显示。用户不必在各个图层以不同尺寸创建多个注释,而可以按对象或样式打开注释特性,并设置布局或模型视口的注释比例。注释比例控制注释性对象相对于图形中的模型几何图形的大小。

本节只介绍注释性文字的设置与使用。

5.3.1 创建注释性样式

1. 创建新的注释性文字样式

【操作步骤】

(1)打开"文字样式"对话框,单击"新建"按钮。

(2)在"新建文字样式"对话框中,输入新样式名称,单击"确定"按钮。

(3)在"文字样式"对话框中的"大小"选项组中,选择"注释性"复选框。

(4)在"图纸文字高度"文本框中,输入文字将在图纸上显示的高度,单击"应用"按钮。可单击"置为当前"按钮以将此样式设置为当前文字样式,如图 5-26 所示。

2. 将现有的非注释性文字样式更改为注释性样式

在"文字样式"对话框的"样式"列表中,选择一个样式。其操作步骤与创建新的注释性文字样式相同。如果文字样式名旁边有 ▲ 图标,则表示该样式为注释性样式。

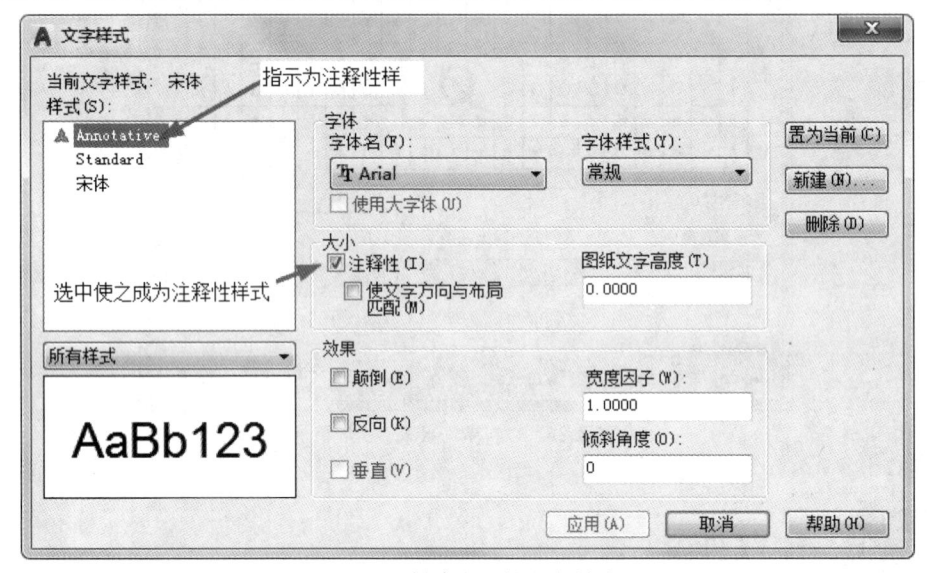

图 5-26 创建注释性文字样式

5.3.2 标注注释性文字

1. 用"DTEXT"命令标注注释性文字

(1)将对应的注释性文字样式置为当前。

(2)打开状态栏上的"注释比例"列表,如图 5-27 所示,设置注释比例。

(3)标注文字

例如,将某一注释性文字样式的图纸文字高度设置为 2.5,注释比例设置为 1∶5,则文字的实际高度为设置高度 2.5 的 5 倍,即 12.5。

2. 用"MTEXT"命令标注注释性文字

用多行文字标注文字时,可以通过"文字格式"工具栏上的注释性按钮控制是否标注注释性文字。

3. 用"特性"选项板更改注释性文字

通过将现有的非注释性文字的注释性特性由"否"改为"是",可以将该文字更改为注释性文字。用"特性"选项板还可以修改图纸文字高度等其他内容,如图 5-28 所示。

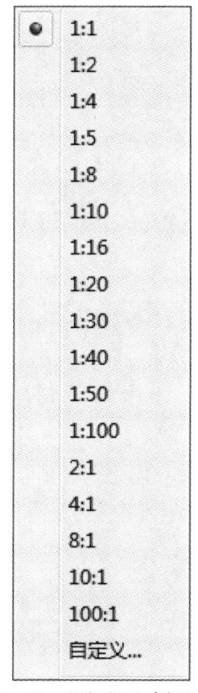

图 5-27 "注释比例"列表   图 5-28 用"特性"选项板更改注释性

5.4 编辑文字

5.4.1 用"编辑"命令编辑文字

启用文本"编辑"命令,可以使用下列方法:

(1)命令行:DDEDIT(简捷命令:ED)

(2)菜单栏:"修改"→"对象"→"文字"→"编辑"

(3)面板(或工具栏):"文字"→"编辑"

输入命令后提示:

命令:DDEDIT✓

选择注释对象或[放弃(U)]:

要求选择想要修改的文本,同时光标变为拾取框。用拾取框单击对象。

> **提示、注意、技巧**
>
> 启用文本"编辑"命令,可直接双击需要编辑的文字,或者单击选中需要编辑的文字,右击

打开快捷菜单，选择"编辑多行文字"或其他选项，如图 5-29 所示。

图 5-29　文字快捷菜单

1. 编辑"单行文字"

如果选取的文本是用"单行文字"命令创建的单行文本，则被选择的文字呈亮显状态，可对文字内容进行修改。

2. 编辑"多行文字"

如果选取的文本是用"多行文字"命令创建的多行文本，选取后则打开"文字格式"工具栏，可对各项设置或内容进行修改。

> 提示、注意、技巧
>
> 如果修改文字样式的垂直、宽度因子与倾斜角度设置，这些修改将影响图形中已有的用同一种文字样式注写的多行文字，这与单行文字是不同的。因此，对用同一种文字样式注写的多行文字中的某些文字的修改，可以重建一个新的文字样式来实现。

5.4.2　用"特性"选项板编辑文本

选择要修改的文字，打开"特性"选项板，利用该选项板可以方便地修改文本的内容、颜色、线型、位置、倾斜角度等属性。

【例 5-2】　绘制如图 5-30 所示的标题栏。

图 5-30 标题栏

【操作步骤】

1. 创建图层

在"图层管理器"中创建"粗实线"层,颜色为默认颜色,线宽为 0.5 mm,其他不变;再新建一个"细实线"层,颜色、线宽均为默认。

2. 绘制标题栏图框

按照有关标准或规范设定的尺寸,利用"直线"命令和相关编辑命令绘制标题栏图框,如图 5-31 所示。

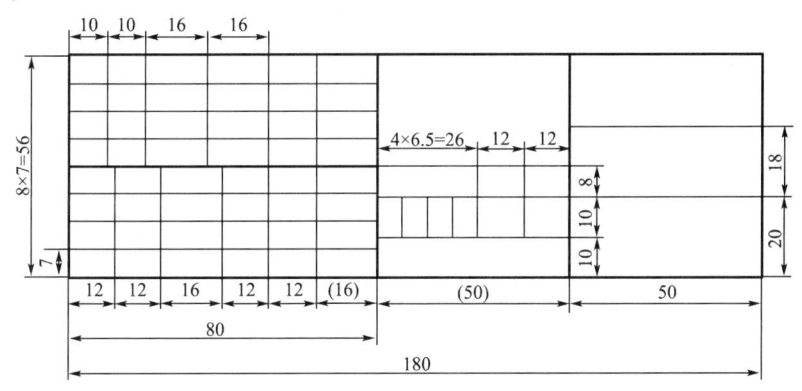

图 5-31 绘制标题栏图框

3. 输入文字

(1)设置文字样式

打开"文字样式"对话框,新建"仿宋体"文字样式;"字体名"选择"仿宋";"宽度因子"设置为"1";文字"高度"设置为"0";将"仿宋"文字样式置为当前,设置结果如图 5-32 所示。

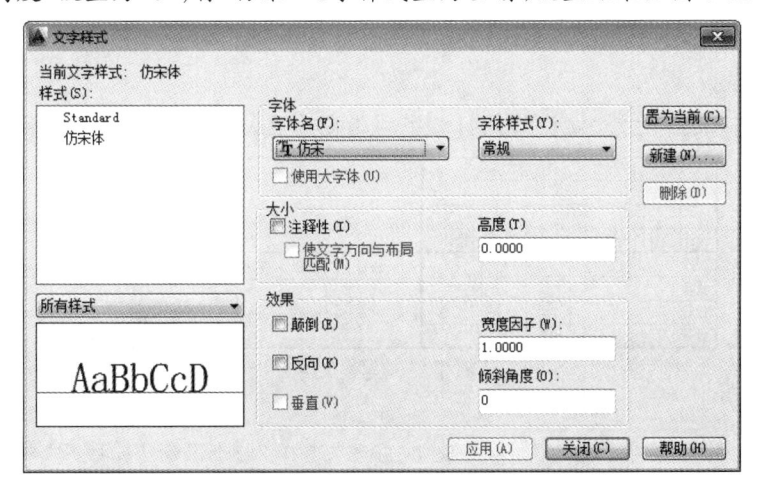

图 5-32 "文字样式"设置结果

(2) 设置文字对齐方式

输入"多行文字"命令,命令行提示及操作如下：

命令：_mtext

当前文字样式："Standard" 文字高度：7 注释性：否

指定第一角点：(指定点 M)

指定对角点或[高度(H)/对正(J)/行距(L)/旋转(R)/样式(S)/宽度(W)/栏(C)]：(指定点 N)

单击多行文字对正下拉按钮，选择"正中",如图 5-33 所示。

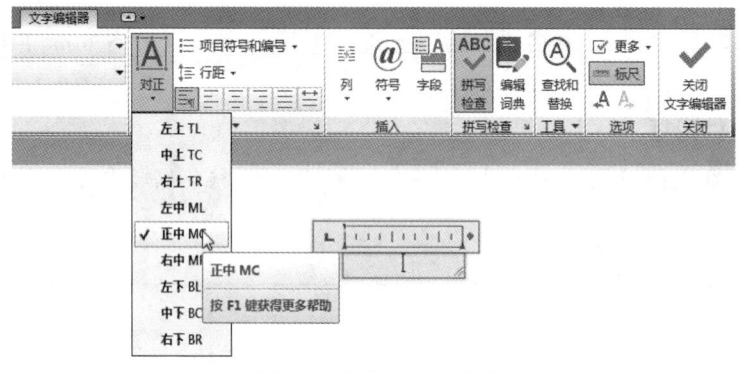

图 5-33 文字的对齐方式

(3) 标注文字"轴承座"

标题栏内的其他文字可用同样的方法输入。如"设计"栏,高度设为 3.5,指定两对角点 PQ,对正方式为"正中"。结果如图 5-34 所示。

图 5-34 输入文字

> **提示、注意、技巧**

也可以利用复制文字再编辑文字的方法注写标题中的其他文字。

(1) 复制文字。

用"copy"命令选择对象"设计",复制文字到指定位置,结果如图 5-35 所示。

图 5-35 复制文字

(2) 修改文字

选择一组复制的文字"设计",单击使其亮显,选择"特性"命令,打开"特性"选项板,如图 5-36 所示。先后对"文字"选项组中的"内容""文字高度"等进行修改。或者双击文字,打开

"文字格式"工具栏,对复制的文字进行修改。

用"特性"选项板不仅可以修改多行文字,还可以修改单行文字的样式、大小、宽度因子和倾斜角度等,如图 5-37 所示。

图 5-36　多行文字"特性"选项板 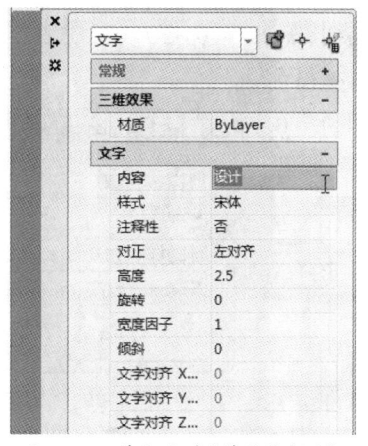　　　　图 5-37　单行文字"特性"选项板

5.5　表　格

AutoCAD 2019 具有"表格"功能,可以在图样中的任意位置插入表格。

5.5.1　定义表格样式

表格样式是用来控制表格基本形状和间距的一组设置。和文字样式一样,所有图形中的表格都有和其相对应的表格样式。当插入表格对象时,AutoCAD 2019 使用置为当前的表格样式。

启用"表格样式"命令,可以使用下列方法:

(1)命令行:TABLESTYLE

(2)菜单栏:"格式"→"表格样式"

(3)注释面板(或绘图工具栏):"表格"→"插入表格"对话框→"表格样式"

执行上述操作后打开"表格样式"对话框,如图 5-38 所示。

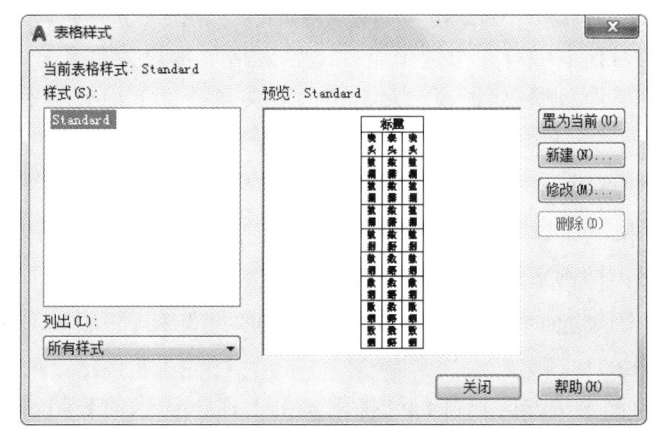

图 5-38　"表格样式"对话框

【选项说明】

1. "新建"按钮

单击该按钮,系统打开"创建新的表格样式"对话框,如图 5-39 所示。输入新的表格样式名后,单击"继续"按钮,系统打开"新建表格样式"对话框,如图 5-40 所示,从中可以定义新的表格样式。

图 5-39 "创建新的表格样式"对话框

图 5-40 "新建表格样式"对话框

"新建表格样式"对话框中有 3 个选项组("起始表格""常规""单元样式")和"单元样式预览"区域,分别控制表格中数据、列标题和总标题的有关参数。下面介绍对话框中主要选项的功能。

(1)"起始表格"选项组

该选项组允许指定一个已有表格作为新建表格的起始表格。单击图标,用户可以在图形中指定一个表格用作样例来设置此表格样式的格式。

使用"删除表格"图标,可以将表格从当前指定的表格样式中删除。

(2)"常规"选项组

表格方向(D):设置表格方向。"向下"将创建由上而下读取的表格。"向上"将创建由下而上读取的表格。

向下：标题行和列标题行位于表格的顶部。单击"插入行"并单击"向下"时，将在当前行的下面插入新行。

向上：标题行和列标题行位于表格的底部。单击"插入行"并单击"向上"时，将在当前行的上面插入新行。

（3）"单元样式"选项组

定义新的单元样式或修改现有单元样式。可以创建任意数量的单元样式。

① "单元样式"下拉列表框 [数据]

显示表格中的单元样式。

② "创建单元样式"按钮

启动"创建新单元样式"对话框。

③ "管理单元样式"按钮

启动"管理单元样式"对话框。

④ "单元样式"选项卡

设置数据单元、单元文字和单元边界的外观，取决于处于活动状态的选项卡："常规"选项卡、"文字"选项卡或"边框"选项卡，如图5-41、图5-42所示。

图 5-41 "文字"选项卡   图 5-42 "边框"选项卡

（4）"单元样式预览"区域

显示当前表格样式设置效果的样例。

2. "修改"按钮

对当前表格样式进行修改，方法与新建表格样式相同。

5.5.2 创建表格

在设置好表格样式后，用户可以利用"表格"命令创建表格。

启用"表格"命令，可以使用下列方法：

（1）命令行：TABLE

（2）菜单栏："绘图"→"表格"

（3）注释面板（或绘图工具栏）："绘图"→"表格"

执行上述命令，系统打开"插入表格"对话框，如图5-43所示。

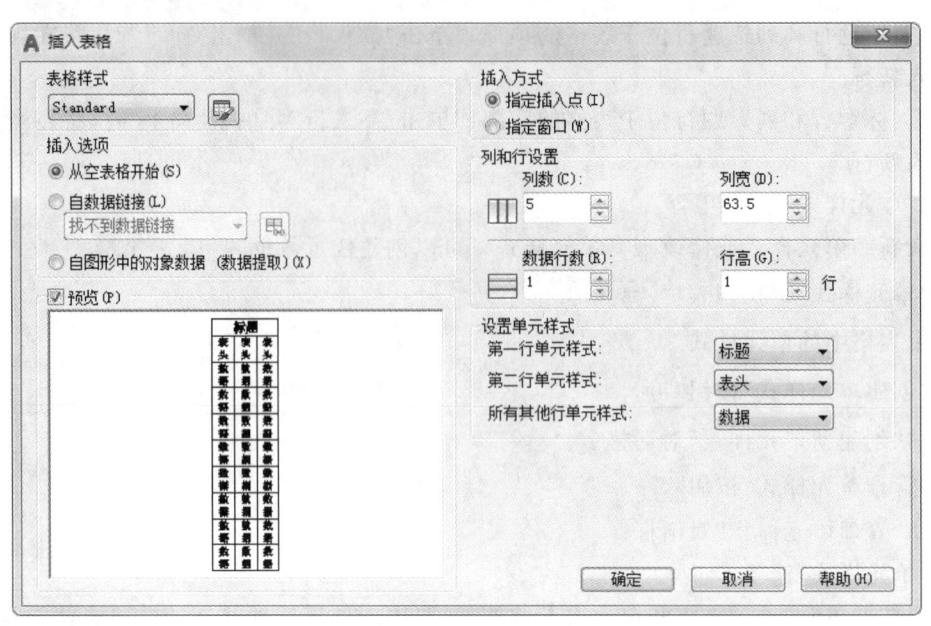

图 5-43 "插入表格"对话框

【选项说明】

1. "表格样式"选项组

可以在"表格样式"下拉列表框中选择一种表格样式,也可以单击后面的" "按钮,新建或修改表格样式。

2. "插入方式"选项组

(1)"指定插入点"单选按钮

指定表格左上角的位置。可以使用定点设备,也可以在命令行中输入坐标值。如果表格样式将表的方向设置为由下而上读取,则插入点位于表的左下角。

(2)"指定窗口"单选按钮

指定表格的大小和位置。可以使用定点设备,也可以在命令行输入坐标值。选定此选项时,行数、例数、列宽和行高取决于窗口的大小以及列和行的设置。

3. "列和行设置"选项组

指定列和行的数目以及列宽与行高。

在"插入表格"对话框中进行相应的设置后,单击"确定"按钮,系统在指定的插入点或窗口自动插入一个空表格,并显示多行文字编辑器,用户可以逐行逐列输入相应的文字或数据,如图 5-44 所示。

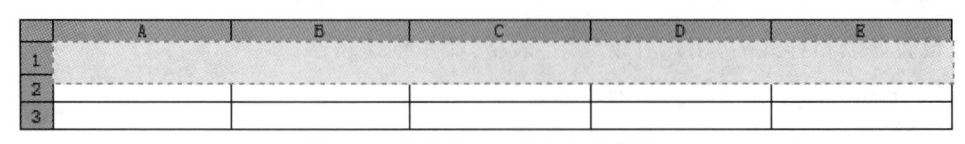

图 5-44 空表格和多行文字编辑器

💡 提示、注意、技巧

(1)在"插入方式"选项组中单击"指定窗口"单选按钮后,列与行设置的两个参数中只能指定一个,另外一个由指定的窗口大小自动等分指定。

(2)在插入后的表格中选择某一个单元格,单击后出现夹点,如图 5-45 所示。激活某一夹点,通过移动夹点可以改变单元格的大小。

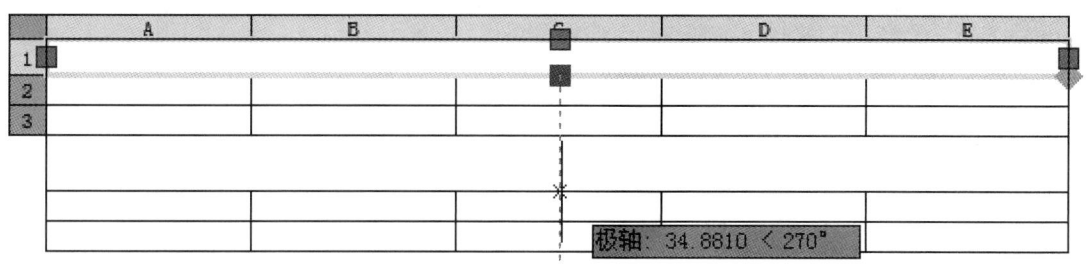

图 5-45　选中单元格改变单元格的大小

5.5.3　表格文字编辑

启用"表格编辑"命令,可以使用下列方法:

(1)命令行:TABLEKIT

(2)快捷菜单:选定表格和一个或多个单元格后,右击,选择快捷菜单上的"编辑文字"命令。

(3)在表单元内双击

执行上述命令,系统打开如图 5-44 所示的空表格和多行文字编辑器,用户可以对指定单元格中的文字进行编辑。

【例 5-3】　绘制如图 5-46 所示的明细表。

序号	名称	件数	材料	备注
6	锁紧套	1	2A12	
5	调节齿轮	1	HT200	
4	锁紧螺母	1	2A12	
3	垫圈	1	Q235	
2	内衬圈	1	ZA1Si12	
1	架体	1	ZA1Si12	

图 5-46　明细表

【操作步骤】

1. 设置表格样式

选择"格式"→"表格样式"命令,打开"表格样式"对话框,如图 5-38 所示。

2. 修改表格样式

单击"修改"按钮,系统打开"修改表格样式"对话框,在该对话框中进行如下设置:数据文字样式为"Standard",文字高度为"5",对齐方式为"正中";标题文字样式为"Standard",文字高度为"5",对齐方式为"正中";表格方向"向上",水平单元边距和垂直单元边距都为"1.5";其余为默认设置,如图 5-47 所示。设置好文字样式后,单击"确定"按钮退出。

图 5-47 "修改表格样式"对话框

3. 创建表格

选择"绘图"→"表格"命令,系统打开"插入表格"对话框,设置插入方式为"指定插入点";行和列设置为 5 行 5 列,列宽为"10",行高为"1";第一行单元样式为"表头",其他单元样式为"数据",如图 5-48 所示。

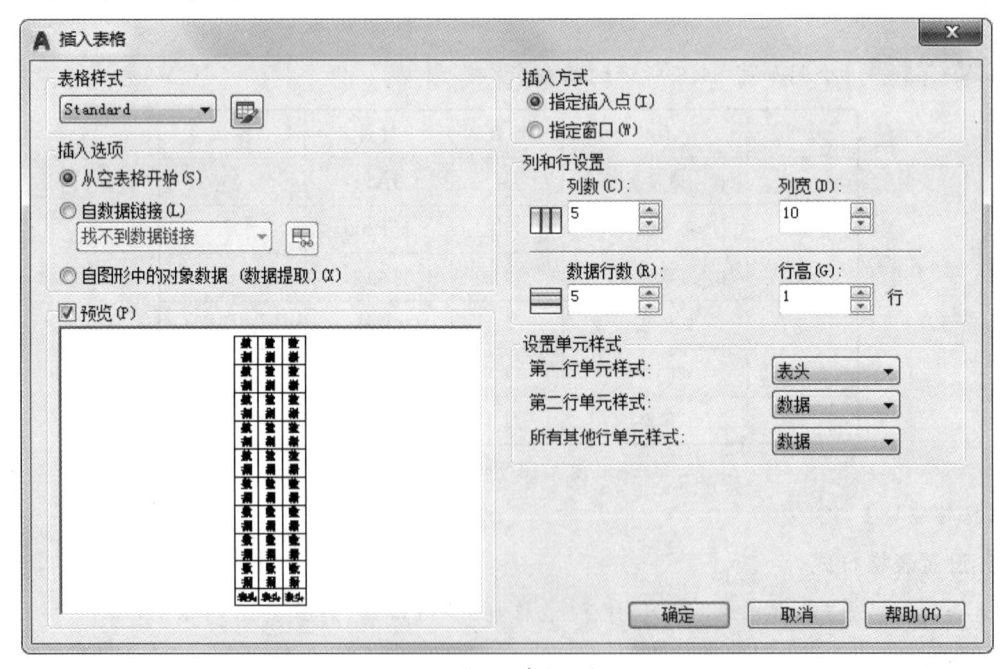

图 5-48 "插入表格"对话框

单击"确定"按钮,在绘图平面指定插入点,则插入如图 5-49 所示的空表格,并显示多行文字编辑器,不输入文字,直接在多行文字编辑器中单击"确定"按钮退出。

4. 设置单元格

单击第 2 列中的任一个单元格,出现夹点后,将右边夹点向右拖动,使列宽变成"40",用同样方法,将第 4 列和第 5 列的列宽设置为"30"和"20"。结果如图 5-50 所示。

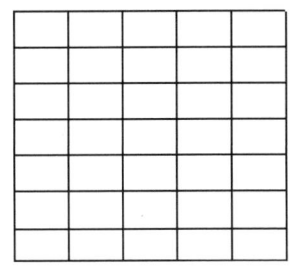

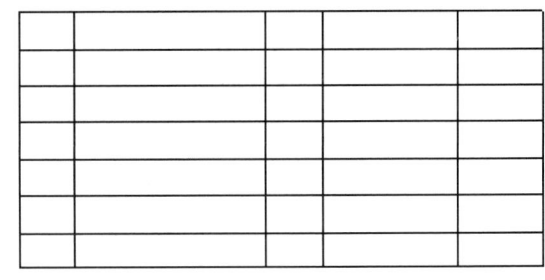

图 5-49　多行文字编辑器　　　　　　　图 5-50　改变列宽

5. 输入文字或数据

双击要输入文字的单元格,重新打开多行文字编辑器,在各单元中输入相应的文字或数据,完成明细表的绘制。

5.6 思考与练习

一、思考题

1. 选择题

(1) 在文字样式对话框中字体高度设置不为 0,则(　　)。
A. 倾斜角度也不为 0　　　　　　　　B. 宽度比例会随之改变
C. 输入文字时将不提示指定文字高度　D. 对文字输出无意义

(2) 将文字对齐在第一个字符的文字单元的左上角,则应选择的文字对齐方式是(　　)。
A. 右上　　　　B. 左上　　　　C. 中上　　　　D. 左中

(3) 设置文字的"倾斜角度"是指(　　)。
A. 文字本身的倾斜角度　　　　B. 文字行的倾斜角度
C. 文字反向　　　　　　　　　D. 无意义

2. 填空题

(1) 系统默认的文字样式名为_____、字体为_____、高度为_____、宽度因子为_____。

(2) 文字输出时,通过键盘输入％％C、％％D、％％P,在图样中对应输出的符号为_____、_____和_____。

(3) "文字格式"工具栏中常用的选项有_____、_____、_____。

3. 简答题

(1) 如何创建文字样式?
(2) 在多行文字编辑器中如何编辑文字?
(3) 在图样中怎样编辑单行文字和多行文字?
(4) 如何注写堆叠文字?

二、练习题

1. 注写下列文字

定义一个名为"实用"的文字样式,字体为"楷体",字高为"10",倾斜角度为"15°"。

2. 标注技术要求

定义一个名为"技术要求"的文字样式,字体为"仿宋_GB2312",字体高度为"0",倾斜角度为"0"。输入时"技术要求"字体高度为"7";其余条款字体高度为"5"。

技术要求
(1)齿轮安装后,用手转动传动齿轮时,应灵活旋转。
(2)两齿轮轮齿的啮合面应占齿长的 $\dfrac{3}{4}$ 以上。

3. 输入下列文字、符号

$$37\ ℃ \qquad 36\pm 0.07 \qquad \phi 60\,\dfrac{H7}{f6}$$

4. 绘制标题栏

用绘制图线的方法,完成图 5-51 所示标题栏的绘制,并用多行文字注写其中的文字。然后将其保存于"D:\平面图形",文件名为"图 5-51 标题栏",以备今后使用。

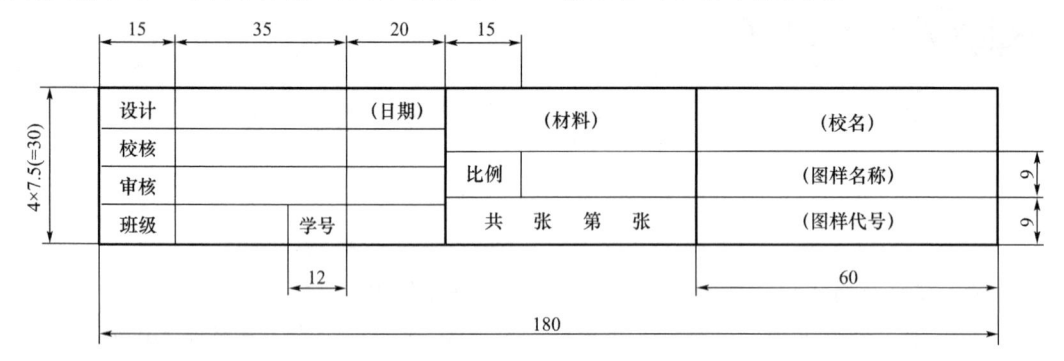

图 5-51 标题栏

5. 绘制表格

用插入表格的方法,完成图 5-52 所示齿轮参数表的绘制,并注写其中的文字。

模数 m	1.5
齿数 z	34
齿形角 a	20°
精度等级	7FL

图 5-52 齿轮参数表

第6章

尺寸标注

尺寸标注

尺寸标注是设计过程中一项十分重要的工作。图样中各图形元素的形状、大小和相对位置需沿各个方向创建标注。基本的标注类型包括线性、径向(半径、直径和折弯)、角度、坐标、弧长等。各种标注类型可通过"注释"面板、"标注"下拉菜单和"标注"工具栏中的各选项来完成,如图6-1和图6-2所示。

图6-1 "注释"面板　　图6-2 "标注"下拉菜单和"标注"工具栏

6.1 尺寸标注概述

AutoCAD 2019 的绘图过程通常可分为四个阶段,即绘图、注释、检查和打印。在注释阶段,设计者要添加尺寸、文字、数字和其他符号以表达有关设计要求。因此,在对工程图样进行标注前,了解尺寸标注的规则及其组成是非常必要的。

6.1.1 尺寸标注的规则

使用 AutoCAD 2019 对绘制的图形进行尺寸标注时,应遵循国家制图标准有关尺寸注法的规定。图样中的尺寸以毫米(mm)为单位时,不需要标注计量单位的代号或名称。如采用其他单位,则必须注明相应的计量单位的代号或名称。物体的每一个尺寸,一般只标注一次,并应标注在反映物体形状结构最清晰的图形上。

6.1.2 尺寸标注的组成

一个完整的尺寸标注应由尺寸数字、尺寸线、尺寸界线和箭头符号等组成,如图 6-3 所示。在 AutoCAD 2019 中,各尺寸组成的基本规定如下:

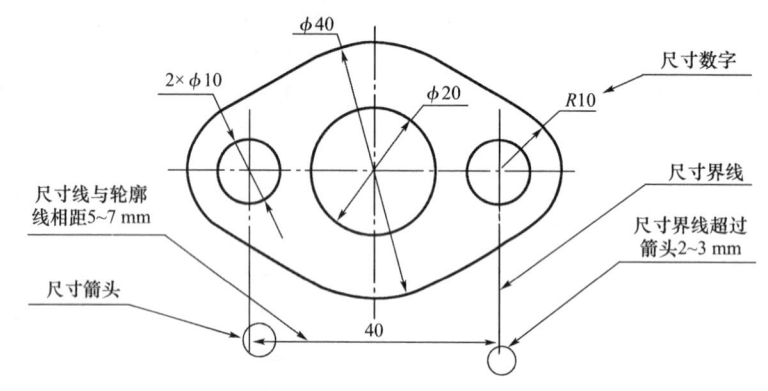

图 6-3 尺寸的组成及标注示例

1. 尺寸数字

尺寸数字应按标准字体书写,在同一张图纸上的字高要一致。尺寸数字不可被任何图线所通过,否则必须将该图线断开。当图线断开影响图形表达时,需调整尺寸标注的位置。

2. 尺寸界线

尺寸界线应从图形的轮廓线、轴线、对称中心线引出,同时,轮廓线、轴线、对称中心线也可以作为尺寸界线。尺寸界线应使用细实线绘制。

3. 尺寸线

尺寸线用于表示标注的范围。通常将尺寸线放置在测量区域中。如果空间不足,则将尺寸线或文字转移到测量区域外部,这取决于标注样式的放置规则。对于角度标注,尺寸线是一段圆弧。尺寸线也应使用细实线绘制。

4. 箭头

箭头显示在尺寸线的末端,用于指出测量的开始和结束位置。AutoCAD 2019 默认使用的符号为闭合的填充箭头。此外,系统还提供了多种箭头符号,如建筑标记、小斜线箭头、点和斜杠等。

6.2 设置尺寸标注样式

标注样式是尺寸标注对象的组成方式。如标注文字的位置和大小、箭头的形状等。设置尺寸标注样式可以控制尺寸标注的格式和外观,有利于执行相关的绘图标准。

6.2.1 设置标注图层

在 AutoCAD 2019 中编辑、修改工程图样时,各种图线与尺寸混杂在一起,使得其操作非常不方便。为了便于控制尺寸标注对象的显示与隐藏,在 AutoCAD 2019 中应为尺寸标注创建独立的图层,使其与图形的其他信息分开,以便于操作。

6.2.2 设置尺寸标注的文字样式

为了方便在尺寸标注时修改所标注的各种文字,应建立专用于尺寸标注的文字样式。在建立尺寸标注文字类型时,应将文字高度设置为 0,而在设置"标注样式"时设定需要的文字高度,否则在设置"标注样式"时不能对文字高度进行设定。

6.2.3 管理标注样式

启用"标注样式"命令,可以使用下列方法:

(1)命令行:DIMSTYLE

(2)菜单栏:"格式"→"标注样式"或"标注"→"标注样式"

(3)注释面板(或工具栏):"标注"→"标注样式"

执行上述操作,AutoCAD 2019 打开"标注样式管理器"对话框,如图 6-4 所示。使用对话框可以建立新的标注样式,修改已有的标注样式,将尺寸标注样式置为当前,进行样式重命名以及删除样式等。

【选项说明】

1."当前标注样式"标签

显示当前标注样式的名称,AutoCAD 2019 默认"ISO-25"为当前尺寸标注样式。

2."样式(S)"列表框

列出已有标注样式,AutoCAD 2019 有" Annotative"和"ISO-25"两个默认的标注样式。" Annotative"为注释性标注样式。

3."列出(L)"下拉列表框

确定在"样式(S)"列表框中列出"所有样式"还是"正在使用的样式"。

4."预览"窗口

预览"样式(S)"列表框中所选标注样式的标注效果。

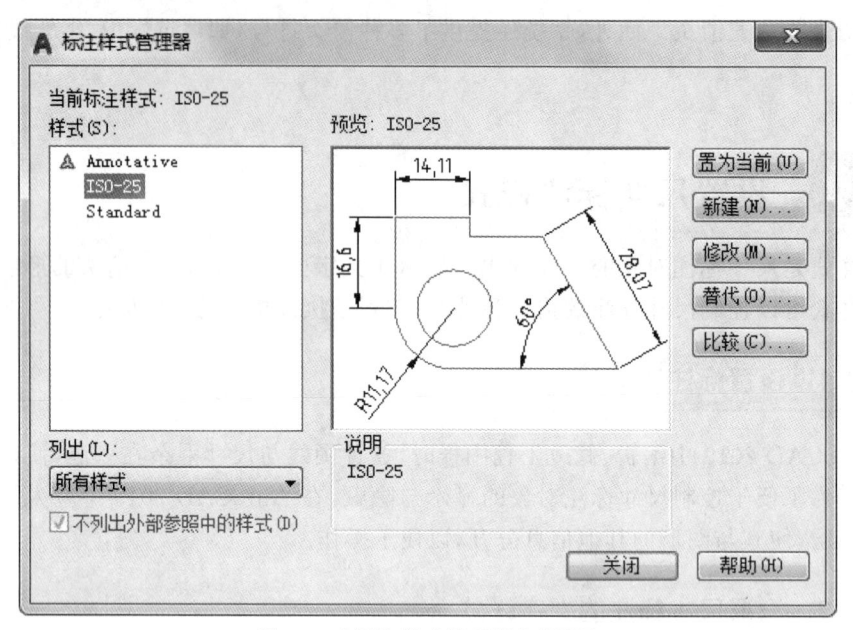

图 6-4 "标注样式管理器"对话框

5. "说明"窗口

显示"样式(S)"列表框中所选标注样式的有关说明。

6. "置为当前"按钮

在"样式(S)"列表框中选定一标注样式置为当前。

7. "新建"按钮

创建新的标注样式。单击"新建"按钮,系统弹出图 6-5 所示的"创建新标注样式"对话框。

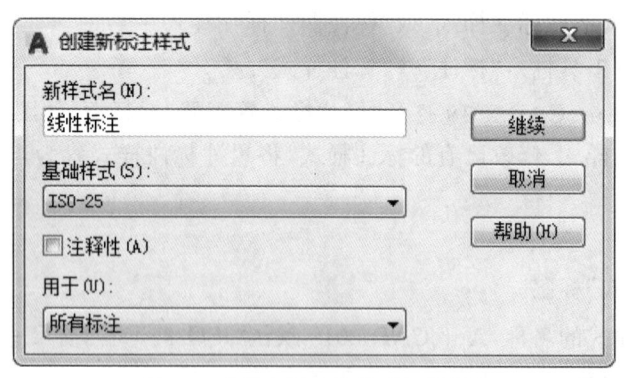

图 6-5 "创建新标注样式"对话框

在"新样式名"编辑框中输入新的样式名称,如"线性标注";在"基础样式"下拉列表框中选择基础样式,在新样式中包含了基础样式的所有设置,默认基础样式为 ISO-25;在"用于"下拉列表框中选择"所有标注"选项,以应用于各种尺寸类型的标注;单击"继续"按钮,系统弹出图 6-6 所示的"新建标注样式"对话框。对话框中有"线""符号和箭头""文字""调整""主单位""换算单位""公差"七个选项卡,各选项的详细操作在 6.2.4 中详细叙述。

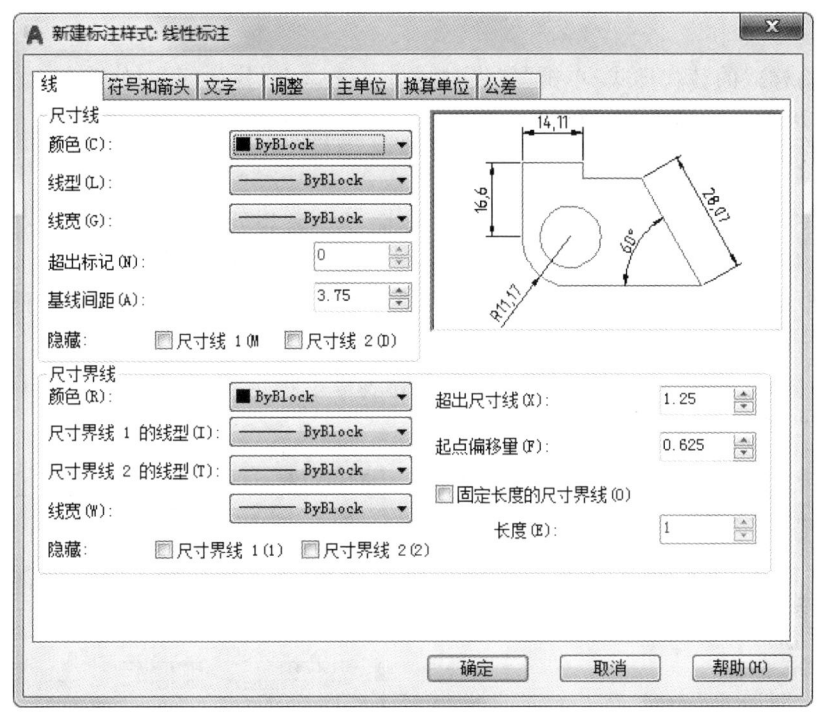

图 6-6 "新建标注样式"对话框

8."修改"按钮

修改选定的标注样式。单击"修改"按钮,系统弹出"修改标注样式"对话框,其选项与"新建标注样式"对话框相同,如图 6-7 所示。

图 6-7 "修改标注样式"对话框

197

9. "替代"按钮

设置当前样式的替代样式,单击"替代"按钮,系统弹出"替代标注样式"对话框,该对话框的各选项与"修改标注样式"相同。

10. "比较"按钮

对两个标注样式进行比较。单击"比较"按钮,系统弹出如图6-8所示"比较标注样式"对话框。

在对话框中的"比较"和"与"两个下拉列表框中指定不同的样式,会在对话框的窗口中列出两种样式的区别,如图6-8(a)所示。

如果在对话框中的"比较"和"与"两个下拉列表框中指定同一种样式,会在对话框的窗口中列出该样式的所有特性,如图6-8(b)所示。

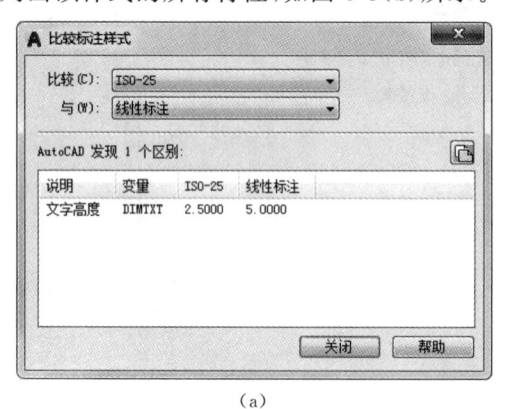

(a)　　　　　　　　　　　　　　　(b)

图6-8 "比较标注样式"对话框

6.2.4 新建或修改标注样式

用"新建标注样式"和"修改标注样式"对话框设置尺寸标注,两对话框的选项相同。如图6-6、图6-7所示。

【选项说明】

1. "线"选项卡

在"新建标注样式"或"修改标注样式"对话框中,第1个选项卡是"线"。该选项卡用于设置尺寸线、尺寸界线的形式和特性,现分别进行说明。

(1)"尺寸线"选项组

设置尺寸线的特性。其中主要选项的含义如下:

①"颜色"下拉列表框

设置尺寸线的颜色。可直接输入颜色名字,也可从下拉列表中选择,如果选取"选择颜色",AutoCAD 2019会打开"选择颜色"对话框供用户选择其他颜色。默认情况下,尺寸线的颜色是"ByBlock"(随块)。

②"线宽"下拉列表框

设置尺寸线的线宽,下拉列表中列出了各种线宽的名字和宽度。默认情况下,尺寸线的线宽都是"ByBlock"(随块)。应设置为细实线。

③"超出标记"微调框

只有当尺寸箭头设置为短斜线、建筑标记、积分箭头或尺寸线上无箭头时,才可以设置尺寸线延长到尺寸界线外面的长度。图 6-9 和图 6-10 分别展示了超出标记为 0 和不为 0 时的标注效果。

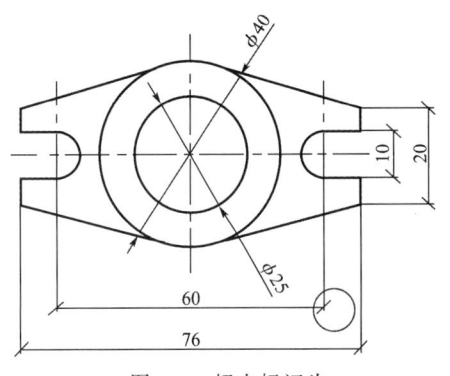

图 6-9 超出标记为 0

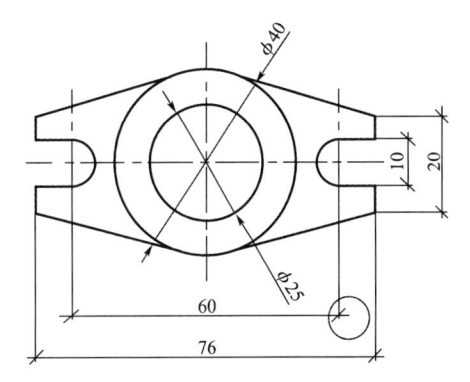

图 6-10 超出标记不为 0

④"基线间距"微调框

设置以"基线"方式标注尺寸时,相邻两平行尺寸线之间的距离,如图 6-11 所示。

⑤"隐藏"复选框组

确定是否隐藏尺寸线及相应的箭头。选中"尺寸线 1"复选框表示隐藏第一段尺寸线,选中"尺寸线 2"复选框表示隐藏第二段尺寸线,如图 6-12 所示。

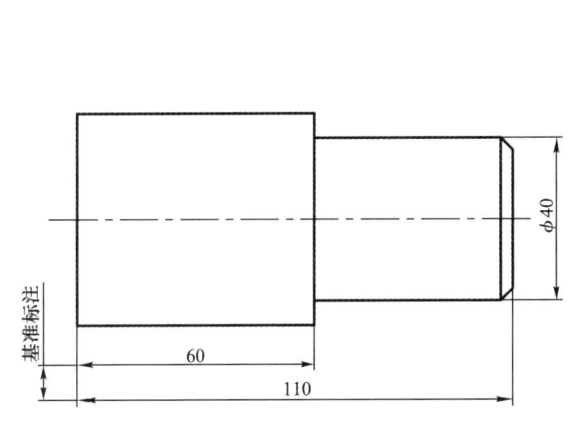

图 6-11 设置基线间距

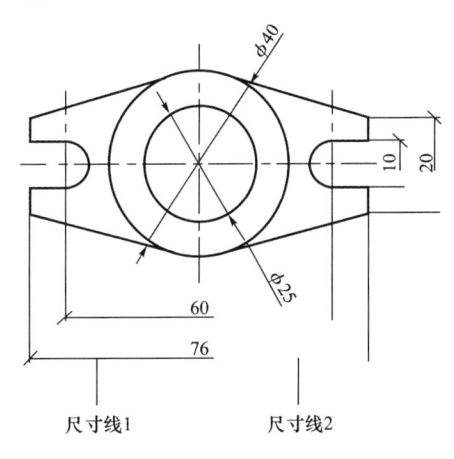

图 6-12 隐藏尺寸线

(2)"尺寸界线"选项组

该选项组用于确定尺寸界线的形式。其中主要选项的含义如下:

①"颜色"下拉列表框

设置尺寸界线的颜色。

②"线宽"下拉列表框

设置尺寸界线的线宽。

③"超出尺寸线"微调框

确定尺寸界线超出尺寸线的距离,如图 6-13 所示。

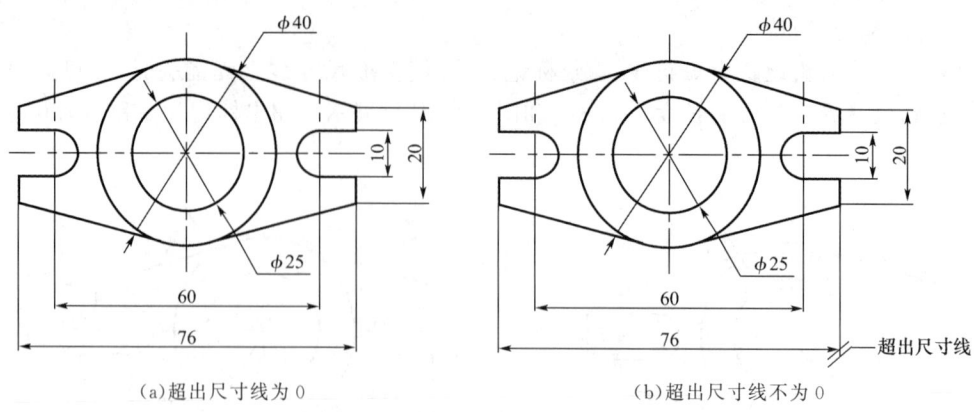

(a) 超出尺寸线为 0　　　　　　　　　　　(b) 超出尺寸线不为 0

图 6-13　超出尺寸线的标注效果

④ "起点偏移量"微调框

确定尺寸界线的实际起始点相对于指定的定义点的距离，如图 6-14 所示。

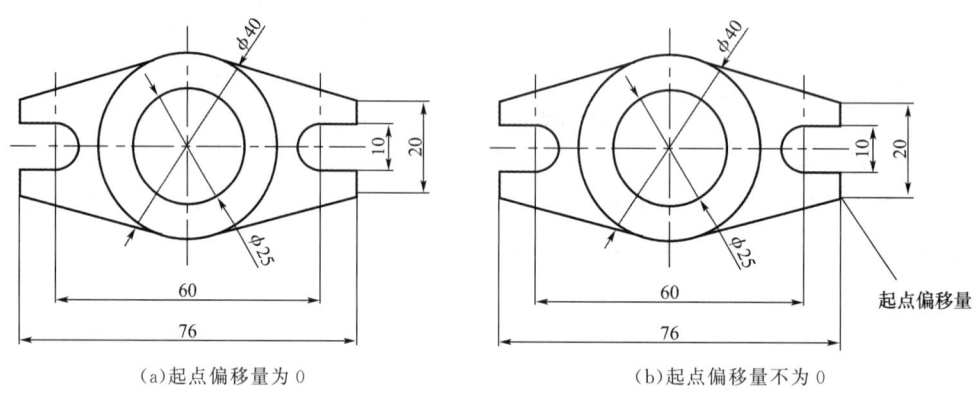

(a) 起点偏移量为 0　　　　　　　　　　　(b) 起点偏移量不为 0

图 6-14　起点偏移量不同的标注效果

⑤ "隐藏"复选框组

确定是否隐藏尺寸界线。选中"尺寸界线 1"复选框表示隐藏第一段尺寸界线，选中"尺寸界线 2"复选框表示隐藏第二段尺寸界线。可以控制第 1 条和第 2 条尺寸界线的可见性，定义点不受影响，图 6-15 所示的是隐藏尺寸界线 1 时的状况；图 6-16 所示的是隐藏尺寸界线 2 时的状况。尺寸界线 1、2 与标注时的起点有关。

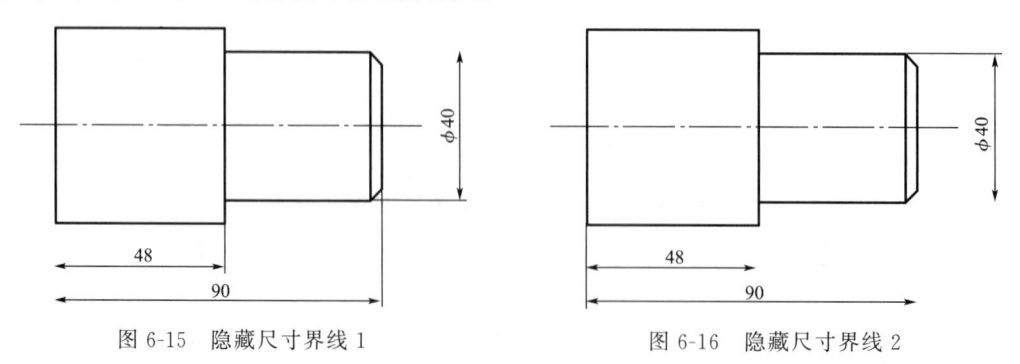

图 6-15　隐藏尺寸界线 1　　　　　　　　图 6-16　隐藏尺寸界线 2

⑥ "固定长度的尺寸界线"复选框

选中该复选框，系统以固定长度的尺寸界线标注尺寸。可以在其下面的"长度"微调框中输入长度值。

(3)尺寸样式显示框

在"新建标注样式"对话框的右上方,是一个尺寸样式显示框,该框以样例的形式显示用户设置的尺寸样式。

2."符号和箭头"选项卡

在"新建标注样式"对话框中,第 2 个选项卡是"符号和箭头",如图 6-17 所示,该选项卡用于设置箭头、圆心标记、弧长符号和半径折弯标注的形式和特性。

图 6-17 "符号和箭头"选项卡

(1)"箭头"选项组

设置尺寸箭头的形式,AutoCAD 2019 提供了多种多样的箭头形状,列在"第一个"和"第二个"下拉列表框中。另外,还允许采用用户自定义的箭头形状。两个尺寸箭头可以采用相同的形式,也可采用不同的形式。

①"第一个"下拉列表框

用于设置第一个尺寸箭头的形式。可在下拉列表框中选择,其中列出了各种箭头形式的名称以及各类箭头的形状。

如果在下拉列表框中选择了"用户箭头",则会打开"选择自定义箭头块"对话框,可以事先把自定义的箭头存成一个图块,在此对话框中输入该图块名即可。

②"第二个"下拉列表框

确定第二个尺寸箭头的形式。第一个箭头类型一旦确定,第二个箭头则自动与其匹配。也可在"第二个"下拉列表框中选择与第一个不同的箭头。

③"引线"下拉列表框

确定引线箭头的形式,与"第一个"设置类似。

④"箭头大小"微调框

设置箭头的大小。

(2)"圆心标记"选项组

设置半径标注、直径标注和中心标注中的中心标记和中心线的形式。其中各项的含义如下：

① 无

既不产生中心标记，也不产生中心线。

② 标记

在圆心位置以短十字线标注圆心，该十字线的长度由"大小"编辑框设定。

在"标注"工具栏中单击 ⊙ 按钮，然后在图样中单击圆或圆弧，即可将圆心标记放在圆或圆弧的圆心，如图6-18所示的小圆的圆心标记。

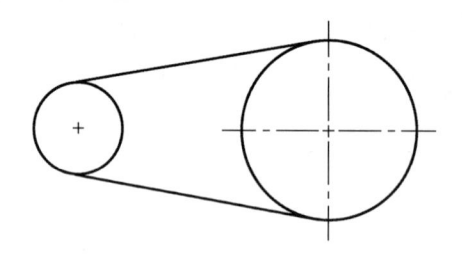

图6-18　圆心标记

③ 直线

也是在圆心位置以短十字线标注圆心，但在圆心标记位置的延长线上绘制出横平竖直的直线，即绘制中心线，且延伸到圆外，如图6-18所示的大圆的圆心标记。

④ "大小"微调框

设置中心标记的大小。

(3)"弧长符号"选项组

控制弧长标注中圆弧符号是显示。有3个单选按钮：

①标注文字的前缀

将弧长符号放在标注文字的前面，如图6-19(a)所示。

②标注文字的上方

将弧长符号放在标注文字的上方。如图6-19(b)所示。

③无

不显示弧长符号，如图6-19(c)所示。

(a)　　　　　　　　(b)　　　　　　　　(c)

图6-19　弧长符号

(4)"半径折弯标注"选项组

控制折弯(Z字形)半径标注的显示。折弯半径标注通常在中心点位于页面外部或较远时创建。在"折弯角度"文本框中可以输入连接半径标注的折线的角度。如图6-20所示。

(5)"线性折弯标注"选项组

控制折弯(Z字形)线性标注的显示。折弯线性标注通常应用在图样距离被缩短时。在"折弯高度因子"文本框中可以输入折弯符号相对于文字高度的比例。如图6-21所示。

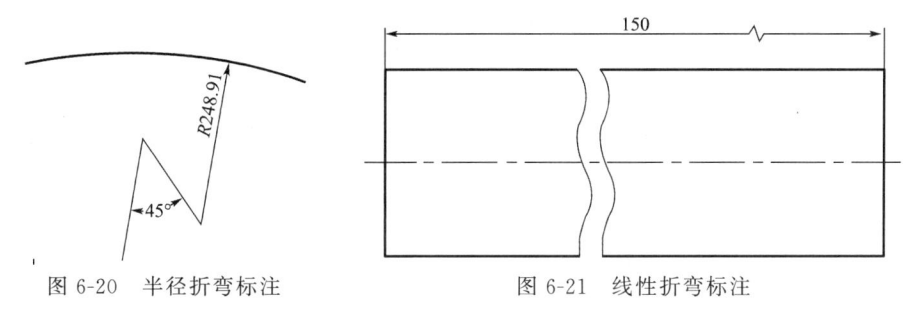

图6-20　半径折弯标注　　　　　图6-21　线性折弯标注

3. "文字"选项卡

在"新建标注样式"对话框中,第3个选项卡是"文字"选项卡,如图6-22所示。该选项卡用于设置尺寸文本的形式、位置和对齐方式等。

图6-22　"文字"选项卡

(1)"文字外观"选项组

①"文字样式"下拉列表框

选择当前尺寸文本采用的文本样式。可在下拉列表中选取一个样式,也可单击右侧的 按钮,打开"文字样式"对话框,以创建新的文字样式或对文字样式进行修改。

②"文字颜色"下拉列表框

设置尺寸文本的颜色,其操作方法与设置尺寸线颜色的方法相同。

③"文字高度"微调框

设置尺寸文本的字高。如果选用的文字样式中已设置了具体的字高(不是0),则此处的设置无效;如果文字样式中设置的字高为0,则以此处的设置为准。

④"分数高度比例"微调框

用于设置标注分数和公差的文字高度,AutoCAD 2019把文字高度乘以该比例,用得到的值来设置分数和公差的文字高度。

⑤"绘制文字边框"复选框

选择该复选框,可为标注文字添加一个矩形边框,如图 6-23 所示。

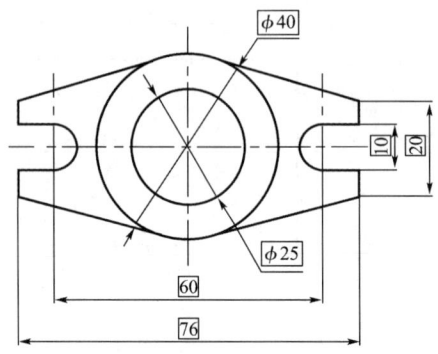

图 6-23 为标注文字添加边框

(2)"文字位置"选项组

①"垂直"下位列表框

确定尺寸文本相对于尺寸线在垂直方向的对齐方式。在该下拉列表框中可选择的对齐方式有以下五种:

居中:将尺寸文本放在尺寸线的中间。

上:将尺寸文本放在尺寸线的上方。

外部:将尺寸文本放在远离第一条尺寸界线起点的位置。

JIS:使尺寸文本的放置符合 JIS(日本工业标准)规则。

下:将尺寸文本放在尺寸线的下方。

居中、上、外部、JIS 和下五种文本布置方式如图 6-24 所示。

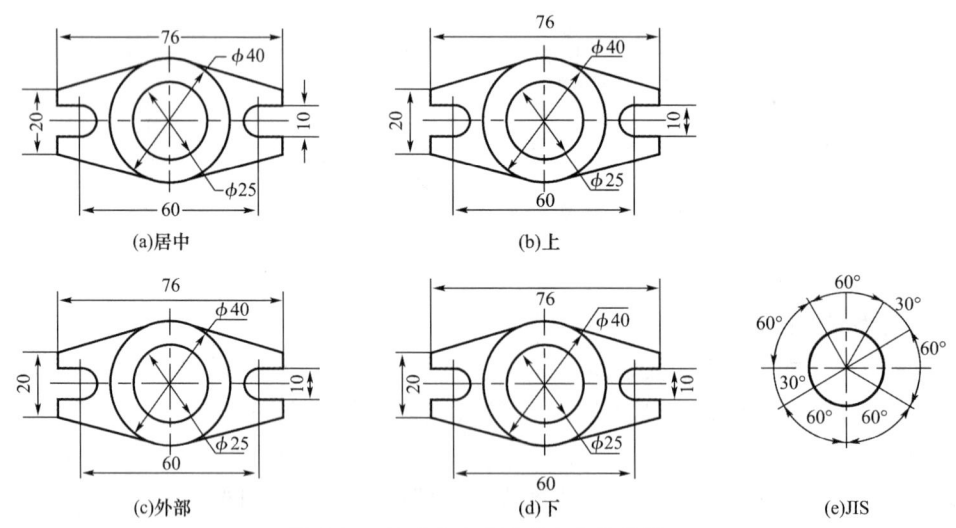

图 6-24 尺寸文本在垂直方向的放置

②"水平"下拉列表框

用来确定尺寸文本相对于尺寸线和尺寸界线在水平方向的对齐方式。在下拉列表框中可选择的对齐方式有以下五种:居中、第一条尺寸界线、第二条尺寸界线、第一条尺寸界线上方、第二条尺寸界线上方,如图 6-25 所示。

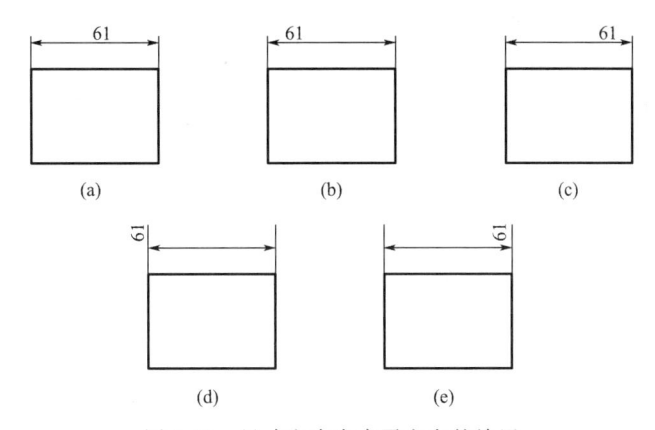

图 6-25 尺寸文本在水平方向的放置

③"从尺寸线偏移"微调框

用于设置标注文字与尺寸线之间的距离。如果标注文字位于尺寸线的中间,则表示断开处尺寸线端点与尺寸文字的间距。若标注文字带有边框,则可以控制文字边框与其中文字的距离,如图 6-26 所示。

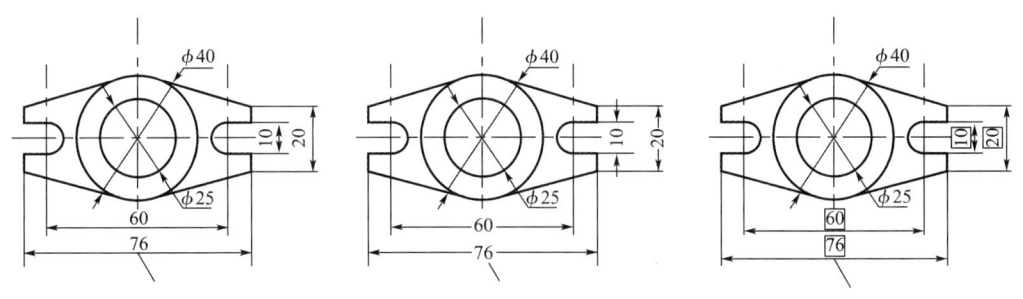

(a)标注文字底线与尺寸线之间的距离　(b)标注文字底线与尺寸线端点之间的距离　(c)标注文字底线与矩形边框之间的距离

图 6-26 从尺寸线偏移

(3)"文字对齐"选项组

可以设置标注文字是保持水平还是与尺寸线平行,如图 6-27 所示。

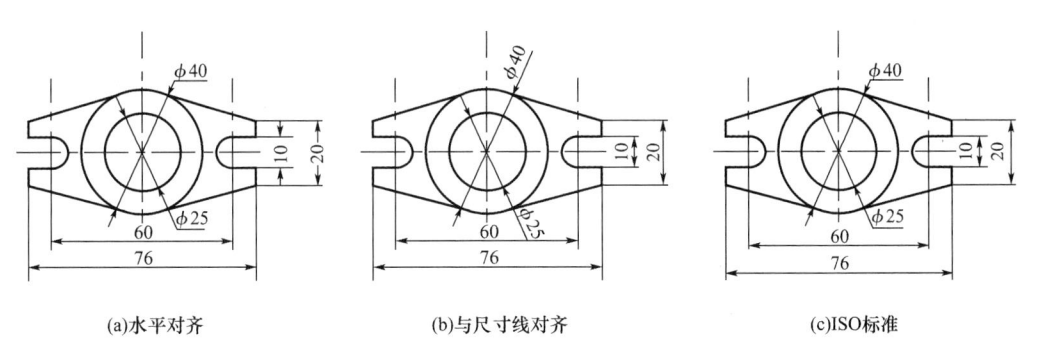

(a)水平对齐　　　　　　　(b)与尺寸线对齐　　　　　　(c)ISO标准

图 6-27 标注文字对齐方式

这些设置项的意义如下:

①"水平"单选按钮

尺寸文本沿水平方向放置。不论标注什么方向的尺寸,尺寸文本总保持水平。

②"与尺寸线对齐"单选按钮

尺寸文本沿尺寸线方向放置。

③"ISO 标准"单选按钮

当尺寸文本在尺寸界线之间时,沿尺寸线方向放置;当尺寸文本在尺寸界线之外时,沿水平方向放置。

4."调整"选项卡

在"新建标注样式"对话框中,第 4 个选项卡就是"调整"选项卡,如图 6-28 所示。该选项卡根据两条尺寸界线之间的空间,设置将尺寸文本、尺寸箭头放在两尺寸界线的里边还是外边。如果空间允许,AutoCAD 2019 总是把尺寸文本和箭头放在尺寸界线的里边;若空间不足,则根据本选项卡的各项设置放置。

图 6-28 "调整"选项卡

(1)"调整选项"选项组

可以根据尺寸界线之间的空间控制标注文字和箭头的放置方式,默认为"文字或箭头(最佳效果)"。如图 6-29 所示为各选项的设置效果。这些设置项的意义如下:

(a)箭头　　(b)文字　　(c)箭头与文字　　(d)文字始终保持在尺寸界线之间　　(e)若箭头不能放在尺寸线内,则将其消除

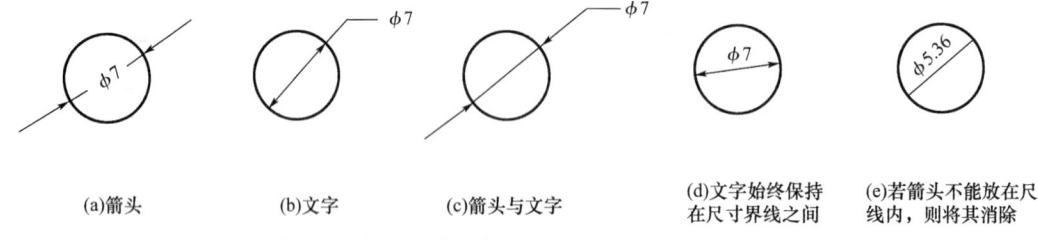

图 6-29 标注文字和箭头在尺寸界线间的放置方式

①"文字或箭头(最佳效果)"单选按钮。

如果空间允许,把尺寸文本和箭头都放在两尺寸界线之间;如果两尺寸界线之间只够放置尺寸文本,则把文本放在尺寸界线之间,而把箭头放在尺寸界线的外边;如果只够放置箭头,则

把箭头放在里边,把文本放在外边;如果两尺寸界线之间既放不下文本,也放不下箭头,则把二者均放在外边。

②"箭头"单选按钮

如果空间允许,把尺寸文本和箭头都放在两尺寸界线之间;如果空间只够放置箭头,则把箭头放在尺寸界线之间,把文本放在外边;如果尺寸界线之间的空间放不下箭头,则把箭头和文本均放在外面。

③"文字"单选按钮

如果空间允许,把尺寸文本和箭头都放在两尺寸界线之间;否则把文本放在尺寸界线之间,把箭头放在外面;如果尺寸界线之间的空间放不下尺寸文本,则把文本和箭头都放在外面。

④"文字和箭头"单选按钮

如果空间允许,把尺寸文本和箭头都放在两尺寸界线之间;否则把文本和箭头都放在尺寸界线外面。

⑤"文字始终保持在尺寸界线之间"单选按钮

总是把尺寸文本放在两条尺寸界线之间。

⑥"若箭头不能放在尺寸界线内,则将其消除"复选框

选中此复选框,则尺寸界线之间的空间不够时省略尺寸箭头。

(2)"文字位置"选项组

文字不在默认位置上时,设置尺寸文本的位置。其中3个单选按钮的含义如下:

①"尺寸线旁边"单选按钮

把尺寸文本放在尺寸线的旁边,如图6-30(a)所示。

②"尺寸线上方,带引线"单选按钮

把尺寸文本放在尺寸线的上方,并用引线与尺寸线相连接,如图6-30(b)所示。

③"尺寸线上方,不带引线"单选按钮

把尺寸文本放在尺寸线的上方,中间无引线,如图6-30(c)所示。

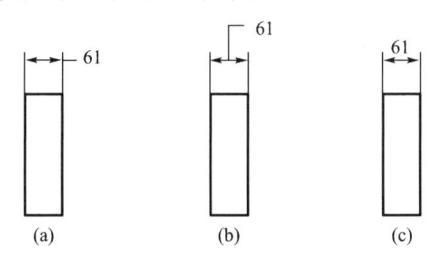

图6-30 尺寸文本的位置

(3)"标注特征比例"选项组

用来设置全局标注比例或图纸空间比例,这些设置项的意义如下:

①"注释性"复选框

确定尺寸标注样式是否为注释性样式。

②"将标注缩放到布局"单选按钮

根据当前模型空间视口和图纸空间之间的比例确定比例因子。当在图纸空间而不是模型空间视口工作时,将使用默认的比例因子1.0。

③"使用全局比例"单选按钮

用于设置尺寸元素的比例因子,如箭头大小、文字高度等,其右侧的"比例值"微调框可以用来设置需要的比例,使之与当前图形的比例因子相符,此比例缩放并不改变实际尺寸的测量值。使用全局比例控制标注尺寸如图6-31所示。

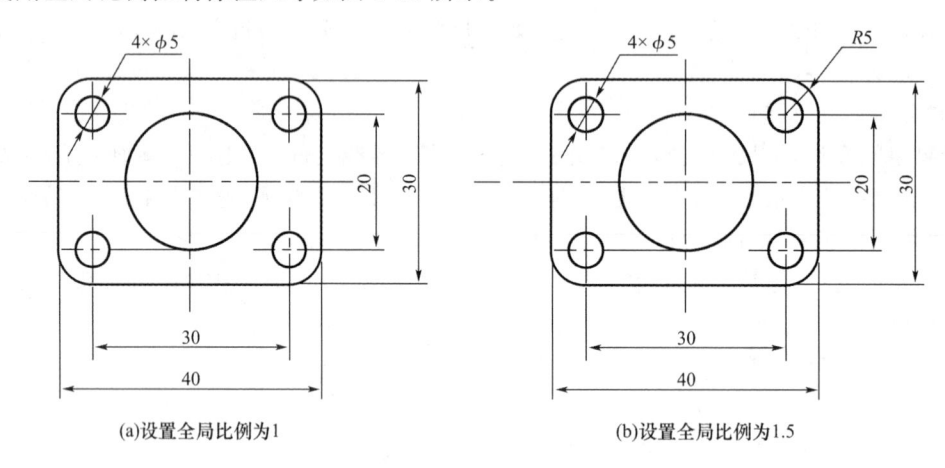

(a)设置全局比例为1　　　　　　　　　(b)设置全局比例为1.5

图6-31　使用全局比例控制标注尺寸

(4)"优化"选项组

设置附加的尺寸文本布置选项,包含两个选项:

①"手动放置文字"复选框

选中此复选框,标注尺寸时由用户确定尺寸数字的放置位置,默认的尺寸文本放置位置在尺寸线中间。

②"在尺寸界线之间绘制尺寸线"复选框

选中此复选框,不论尺寸文本在尺寸界线内部还是外面,AutoCAD 2019均在两尺寸界线之间绘出一条尺寸线;否则,当尺寸界线内放不下尺寸文本而将其放在外面时,尺寸界线之间无尺寸线。如图6-32所示的 $\phi5$ 和 $R5$ 的标注形式。

(a)选择"在尺寸界线之间绘制尺寸线"复选框　　　　　　(b)不选择"在尺寸界线之间绘制尺寸线"复选框

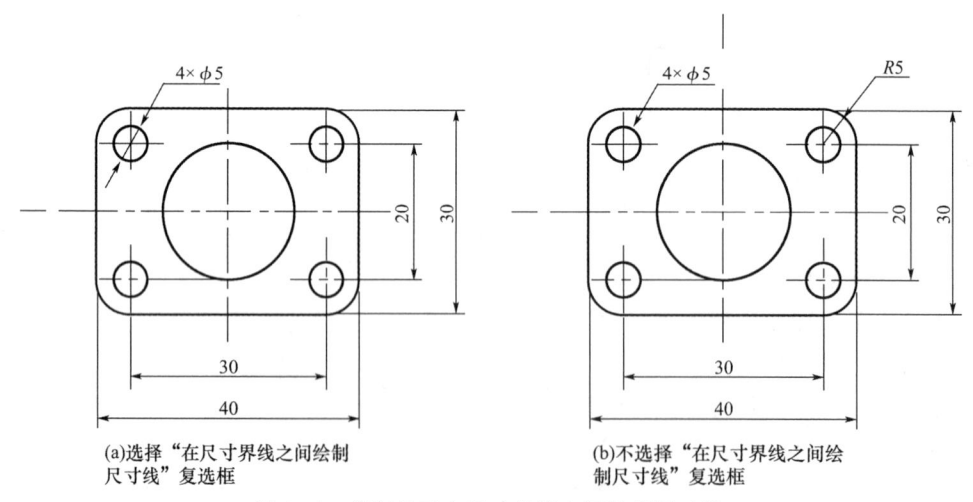

图6-32　控制是否在尺寸界线之间绘制尺寸线

5."主单位"选项卡

在"新建标注样式"对话框中,第5个选项卡是"主单位"选项卡,如图6-33所示。该选项卡用来设置尺寸标注的主单位和精度,以及给尺寸文本添加固定的前缀或后缀。本选项卡含两个选项组,分别对长度型标注和角度型标注进行设置。

(1)"线性标注"选项组

用于设置标注长度型尺寸时采用的单位和精度。

①"单位格式"下拉列表框

确定标注尺寸时使用的单位制(角度型尺寸除外)。在该下拉列表框中 AutoCAD 2019 提供了"科科""小数""工程""建筑""分数""Windows 桌面"6 种单位制,可根据需要选择。

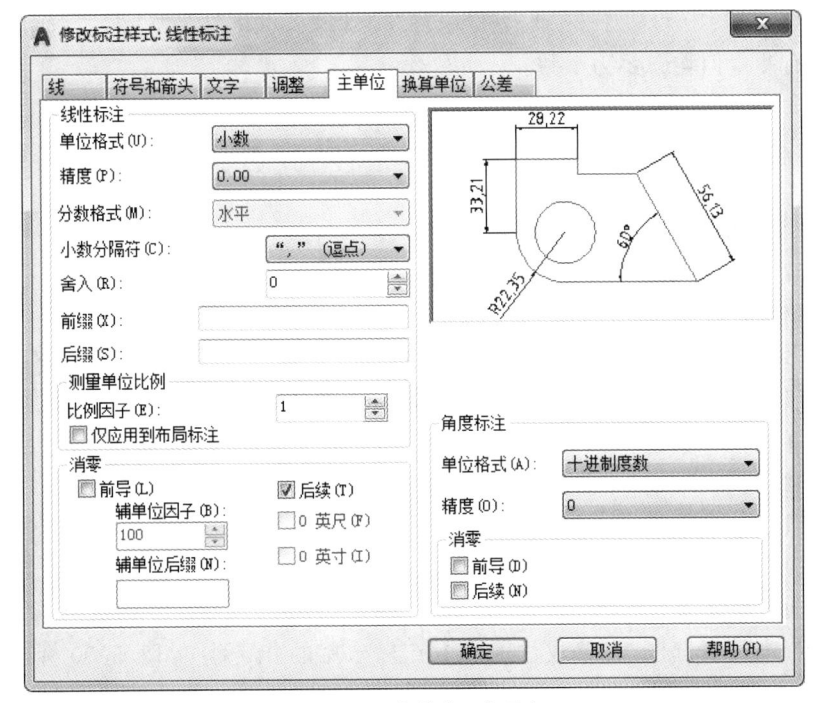

图 6-33 "主单位"选项卡

②"精度"下拉列表框

确定标注尺寸时的精度,也就是精确到小数点后几位。

③"分数格式"下拉列表框

设置分数的形式。当"单位格式"选择了"分数"时才能设置分数的格式,可选择的分数格式有"水平""对角""非堆叠"3 种,如图 6-34 所示。

(a)水平格式　　(b)对角格式　　(c)非堆叠格式

图 6-34 分数的 3 种格式

④"小数分隔符"下拉列表框

设置十进制数的整数部分和小数部分间的分隔符。可供选择的选项包括句点(.)、逗点(,)和空格( ),如图 6-35 所示。常用的选项是"句点"。

(a)句点格式　　　　(b)逗点格式　　　　(c)空格格式

图 6-35　小数分隔符的格式

⑤"舍入"微调框

设置将除角度外的测量值舍入到指定值。在其中输入一个值。例如,如果输入 0.01 作为舍入值,AutoCAD 2019 可将 16.604 舍入为 16.60,将 28.066 舍入为 28.07;如果输入 1 作为舍入值,则所有测量值均圆数为整数。

⑥"前缀"文本框

设置固定前缀。可以输入文本,也可以用控制符产生特殊字符,这些文本将被加在所有尺寸文本之前。

⑦"后缀"文本框

给尺寸标注设置固定后缀。

⑧"测量单位比例"选项组

确定 AutoCAD 2019 自动测量尺寸中的比例因子。其中"比例因子"微调框用来设置除角度之外的所有尺寸测量的比例因子。例如,如果用户确定比例因子为 2,AutoCAD 2019 则把实际测量为 1 的尺寸标注为 2。如果选中"仅应用到布局标注"复选框,则设置的比例因子只适用于布局标注。

⑨"消零"选项组

用于设置是否省略标注尺寸中的 0。

a. 前导:选中此复选框,省略尺寸值处于高位的 0。例如,0.50000 标注为 .50000。

b. 后续:选中此复选框,省略尺寸值小数点后末尾的 0。例如,12.5000 标注为 12.5,而 30.0000 标注为 30。

c. 0 英尺:采用"工程"和"建筑"单位制时,当尺寸值小于 1 英尺时,省略英尺。

d. 0 英寸:采用"工程"和"建筑"单位制时,当尺寸值是整数英寸时,省略英寸。

(2)"角度标注"选项组

用于设置标注角度时采用的角度单位。

①"单位格式"下拉列表框

设置角度单位制。AutoCAD 2019 提供了"十进制度数""度/分/秒""百分度""弧度"4 种角度单位。

②"精度"下拉列表框

设置角度型尺寸标注的精度。

③"消零"选项组

设置是否省略标注角度中的 0。

6. "换算单位"选项卡

在"新建标注样式"对话框中,第 6 个选项卡是"换算单位"选项卡,如图 6-36 所示。该选项卡用于对换算单位进行设置。

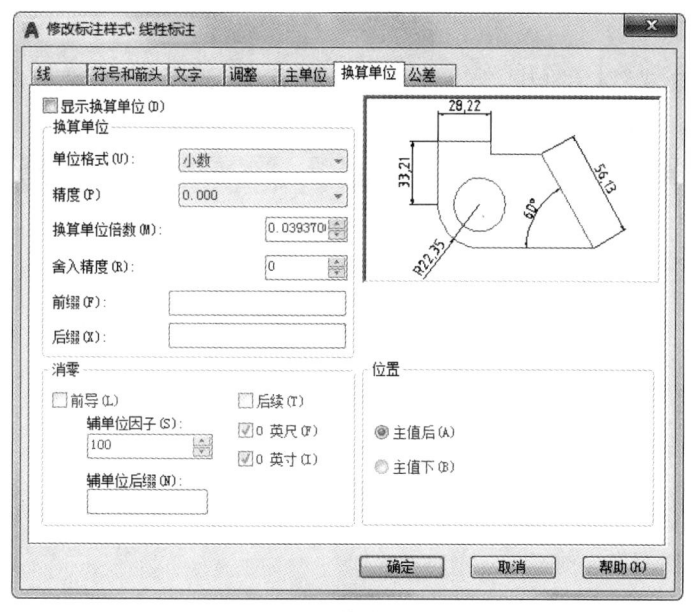

图 6-36 "换算单位"选项卡

(1)"显示换算单位"复选框

选中此复选框,则换算单位的尺寸值也同时显示在尺寸文本上。

(2)"换算单位"选项组

用于设置换算单位。其中各项的含义如下:

①"单位格式"下拉列表框

选取换算单位采用的单位制。

②"精度"下拉表框

设置换算单位的精度。

③"换算单位倍数"微调框

指定主单位和换算单位的转换因子。

④"舍入精度"微调框

设置换算单位的圆整规则。

⑤"前缀"文本框

设置换算单位文本的固定前缀。

⑥"后缀"文本框

设置换算单位文本的固定后缀。

(3)"消零"选项组

设置是否省略尺寸标注中的 0。

(4)"位置"选项组

设置换算单位尺寸标注的位置。

①"主值后"单选按钮

把换算单位尺寸标注放在主单位标注的后边。

②"主值下"单选按钮

把换算单位尺寸标注放在主单位标注的下边。

7. "公差"选项卡

在"新建标注样式"对话框中,第 7 个选项卡是"公差"选项卡,如图 6-37 所示。该选项卡用来确定标注公差的方式。

图 6-37 "公差"选项卡

(1)"公差格式"选项组

设置公差的标注方式。

①"方式"下拉列表框:设置以何种形式标注公差。在该下拉列表框中列出了 AutoCAD 2019 提供的标注公差的形式,用户可从中选择,它们分别是"无""对称""极限偏差""极限尺寸""基本尺寸",其中"无"表示不标注公差,即前面通常的标注情形。其余 4 种标注情况如图 6-38 所示。

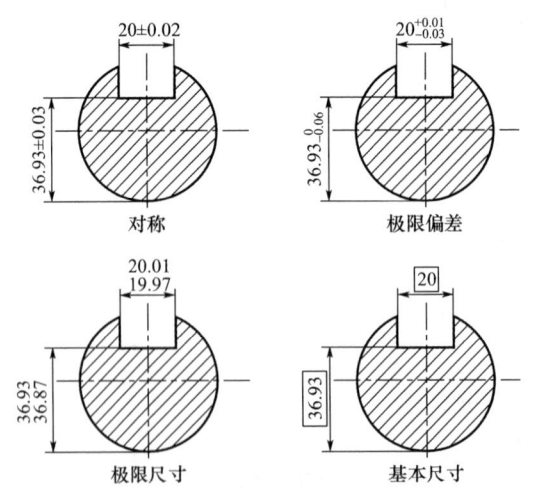

图 6-38 公差标注的形式

②"精度"下拉列表框:确定公差标注的精度。

③"上偏差"微调框:设置尺寸的上偏差。

④"下偏差"微调框:设置尺寸的下偏差。

> **提示、注意、技巧**

系统自动在上偏差数值前加"+"号,在下偏差数值前加"-"号。当上偏差是负值或下偏差是正值时,都需要在输入的偏差值前加负号,例如下偏差是+0.005,则需要在"下偏差"微调框中输入-0.005。

⑤"高度比例"微调框:设置公差文本的高度比例,即公差文本的高度与一般尺寸文本的高度之比,相应的尺寸变量是DIMTFAC。

⑥"垂直位置"下拉列表框:控制"对称"和"极限偏差"形式的公差标注的文本对齐方式。如图6-39所示。

上:公差文本的顶部与一般尺寸文本的顶部对齐。
中:公差文本的中线与一般尺寸文本的中线对齐。
下:公差文本的底线与一般尺寸文本的底线对齐。

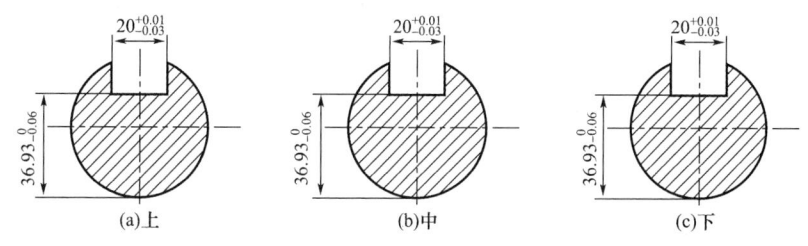

图 6-39　公差文本的对齐方式

(2)"消零"选项组

设置是否省略公差标注中的0,相应的尺寸变量为DIMTZIN。

(3)"换算单位公差"选项组

对几何公差(对于几何公差,将在6.8节中介绍)标注的换算单位进行设置。其中各项的设置方法与前述相同。

6.2.5　设置工程图样尺寸标注样式示例

以默认样式"ISO-25"为标注样式进行修改,使之符合制图有关"国家标准"的规定,再以修改后的"ISO-25"为基础样式,新建"直径""半径""角度"等标注样式。

1.机械图样尺寸标注样式

【操作步骤】

(1)建立标注样式"ISO-25"

打开"标注样式管理器"对话框,在"样式"列表框中选中"ISO-25",单机"修改"按钮。系统打开"修改标注样式"对话框。

(2)修改"线"选项卡

将"尺寸线"选项组中的"基线间距"右侧微调框的数字设置为不小于"5"的值;"尺寸界限"选项组中的"超出尺寸线"和"起点偏移量"右侧微调框的值分别设置为"2"和"0"。如图6-40中箭头所指的选项,其余为默认设置。

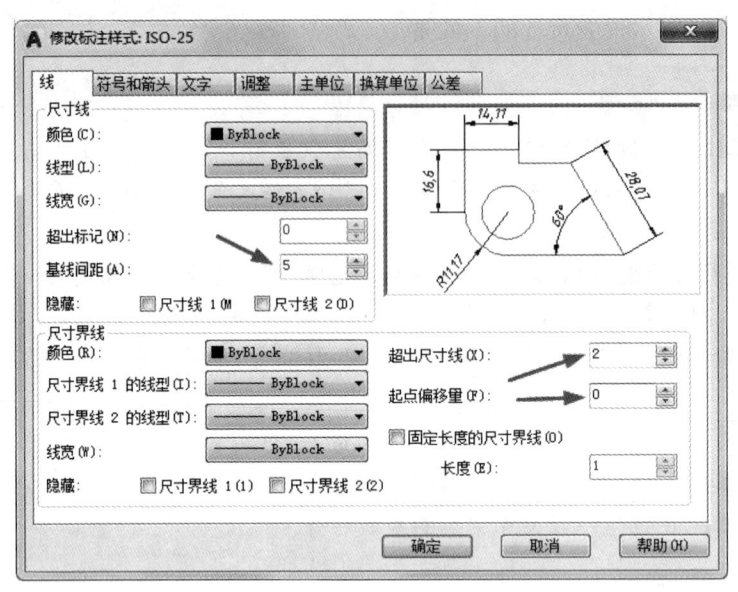

图 6-40 机械图样标注样式的"线"选项卡

(3) 修改"符号和箭头"选项卡

此设置可用于给圆或圆弧绘制中心线，如图 6-41 所示。可为默认设置。

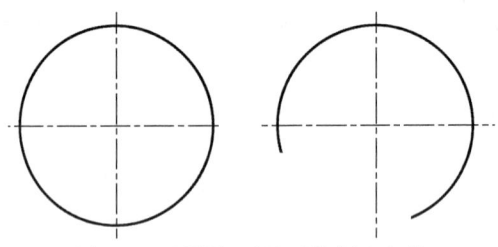

图 6-41 用"圆心标记"绘制中心线

(4) 修改"文字"选项卡

在"文字外观"选项组中，单击"文字样式"下拉列表框右侧的按钮，打开"文字样式"对话框。将"字体"选项组中的"字体名"选择为"iso.shx"，"效果"选项组中的"倾斜角度"可设置为"15"。如图 6-42 中箭头所指的选项，其余为默认设置。

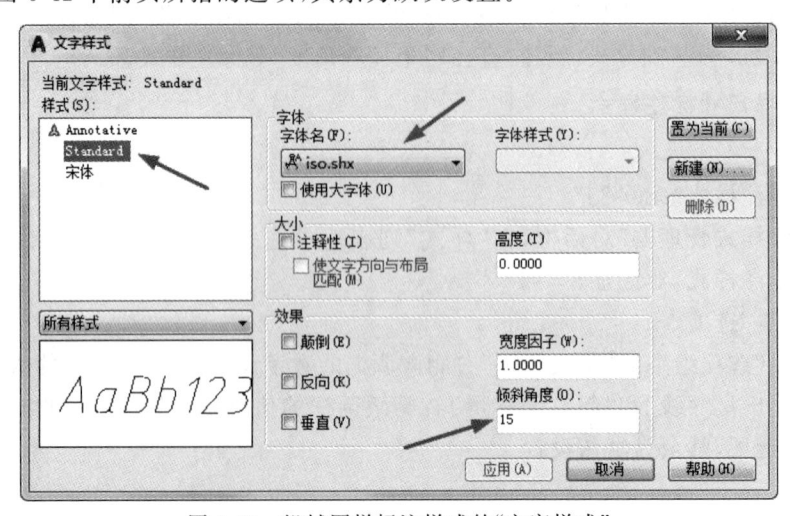

图 6-42 机械图样标注样式的"文字样式"

(5) 修改"调整"选项卡

在"标注特征比例"选项组中,"使用全局比例"用于根据图样的大小确定与之相符的标注特征的比例因子。工程图样中,尺寸标注的文字高度应不小于"2.5",文字高度的递增比为"1.4"。因此文字高度的默认设置为"2.5",用于绘制图幅为 A4、A3 的较小图样,当绘制图幅为 A2、A1、A0 时,文字高度、箭头大小等特征项也应相应增大。"标注特征比例"一般设置为"1""1.4""2",此时,与之匹配的文字高度为"2.5""3.5""5",其他尺寸元素的标注特征将分别放大 1、1.4 和 2 倍。

在"优化"选项组中,选中"手动放置文字"复选框,用于标注尺寸时确定尺寸数字的放置位置。如图 6-43 中箭头所指的选项,其余为默认设置。

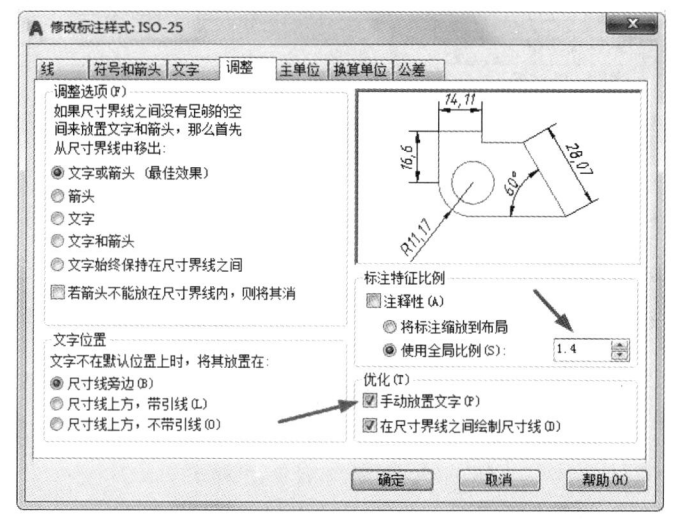

图 6-43 机械图样标注样式的"调整"选项卡

(6) 修改"主单位"选项卡

在"线性标注"选项组中,将"精度"设置为整数"0","小数分隔符"设置为句点"。","测量单位比例"的"比例因子"随图样比例呈反比设置。如果图样比例为"2∶1",则测量单位的比例因子为"0.5"。如图 6-44 中箭头所指的选项,其余为默认设置。

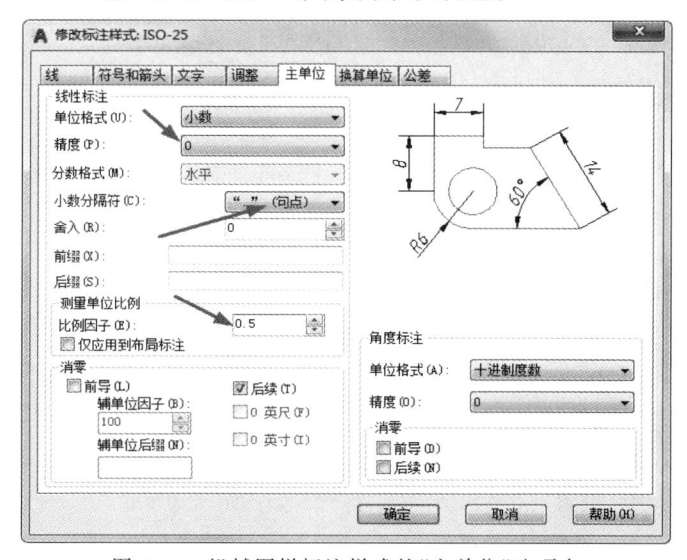

图 6-44 机械图样标注样式的"主单位"选项卡

（7）确认

单击"确定"按钮，退出"修改标注样式"对话框，返回"标注样式管理器"对话框。

"换算单位"和"公差"选项卡不需要设置。默认为不选中"显示换算单位"，无"公差格式"的"方式"选择。

（8）新建"直径""半径"标注样式

在"标注样式管理器"对话框中，单击"新建"按钮，系统打开"创建新标注样式"对话框，在"基础样式"下拉列表选中"ISO-25"后，在"用于"下拉列表中选择"直径标注"，如图 6-45 所示。单击"继续"按钮，系统打开"新建标注样式"对话框。

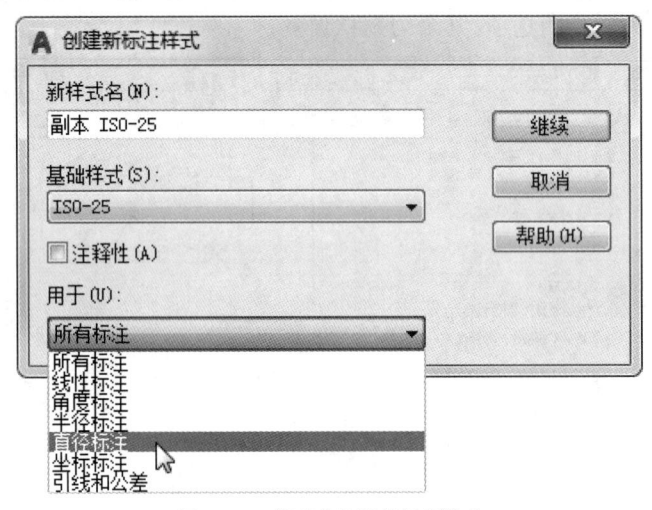

图 6-45　新建"直径标注"样式

在"文字"选项卡中，设置"文字对齐"为"ISO 标准"，如图 6-46 所示；在"调整"选项卡中，设置"调整选项"为"文字"，如图 6-47 所示。

图 6-46　"文字对齐"选择"ISO 标准"　　　图 6-47　"调整选项"选择"文字"

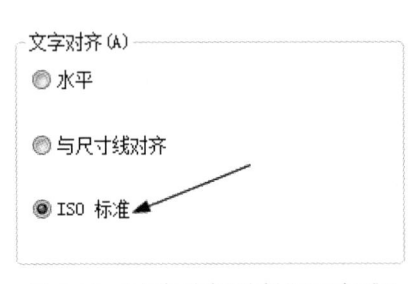

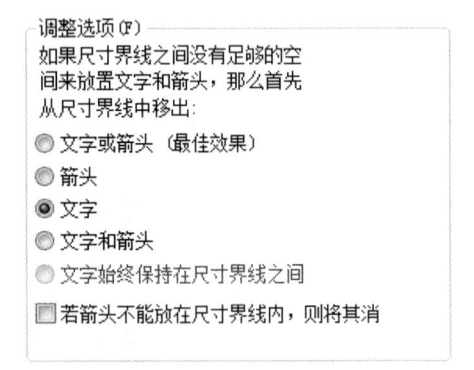

"半径"标注样式的设置同"直径"标注样式的完全相同。

（8）新建"角度"标注样式

在机械制图中，国家标准要求角度的数字一律写成水平方向，标注在尺寸线中断处，必要时可以写在尺寸线上方或外边，也可以引出，如图 6-48 所示。

"角度"标注样式的设置方法同"直径"标注相同。

在"文字"选项卡中，设置"文字对齐"为"水平"，如图 6-49 所示。

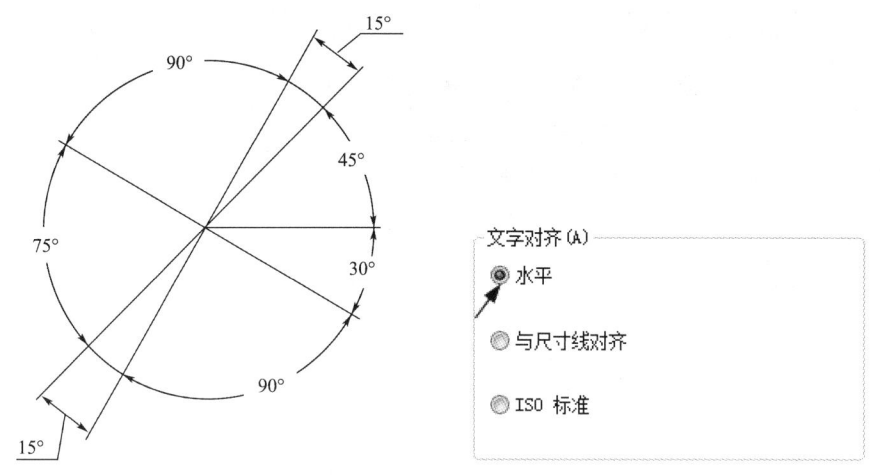

图 6-48　"角度"标注示例　　　图 6-49　"角度"的"文字对齐"选择"水平"

设置结束后,单击"确定"按钮,返回"标注样式管理器"对话框。在样式窗口中显示出样式列表,预览窗口中显示尺寸标注效果,如图 6-50 所示。关闭对话框,完成设置。

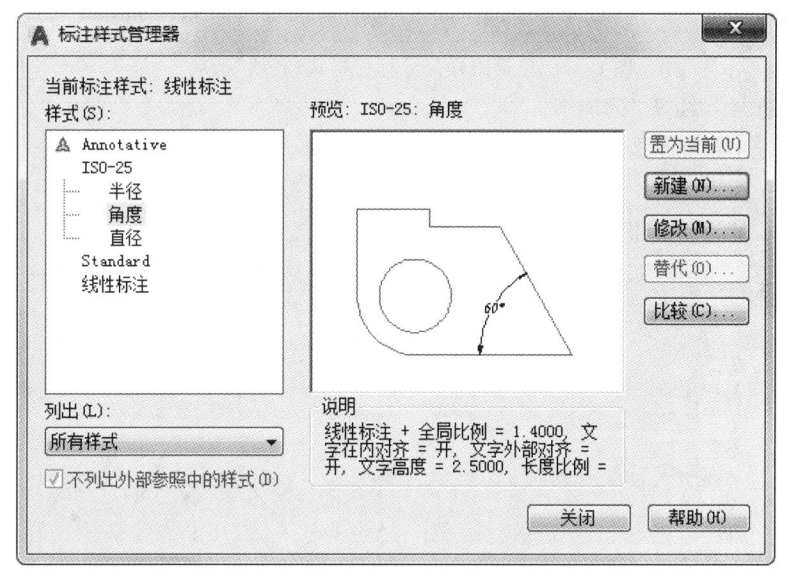

图 6-50　机械图样标注样式

2. 建筑图样尺寸标注样式

【操作步骤】

(1) 建立标注样式"ISO-25"

打开"标注样式管理器"对话框,在"样式"列表框中选中"ISO-25",单击"修改"按钮。系统打开"修改标注样式"对话框。

(2) 修改"线"选项卡

将"尺寸线"选项组中的"基线间距"右侧微调框的数字设置为不小于"5"的值;"尺寸界限"选项组中的"超出尺寸线"和"起点偏移量"右侧微调框的值分别设置为"2"和"2";其余为默认设置,如图 6-51 所示。

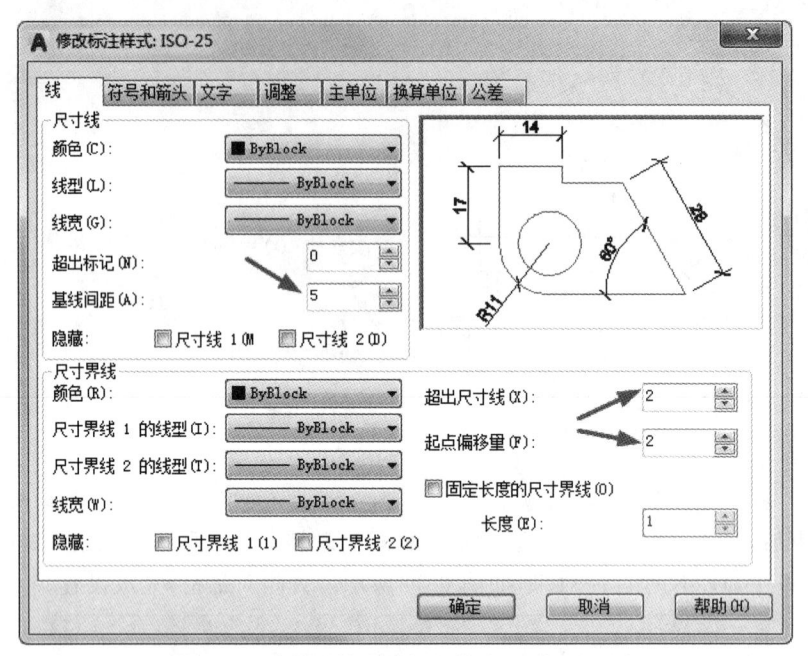

图 6-51　建筑图样尺寸标注样式的"线"选项卡

(3) 修改"符号和箭头"选项卡

在"箭头"选项组中,"第一个"和"第二个"选择"建筑标记"或"倾斜","圆心标记"同机械图样,如图 6-52 所示。

其余选项卡的设置与机械图样基本相同。

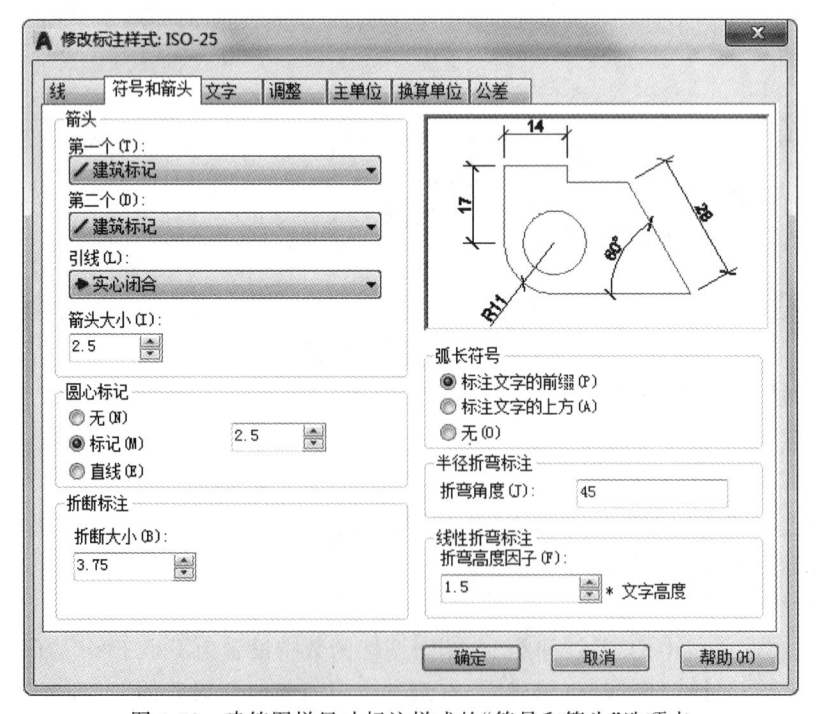

图 6-52　建筑图样尺寸标注样式的"符号和箭头"选项卡

(4) 新建"直径""半径"标注样式

根据建筑图的要求,直径、半径的尺寸线箭头形式应为"箭头",设置方法同机械图样。如

图 6-53 所示为建筑图样尺寸标注样式新建的"半径"样式，"符号和箭头"选项卡的设置。

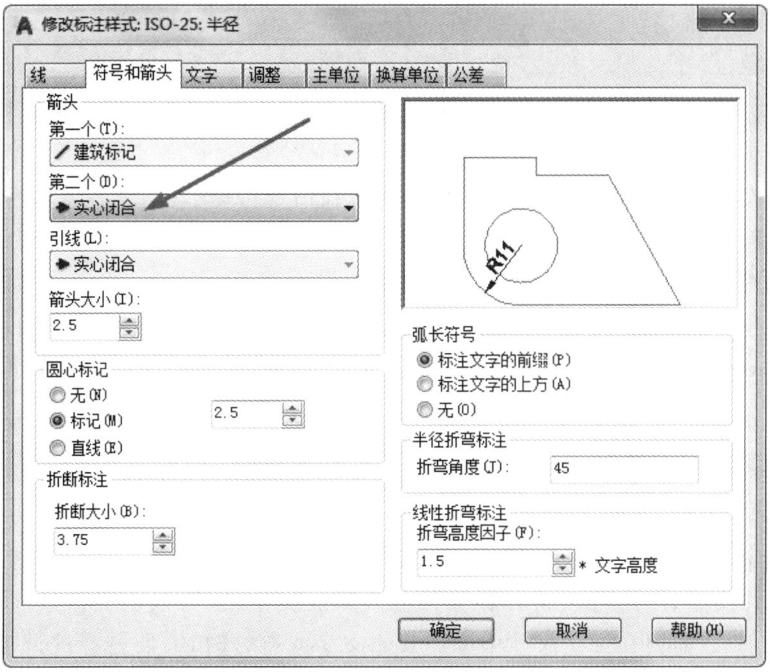

图 6-53 "符号和箭头"选项卡

6.3 长度、角度与位置尺寸标注

长度尺寸标注是指在两个点之间的一组标注，这些点可以是端点、交点、圆心等；角度标注用于标注两条相交直线之间的夹角；位置标注用于通过标注选定点的坐标，来表明点的位置。

同时，当需要标注的尺寸比较密集且有一定的规律时，还可借助基线标注和连续标注方法进行快速标注。这两种标注都以现有的某个标注为基础，然后快速标注其他尺寸。

6.3.1 线性标注

线性标注用于标注用户坐标系 XOY 平面中的两个点之间 X 方向或 Y 方向的距离。启用"线性标注"命令，可以使用下列方法：

(1) 命令行：DIMLINEAR(缩写名 DIMLIN)
(2) 菜单栏："标注"→"线性"
(3) 注释面板(标注工具栏)："标注"→"线性"

【操作步骤】

命令：_dimlinear
指定第一条尺寸界线原点或＜选择对象＞：
       (指定第一条尺寸界线原点或直接按"Enter"键选择标注对象)
指定第二条尺寸界线原点：   (指定第二条尺寸界线原点)
指定尺寸线位置或[多行文字(M)/文字(T)/角度(A)/水平(H)/垂直(V)/旋转(R)]：
       (直接指定尺寸线位置或输入其他选项)

标注文字＝100　　　　　　　　　　　　　　　　　　　　（显示两个点之间的距离）

【选项说明】

1. 选择对象

在"指定第一条尺寸界线原点或＜选择对象＞："提示下有两种选择，直接按"Enter"键选择要标注的对象或确定尺寸界线的起始点。

如果直接按"Enter"键，光标变为拾取框，并且在命令行提示：

选择标注对象：

用拾取框点取要标注尺寸的线段，命令行继续提示：

指定尺寸线位置或[多行文字(M)/文字(T)/角度(A)/水平(H)/垂直(V)/旋转(R)]：

2. 指定尺寸线位置

确定尺寸线的位置。用户可移动鼠标选择合适的尺寸线位置，然后按"Enter"键或单击鼠标左键，AutoCAD 2019 将自动测量所标注线段的长度并标注出相应的尺寸。

3. 多行文字(M)

用多行文字编辑器确定尺寸文本。其中，尖括号"＜＞"表示在标注输出时显示系统自动测量生成的标注文字，用户可以将其删除再输入新的文字，也可以在尖括号前后输入其他内容。通常情况下，当需要在标注尺寸中添加其他文字或符号时，需要选择此选项，如在尺寸前加 Φ 等。如果要标注如图 6-54(a)所示的尺寸文本，因为后面的公差是堆叠文本，可以用多行文字命令 M 选项来执行，在多行文字编辑器中输入"％％C＜＞＋0.028^+0.007"，然后进行堆叠处理即可。

尖括号"＜＞"用于表示 AutoCAD 2019 自动生成的标注文字，如果将其删除，则会失去尺寸标注的关联性。当标注对象改变时，标注尺寸数字不能自动调整。

4. 文字(T)

在命令提示行中输入 T，可直接在命令提示行中输入新的标注文字。此时可修改标注尺寸或添加新的内容。选择此选项后，命令行提示：

输入标注文字＜默认值＞：

其中的默认值是 AutoCAD 2019 自动测量得到的被标注线段的长度，直接按"Enter"键即可采用此长度值，也可输入其他数值代替默认值。当尺寸文本中包含默认值时，可使用尖括号"＜＞"表示默认值。例如要标注如图 6-54(b)所示的尺寸文本，在进行线性标注时，可以用单行文字命令 T 选项来执行，在"输入标注文字＜20＞："提示下应该这样输入：％％c＜＞。

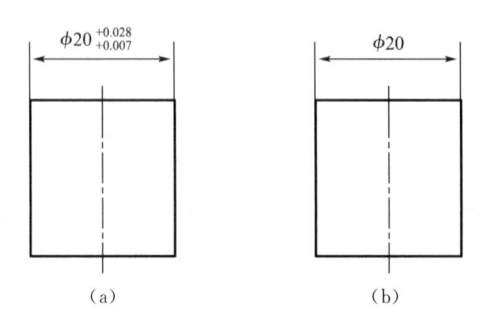

(a)　　　　　　　　　　(b)

图 6-54　使用"多行文字"和"单行文字"选项添加文字

5. 角度(A)

在命令提示行中输入"A",可指定尺寸文本的倾斜角度,如图 6-55 所示。

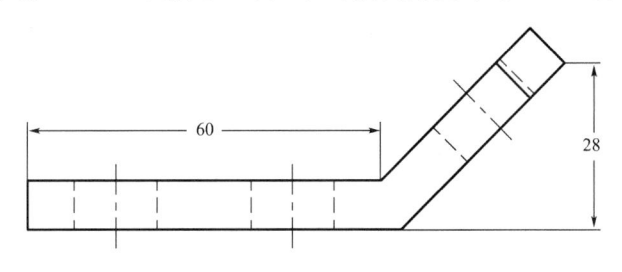

图 6-55 指定标注文字的角度

6. 水平(H)

水平标注尺寸,不论标注什么方向的线段,尺寸线均水平放置。

7. 垂直(V)

垂直标注尺寸,不论被标注线段沿什么方向,尺寸线总保持垂直。

8. 旋转(R)

输入尺寸线旋转的角度值,旋转标注尺寸。

现以图 6-56 中的尺寸 60 为例,说明线性标注的步骤。

(1)输入"线性标注"命令。

(2)在标注图样中使用捕捉功能,指定两条尺寸界线原点。

命令行提示及操作如下:

指定第一条尺寸界线原点或<选择对象>:捕捉右下角 A 点

指定第二条尺寸界线原点:捕捉圆心

(3)根据提示及需要进行其他选项的操作。

例如"垂直标注"。

指定尺寸线位置或[多行文字(M)/文字(T)/角度(A)/水平(H)/垂直(V)/旋转(R)]:V

(指定线性标注的类型,创建垂直标注)

(4)拖动确定尺寸线的位置,标注出中心高尺寸 60,结果如图 6-56 所示。

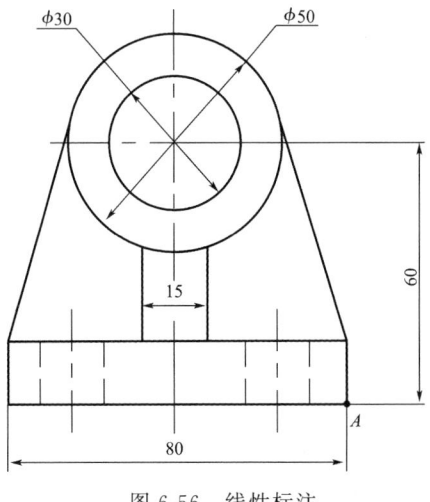

图 6-56 线性标注

6.3.2 对齐标注

在使用上述"线性标注"标注倾斜结构尺寸时,应选择旋转角度的方式标注。也可以直接使用对齐标注命令,如图 6-57 所示的 20,27,35 等尺寸。这种命令标注的尺寸线与所标注轮廓线平行,标注的是两点之间的距离尺寸。

启用"对齐标注"命令,可以使用下列方法:
(1)命令行:DIMALIGNED
(2)菜单栏:"标注"→"对齐"
(3)注释面板(标注工具栏):"标注"→"对齐"
(4)注释面板:"命令行"→"对齐(G)"

执行对齐标注命令,命令行提示及操作步骤与线性标注相同。

现以图 6-57 中的 3 个尺寸为例,说明对齐标注的步骤。
(1)输入"对齐标注"命令。
(2)在标注图样中使用捕捉功能,指定两条尺寸界线原点。
(3)拖动鼠标,在尺寸线位置处单击,确定尺寸线的位置。

其标注结果如图 6-57 所示。

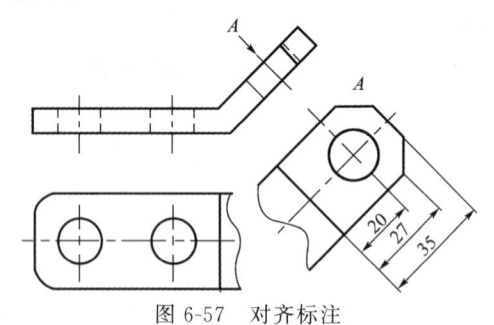

图 6-57 对齐标注

6.3.3 角度型尺寸标注

使用角度标注可以测量圆和圆弧的角度、两条直线间的角度或者三点间的角度。如图 6-58 所示。

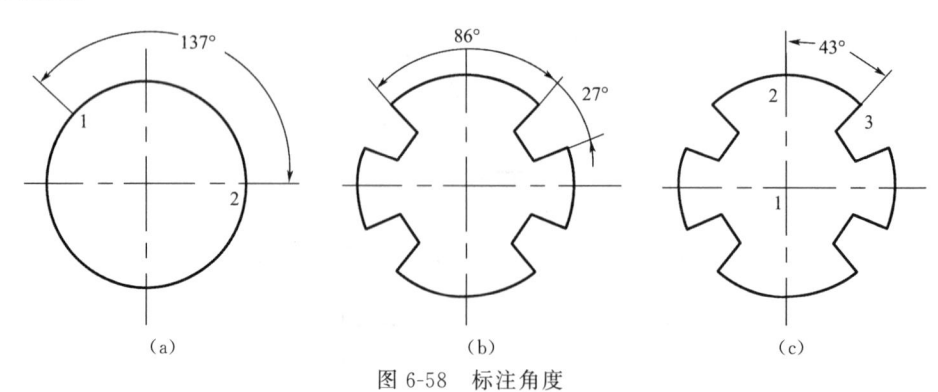

图 6-58 标注角度

启用"角度标注"命令,可以使用下列方法:

(1)命令行:DIMANGULAR

(2)菜单栏:"标注"→"角度"

(3)注释面板(标注工具栏):"标注"→"角度"

(4)注释面板 :"命令行"→"角度(A)"

【操作步骤】

命令:_dimangular

选择圆弧、圆、直线或＜指定顶点＞:

选择第二条直线:

指定标注弧线位置或[多行文字(M)/文字(T)/角度(A)]:

标注文字＝45

【选项说明】

1. 选择圆

标注圆上某段弧的中心角,如图 6-58(a)所示。

当用户点取圆上一点选择该圆后,该点即第一点,AutoCAD 2019 提示选取第二点:

指定角的第二个端点: （选取点 2,该点可在圆上,也可不在圆上）

指定标注弧线位置或[多行文字(M)/文字(T)/角度(A)]:

在此提示下确定尺寸线的位置,AutoCAD 2019 标出一个角度值,该角度以圆心为顶点,两条尺寸界线通过所选取的两点,第二点可以不必在圆周上。用户还可以选择"多行文字(M)"项、"文字(T)"项或"角度(A)"项编辑尺寸文本和指定尺寸文本的倾斜角度。

2. 选择圆弧

标注圆弧的中心角,如图 6-58(b)所示。

当用户选取一段圆弧后,AutoCAD 2019 提示:

指定标注弧线位置或[多行文字(M)/文字(T)/角度(A)]:(确定尺寸线的位置或选取某一项)

在此提示下确定尺寸线的位置,AutoCAD 2019 按自动测量得到的值标注出相应的角度,在此之前用户可以选择"多行文字(M)"项、"文字(T)"项或"角度(A)"项,通过多行文字编辑器或命令行来输入或设置尺寸文本以及指定尺寸文本的倾斜角度。

3. 选择直线

标注两条直线间的夹角,如图 6-58(c)所示。

当用户选取一条直线后,AutoCAD 2019 提示选取另一条直线:

选择第二条直线: （选取另外一条直线）

指定标注弧线位置或[多行文字(M)/文字(T)/角度(A)]:

在此提示下确定尺寸线的位置,AutoCAD 2019 标出这两条直线之间的夹角。该角以两条直线的交点为顶点,以两条直线为尺寸界线,所标注角度取决于尺寸线的位置,还可以利用"多行文字(M)"项、"文字(T)"项或"角度(A)"项编辑尺寸文本和指定尺寸文本的倾斜角度。

4. 指定顶点

直接按"Enter"键,AutoCAD 2019 提示:

指定角的顶点: （输入一点作为角的顶点）

指定角的第一个端点： (输入角的第一个端点)
指定角的第二个端点： (输入角的第二个端点)
创建了无关联的标注。
指定标注弧线位置或[多行文字(M)/文字(T)/角度(A)]：
在此提示下给定尺寸线的位置，AutoCAD 2019根据给定的3点标注出角度，如图6-58(c)所示。另外，用户还可以用"多行文字(M)"项、"文字(T)"项或"角度(A)"项编辑尺寸文本和指定尺寸文本的倾斜角度。

6.3.4 坐标标注

坐标标注以当前UCS的原点为基准，显示任意图形点的X或Y轴坐标。启用"坐标"命令，可以使用下列方法：

(1)命令行：DIMORDINATE
(2)菜单栏："标注"→"坐标"
(3)注释面板(标注工具栏)："坐标"
(4)注释面板："命令行"→"坐标(O)"

【操作步骤】
命令：DIMORDINATE✓
指定点坐标：
点取或捕捉要标注坐标的点，把这个点作为指引线的起点，并提示：
指定引线端点或[X基准(X)/Y基准(Y)/多行文字(M)/文字(T)/角度(A)]：

【选项说明】

1. 指定引线端点

确定另外一点。根据这两点之间的坐标差决定是生成X坐标尺寸还是Y坐标尺寸。如果这两点的Y坐标之差比较大，则生成X坐标尺寸；反之，生成Y坐标尺寸。

2. X基准(X)

生成该点的X坐标。

3. Y基准(Y)

生成该点的Y坐标。

现以图6-59中左下角圆心的坐标为例，说明坐标标注的步骤。
输入坐标标注命令，命令窗口提示：
命令：_dimordinate
指定点坐标：单击小圆圆心 (利用圆心捕捉选择小圆圆心点1)
创建了无关联的标注。
指定引线端点或[X基准(X)/Y基准(Y)/多行文字(M)/文字(T)/角度(A)]：
(拖动引线至合适位置单击，指定引线端点，如点2)
标注文字＝8.34
结果如图6-59所示，标注出点1的X坐标值约为8.34。

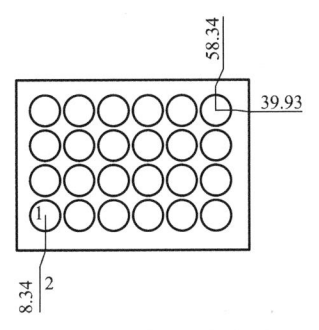

图 6-59 建立坐标标注

> 提示、注意、技巧

(1)在命令提示行中,输入"X"或"Y"可以指定一个 X 或 Y 轴的基准坐标,并通过单击鼠标来确定引线放置位置。注意 X 坐标值按垂直方向标注,Y 坐标值按水平方向标注。如图 6-59 中右上角小圆圆心的坐标为 $X=58.34;Y=39.92$。

(2)输入"M",可以打开"多行文字编辑器"来编辑标注文字。

(3)输入"T",可以在命令行中编辑标注文字。

(4)输入"A",可以旋转标注文字的角度。

6.3.5 基线标注

使用基线标注可以创建一系列基于同一条尺寸界线的尺寸标注,适用于长度尺寸标注、角度标注等。要创建基线标注,必须先创建(或选择)一个线性或角度标注作为基准标注。基线标注将从基准标注的第一条尺寸界线处测量基线标注。

启用"基线标注"命令,可以使用下列方法:

(1)命令行:DIMBASELINE

(2)菜单栏:"标注"→"基线"

(3)标注工具栏:"标注"→"基线"

(4)注释面板:"命令行"→"基线(B)"

【操作步骤】

命令:DIMBASELINE↙

指定第二条尺寸界线原点或[放弃(U)/选择(S)]<选择>

【选项说明】

1.指定第二条尺寸界线原点

直接确定另一个尺寸的第二条尺寸界线的起点。AutoCAD 2019 会以上次标注的尺寸为基准标注出相应尺寸。

2.选择

在上述提示下直接按"Enter"键,AutoCAD 2019 提示:

选择基准标注:(选取作为基准的尺寸标注)

现以图 6-60 中的 3 个尺寸为例,说明基线标注的步骤。

(1)使用"对齐标注"命令

标注尺寸20,"标注"指定第一条尺寸界线原点为1,指定第二条尺寸界线原点为2

(2)使用"基线标注"命令

输入"基线标注"命令,命令窗口提示:

命令:DIMBASELINE↙

指定第二条尺寸界线原点或[放弃(U)/选择(S)]<选择>:单击原点2

指定第二条尺寸界线原点或[放弃(U)/选择(S)]<选择>:单击原点3

指定第二条尺寸界线原点或[放弃(U)/选择(S)]<选择>:单击原点4

按"Enter"键结束标注,结果如图6-60所示。

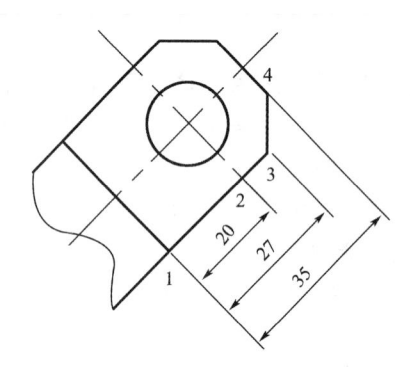

图6-60 建立基线标注

6.3.6 连续标注

连续标注用于多段尺寸串联,尺寸线在一条直线放置的标注。要创建连续标注,必须先选择一个线性或角度标注作为基准标注。每个连续标注都从前一个标注的第二条尺寸界线处开始。启用"连续标注"命令,可以使用下列方法:

(1)命令行:DIMCONTINUE

(2)菜单栏:"标注"→"连续"

(3)标注工具栏:"标注"→"连续"

(4)注释面板:"命令行"→"连续(C)"

【操作步骤】

命令:DIMCONTINUE↙

指定第二条尺寸界线原点或[放弃(U)/选择(S)]<选择>:

选择连续标注:

在此提示下的各选项与基线标注中完全相同。

现以图6-61中的尺寸30为例,说明连续标注的步骤。

输入"连续标注"命令,命令窗口提示:

选择连续标注:单击"20"尺寸段　　　　　　(选择该尺寸界线的原点1作为基点)

指定第二条尺寸界线原点或[放弃(U)/选择(S)]<选择>:单击点2

　　　　　　(指定第二条尺寸界线原点2,标注30尺寸段)

继续选择其他尺寸界线原点,如点3,直到完成连续标注序列。

按"Enter"键结束标注命令,结果如图 6-61 所示。

角度的基线标注和连续标注如图 6-62 所示。

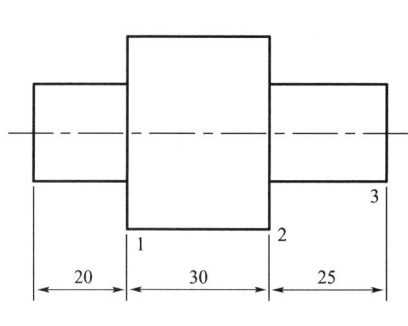

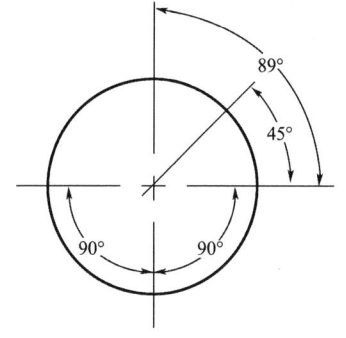

图 6-61　建立连续标注　　　图 6-62　角度的基线标注和连续标注

6.4　圆和圆弧标注

标注圆和圆弧的半径、直径或弧长时,会在标注文字时自动添加符号 ϕ(直径)、R(半径)或⌒。可通过"文字(T)"或"文字(M)"选项修改直径数值。

6.4.1　直径标注

完整的圆或大于半圆的圆弧应标注直径,如果图形中包含多个要素完全相同的圆,应注出圆的总数,如 $3 \times \phi 60$。

启用"直径标注"命令,可以使用下列方法:

(1)命令行:DIMDIAMETER

(2)菜单栏:"标注"→"直径"

(3)注释面板(标注工具栏):"标注"→"直径"

【操作步骤】

命令:DIMDIAMETER↙

选择圆弧或圆:(选择要标注直径的圆或圆弧)

指定尺寸线位置或[多行文字(M)/文字(T)/角度(A)]:

(确定尺寸线的位置或选择某一选项)

用户可以选择"多行文字(M)"项、"文字(T)"项或"角度(A)"项来输入、编辑尺寸文本或确定尺寸文本的倾斜角度,也可以直接确定尺寸线的位置,标注出指定圆或圆弧的直径,如图 6-63 所示。

6.4.2　半径标注

小于或等于半圆的圆弧应使用半径标注。但应注意,即使图形中包含多个规格完全相同的圆弧,也不注出圆弧的数量。

启用"半径标注"命令,可以使用下列方法:

(1)命令行：DIMRADIUS
(2)菜单栏："标注"→"半径"
(3)注释面板(标注工具栏)："标注"→"半径"

【操作步骤】

命令 DIMRADIUS✓

选择圆弧或圆：(选择要标注半径的圆或圆弧)

指定尺寸线位置或[多行文字(M)/文字(T)/角度(A)]：(确定尺寸线的位置或选择某一选项)

用户可以选择"多行文字(M)"项、"文字(T)"项或"角度(A)"项来输入、编辑尺寸文本或确定尺寸文本的倾斜角度，也可以直接确定尺寸线的位置标注出指定圆或圆弧的半径，如图 6-63 所示。

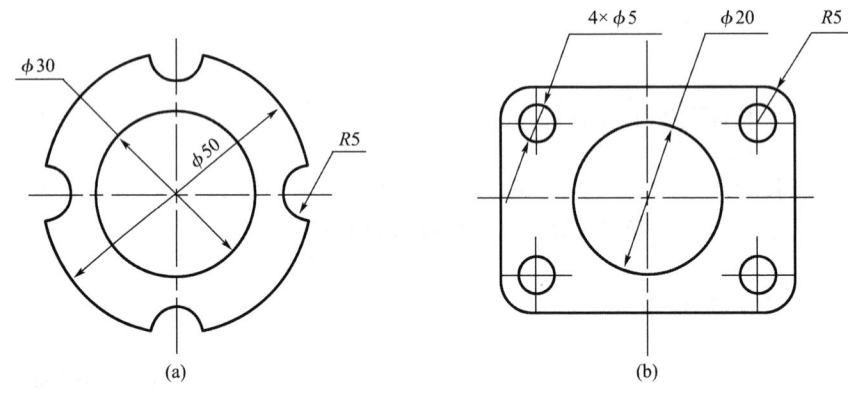

图 6-63　直径标注和半径标注

6.4.3 折弯标注

启用"折弯标注"命令，可以使用下列方法：
(1)命令行：DIMJOGGED
(2)菜单栏："标注"→"折弯"
(3)注释面板(标注工具栏)："标注"→"折弯"

【操作步骤】

命令：DIMJOGGED✓

选择圆弧或圆：(选择圆弧或圆)

指定中心位置替代：

标注文字＝51.28

指定尺寸线位置或[多行文字(M)/文字(T)/角度(A)]：(指定一点或其他选项)

指定折弯位置：(指定折弯位置)

结果如图 6-64 所示。

图 6-64　折弯标注

6.4.4 弧长标注

使用弧长标注,可以标注圆弧的弧长。
启用"弧长标注"命令,可以使用下列方法:
(1)命令行:DIMARC
(2)菜单栏:"标注"→"弧长"
(3)注释面板(标注工具栏):"标注"→"弧长标注"

【操作步骤】
命令:DIMARC↙
选择弧线段或多段线弧线段:(选择圆弧)
指定弧长标注位置或[多行文字(M)/文字(T)/角度(A)/部分(P)/引线(L)]:

【选项说明】
1. 部分(P)

标注部分弧长。选择该选项,系统提示:
指定弧长标注的第一个点:(指定圆弧上弧长标注的起点)
指定弧长标注的第二个点:(指定圆弧上弧长标注的终点)
结果如图 6-65 所示。

2. 引线(L)

添加引线对象。仅当圆弧(或弧线段)大于 90°时才会显示此选项。引线是按径向绘制的,指向所标注圆弧的圆心,如图 6-66 所示。

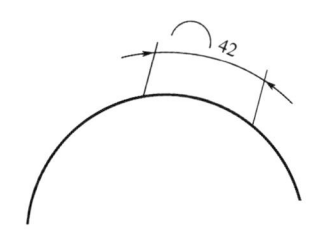

图 6-65　部分圆弧标注　　　图 6-66　添加引线

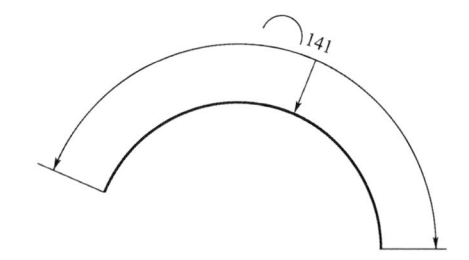

6.4.5 圆心标记

使用圆心标记可以标注圆和圆弧的圆心。
启用"圆心标记"命令,可以使用下列方法:
(1)命令行:DIMCENTER
(2)菜单栏:"标注"→"圆心标记"
(3)工具栏:"标注"→"圆心标记"

【操作步骤】
命令:DIMCENTER↙
选择圆弧或圆:(选择要标注中心或中心线的圆或圆弧)

结果如图 6-67 所示。

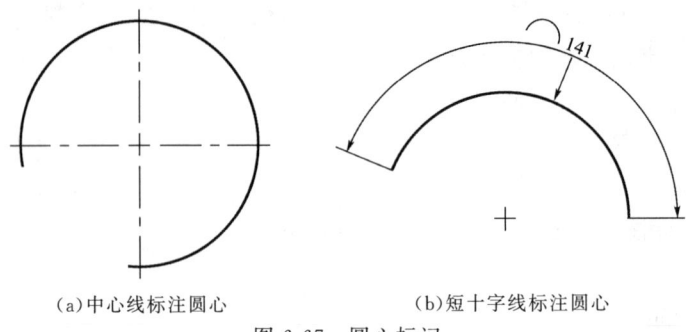

(a)中心线标注圆心　　(b)短十字线标注圆心

图 6-67　圆心标记

6.5　引线标注

引线标注功能可以标注特定的尺寸,如倒角、厚度等,还可以在图中添加多行旁注、说明,如图 6-68 所示。在引线标注中,指引线可以是折线,也可以是曲线,指引线端部可以有箭头,也可以没有箭头。注释文字写在引线末端。

创建引线时,它的颜色、线宽、缩放比例、箭头类型、尺寸和其他特征都由当前标注样式定义。

引线标注的方式有多重引线标注、引线标注和快速引线标注等。

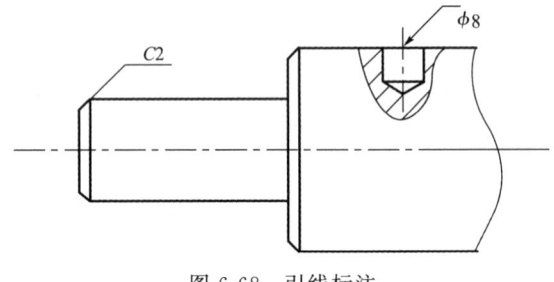

图 6-68　引线标注

6.5.1　多重引线标注

1. 设置多重引线样式

启用"多重引线样式"命令,可以使用下列方法:
(1)命令行:MLEADERSTYLE
(2)菜单栏:"格式"→"多重引线样式"
(3)注释面板(或"多重引线"工具栏):"多重引线"→"多重引线样式" ,如图 6-69 所示。
执行上述操作,系统打开"多重引线样式管理器"对话框,如图 6-70 所示。

(a)注释面板　　　　　　(b)"多重引线"工具栏

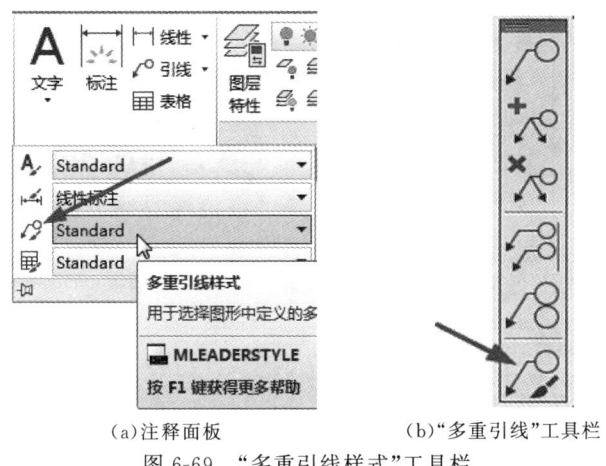

图 6-69　"多重引线样式"工具栏

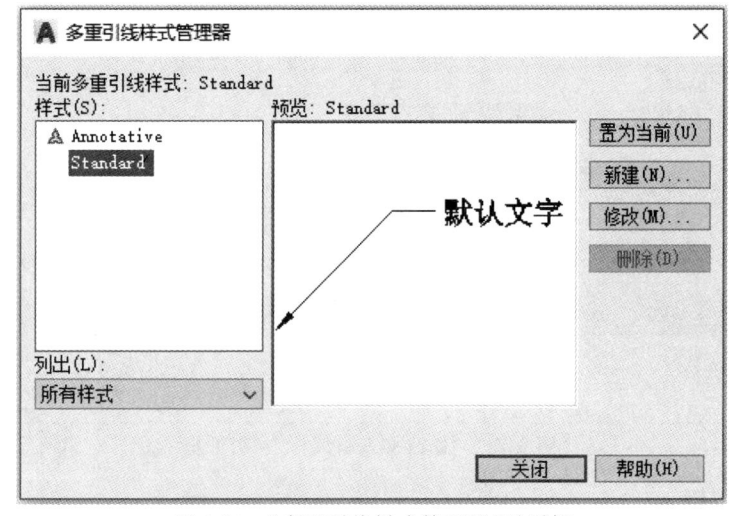

图 6-70　"多重引线样式管理器"对话框

【选项说明】

(1)"当前多重引线样式"标签

显示当前多重引线样式的名称。AutoCAD 2019 默认的当前样式名称是"Standard"。

(2)"样式"列表框

列处已有的多重引线样式的名称。AutoCAD 2019 默认状态下有两个多重引线样式,即"Annotative"和"Standard",其中"Annotative"为注释性样式。

(3)"列出"列表框

确定要在"样式"列表中列处哪些多重引线样式。有"所有样式"和"正在使用的样式"两种选择。

(4)"新建"按钮

创建新的"多重引线样式"。单击"新建"按钮,系统打开如图 6-71 所示的"创建新多重引线样式"对话框。在"新样式名"文本框中输入如"倒角""序号""公差"等多重引线样式名,单击"继续"按钮,系统打开如图 6-72 所示的"修改多重引线样式"对话框。

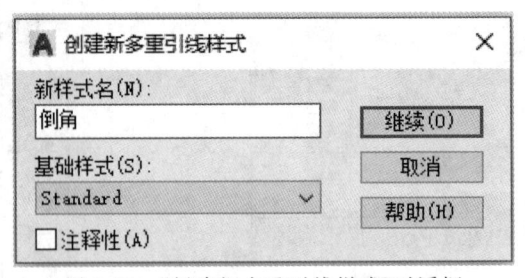

图 6-71 "创建新多重引线样式"对话框

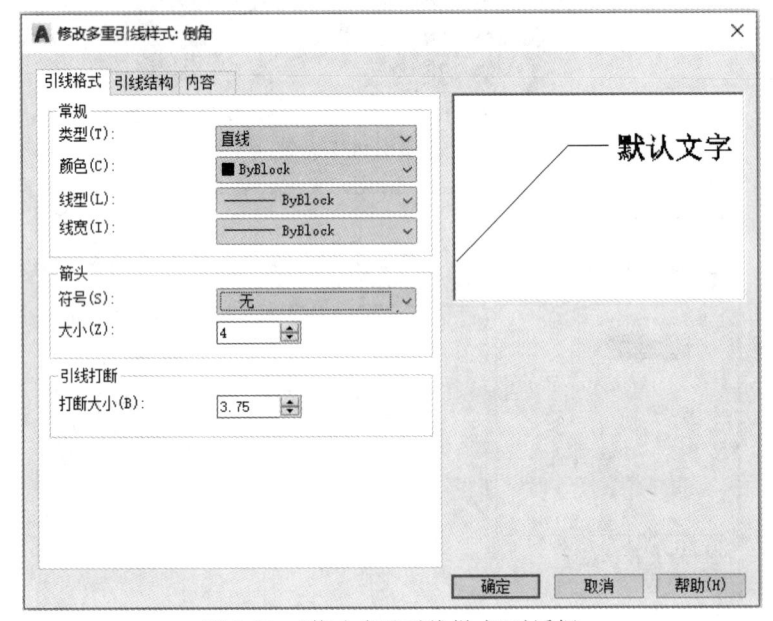

图 6-72 "修改多重引线样式"对话框

(5)"修改"按钮

修改已有的多重引线样式。从图 6-70 所示的"列出"列表框中选择要修改的样式,单击"修改"按钮,系统弹出图 6-72 所示的"修改多重引线样式"对话框。

(6)"删除"按钮

删除多重引线样式。从图 6-70 的"列出"列表框中选择要删除的样式,单击"删除"按钮,即可将其删除。

2. 修改多重引线样式

图 6-72 所示的对话框有"引线格式""引线结构""内容"三个选项卡。

(1)"引线格式"选项卡

用于设置选定引线样式的格式,如图 6-72 所示。

【选项说明】

①"常规"选项组

设置引线的外观。其中"类型"下拉列表框有三个选项,即引线可以选择"直线""样条曲线""无","无"表示没有引线和箭头,如图 6-73 所示。

(a)直线　　　　　　(b)样条曲线

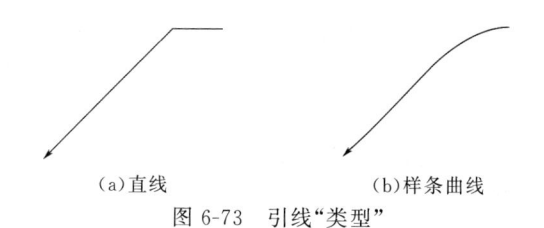

图 6-73　引线"类型"

②"箭头"选项组

设置箭头的形状和大小,如图 6-74 所示。

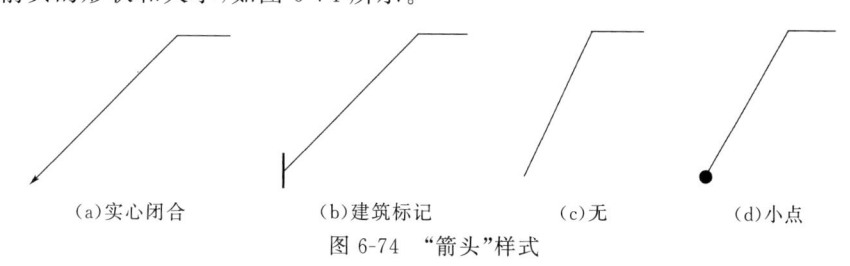

(a)实心闭合　　(b)建筑标记　　(c)无　　(d)小点

图 6-74　"箭头"样式

③"引线打断"选项

设置引线打断时的距离值,如图 6-75 中的 h 值。引线打断的操作参见 6.9.2。

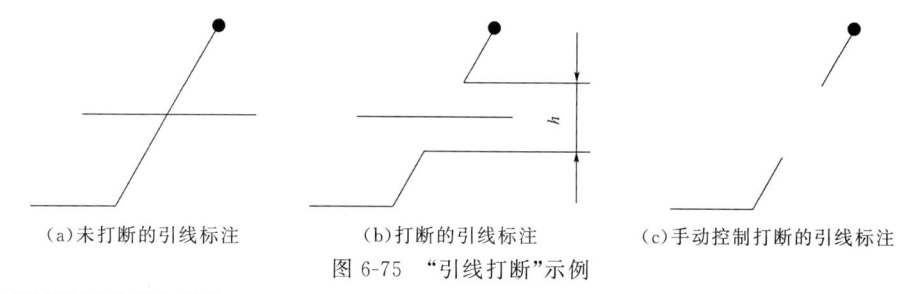

(a)未打断的引线标注　　(b)打断的引线标注　　(c)手动控制打断的引线标注

图 6-75　"引线打断"示例

(2)"引线结构"选项卡

用于设置选定引线样式的结构,如图 6-76 所示。

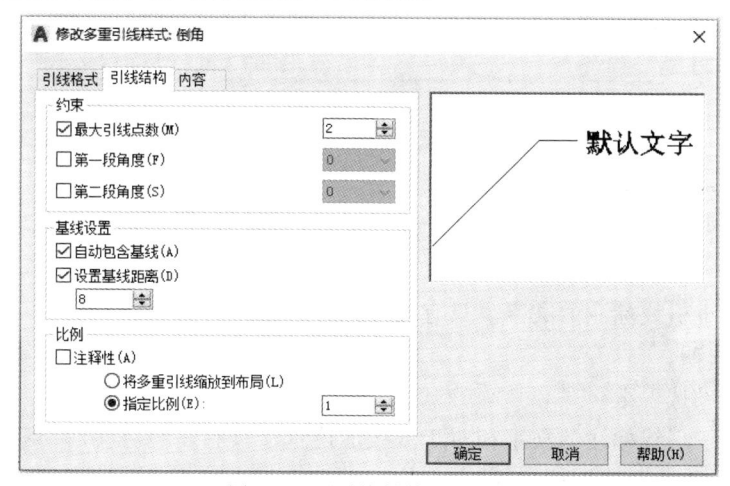

图 6-76　"引线结构"选项卡

【选项说明】

①"约束"选项组

"最大引线点数"复选框用于确定是否要指定引线端点的点数;

"第一段角度"和"第二段角度"复选框用于确定是否要指定引线方向的角度。如果引线是样条曲线,则引线方向的角度分别是第一段和第二段样条曲线起点的切线角度。

②"基线设置"选项组

用于设置基线,如图 6-77 所示,下面介绍其主要选项的功能:

"自动包含基线"复选框用于确定引线中是否含基线;

"设置基线距离"复选框用于是否确定引线中基线的长度。如果没有选中,基线的长度可在标注时手动控制。

③"比例"选项组

用于设置多重引线标注的缩放比例。

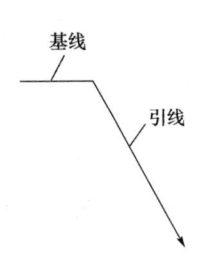

图 6-77 "引线结构"选项卡

(3)"内容"选项卡

用于设置引线标注中的注释内容,如图 6-78 所示。

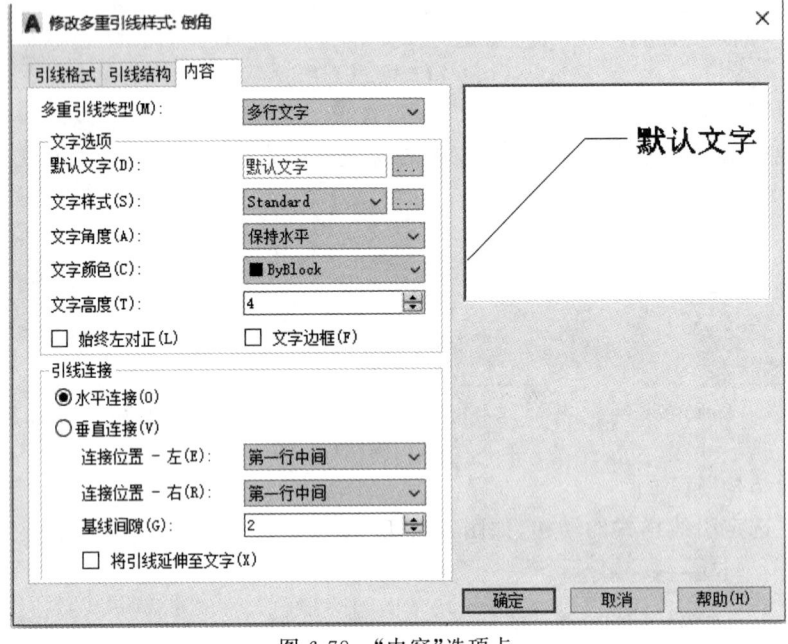

图 6-78 "内容"选项卡

【选项说明】

①"多重引线类型"下拉列表框

设置引线注释的类型,有"多行文字""块""无"三个选项,"无"表示没有内容。

②"文字选项"选项组

用于设置多重引线标注的文字。只有在"多重引线类型"下拉列表框中选中"多行文字"时,才会显示此选项。

③"引线连接"选项组

用于设置多重引线标注的文字相对于基线的位置。只有在"多重引线类型"下拉列表框中选中"多行文字"时,才会显示此选项。

"连接位置-左"和"连接位置-右"用于控制文字位于引线左侧或右侧时,基线连接到多重引线文字的位置。有图 6-79 所示九个选项,标注示例如图 6-80 所示。

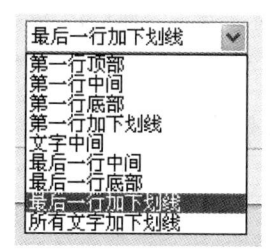

图 6-79 基线连接到多重引线文字的位置

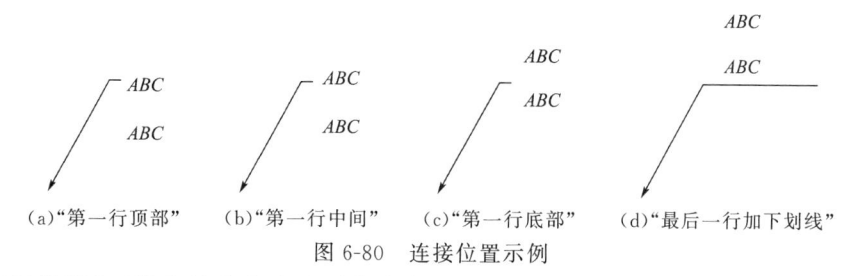

图 6-80 连接位置示例

"基线间隙"用于指定基线和多重引线文字之间的距离,标注示例如图 6-81 所示。

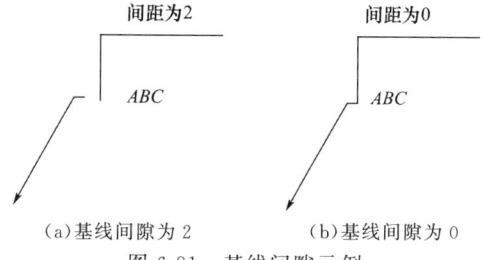

图 6-81 基线间隙示例

④"块选项"选项组

用于控制多重引线对象中块内容的特性。只有在"多重引线类型"下拉列表框中选中"块"时,才会显示此选项,对应的对话框如图 6-82 所示。

"源块"下拉列表框用于指定多重引线内容的块对象,对应的列表如图 6-83 所示。

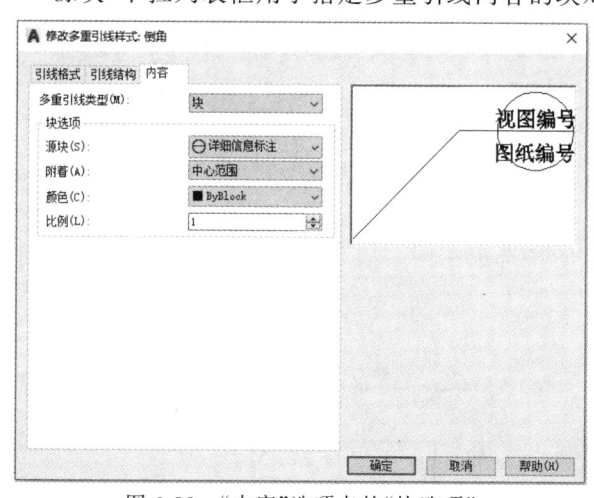

图 6-82 "内容"选项卡的"块选项"   图 6-83 "源块"下拉列表

"附着"指定块附着到多重引线对象的方式,可以通过指定块的范围、块的插入点或块的中心点来附着块。"颜色"指定多重引线块内容的颜色,默认情况下,选择"随块"。"内容"选项卡

中的块颜色控制仅当块中包含的对象颜色设置为"随块"时才有效。

3. "多重引线"标注

多重引线对象或多重引线可先创建箭头,也可先创建尾部或内容。启用"多重引线标注"命令,可以使用下列方法:

(1)命令行:MLEADER

(2)菜单栏:"格式"→"多重引线标注"

(3)注释面板(或"多重引线"工具栏):"多重引线" 🔍

【操作步骤】

命令:_mleader

指定引线箭头的位置或[引线基线优先(L)/内容优先(C)/选项(O)]<引线基线优先>:

提示确定引线箭头的位置或选择其他选项。

【选项说明】

①"指定引线箭头的位置"

确定新的多重引线对象的箭头位置。

②"引线基线优先(L)"

用于确定进行"多重引线标注"时先指定多重引线对象的基线的位置。如果先前绘制的多重引线对象是基线优先,则后续的多重引线也将先创建基线(除非另外指定),操作时命令行提示:

命令:_mleader

指定引线基线的位置或[引线箭头优先(H)/内容优先(C)/选项(O)]<引线箭头优先>:

③"内容优先(C)"

用于确定进行"多重引线标注"时先指定与多重引线对象相关联的文字或块的位置。

如果先前绘制的多重引线对象是内容优先,则后续的多重引线也将先创建内容(除非另外指定),操作时命令行提示:

命令:_mleader

指定文字的第一个角点或[引线箭头优先(H)/引线基线优先(L)/选项(O)]<选项>:

④"选项(O)"

用于确定放置多重引线对象的选项。选择"选项(O)"命令行提示:

输入选项[引线类型(L)/引线基线(A)/内容类型(C)/最大点数(M)/第一个角度(F)/第二个角度(S)/退出选项(X)]:

各选项的意义与设置"多重引线样式"的各选项相同。如图 6-84 所示为"多重引线"标注示例。

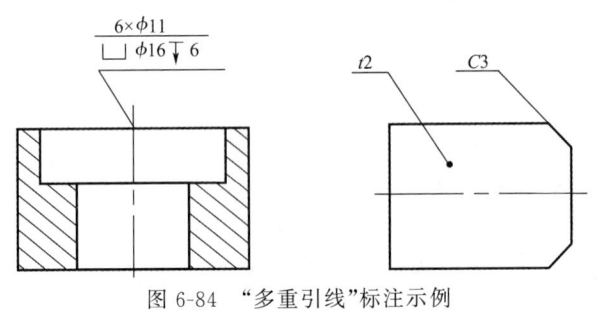

图 6-84 "多重引线"标注示例

4. "添加引线"标注

将引线添加至多重引线对象。根据光标的位置,新引线可添加到选定多重引线的左侧或右侧,如图 6-85 所示。

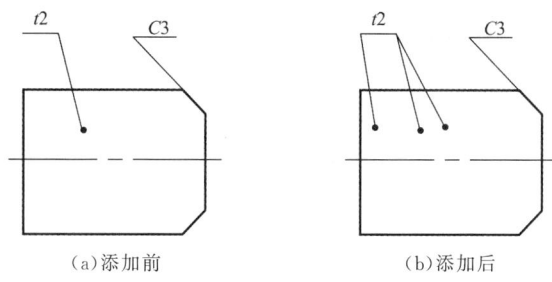

(a)添加前　　　　　　　　　　(b)添加后

图 6-85　"添加引线"标注示例

启用"添加引线"命令,可以使用下列方法:
(1)命令行:AIMLEADEREDITADD
(2)菜单栏:"修改"→"对象"→"多重引线"→"添加引线"
(3)注释面板(或"多重引线"工具栏):"添加引线"→

【操作步骤】

选择多重引线:

找到 1 个

指定引线箭头的位置:(根据光标的位置,新引线将添加到选定多重引线的左侧或右侧)

如果在指定的多重引线样式中有两个以上的引线点,系统将提示用户指定另一点。

5. "删除引线"标注

从多重引线对象中删除引线。启用"删除引线"命令,可以使用下列方法:
(1)命令行:AIMLEADEREDITREMOVE
(2)菜单栏:"修改"→"对象"→"多重引线"→"删除引线"
(3)注释面板(或"多重引线"工具栏):"删除引线"→

操作方法与"添加引线"类似。

6. 多重引线"对齐"

将多重引线对象按顺序沿指定方向重新排列,如图 6-86 所示。

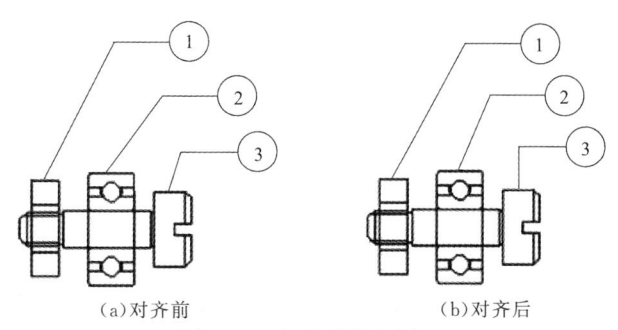

(a)对齐前　　　　　　　　　　(b)对齐后

图 6-86　多重引线"对齐"

启用"对齐"命令,可以使用下列方法:
(1)命令行:MLEADERALIGN

(2)菜单栏:"修改"→"对象"→"多重引线"→"对齐"

(3)注释面板(或"多重引线"工具栏):"多重引线对齐"→

7. 多重引线"合并"

将内容为块的多重引线对象按顺序沿"水平"方向合并排列,如图6-87所示。

启用"合并"命令,可以使用下列方法:

(1)命令行:MLEADERCOLLECT

(2)菜单栏:"修改"→"对象"→"多重引线"→"合并"

(3)注释面板(或"多重引线"工具栏):"多重引线"→

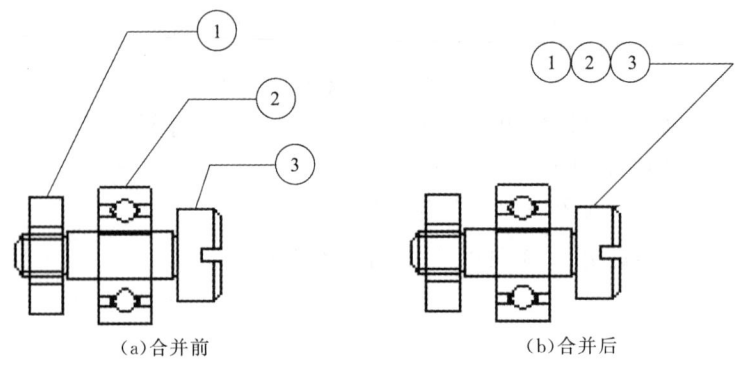

(a)合并前　　　　　　　　　(b)合并后

图6-87　多重引线"合并"

6.5.2　引线标注

"引线标注"比"多重引线标注"的功能少,且使用命令行操作,没有对话框;可以标注几何公差。

【操作步骤】

命令:LEADER↙

指定引线起点:(输入指引线的起始点)

指定下一点:(输入指引线的另一点)

由指定的两点画出指引线并继续提示:

指定下一点或[注释(A)/格式(F)/放弃(U)]<注释>:

【选项说明】

1. 指定下一点

输入第三点,画出折线作为指引线。

2. 注释(A)

输入注释文本,为默认项。在提示下直接按"Enter"键,命令行提示:

输入注释文字的第一行或<选项>:

(1)输入注释文本

输入第一行文本后按"Enter"键,可以继续输入第二行文本,如此重复执行,直到输入全部注释内容,用按"Enter"键响应提示结束 LEADER 命令,在指引线终端生成所输入的多行文本。

(2)直接按"Enter"键

在提示下直接按"Enter"键,命令行提示:

输入注释选项[公差(T)/副本(C)/块(B)/无(N)/多行文字(M)]<多行文字>：

选择一个注释选项,直接按"Enter"键执行"多行文字"选项。其各选项的含义如下：

① 公差(T)：标注几何公差。

② 副本(C)：把已由 LEADER 命令创建的注释拷贝到当前指引线的末端。选择该选项,命令行提示：

选择要复制的对象：

在此提示下选取一个已创建的注释文本,系统将把它复制到当前指引线的末端。

③ 块(B)：插入块,把已经定义好的块插入到指引线的末端。选择该选项命令行提示：

输入块名或[?]：

在此提示下输入一个已定义好的块名,把该块插入到指引线的末端；或通过键入"?"列出当前已有块以供选择。

④ 无(N)：不进行注释,没有注释文本。

⑤ <多行文字>：用多行文字编辑器标注注释文本并设置文本格式,为默认选项。

3. 格式(F)

确定指引线的形式。选择该项,命令行提示：

输入引线格式选项[样条曲线(S)/直线(ST)/箭头(A)/无(N)]<退出>：

(选择指引线形式,或直接按"Enter"键回到上一级提示)

① 样条曲线(S)：设置指引线为样条曲线。

② 直线(ST)：设置指引线为折线。

③ 箭头(A)：在指引线的起始位置画箭头。

④ 无(N)：在指引线的起始位置不画箭头。

⑤ <退出>：此项为默认选项,选取该项退出"格式"选项,返回"指定下一点或[注释(A)/格式(F)/放弃(U)]<注释>："提示,并且指引线形式按默认方式设置。

6.5.3 快速引线标注

"快速引线标注"与"引线标注"的功能基本相同,不同的是"快速引线标注"可通过对话框快速设置,由此可以消除不必要的命令行提示,取得更高的工作效率。

启用"快速引线标注"命令,可以使用下列方法：

命令行：QLEADER

【操作步骤】

命令：QLEADER✓

指定第一个引线点或[设置(S)]<设置>：

【选项说明】

1. 指定第一个引线点

在上面的提示下确定一点作为指引线的第一点,命令行提示：

指定下一点：(输入指引线的第二点)

指定下一点：(输入指引线的第三点)

输入的点的数目由"引线设置"对话框的"引线和箭头"选项卡确定,如图6-88所示。输入引线点后,命令行提示：

图 6-88 "引线设置"对话框的"引线和箭头"选项卡

指定文字宽度<0.0000>:(输入多行文本的宽度)

输入注释文字的第一行<多行文字(M)>:

此时,有两种命令输入选择。

(1)输入注释文字的第一行

在命令行输入第一行文本。系统继续提示:

输入注释文字的第一行:(输入另一行文字)

输入注释文字的第一行:(输入另一行文本或按"Enter"键)

(2)<多行文字(M)>

打开多行文字编辑器,输入、编辑多行文字。输入全部注释文本后直接按"Enter"键,结束 QLEADER 命令并把多行文本标注在指引线的末端附近。

2.<设置>

在上面提示下直接按"Enter"键或输入"S",系统打开如图 6-88 所示"引线设置"对话框,允许对引线标注进行设置。该对话框包含"注释""引线和箭头""附着"3 个选项卡:

(1)"注释"选项卡(图 6-89)

用于设置引线标注中注释文本的类型、多行文本的格式并确定注释文本是否多次使用。

图 6-89 "引线设置"对话框的"注释"选项卡

(2)"引线和箭头"选项卡(图 6-88)

用来设置引线标注中指引线和箭头的形式。

其中"点数"选项组设置绘制引线输入的点的数目,设置的点数要比用户希望的指引线的段数多 1。如设置点数为 3,引线为两段,指定 3 个点后,命令行提示用户输入注释文本。可利用微调框进行设置。如果选中"无限制"复选框,命令行会一直提示用户输入点,直到连续按"Enter"键两次为止。"角度约束"选项组设置第一段和第二段指引线的角度约束。

(3)"附着"选项卡(图 6-90)

图 6-90　"引线设置"对话框的"附着"选项卡

设置注释文本和指引线的相对位置。如果最后一段指引线指向右边,AutoCAD 2019 会自动把注释文本放在右侧;如果最后一段指引线指向左边,AutoCAD 2019 会自动把注释文本放在左侧。利用该选项卡中左侧和右侧的单选按钮,分别设置位于左侧和右侧的注释文本与最后一段指引线的相对位置。

> **提示、注意、技巧**
>
> 在"注释"选项卡的"注释类型"选择组中,选中"公差"复选框。可以进行几何公差的标注。

6.6　快速标注

快速标注命令可以同时选择多个圆或圆弧进行直径或半径的标注,也可同时选择多个对象进行基线标注和连续标注,选择一次即可完成多个标注,因此可节省时间,提高工作效率。

启用"快速标注"命令,可以使用下列方法:

(1)命令行:QDIM

(2)菜单栏:"标注"→"快速标注"

(3)工具栏:"标注"→"快速标注"

【操作步骤】

命令:QDIM↙

关联标注优先级=端点

选择要标注的几何图形:(选择要标注尺寸的多个对象后按"Enter"键)

指定尺寸线位置或[连续(C)/并列(S)/基线(B)/坐标(O)/半径(R)/直径(D)/基准点(P)/编辑(E)/设置(T)]<连续>：

【选项说明】

1. 指定尺寸线位置

直接确定尺寸线的位置，AutoCAD 2019 在该位置按默认的尺寸标注类型标注出相应的尺寸。

2. 连续(C)

产生一系列连续标注的尺寸。输入"C"，AutoCAD 2019 提示用户选择要进行标注的对象，选择后按"Enter"键，返回上面的提示，给定尺寸线的位置，则完成连续尺寸标注。

3. 并列(S)

产生一系列交错的尺寸标注。

4. 基线(B)

产生一系列基线标注的尺寸。后面的"坐标(O)""半径(R)""直径(D)"含义与此类似。

5. 基准点(P)

为基线标注和连续标注指定一个新的基准点。

6. 编辑(E)

对多个尺寸标注进行编辑。AutoCAD 2019 允许对已存在的尺寸标注添加或移去尺寸点。选择此选项，AutoCAD 2019 提示：

指定要删除的标注点或[添加(A)/退出(X)]<退出>：

在此提示下确定要删除的标注点后按"Enter"键，AutoCAD 2019 对尺寸标注进行更新。如图 6-91 所示的尺寸标注，删除中间两个标注点后，尺寸标注如图 6-92 所示。

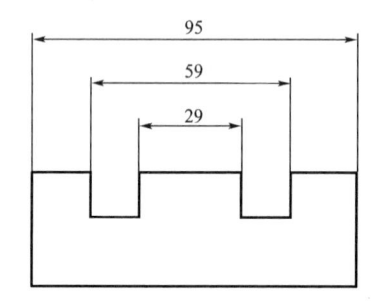

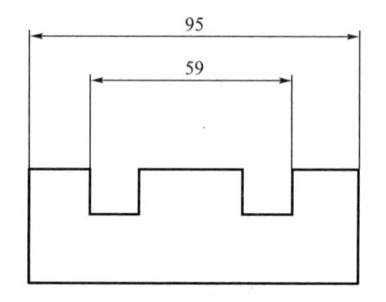

图 6-91 尺寸标注 　　图 6-92 删除中间标注点后的尺寸标注

现以图 6-93 为例，说明创建快速标注的步骤。

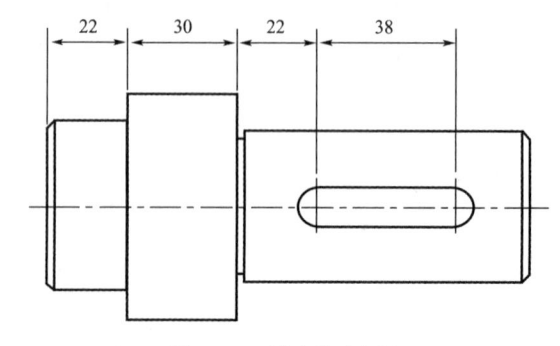

图 6-93 创建快速标注

在"标注"工具栏中单击"快速标注"按钮。AutoCAD 2019 提示：

选择要标注的几何图形:依次选择各几何图形↙　　　　　（选择各轴向直线段）

指定尺寸线位置或[连续（C）/并列（S）/基线（B）/坐标（O）/半径（R）/直径（D）/基准点（P）/编辑（E）/设置（T）]＜连续＞:单击一点

（选择标注形式和尺寸线位置,默认的是"连续"）

标注结果如图 6-94 所示。

若在图 6-94 中选择三个圆,并按提示输入"D"（圆的直径）,则可一次标注出三个圆的直径。

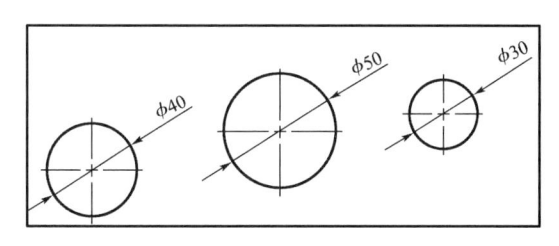

图 6-94　圆的快速标注

6.7　尺寸公差标注

尺寸公差是为了有效控制零件的加工精度,许多零件图上需要标注极限偏差或公差带代号,它的标注形式可以通过标注样式中的公差格式来设置。

以图 6-95 为例说明尺寸公差的标注步骤。

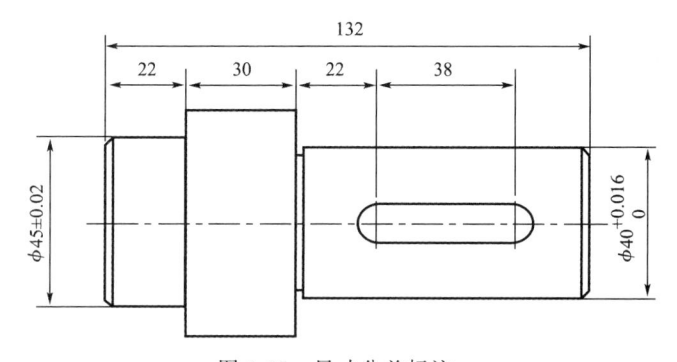

图 6-95　尺寸公差标注

1. 设置公差样式

标注完长度尺寸以后,要标注直径尺寸时,需要通过改变公差格式的设置来完成。输入"标注样式"命令,在打开的"标注样式管理器"中创建新的样式："尺寸公差"。打开"公差"选项卡,在"公差格式"选项组中设置"方式"为"极限偏差"。在"精度"栏选择"0.000"；输入"上偏差"："0.016"；输入"下偏差"："0"；输入"高度比例"："0.7"；输入"垂直位置"："中"。在"公差对齐"选项组中选择"对齐小数分隔符"。其余为默认设置,如图 6-96 所示。

2. 标注公差尺寸

在样式工具栏中选中该样式,利用"线性标注"标注尺寸 $\phi 40_{0}^{+0.016}$。

同上述步骤,建立"ISO-25 公差 2"样式,改变公差标注方式为"对称"。可标注 $\phi 45\pm 0.01$。

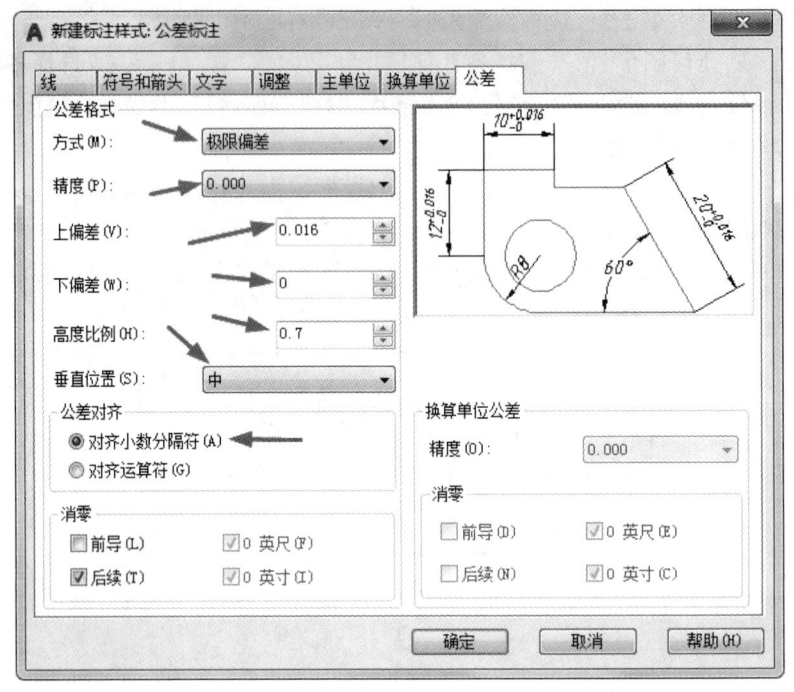

图 6-96 新建公差标注样式

> 💡 **提示、注意、技巧**
>
> 在图样中标注尺寸公差的极限偏差值或尺寸公差的配合代号，一般通过多行文字的堆叠功能实现，堆叠方法更为方便快捷。

6.8 几何公差标注

几何公差标注如图 6-97 所示，包括指引线、特征符号、公差值以及基准代号和其附加态符号。利用 AutoCAD 2019 可方便地标注出几何公差。几何公差标注常和引线标注结合使用。

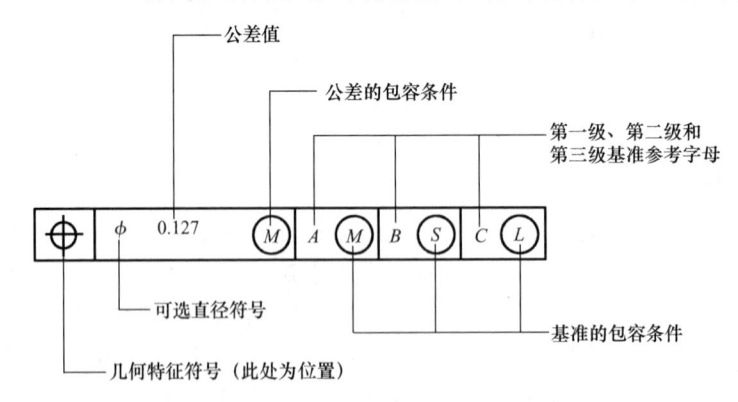

图 6-97 几何公差标注

启用"公差标注"命令，可以使用下列方法：
(1) 命令行：TOLERANCE；LEADER；QLEADER
(2) 菜单栏："标注"→"公差"

（3）工具栏："公差" ⊕1

【操作步骤】

命令：TOLERANCE↙

AutoCAD 2019 打开如图 6-98 所示的"形位公差"对话框，可通过此对话框对几何公差的标注进行设置。

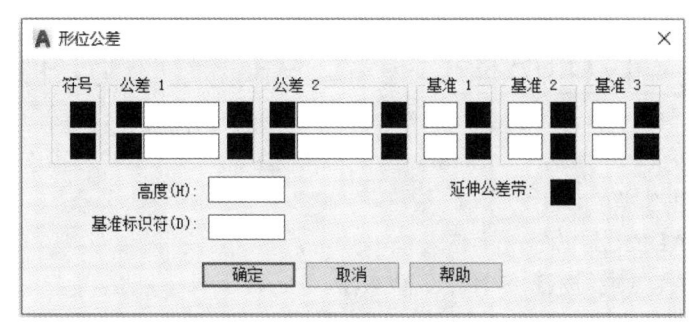

图 6-98　"形位公差"对话框

【选项说明】

1. 符号

设定或改变公差代号。单击下面的黑方块，系统打开如图 6-99(a)所示的"特征符号"对话框，可从中选取公差代号。

2. 公差 1(2)

产生第一、第二个公差的公差值及附加符号。白色文本框左侧的黑块控制是否在公差值之前加一个直径符号，单击它，则出现一个直径符号；再单击，则又消失。白色文本框用于确定公差值，在其中输入一个具体数值。右侧黑块用于插入"附加符号"，单击它，系统打开如图 6-99(b)所示的"附加符号"对话框，可从中选取所需符号。

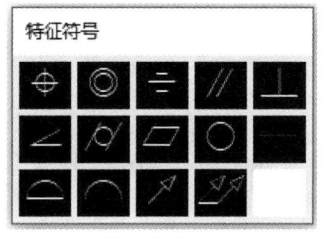

(a)"特征符号"对话框　　　(b)"附加符号"对话框

图 6-99　"几何公差"符号

3. 基准 1(2、3)

确定第一至第三个基准代号及材料状态符号。在白色文本框中输入一个基准代号。单击其右侧黑块，AutoCAD 2019 将弹出"基准代号"对话框，可从中选取基准代号。

4. "高度"文本框

确定标注复合几何公差的高度。

5. 延伸公差带

单击此黑块，在复合公差带后面加一个复合公差符号。

6. "基准标识符"文本框

产生一个标识符号，用一个字母表示。

> 提示、注意、技巧

(1) 在"形位公差"对话框中有两行,可实现复合几何公差的标注。如果两行中输入的公差代号相同,则得到如图6-100(a)所示的形式。

(a) 复合几何公差　　　　(b) 带引线的几何公差标注

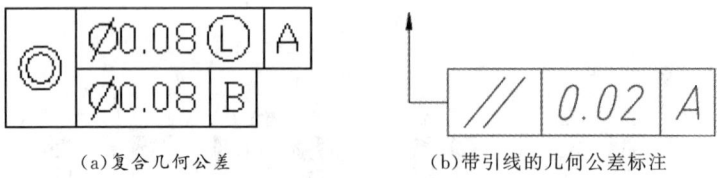

图 6-100　公差标注

(2) 用引线标注公差
命令行:QLEADER↙
指定第一个引线点或[设置(S)]<设置>:↙
在打开的在"引线设置"对话框的"注释类型"选项组中选择"公差",如图6-101所示。

图 6-101　"引线设置"对话框的"注释类型"选项组中选择"公差"

指定下一点:(输入指引线的第二点)
指定下一点:(输入指引线的第三点)
绘制引线后直接弹出"形位公差"对话框,按要求填上符号、公差、基准等,完成带引线的几何公差标注,如图6-100(b)所示,实现了引线标注和公差标注的组合。

6.9　编辑尺寸标注

编辑尺寸标注及其文字的方法主要有3种:
(1) 使用"标注样式管理器"中的"修改"按钮
可通过"修改标注样式"对话框来编辑图形中所有与标注样式相关联的尺寸标注。
(2) 使用尺寸标注编辑命令
可以对已标注的尺寸进行全面的修改编辑,这是编辑尺寸标注的主要方法。
(3) 使用夹点编辑
由于每个尺寸标注都是一个整体对象组,因此使用夹点编辑可以快速编辑尺寸标注位置。

6.9.1 标注间距

对平行线性标注和角度标注之间的间距做同样的调整,如图6-102所示。

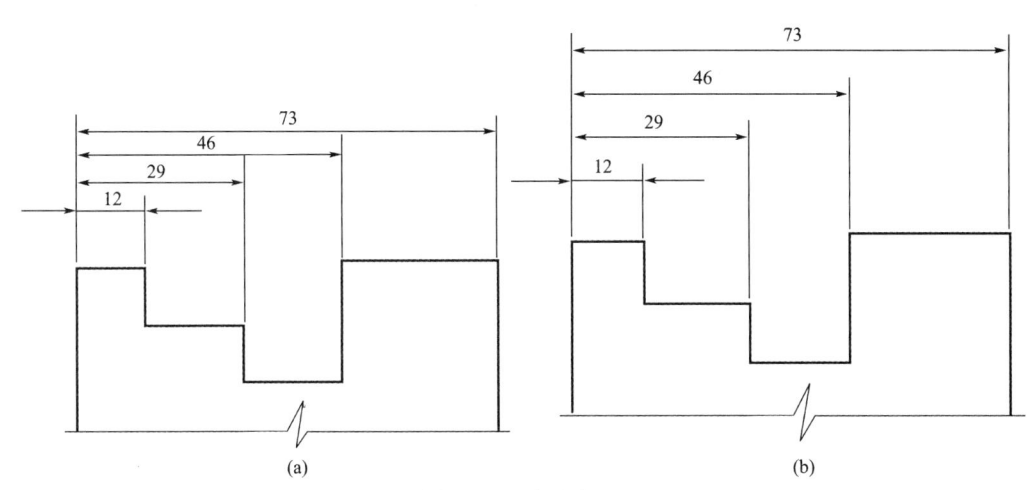

图6-102 标注间距

启用"标注间距"命令,可以使用下列方法:
(1)命令行:DIMSPACE
(2)菜单栏:"标注"→"标注间距"
(3)工具栏:"标注"→"标注间距"

【操作步骤】
命令:DIMSPACE↙
选择基准标注:(选择平行线性标注或角度标注)
选择要产生间距的标注:(选择平行线性标注或角度标注并从基准标注均匀隔开)
选择要产生间距的标注:↙
输入值或[自动(A)]<自动>:(指定间距或按"Enter"键)

【选项说明】

1. 输入值

指定从基准标注均匀隔开选定标注的间距值。例如,如果输入值"5",则所有选定标注将以5的距离隔开。可以使用间距值"0"。将对齐选定的线性标注和角度标注的末端对齐。

2. 自动

基于在选定基线标注的标注样式中指定基线间距。

6.9.2 标注打断

用于添加或删除标注打断。标注打断即对于有相交的标注对象在相交处打断,操作时如果使用"手动"选项,可以将不相交的标注对象打断,如图6-103所示。

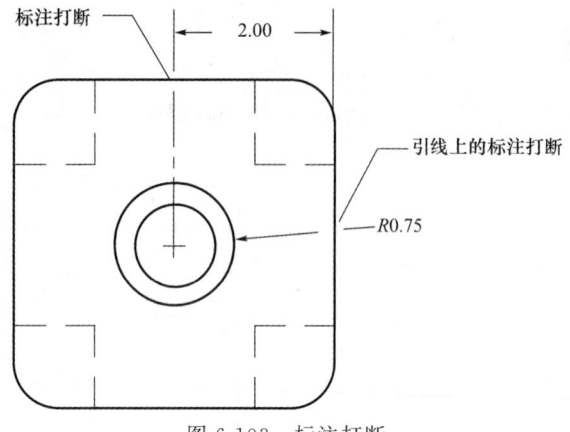

图 6-103 标注打断

可以将标注打断添加到以下标注和引线对象:线性标注(对齐和旋转)、角度标注(2点和3点)、半径标注(半径、直径和折弯)、弧长标注、坐标标注、多重引线(仅直线)。以下标注和引线对象不支持标注打断:多重引线(仅样条曲线)、"传统"引线(直线或样条曲线)

启用"标注打断"命令,可以使用下列方法:

(1)命令行:DIMBREAK

(2)菜单栏:"标注"→"标注打断"

(3)工具栏:"标注"→"标注打断"

【操作步骤】

命令:DIMBREAK↙

选择标注或[多个(M)]:(输入选项,或输入"M"选择多个标注)

选择要标注打断的对象或[自动(A)/恢复(R)/手动(M)]<自动>:(选择与标注相交或与选定标注的尺寸界线相交的对象)

【选项说明】

1. 自动

自动将标注打断放置在与选定标注相交的对象的所有交点处。修改标注或相交对象时,会自动更新使用此选项创建的所有标注打断。

在具有任何标注打断的标注上方绘制新对象后,在交点处不会沿标注对象自动应用任何新的标注打断。要添加新的标注打断,必须再次运行此命令。

2. 恢复

从选定的标注中删除所有标注打断。

3. 手动

手动放置标注打断。为打断位置指定标注或尺寸界线上的两点。如果修改标注或相交对象,则不会更新使用此选项创建的任何标注打断。使用此选项,一次仅可以放置一个手动标注打断。

6.9.3 折弯标注

用于在线性标注或对齐标注中添加或删除折弯线,如图 6-104 所示。

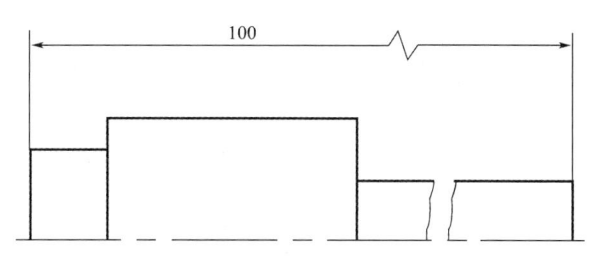

图 6-104 折弯标注

启用"折弯标注"命令,可以使用下列方法:
(1)命令行:DIMJOGLINE
(2)菜单栏:"标注"→"折弯线性"
(3)工具栏:"标注"→"折弯标注"

将折弯添加到线性标注后,可以使用夹点定位折弯。要重新定位折弯,先选择标注,然后选择夹点,沿着尺寸线将夹点移至另一点;也可以在"直线和箭头"下的"特性"选项板上调整线性标注上折弯符号的高度。

折弯符号的高度由标注样式的线性折弯大小值决定。

6.9.4 修改尺寸标注文字

1. 使用"编辑标注"命令编辑尺寸文字

使用"编辑标注"命令,可以修改原尺寸为新文字、调整文字到默认位置、旋转文字和倾斜尺寸界线。

启用"编辑标注"命令,可以使用下列方法:
(1)命令行:DIMEDIT
(2)菜单栏:"标注"→"对齐文字"→"默认"
(3)工具栏:"标注"→"编辑标注"

【操作步骤】
命令:DIMEDIT↙
输入标注编辑类型[默认(H)/新建(N)/旋转(R)/倾斜(O)]<默认>:

【选项说明】
(1)<默认>
按尺寸标注样式中设置的默认位置和方向放置尺寸文本。选择此选项,AutoCAD 2019 提示:
选择对象:(选择要编辑的尺寸标注)
(2)新建(N)
选择此选项,AutoCAD 2019 打开多行文字编辑器,可利用此编辑器对尺寸文本进行修改。
(3)旋转(R)
改变尺寸文本行的倾斜角度。尺寸文本的中心点不变,使文本沿给定的角度方向倾斜排列。若输入角度为 0,则按"新建标注样式"对话框的"文字"选项卡中设置的默认方向排列。

(4)倾斜(O)

修改长度型尺寸标注的尺寸界线,使其倾斜一定角度,与尺寸线不垂直。

【例6-1】 如图6-105所示,修改标注文字"20、40"为"$\phi 20$、$\phi 40$"。

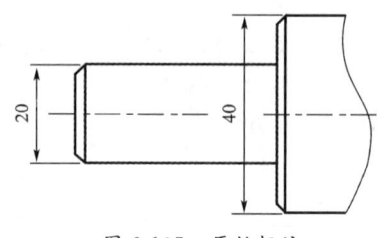

图 6-105 原始标注

【操作步骤】:

(1)在"标注"工具栏中单击"编辑标注"按钮。

命令行显示:

命令:_dimedit

输入标注编辑类型[默认(H)/新建(N)/旋转(R)/倾斜(O)]<默认>:N↙(选择编辑标注类型)

(2)此时系统打开"文字格式"工具栏,在文字编辑框中有一个"0"字符,在0之前输入直径符号,即"$\phi 0$",单击"确定"按钮。

(3)光标转为选择对象状态,在图形中选择需要编辑的标注对象"20、40",命令行显示:

选择对象:找到1个　　　　　　　　　　　　　　　　　　　　　　　　(选择"20")

选择对象:找到1个,总计2个　　　　　　　　　　　　　　　　　　　　(选择"40")

选择对象:↙

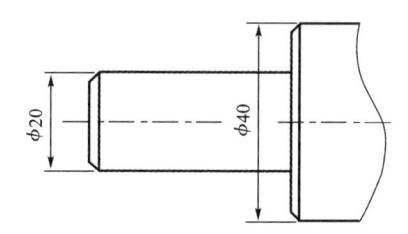

结果如图6-106所示。

图 6-106 设置新的标注文字

【例6-2】 改变如图6-106所示文字"$\phi 20$、$\phi 40$"的角度。

【操作步骤】:

在"标注"工具栏中单击"编辑标注"按钮。

命令行显示:

命令:_dimedit

输入标注编辑类型[默认(H)/新建(N)/旋转(R)/倾斜(O)]<默认>:R↙(选择编辑标注类型)

指定标注文字的角度:45

选择对象:找到 1 个 (选择"20")
选择对象:找到 1 个,总计 2 个 (选择"40")
选择对象:↵
结果如图 6-107 所示。

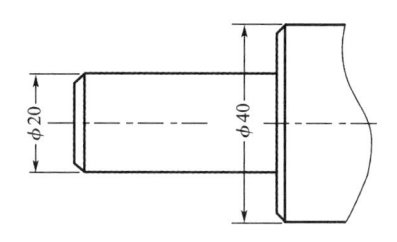

图 6-107 旋转标注文字

> 提示、注意、技巧

用文字编辑命令"DDEDIT"或双击尺寸数字,系统打开"文字编辑器",可以方便、快捷地修改尺寸的文字内容。

【例 6-3】 将图 6-108 所示尺寸修改成图 6-109 所示的尺寸。

【操作步骤】:

(1) 在命令行输入"DDEDIT"(或输入简捷命令 ED)

命令行显示:

命令:DDEDIT↵

选择注释对象或[放弃(U)]:(选择尺寸"20")

(2) 系统打开"文字格式"工具栏,在文字编辑框将"20"修改为 $\phi 30\ 0^\wedge -0.025$,选择 $0^\wedge -0.025$ 堆叠,确认后得到图 6-109 所示的尺寸。

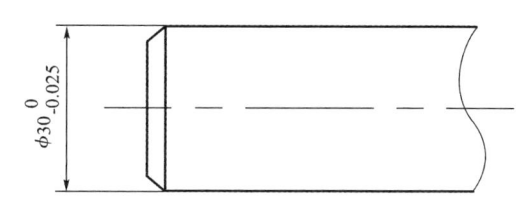

图 6-108 原尺寸   图 6-109 修改后的尺寸

2. 用"编辑标注文字"命令调整文字位置

使用"编辑标注文字"命令可以移动和旋转标注文字。

启用"编辑标注文字"命令,可以使用下列方法:

(1) 命令栏:DIMTEDIT

(2) 菜单栏:"标注"→"对齐文字"→(除"默认"命令外其他命令)

(3) 工具栏:"标注"→"编辑标注文字"

【操作步骤】

命令:DIMTEDIT↵

选择标注:(选择一个尺寸标注)

指定标注文字的新位置或[左(L)/右(R)/中心(C)/默认(H)/角度(A)]：

【选项说明】

(1)指定标注文字的新位置

更新尺寸文本的位置。用鼠标把文本拖动到新的位置,这时系统变量DIMSHO为ON。

(2)左(L)/右(R)

使尺寸文本沿尺寸线左/右对齐,此选项只对长度型、半径型、直径型尺寸标注起作用。

(3)中心(C)

把尺寸文本放在尺寸线上的中间位置。

(4)默认(H)

把尺寸文本按默认位置放置。

(5)角度(A)

改变尺寸文本行的倾斜角度。

【例 6-4】 将图 6-106 所示的标注文字"$\phi20$"左对齐。

【操作步骤】：

在"标注"工具栏中单击"编辑标注文字"按钮。

命令行显示：

指定标注文字的新位置或[左(L)/右(R)/中心(C)/默认(H)/角度(A)]：L↙

(选择文字位置)

这时标注文字将沿尺寸线左对齐,如图 6-110 所示。

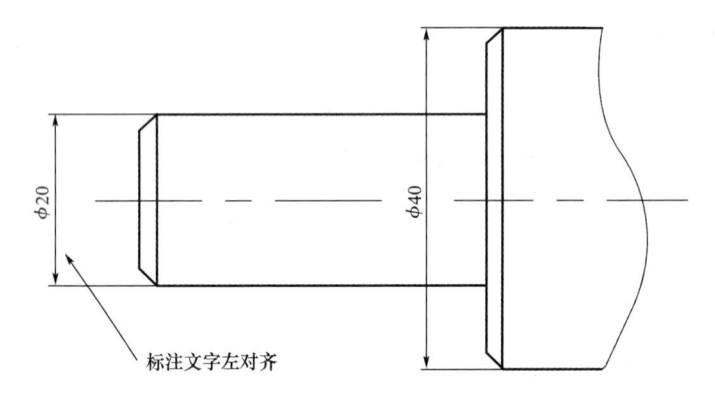

图 6-110　标注文字沿尺寸线左对齐

6.9.5　利用夹点调整标注位置

使用夹点可以非常方便地移动尺寸线、尺寸界线和标注文字的位置。在该编辑模式下,可以通过调整尺寸线两端或标注文字所在处的夹点来调整标注的位置,也可以通过调整尺寸界线夹点来调整标注长度。

例如,要调整如图 6-111 所示的轴段尺寸"25"的标注位置以及在此基础上再增加标注长度,可按如下步骤进行操作。

(1)单击尺寸标注,这时在该标注上将显示夹点,如图 6-112 所示。

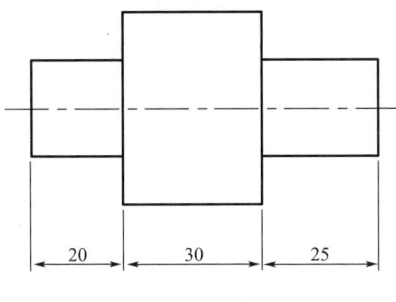

图 6-111　原始图形　　　　　　　　图 6-112　选择尺寸标注

（2）单击标注文字所在处的夹点，该夹点将被选中。
（3）向下拖动光标，可以看到夹点跟随光标一起移动。
（4）在点 1 处单击鼠标，确定新标注位置，如图 6-113 所示。
（5）单击该尺寸界线左上端的夹点，将其选中，如图 6-114 所示。
（6）向左移动光标，并捕捉到点 2，单击确定捕捉到的点，如图 6-114 所示。

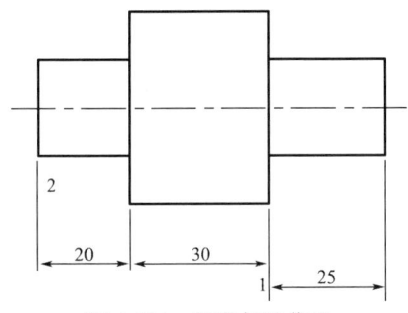

图 6-113　调整标注位置　　　　　　　图 6-114　捕捉点

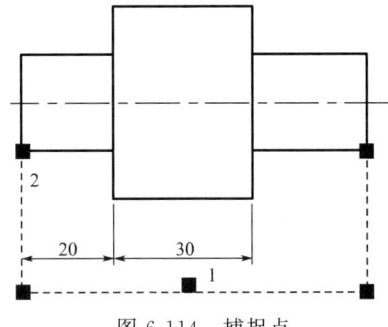

（7）按"Enter"键结束操作，则该轴的总长尺寸 75 被注出，如图 6-115 所示。

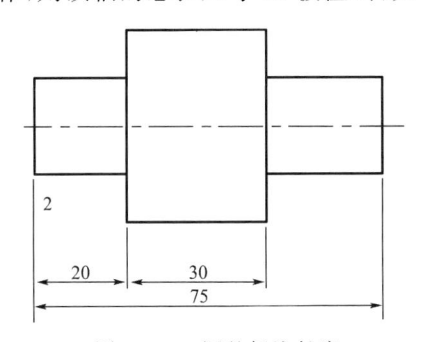

图 6-115　调整标注长度

6.9.6　倾斜标注

默认情况下，AutoCAD 2019 创建与尺寸线垂直的尺寸界线。当尺寸界线过于贴近图形轮廓线时，允许倾斜标注，如图 6-116 所示长度为"60"的尺寸。因此可以修改尺寸界线的角度实现倾斜标注。创建倾斜尺寸界线的步骤如下：

（1）单击菜单栏"标注"→"倾斜"命令。
（2）选择需要倾斜的尺寸标注对象，若不再选择，则按"Enter"键确认。

(3)在命令提示行输入倾斜的角度,如"60°",按"Enter"键确认。这时倾斜后的标注如图 6-117 所示。

该项操作也可利用尺寸标注编辑来完成。

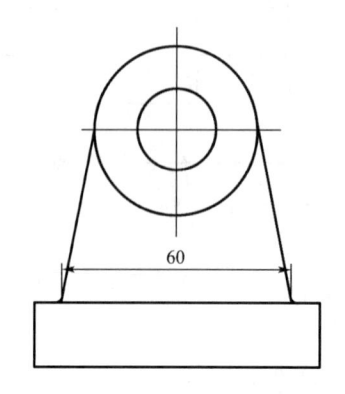

图 6-116　尺寸界线过于贴近轮廓线　　　　图 6-117　倾斜后的标注

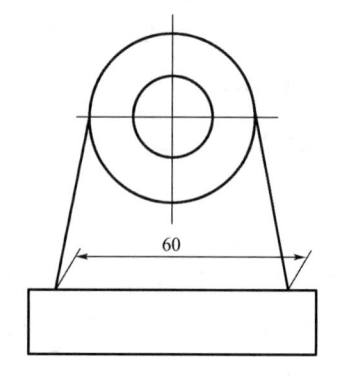

6.9.7　编辑尺寸标注特性

在 AutoCAD 2019 中,通过"特性"选项板可以了解图样中所有对象的特性,例如线型、颜色、文字位置以及由标注样式定义的其他特性。因此,可以使用该选项板查看和快速编辑包括标注文字在内的所有特性,步骤如下:

(1)命令栏:PROPERTIES

(2)菜单栏:"修改"→"特性"

(3)面板:"特性"→

打开"特性"选项板,单击"选择对象"按钮,选择图 6-118 中的 20 尺寸,"特性"窗口中显示出该尺寸标注的所有信息,如图 6-119 所示。

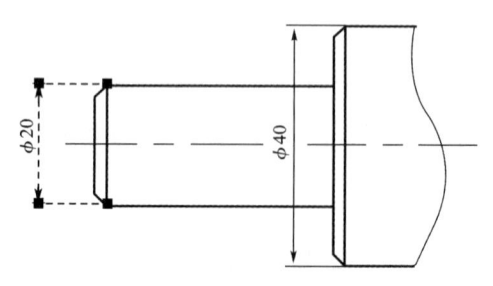

图 6-118　选择需要修改的尺寸　　　　图 6-119　显示标注的特性

"特性"窗口可以根据需要修改这些信息,如颜色、线型、字高等,在"文字替代"信息框中输入"%%c20",结果如图 6-120 所示。

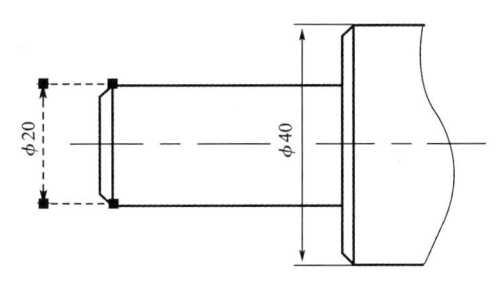

图 6-120 用特性选项板修改尺寸

6.9.8 标注的关联与更新

通常情况下,尺寸标注和样式是相关联的,当标注样式修改后,使用"更新标注"命令(Dimstyle)可以快速地更新图形中与标注样式不一致的尺寸标注。

例如,使用"更新标注"命令将如图 6-121(a)所示的"$\phi20$、$R5$"的文字改为水平方式,可按如下步骤进行操作:

(1)在"标注"工具栏中单击"标注样式"按钮,打开"标注样式管理器"对话框。

①下拉菜单:"标注"→"样式";"标注"→"更新"

②工具栏:"标注"

(2)单击"替代"按钮,在打开的"替代当前样式"对话框中选择"文字"选项卡。

(3)在"文字对齐"选项组中选择"水平"单选按钮,然后单击"确定"按钮。

(4)在"标注样式管理器"对话框中单击"关闭"按钮。

(5)在"标注"工具栏中单击"更新标注"按钮。

(6)在图形中单击需要修改其标注的对象,如"$\phi20$、$R5$"。

(7)按"Enter"键,结束对象选择,则更新后的标注如图 6-121(b)所示。

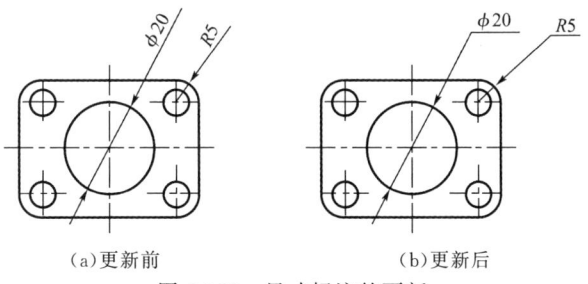

(a)更新前　　　　　　　　(b)更新后

图 6-121 尺寸标注的更新

【例 6-5】绘制支座的两个视图并标注尺寸及公差,如图 6-122 所示。

【操作步骤】

1. 创建图层

分别建立"中心线层""细实线层""粗实线层""尺寸线层""剖面线层"。并设定各层线型、颜色等。

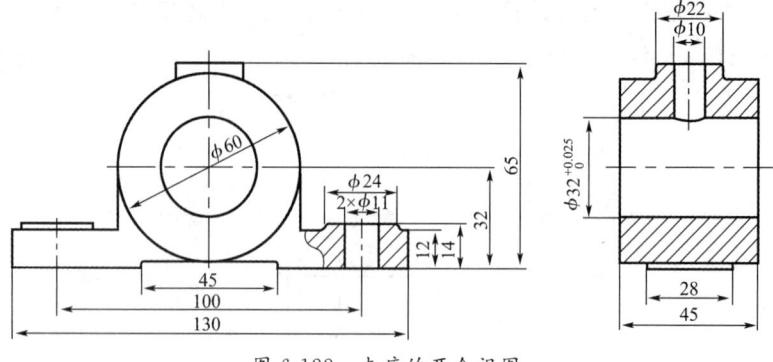

图 6-122　支座的两个视图

2. 绘制图形

用绘图、编辑等命令，完成图形绘制。

3. 标注线性尺寸

(1) 标注长度尺寸"130、100、45"；高度尺寸"32、65、12、14"；宽度尺寸"28、45"。

单击标注工具栏 命令，AutoCAD 2019 提示：

指定第一条尺寸界线原点或<选择对象>：捕捉 130 左端点（指定第一条尺寸界线原点）

指定第二条尺寸界线原点：捕捉 130 右端点　　　　　　　（指定第二条尺寸界线原点）

指定尺寸线位置或[多行文字(M)/文字(T)/角度(A)/水平(H)/垂直(V)/旋转(R)]：

同样方法注出其他线性尺寸。

(2) 标注各直径尺寸。

单击标注工具栏 命令或利用线性标注和快捷菜单标注"$\phi60、\phi24、\phi22、\phi10、2\times\phi11$"各圆的直径尺寸。

其中，利用捕捉和线性标注选择"Φ22"两条边，当选择尺寸线位置时右击，出现快捷菜单，如图 6-123 所示，选择其中的"多行文字(M)"，系统则打开"文字格式"工具栏，在"< >"前输入"％％c"即可。

4. 标注尺寸公差

建立一个新的公差样式，如 ISO-25 公差，将上偏差设为"0.025"，下偏差设为"0"。

图 6-123　快捷菜单

6.10 思考与练习

一、思考题

1. 选择题

(1)对图样进行尺寸标注时,下列选项中不正确的是( )。

A. 建立独立的标注层

B. 建立用于尺寸标注的文字类型

C. 设置标注的样式

D. 不必用捕捉标注测量点进行标注

(2)下列新建标注样式的操作不使用对话框的是( )。

A. 单击"标注样式"命令

B. 为新建标注的样式命名

C. 设置文字

D. 设置直线与箭头

(3)利用"新建标注样式"对话框,在"主单位"选项卡中设置十进制小数分隔符。下列分隔符中无效的是( )。

A. 句点(.) B. 分号(;)
C. 斜线(/) D. 逗点(,)

(4)利用"新建标注样式"对话框"文字"选项卡,调整尺寸文字标注位置为任意放置时,应选择的参数项是( )。

A. 尺寸线旁边 B. 尺寸线上方加引线
C. 尺寸线上方不加引线 D. 标注时手动放置文字

2. 填空题

(1)在"新建标注样式"对话框"公差"选项卡中设置的公差标注方式有_____、_____、_____、_____。

(2)公差标注选项为极限偏差时,精度应设置为_____,高度比例为_____,垂直位置为_____。

(3)使用引线标注时,其所标注的对象数值不能由_____得出,注释文字应写在_____。

(4)基线标注拥有共同的_____,连续标注则拥有相同位置的_____。

3. 简答题

(1)在建立尺寸标注样式时,为什么要设置相应的文字样式?

(2)怎样使角度标注符合我国的制图标准并使其水平放置?

(3)几何公差标注的步骤有哪些?

(4)怎样利用夹点调整所标注尺寸的位置?

二、练习题

1. 绘制图 6-124 所示的轴零件图,标注尺寸与公差。

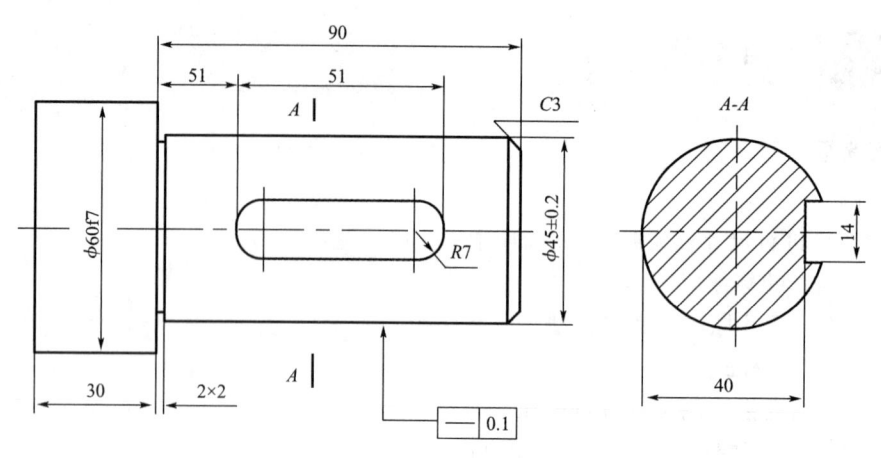

图 6-124 轴零件图

2. 绘制图 6-125 所示的曲柄零件图，标注尺寸。

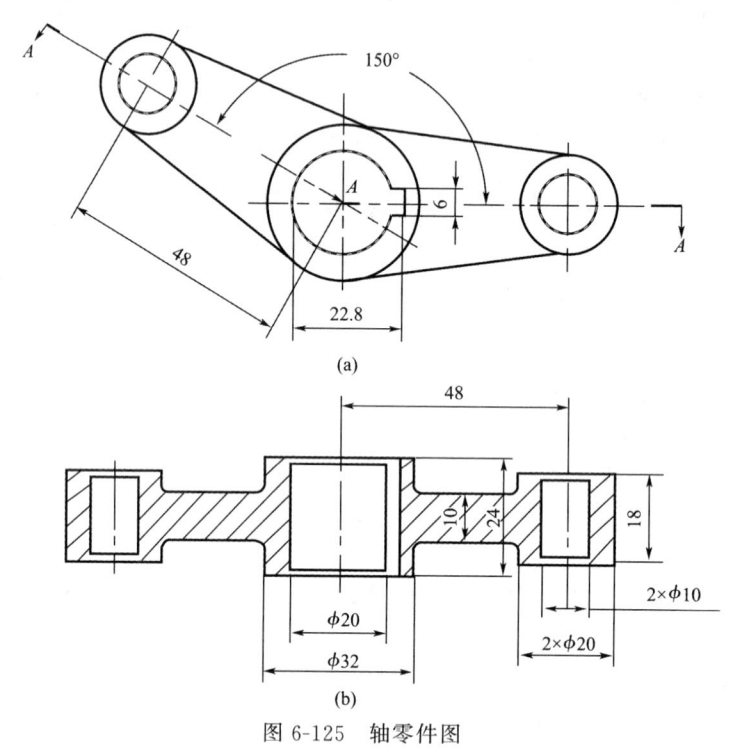

(a)

(b)

图 6-125 轴零件图

第 7 章

块及外部参照

块

通过本章的学习，我们将掌握建立块、插入块以及对块操作和定义块的属性等的方法，为提高绘图效率打下良好的基础。此外，本章还介绍了实际工作中经常用到的外部引用。

7.1 块的创建

7.1.1 块的概念

保存图的一部分或全部，在当前图形文件或其他图形文件中重复使用，这些图形称为块。创建块需命名，还可以将文字信息（块属性）附着到块上。块作为单个对象可以按所需方向、比例因子插入图中任意位置，并可以对块使用 MOVE、ERASE 等修改命令。如果块的定义改变了，所有在图中对于块的参照都将更新，以体现块的变化。

块可用"WBLOCK"命令建立，也可以用"BLOCK"命令建立。两者之间的主要区别："WBLOCK"称为"写块"，并以图形文件的方式命名、保存，可被插入建立它的图形或任何其他图形文件中；"BLOCK"称为"创建块"，只能插入建立它的图形文件中。

7.1.2 块的优点

块有很多优点，这里只介绍一部分。

1. 避免重复绘制同样的特征

图形经常有一些重复的特征。可以建立一个有该特征的块，并将其插入任何所需之处，从而避免重复绘制同样的特征。这种工作方式有助于缩短制图时间，并可提高工作效率。

2. 可以保存块以备今后使用

使用块的另一个优点，是可以建立与保存块以便以后使用。因此，可以根据不同的需要建立一个定制的对象库。例如，如果图形与齿轮有关，就可以先建立齿轮的块，然后用定制菜单集成这些块。以这种方式，可以在 AutoCAD 2019 中建立自己的应用环境。

3. 节省存储空间

当向图形中增加对象时，图形文件的容量会增加。AutoCAD 2019 会记下图中每一个对象的大小与位置信息,例如点、比例因子、半径等。如果用 BLOCK 命令建立块,把几个对象合并为一个对象,对块中的所有对象就只有单个比例因子、旋转角度、位置等,因此节省了存储空间。每一个多次重复插入的对象,只需在块的定义中定义一次即可。

4. 方便修改

如果对象的规范改变了,图形就需要修改。如果需要查出每一个发生变化的点,然后单独编辑这些点,那将是一件很繁重的工作。但如果该对象被定义为一个块,就可以重新定义块,那么无论块出现在哪里,都将自动更正。

5. 可定义不同属性值

属性(文本信息)可以包含在块中。在插入每一个块时,均可定义不同的属性值。

7.1.3 创建块

块是用名字标识的一组实体。这一组实体能放进一张图纸中,可以进行任意比例的转换、旋转并放置在图形中的任意地方。

启用"创建块"命令,可以使用下列方法:

(1)命令:BLOCK 或 BMAKE 或 B
(2)菜单栏:"绘图"→"块"→"创建"
(3)工具栏:"绘图"→"创建块"

【操作步骤】

命令:BLOCK↙

用上述方法中的任一种启动命令后,AutoCAD 2019 会弹出如图 7-1 所示的"块定义"对话框。利用该对话框可定义块并为之命名。

图 7-1 "块定义"对话框

【选项说明】

1. 名称

在此列表框中输入新建块的名称,最多可使用 255 个字符。单击下拉箭头,打开列表框,该列表中显示了当前图形的所有块。

2. "基点"选项组

确定块的基点,默认值是(0,0,0)。也可以在下面的"X(Y、Z)"文本框中输入块的基点坐标值。单击"拾取点"按钮,AutoCAD 2019 临时切换到绘图窗口,用十字光标直接在作图屏幕上点取。理论上,用户可以任意选取一点作为插入点,但在实际的操作中,建议用户选取实体的特征点作为插入点,如中心点、右下角等,然后返回"块定义"对话框,把所拾取的点作为块的基点。

3. "对象"选项组

该选项组用于选择制作图块的对象以及对象的相关属性。

单击"选择对象"按钮,AutoCAD 2019 切换到绘图窗口,用户在绘图区中选择构成块的图形对象。在该设置区中有如下几个选项:保留、转换为块和删除。它们的含义如下:

(1)"保留"

保留显示所选取的要定义块的实体图形。

(2)"转换为块"

选取的实体转化为块。

(3)"删除"

删除所选取的实体图形。

4. "方式"选项组

(1)"注释性"复选框

指定块是否为注释性对象。

(2)"按统一比例缩放"复选框

指定插入块时按统一的比例缩放,还是沿各坐标方向采用不同的比例缩放。

(3)"允许分解"复选框

指定插入块时是否允许分解。

5. "设置"选项组

指定块参照插入单位。单击"超链接"按钮,可以设置将某个超链接与块定义相关联。

6. "说明"窗口

输入详细描述所定义块的资料。

7. "在块编辑器中打开"复选框

选中该复选框,则将块设置为动态块,并在块编辑器中打开(有关动态块的内容,详见7.1.7)。

> **提示、注意、技巧**
>
> 块的名称不能与已有的图块名相同;用 BLOCK 创建的块只能在创建它的图形中应用。

7.1.4 用块创建文件

BLOCK 命令定义的块只能在同一张图形中使用,而不能插入其他的图中,但是有些块在许多图中要经常用到,这时可以用 WBLOCK 命令将块作为一个独立图形文件写入磁盘,用户需要时可以调用到别的图形中。

创建块文件可以利用下列方法:

命令行:WBLOCK 或 W

【操作步骤】

命令：WBLOCK↙

在命令行输入"WBLOCK"后按"Enter"键，AutoCAD 2019 打开"写块"对话框，如图 7-2 所示，利用此对话框可把图形对角保存为图形文件或把块转换成图形文件。

图 7-2 "写块"对话框

【选项说明】

1．"源"选项组

确定要保存为图形文件的块或图形对象。

（1）单击"块"单选按钮，单击其右侧的下三角形按钮，在下拉列表框中选择一个块，将其保存为图形文件。

（2）单击"整个图形"单选按钮，则把当前的整个图形保存为图形文件。

（3）单击"对象"单选按钮，则把不属于块的图形对象保存为图形文件。对象的选取通过"对象"选项组来完成。

2．"目标"选项组

（1）文件名和路径：设置输出文件名及路径。

（2）插入单位：插入块的单位。

> 提示、注意、技巧
>
> 用户在执行 WBLOCK 命令时，不必先定义一个块，只要直接将所选的图形实体作为一个块保存在磁盘上即可。当所输入的块不存在时，AutoCAD 2019 会显示"AutoCAD 提示信息"对话框，提示块不存在，是否要重新选择。在多视窗中，WBLOCK 命令只适用于当前窗口。

7.1.5 插入块

用户可以使用 INSERT 命令在当前图形或其他图形文件中插入块，无论块或所插入的图形多么复杂，AutoCAD 2019 都将它们作为一个单独的对象，如果用户需要编辑其中的单个图形元素,就必须分解图块或文件块。

在插入块时,需确定以下几组特征参数,即要插入的块名、插入点的位置、插入的比例系数以及块的旋转角度。

启动"插入"命令,可以使用下列方法:

(1)命令行:INSERT

(2)菜单栏:"插入"→"块"

(3)工具栏:"绘图"或"插入点"→"插入块"

【操作步骤】

命令:INSERT↙

执行上述命令后,AutoCAD 2019 打开"插入"对话框,如图 7-3 所示,利用此对话框可以指定要插入的块及插入位置。

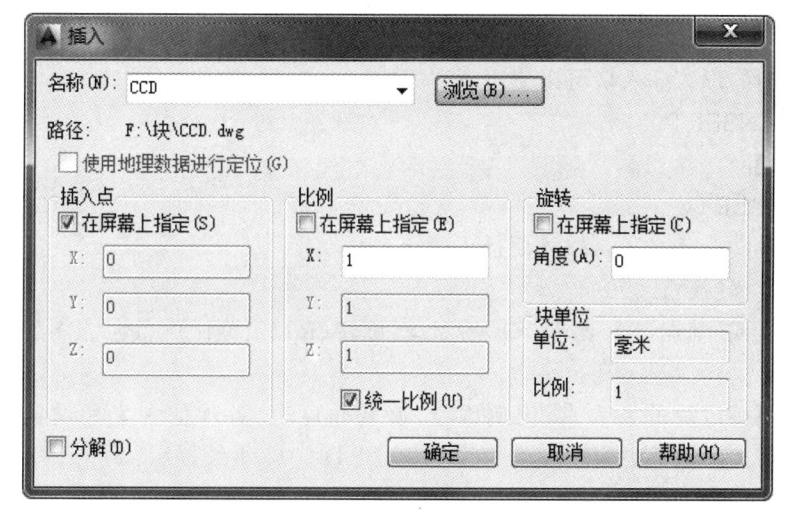

图 7-3 "插入"对话框

【选项说明】

1."名称"

该区域的下拉列表列出了图样中的所有块,通过这个列表,用户可选择要插入的块。如果要把块文件或其他图形文件插入当前图形中,可以单击"浏览"按钮,选择要插入的文件。

2."路径"

显示块的保存路径。

3."插入点"选项组

确定块的插入点。可直接在"X、Y、Z"文本框中输入插入点的绝对坐标值,或是选中"在屏幕上指定"选项,然后在屏幕上指定。

4."比例"选项组

确定块的缩放比例。可直接在"X、Y、Z"文本框中输入沿这 3 个方向的缩放比例因子,也可选中"在屏幕上指定"选项,然后在屏幕上指定。

统一比例:该选项使块沿 X、Y、Z 方向的缩放比例都相同。

5. "旋转"选项组

指定插入块时的旋转角度。可在"角度"文本框中直接输入旋转角度值,或是通过"在屏幕上指定"选项在屏幕上指定。

6. "分解"复选框

若用户选择该选项,则 AutoCAD 2019 在插入块的同时分解块对象。

7.1.6 以矩形阵列的形式插入块

MINSERT 命令以矩形阵列的形式插入图块,即多重插入,它实际上是 INSERT 和 RECTANGULAR 或 ARRAY 命令的组合命令。该命令操作的开始阶段发出与 INSERT 命令一样的提示,然后提示用户输入信号以构造一个阵列。而且插入时也允许指定比例因子和旋转角度。灵活使用该命令不仅可以大大节省绘图时间,还可以提高绘图速度,减少所占用的磁盘空间。

以矩形阵列的形式插入块可以使用下列方法:

命令行:MINSERT

【操作步骤】

命令:MINSERT✓

输入块名或[?]<hu3>:(输入要插入的块名)

单位:毫米　转换:1.0000

指定插入点或[基点(B)/比例(S)/X/Y/Z/旋转(R)/预览比例(PS)/PX/PY/PZ/预览旋转(PR)]:

在此提示下确定块的插入点、比例因子、旋转角度等,各项的含义和设置方法均与 INSERT 命令相同。确定了块的插入点之后,AutoCAD 2019 继续提示:

输入行数(———)<1>:(输入矩形阵列的行数)

输入行数(|||)<1>:(输入矩形阵列的列数)

输入行间距或指定单位单元(———):(输入行间距)

指定列间距(|||):(输入列间距)

所选块按照指定的比例因子和旋转角度以指定的行、列数和间距插入指定的位置。

例如,把图 7-4 建立成图块后以 2×2 矩形阵列的形式插入图形中,结果如图 7-5 所示。

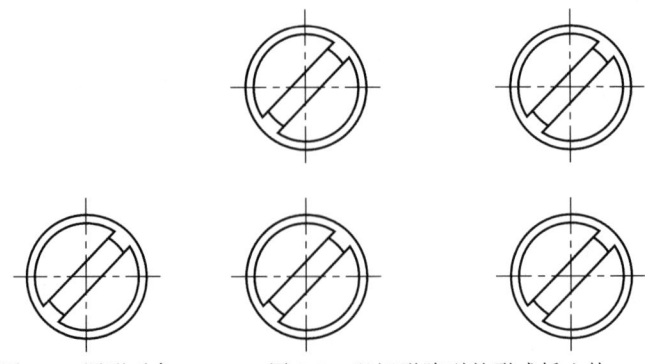

图 7-4　图形对象　　　图 7-5　以矩形阵列的形式插入块

7.1.7 块编辑器

可以使用块编辑器创建动态块。块编辑器是一个专门的编写区域，用于添加能够使块成为动态块的元素。用户可以创建块，也可以向现有的块定义中添加动态行为，即创建动态块。

动态块具有灵活性和智能性。用户在操作时可以轻松地更改图形中的动态块参照。可以通过自定义夹点或自定义特性来操作动态块参照中的几何图形。这使得用户可以根据需要调整块，而不用搜索另一个块以插入或重新定义现有的块。

启用"块编辑器"命令，可以使用下列方法：

(1) 命令行：BEDIT
(2) 菜单栏："工具"→"块编辑器"
(3) 工具栏："标准"→"块编辑器"
(4) 快捷菜单：选择一个块参照，在绘图区中右击，在快捷菜单中选择"块编辑器"命令

【操作步骤】

命令：BEDIT↙

系统打开"编辑块定义"对话框，如图7-6所示，在"要创建或编辑的块"文本框中输入块名或在列表框中选择已定义的块或当前图形。确认后系统打开块编写选项板和"块编辑器"工具栏，如图7-7所示，块编辑器的选项板有4个。

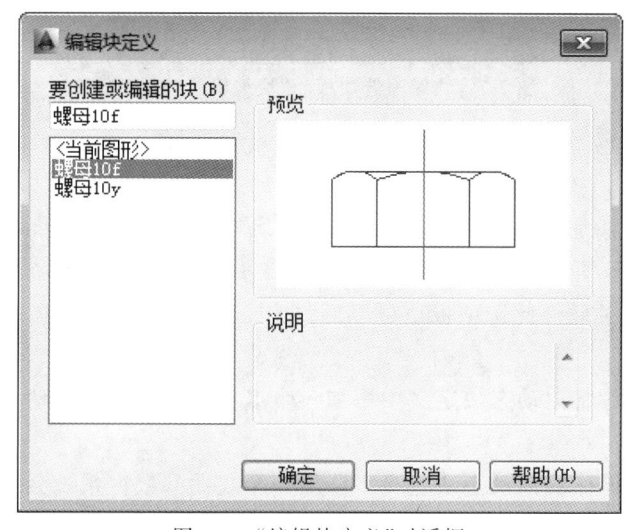

图7-6 "编辑块定义"对话框

1. "约束"选项板

如图7-8(a)所示，"约束"选项板可分为"几何约束"和"约束参数"选项板。根据对象相对于彼此的方向将几何约束应用于对象的选择集，根据尺寸界线原点的位置以及尺寸线的位置创建约束参数。下面介绍一些其中的选项。

① 重合：约束两个点使其重合，或者约束一个点使其位于曲线（或曲线的延长线）上。
② 共线：使两条或多条线段沿同一直线方向。
③ 同心：将两个圆弧、圆或椭圆约束到同一个中心点。
④ 固定：将点和曲线锁定在位。
⑤ 平行：使选定的直线彼此平行。

⑥半径:为圆、圆弧或多段线圆弧创建半径约束参数。
⑦直径:为圆、圆弧或多段线圆弧创建直径约束参数。
⑧角度:通过拾取两条直线、多段线线段或圆弧创建角度约束参数。这与角度标注类似。

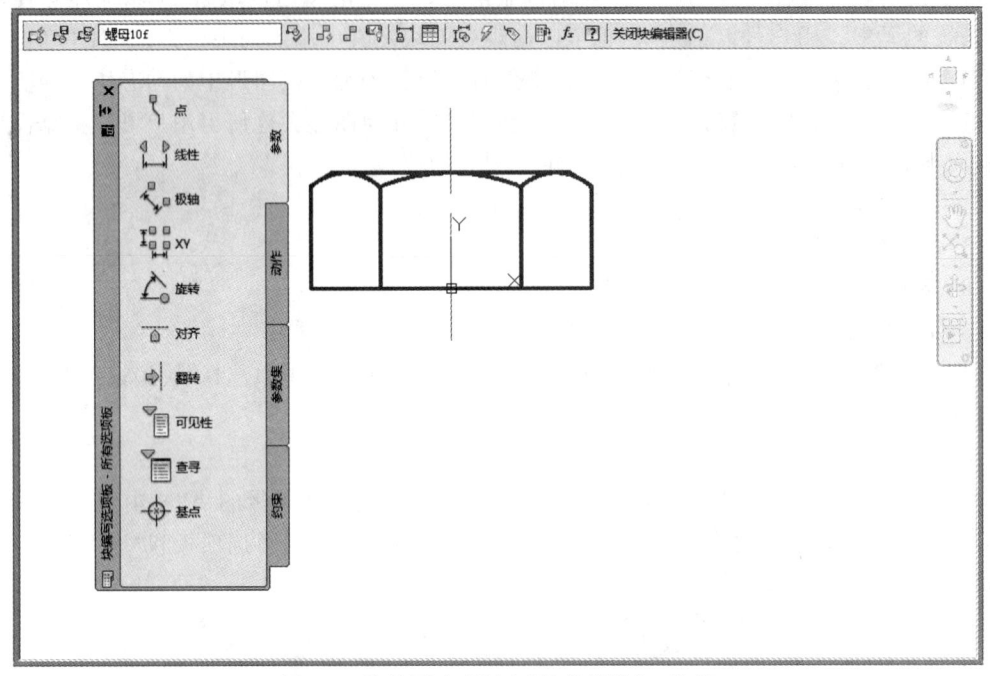

图 7-7 块编写选项板和"块编辑器"工具栏

2."参数集"选项板

如图 7-8(b)所示,它是提供用于向块编辑器的动态块定义中添加一个参数和至少一个动作的工具。将参数集添加到动态块中时,动作将自动与参数相关联。将参数集添加到动态块中后,请双击黄色警示图标(或使用 BACTIONSET 命令),然后按照命令行上的提示将动作与几何图形选择集相关联。此选项板也可以通过命令 BPARAMETER 来打开。下面介绍其中的一些选项。

① 点移动:此操作将向动态块定义中添加一个点参数。系统会自动添加与该点参数相关联的移动动作。

② 线性移动:此操作将向动态块定义中添加一个线性参数。系统会自动添加与该线性参数的端点相关联的移动动作。

③ 可见性集:此操作将向动态块定义中添加一个可见性参数并允许定义可见性状态。无须添加与可见性参数相关联的动作。

④ 查寻集:此操作将向动态块定义中添加一个查寻参数。系统会自动添加与该查寻参数相关联的查寻动作。

3."动作"选项板

如图 7-8(c)所示,它是提供用于向块编辑器的动态块定义中添加动作的工具。它定义了在图形中操作块参照的自定义特性时,动态块参照的几何图形将如何移动或变化。应将动作与参数相关联。此选项板也可以通过命令 BACTIONTOOL 来打开。下面介绍其中的一些选项。

① 移动:此操作会在用户将移动动作与点参数、线性参数、极轴参数或 X、Y 参数关联时,将该动作添加到动态块定义中。移动命令类似于 MOVE 命令。在动态块参照中,移动动作将使对象移动指定的距离和角度。

② 查寻:此操作将向动态块定义中添加一个查寻动作。将查寻动作添加到动态块定义中并将其与查寻参数相关联时,它将创建一个查寻表。可以使用查寻表指定动态块的自定义特性和值。

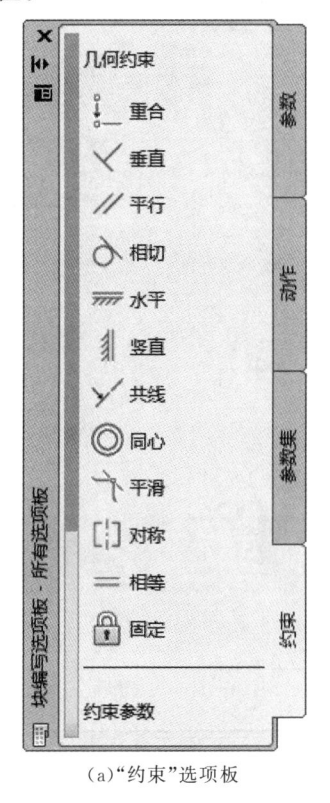

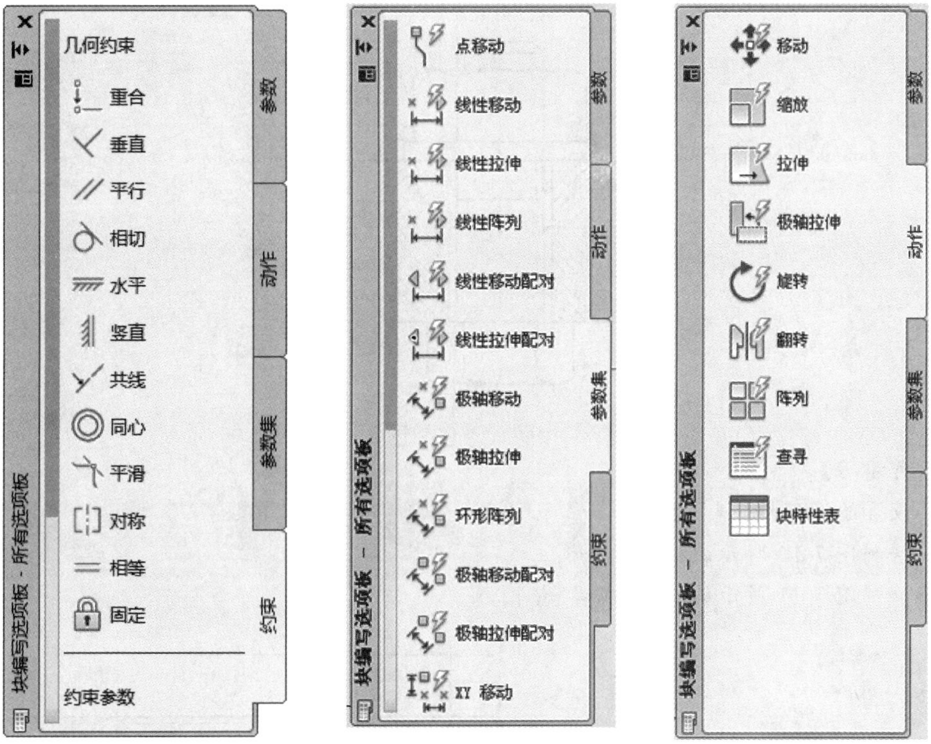

(a)"约束"选项板　　(b)"参数集"选项板　　(c)"动作"选项板

图 7-8　块编辑器的选项板

4. "参数"选项板

如图 7-7 所示,它是提供用于向块编辑器的动态块定义中添加参数的工具。参数用于指定几何图形在块参照中的位置、距离和角度。将参数添加到动态块定义中时,该参数将定义块的一个或多个自定义特性。此选项卡也可以通过命令 BPARAMETER 来打开,下面介绍一些其中的一些选项。

① 点:此操作将向动态块定义中添加一个点参数,并定义块参照的自定义 X 和 Y 特性。点参数定义图形中的 X 和 Y 位置。在块编辑器中,点参数类似于一个坐标标注。

② 可见性:此操作将向动态块定义中添加一个可见性参数,并定义块参照的自定义可见性特性。可见性参数允许用户创建可见性状态并控制对象在块中的可见性。可见性参数总是应用于整个块,并且无须与任何动作相关联。在图形中单击夹点可以显示块参照中所有可见性状态的列表。在块编辑器中,可见性参数显示为带有关联夹点的文字。

③ 查寻:此操作将向动态块定义中添加一个查寻参数,并定义块参照的自定义查寻特性。查寻参数用于定义自定义特性,用户可以指定或设置该特性,以便从定义的列表或表格中计算出某个值。该参数可以与单个查寻夹点相关联。在块参照中单击该夹点可以显示可用值的列

表。在块编辑器中,查寻参数显示为文字。

④ 基点:此操作将向动态块定义中添加一个基点参数。基点参数用于定义动态块参照相对于块中的几何图形的基点。基点参数无法与任何动作相关联,但可以属于某个动作的选择集。在块编辑器中,基点参数显示为带有十字光标的圆。

【例 7-1】 利用动态块功能在图形中插入如图 7-9 所示的螺栓连接图。

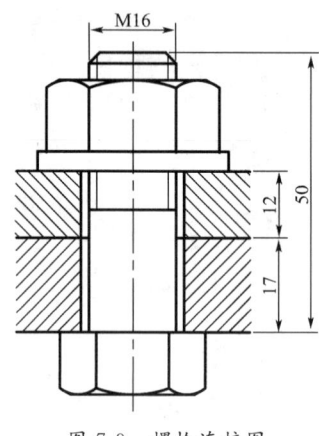

图 7-9 螺栓连接图

【操作步骤】

(1)设置绘图环境,创建图层。

(2)绘制图 7-10 所示的被连接件图。

(3)绘制图 7-11 所示的螺栓、螺母、垫圈图。

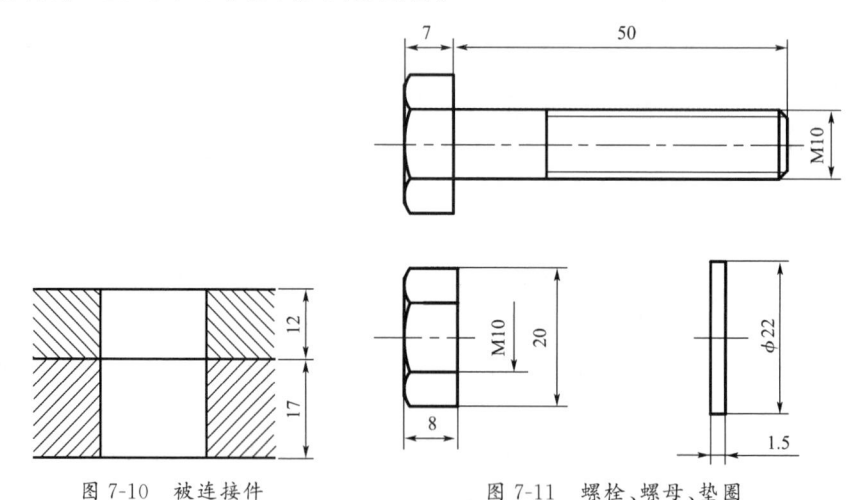

图 7-10 被连接件   图 7-11 螺栓、螺母、垫圈

(4)利用 WBLOCK 命令打开"写块"对话框,拾取螺栓轴线上螺栓头与螺栓杆的结合点为基点,分别以螺栓、螺母、垫圈图形为对象保存块文件,输入块名称为"螺栓 M10""螺母 M10"和"垫圈 10",并指定路径,确认后退出。

(5)利用 INSERT 命令,打开"插入"对话框,设置"插入点"和"比例"为"在屏幕指定","旋转角度"为"0",单击"浏览"按钮找到刚才保存的"螺栓 M10"块,在屏幕上指定插入点并指定比例因子为"1.6",将该块插入图形中,结果如图 7-12 所示。

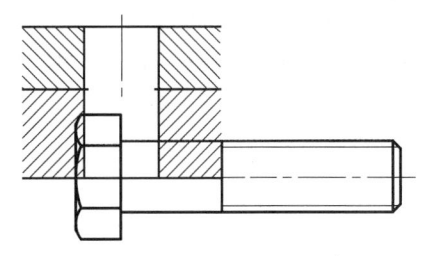

图7-12　将块插入图形中

(6)利用BEDIT命令,选择刚才保存的块,打开块编辑界面和块编写选项板,在块编写选项板的"参数"选板中选择"旋转参数",系统提示:

命令:_Bparameter

指定基点或[名称(N)/标签(L)/链(C)/说明(D)/选项板(P)/值集(V)]:(指定插入块的基点)

指定参数半径:(指定适当半径)

指定默认旋转角度或[基准角度(B)]<0>:(指定角度"0")

指定标签位置:(指定适当位置)

结果如图7-13所示。

在块编写选项板的"动作"选项卡中,选择"旋转动作",系统提示:

命令:_BactionTool

选择参数:(选择刚设置的旋转参数)

指定动作的选择集

选择对象:(选择螺栓块)

结果如图7-14所示。

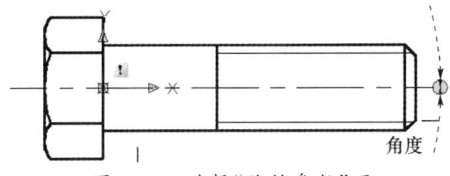

图7-13　选择"旋转参数"项　　　　图7-14　选择"旋转动作"项

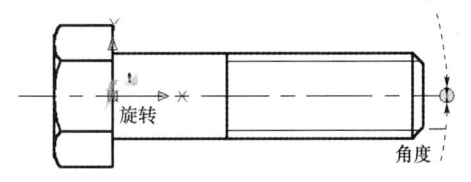

(7)保存块定义。单击"块编辑器"工具栏中的"保存块定义"按钮 。

(8)关闭块编辑器。

(9)在当前图形中选择刚才插入的图块,系统显示块的动态旋转标记,选中该标记,按住鼠标拖动,如图7-15所示。直到块旋转到令人满意的位置为止,如图7-16所示。

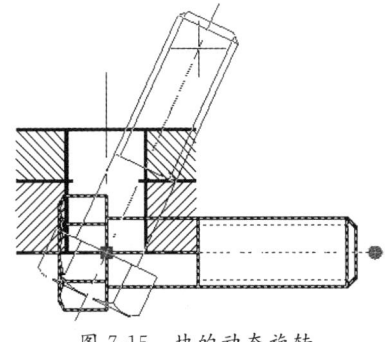

图7-15　块的动态旋转

(10)用同样的方法可以插入块"螺母 M10"和"垫圈 10"。结果如图 7-17 所示。

(11)用"分解"命令打散图块,用"修剪"命令修剪图形,用"拉伸"命令缩短螺栓长度,结果如图 7-9 所示。

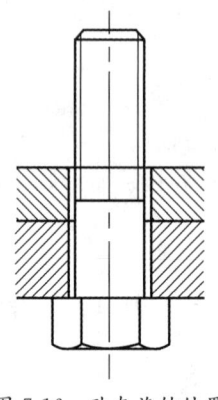

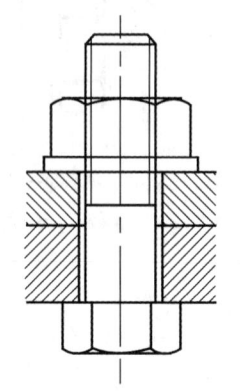

图 7-16　动态旋转结果　　　图 7-17　插入块螺母和垫圈

7.2　图块的属性

在 AutoCAD 2019 中,可以使块附带属性,属性类似于商品的标签,包含了块所不能表达的其他各种文字信息,如材料、型号和制造者等,存储在属性中的信息一般称为属性值。当用 BLOCK 命令创建块时,将已定义的属性与图形一起生成块,这样块中就包含属性了。当然,用户也能仅将属性本身创建成一个块。

属性是块中的文本对象,它是块的一个组成部分。属性从属于块,当利用删除命令删除块时,属性也被删除了。

属性有助于用户快速产生关于设计项目的信息报表,或者作为一些符号块的可变文字对象。属性也常用来预定义文本位置、内容或提供文本缺省值等,例如把标题栏中的一些文字项目定制成属性对象,就能方便地填写或修改。

7.2.1　定义块属性

启用"定义块属性"命令,可以使用下列方法:
(1)命令行:ATTDEF
(2)菜单栏:"绘图"→"块"→"定义属性"

【操作步骤】

命令:ATTDEF↙

系统打开"属性定义"对话框,如图 7-18 所示。

【选项说明】

1."模式"选项组

"模式"选项组用于确定属性的模式。

(1)"不可见"复选框

选中此复选框,则属性为不可见显示方式,即插入块并输入属性值后,属性值在图中并不显示出来。

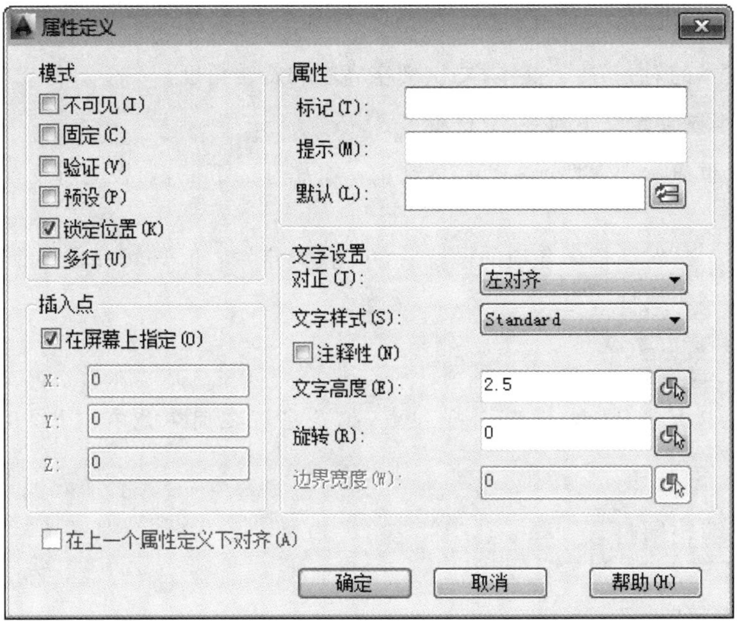

图 7-18 "属性定义"对话框

(2)"固定"复选框

选中此复选框,则属性值为常量,即属性值在属性定义时给定,在插入图块时 AutoCAD 2019 不再提示输入属性值。

(3)"验证"复选框

选中此复选框,当插入块时,AutoCAD 2019 重新显示属性值,让用户验证该值是否正确。

(4)"预置"复选框

选中此复选框,当插入块时,AutoCAD 2019 自动把事先设置好的默认值赋予属性,而不再提示输入属性值。

(6)"多行"复选框

指定属性值是否为多行文字。

2."属性"选项组

"属性"选项组用于设置属性值。在每个文本框中,AutoCAD 2019 允许输入不超过 256 个字符。

(1)"标记"文本框

输入属性标签。属性标签可由除空格和感叹号以外的所有字符组成,AutoCAD 2019 自动把小写字母转换为大写字母。

输入属性提示。属性提示是插入块时 AutoCAD 2019 要求输入属性值的提示,如果不在此文本框内输入文本,则以属性标签作为提示。如果在"模式"选项组选中"固定"复选框,即设置属性为常量,则不需要设置属性提示。

(3)"默认"文本框

设置默认的属性值。可把使用次数较多的属性值作为默认值,也可不设默认值。

3."插入点"选项组

"插入点"选项组用于确定属性文本的位置。可以在插入时由用户在图形中确定属性文本的位置,也可以"X、Y、Z"文本框中直接输入属性文本的位置坐标。

4."文字设置"选项组

设置属性文本的对齐方式、文本样式、文字高度和旋转角度。

5."在上一个属性定义下对齐"复选框

选中此复选框表示把属性标签直接放在前一个属性的下面,如果之前没有创建属性定义,则此选项不可用。

完成"属性定义"对话框中各项的设置后,单击"确定"按钮,即可完成一个块属性的定义。可用此方法定义多个属性。

> 提示、注意、技巧

属性标志可以由字母、数字、字符等组成,但是字符之间不能有空格,且必须输入属性标志。

7.2.2 编辑属性

1. 编辑属性定义

创建属性后,在属性定义与块相关联之前(只定义了属性但没有定义块时),用户可对其进行编辑。

启用"编辑图块属性"命令,可以使用下列方法:

(1)命令行:DDEDIT

(2)菜单栏:"修改"→"对象"→"文字"→"编辑"

(3)双击选择注释对象

调用 DDEDIT 命令,AutoCAD 2019 提示"选择注释对象",选取属性定义标记后,AutoCAD 2019 弹出"编辑属性定义"对话框,如图 7-19 所示。在此对话框中用户可修改属性定义的标记、提示及默认值。

图 7-19 "编辑属性定义"对话框

此外,可以用 DDMODIFY 命令启动"特性"对话框,可修改属性定义的更多项目,方法如下:

(1)命令行:DDMODIFY✓

(2)标准工具栏:

然后单击选择对象按钮,AutoCAD 2019 打开"特性"对话框,如图 7-20 所示。该对话框的"文字"区域中列出了属性定义的标记、提示、值、高度和旋转等项目,用户可在此对话框进行修改。

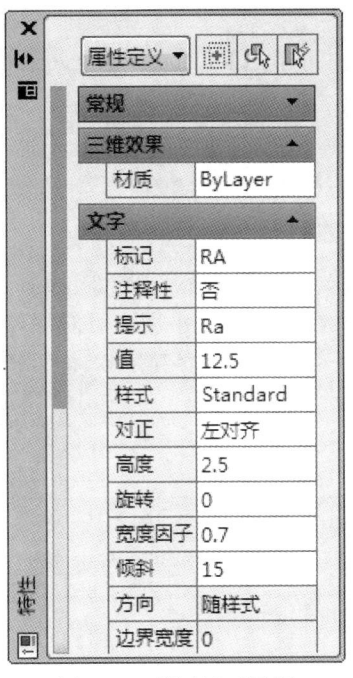

图 7-20 "特性"对话框

2．编辑块的属性

与插入块中的其他对象不同，属性可以独立于块而单独进行编辑。用户可以集中地编辑一组属性。在 AutoCAD 2019 中编辑属性的命令有 DDATTE 和 ATTEDIE 两个命令。其中 DDATTE 命令可编辑单个的、非常数的、与特定的块相关联的属性值；而 ATTEDIT 命令可以独立于块，可编辑单个属性或对全局属性进行编辑。

（1）一般属性编辑 DDATTE

用户可以通过在命令窗口输入"DDATTE"来调用，选择块以后，AutoCAD 2019 弹出如图 7-21 所示的"编辑属性"对话框。

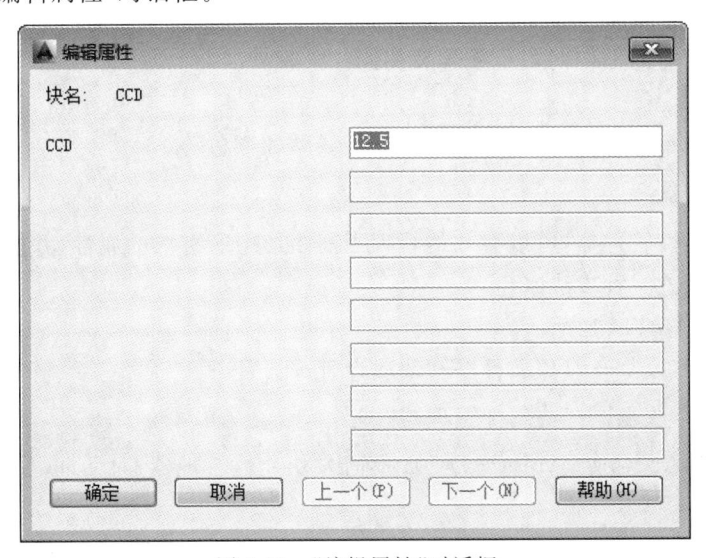

图 7-21 "编辑属性"对话框

(2)增强属性编辑 ATTEDIT

若属性已被创建为块,则用户可用 ATTEDIT 命令来编辑属性值及属性的其他特性。可用以下的任意一种方法来启动:

(1)命令行:EATTEDIT

(2)菜单栏:"修改"→"对象"→"属性"→"单个"

(3)工具栏:"修改Ⅱ"→"编辑属性"

AutoCAD 2019 提示"选择块",用户选择要编辑的块后,AutoCAD 2019 打开"增强属性编辑器"对话框,如图 7-22 所示。在此对话框中用户可对块属性进行编辑。

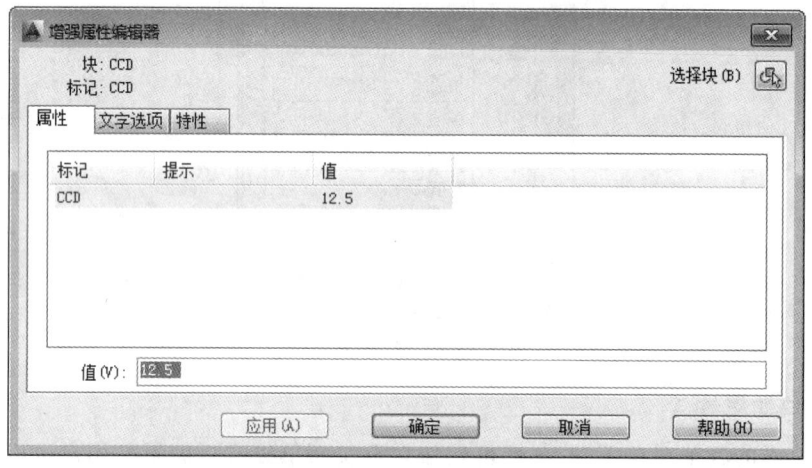

图 7-22 "增强属性编辑器"对话框

"增强属性编辑器"对话框有 3 个选项卡:"属性""文字选项""特性",它们有如下功能。

①"属性"选项卡

在该选项卡中,AutoCAD 2019 列出当前块对象中各个属性的标记、提示和值。选中某一属性,用户就可以在"值"框中修改属性的值。

②"文字选项"选项卡

该选项卡用于修改属性文字的一些特性,如文字样式、文字高度等。该选项卡中各选项的含义与"文字样式"对话框中同名选项含义相同。

③"特性"选项卡

在该选项中用户可以修改属性文字的图层、线型和颜色等。

3. 块属性管理器

用户通过块属性管理器,可以有效地管理当前图形中所有块的属性,并能进行编辑。

可用以下的任意一种方法来启动:

(1)命令行:BATTMAN

(2)菜单栏:"修改"→"对象属性"→"块属性管理器"

(3)工具栏:"修改 Ⅱ"→"块属性管理器"

启动 BATTMAN 命令,AutoCAD 2019 弹出"块属性管理器"对话框,如图 7-23 所示。

【选项说明】

(1)"选择块"按钮:通过此按钮选择要操作的块。单击该按钮,AutoCAD 2019 切换到绘图窗口,并提示"选择块",用户选择块后,AutoCAD 2019 又返回"块属性管理器"对话框。

图 7-23 "块属性管理器"对话框

（2）"块"下拉列表：用户可通过此下拉列表选择要操作的块。该列表显示当前图形中所有具有属性的块名称。

（3）"同步"按钮：用户修改某一属性定义后，单击此按钮，可更新所有块对象中的属性定义。

（4）"上移"按钮：在属性列表中选中一属性行，单击此按钮，则该属性行向上移动一行。

（5）"下移"按钮：在属性列表中选中一属性行，单击此按钮，则该属性行向下移动一行。

（6）"删除"按钮：删除属性列表中选中的属性定义。

（7）"编辑"按钮：单击此按钮，打开"编辑属性"对话框，该对话框有 3 个选项卡："属性""文字选项""特性"。这些选项卡的功能与"增强属性管理器"对话框中同名选项卡功能类似，这里不再讲述。

（8）"设置"按钮：单击此按钮，弹出"设置"对话框。在该对话框中，用户可以设置在"块属性管理器"对话框的属性列表中显示的内容。

7.3 外部参照

外部参照是把已有的图形文件作为外部参照插入当前图形文件中。不论外部参照的图形文件多么复杂，AutoCAD 2019 只会把它当作一个单独的图形实体。外部参照（也称为 Xref）与插入文件块相比有如下优点：

由于外部参照的图形并不是当前图样的一部分，因而利用 Xref 组合的图样比通过文件块构成的图样要小。

当 AutoCAD 2019 装载图样时，都将加载最新的 Xref 版本，因此若外部图形文件有所改动，则用户装入的参照图形也将跟随着变动。

利用外部参照将有利于几个人共同完成一个设计项目，因为 Xref 使设计者之间可以容易地察看对方的设计图样，从而协调设计内容；另外，Xref 也使设计人员可以同时使用相同的图形文件进行分工设计。例如，一个建筑设计小组的所有成员通过外部参照就能同时参照建筑物的结构平面图，然后分别开展电路、管道等方面的设计工作。

7.3.1 启用外部参照

可用以下的任意一种方法来启用外部参照命令：

(1)命令行：XATTACH（或 XA）

(2)菜单栏："插入"→"参照"

用上述方法输入命令后，系统将弹出"选择参照文件"对话框，如图 7-24 所示。从中选择外部引用图形后，系统会弹出"附着外部参照"对话框，如图 7-25 所示。

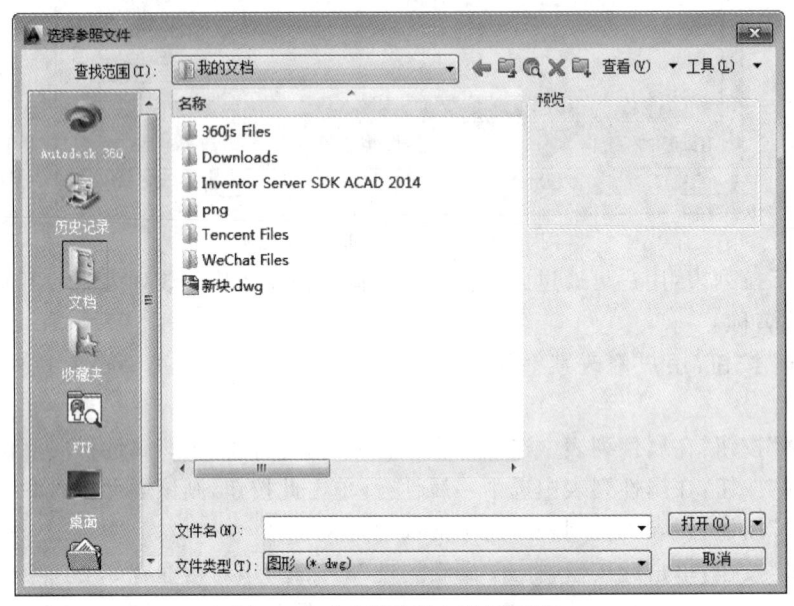

图 7-24 "选择参照文件"对话框

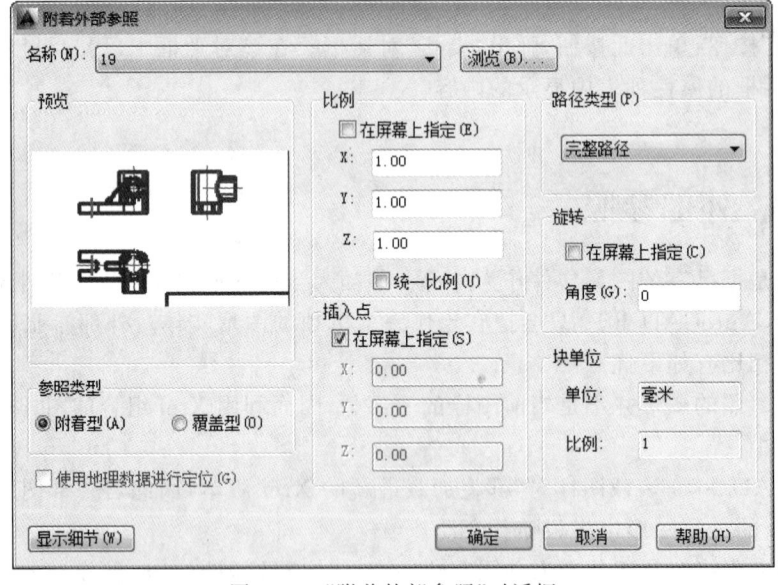

图 7-25 "附着外部参照"对话框

【选项说明】

1."名称"列表

该列表显示了当前图形中包含的外部参照文件名称，用户可在列表中直接选取文件，或是单击"浏览"按钮查找其他参照文件。

2. "附加型"单选按钮

图形文件 A 嵌套了其他的 Xref,而这些文件是以"附加型"方式被引用的,当新文件引用图形 A 时,用户不仅可以看到图形 A 本身,还能看到其中嵌套的 Xref。附加方式的 Xref 不能循环嵌套,即如果图形 A 引用了图形 B,而图形 B 又引用了图形 C,则图形 C 不能再引用图形 A。

3. "覆盖型"单选按钮

图形 A 中有多层嵌套的 Xref,但它们均以"覆盖型"方式被引用,即当其他图形引用图形 A 时,就只能看到图形 A 本身,而其包含的任何 Xref 都不会显示出来。覆盖方式的 Xref 可以循环引用,这使设计人员可以灵活地察看其他任何图形文件,而无须为图形之间的嵌套关系担忧。

4. "插入点"选项组

在此区域中指定外部参照文件的插入基点,可直接在"X、Y、Z"文本框中输入插入点坐标,或选中"在屏幕上指定"复选项,然后在屏幕上指定。

5. "比例"选项组

在此区域中指定外部参照文件的缩放比例,可直接在"X、Y、Z"文本框中输入沿这 3 个方向的比例因子,或选中"在屏幕上指定"复选项,然后在屏幕上指定。

6. "旋转"选项组

确定外部参照文件的旋转角度,可直接在"角度"框中输入角度值,或选中"在屏幕上指定"复选框,然后在屏幕上指定。

7.3.2 更新外部参照文件

当对所参照的图形做了修改后,系统并不自动更新当前图样中的 Xref 图形,用户必须重新加载以更新它。在"外部参照"选项板中,可以选择一个参照文件进行更新,因此用户在设计过程中能及时获得最新的 Xref 文件,如图 7-26 所示。

"外部参照"选项板用于管理附着到当前图形的外部参照文件,例如 DWG(外部参照)、DWF、DWFx、PDF 或 DGN 文件。

可用下列方法来启用"外部参照管理器"命令:

(1)命令行:XREF(或 XR)

(2)菜单栏:"插入"→"外部参照"

(3)工具栏:"参照"→"外部参照"

(4)快捷菜单:选择外部参照,在绘图区域右击,然后选择"外部参照管理器"命令

在图 7-26 所示的选项板中,系统提供了两种用于显示外部参考图形的方法,即"列表"按钮和"树型"按钮。用户也可以通过"F3"和"F4"键在这两种界面形式之间进行切换。在默认情况下,使用列表显示所有

图 7-26 "外部参照"选项板

的外部参照文件以及相关的数据。如果用户单击"树型"按钮,则采用树状结构显示参照引用信息。在树状结构中,AutoCAD 2019 以层次结构表示外部参照的层次,显示外部引用的嵌套关系的各层结构。

该对话框中常用选项有如下功能:

1."附着(A)"

单击此选项,AutoCAD 2019 弹出"选择参照文件"对话框,用户通过此对话框选择要插入的图形文件。

2."拆离(D)"

若要将某个外部参照文件去除,可先在列表框中选中此文件,然后单击此选项。

3."重载(R)"

单击此选项可在不退出当前图形文件的情况下更新外部引用文件。

4."绑定(B)"

通过此选项将外部参照文件永久地插入当前图形中,使之成为当前文件的一部分。

7.4 插入文件

在绘制图形过程中,如果正在绘制的图形是前面已经画过的,可以通过插入块命令来插入已有的文件。

操作过程如下:

(1)执行"插入块"命令,打开图 7-3 所示的"插入"对话框。

(2)单击"浏览"按钮,打开"选择图形文件"对话框,如图 7-27 所示。

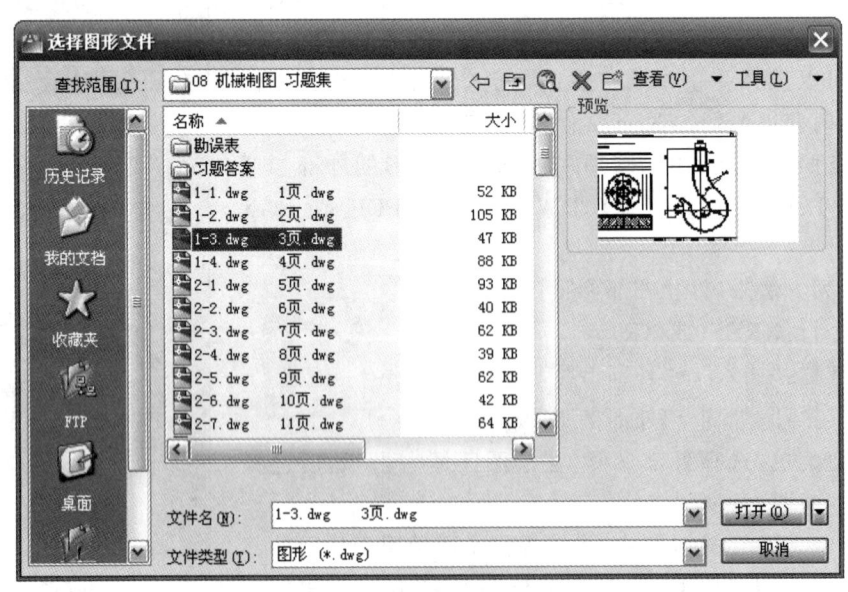

图 7-27 "选择图形文件"对话框

(3)选择所需的图形文件,单击"打开"按钮,回到"插入"对话框。以下操作与插入块相同。

> 提示、注意、技巧

(1)插入图形文件之前,应对插入的图形设置插入点,可利用下拉菜单"绘图""块""基点"来完成。

(2)如果要对插入的图形进行修改,必须将它分解为各个组成部件,然后分别编辑它们。操作步骤如下:

①单击"修改"工具条上的 按钮。

②选择要分解的图块。

③按"Enter"键。

【例 7-2】 绘制平面图形,并标注表面粗糙度,如图 7-28 所示。

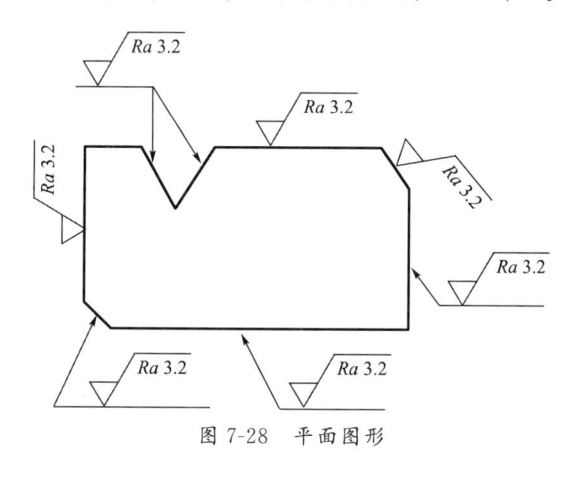

图 7-28 平面图形

【操作步骤】

1. 定义块的属性

(1)设置文字样式。打开"文字样式"对话框,将"字体名"选为"iso.shx","宽度因子"设为"0.7","倾斜角度"设为"15"。设置好的"文字样式"对话框如图 7-29 所示。

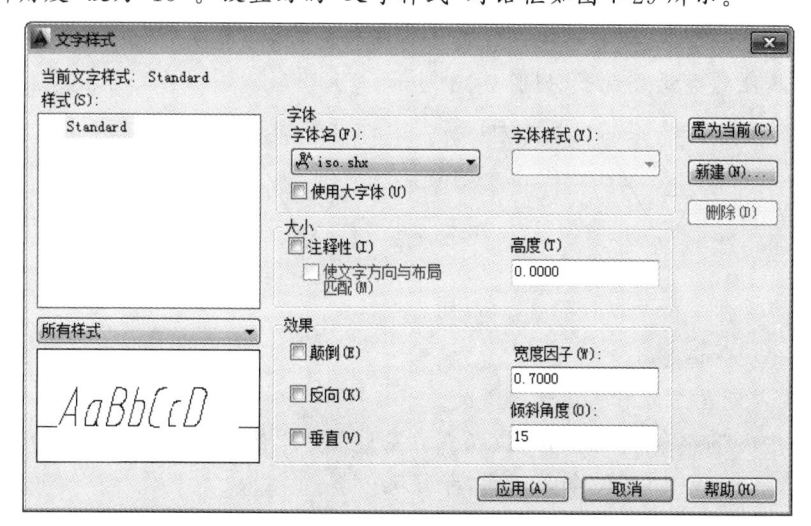

图 7-29 设置好的"文字样式"对话框

(2)绘制表面粗糙度符号,如图 7-30 所示。

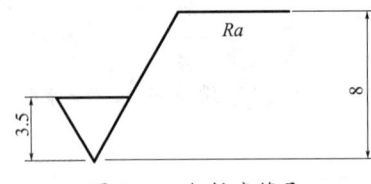

图 7-30　粗糙度符号

(3)执行"绘图"→"块"→"定义属性"命令,弹出"属性定义"对话框,在"标记"中输入"CCD",它主要用来标记属性,也可用来显示属性所在的位置。将"文字设置"中的"对正"选为"正中",它是插入块时命令行显示的输入属性的提示。在"默认"中输入"12.5",这是属性值的默认值,一般把最常出现的数值作为默认值,设置好的"属性定义"对话框如图 7-31 所示。

图 7-31　设置好的"属性定义"对话框

(4)单击"拾取点"按钮,对话框消失,选取表面粗糙度符号三角形顶边中点,来指定属性值所在的位置。"属性定义"对话框再次出现时,单击"确定"按钮,表面粗糙度符号变为如图 7-32 所示图形。

2. 建立带属性的块

执行"创建块"命令,选择整个图形和属性及块的插入点,单击"确定"按钮,一个带有表面粗糙度参数值属性的块就做成了,如图 7-33 所示。

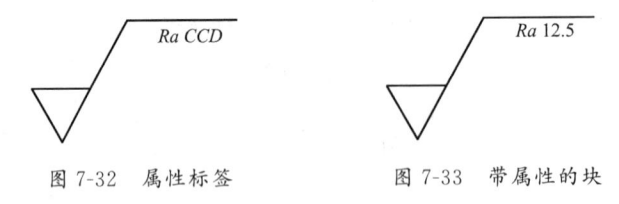

图 7-32　属性标签　　　　图 7-33　带属性的块

> **提示、注意、技巧**
>
> (1)块的基点设在三角形的底端顶点处。
> (2)用"创建块"命令制作的块,只能在当前图形文件中使用。若要使制作的块可供其他图形文件调用,需执行 WBLOCK 命令创建,即写块。

3. 插入带属性的块

(1)绘制图 7-28 所示的图形。

280

(2)执行插入块命令,弹出"插入"对话框,选择定义好的带属性的块,按图示位置插入。

7.5 利用剪贴板

7.5.1 "剪切"命令

可用以下的任意一种方法来启用"剪切"命令:
(1)命令行:CUTCLIP
(2)菜单栏:"编辑"→"剪切"
(3)工具栏:"标准"→"剪切"
(4)快捷键:"Ctrl+X"
(5)快捷菜单:在绘图区右击,从打开的快捷菜单中选择"剪切"命令。
【操作格式】
命令:CUTCLIP↙
选择对象:(选择要剪切的实体)
执行上述命令后,所选择的实体从当前图形上剪切到剪贴板上,同时从原图形中消失。

7.5.2 "复制"命令

可用以下的任意一种方法来启用"复制"命令:
(1)命令行:COPYCLIP
(2)菜单栏:"编辑"→"复制"
(3)工具栏:"标准"→"复制"
(4)快捷键:Ctrl+C
快捷菜单:在绘图区右击,从打开的快捷菜单中选择"复制"命令。
【操作格式】
命令:COPYCLIP↙
选择对象:(选择要复制的实体)
执行上述命令后,所选择的实体从当前图形被复制到剪贴板中,原图不变。
使用"剪切"和"复制"功能复制对象时,已复制到目标文件的对象与源对象毫无关系,源对象的改变不会影响复制得到的对象。

7.5.3 "带基点复制"命令

可用以下的任意一种方法来启用"带基点复制"命令:
命令行:COPYBASE
菜单栏:"编辑"→"带基点复制"
快捷键:"Ctrl+Shift+C"
快捷菜单:在绘图区右击,从快捷菜单中选择"带基点复制"命令

【操作格式】
命令：COPYBASE↙
指定基点：(指定基点)
选择对象：(选择要复制的实体)

执行上述命令后,所选择的实体从当前图形上复制到剪贴板中,原图不变。本命令与"复制"相比,有明显的优越性,因为有基点信息,所以在粘贴插入时,可以根据基点找到准确的插入点。

7.5.4 "粘贴"命令

可用以下的任意一种方法来启用"粘贴"命令：
命令行：PASTECLIP
菜单栏："编辑"→"粘贴"
工具栏："标准"→"粘贴"
快捷键："Ctrl+V"
快捷菜单：在绘图区右击,从打开的快捷菜单中选择"粘贴"命令

【操作格式】
命令：PASTECLIP↙

执行上述命令后,保存在剪贴板上的实体被粘贴到当前图形中。

7.6 复制链接对象

可用以下的任意一种方法来启用"复制链接对象"命令：
命令行：COPYLINK
菜单栏："编辑"→"复制链接"

【操作格式】
命令：COPYLINK↙

对象链接和嵌入的操作过程与用剪贴板粘贴的操作类似,但其内部运行机制却有很大的差异。链接对象与其创建的应用程序始终保持联系,例如,Word 文档中包含一个 AutoCAD 2019 图形对象,在 Word 中双击该对象,Windows 自动将其装入 AutoCAD 2019 中,以供用户进行编辑;如果对原始 AutoCAD 2019 图形做了修改,则 Word 文档中的图形也随之发生相应的变化。如果是用剪贴板粘贴上的图形,则它只是 AutoCAD 2019 图形的一个拷贝,粘贴之后,就不再与 AutoCAD 2019 图形保持任何联系,原始图形的变化不会对它产生任何作用。

7.7 选择性粘贴对象

可用以下的任意一种方法来启用"选择性粘贴对象"命令：
命令：PASTESPEC
菜单："编辑"→"选择性粘贴"

【操作格式】

命令:PASTESPEC↙

系统打开"选择性粘贴"对话框,如图7-34所示。在该对话框中进行相关参数设置。

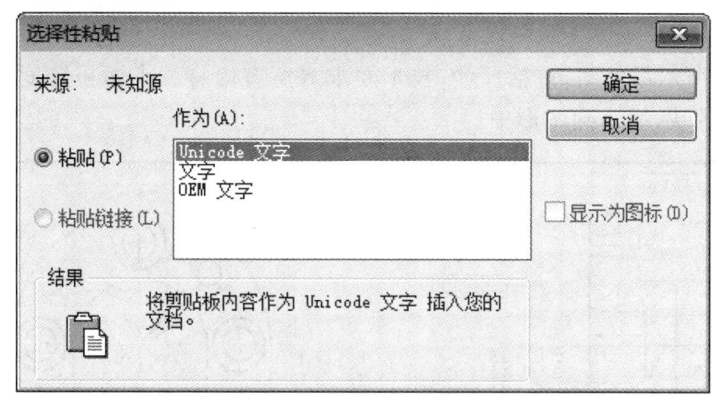

图7-34 "选择性粘贴"对话框

7.8 粘贴为块

可用以下的任意一种方法来启用"粘贴为块"命令:
命令行:PASTEBLOCK
菜单栏:"编辑"→"粘贴为块"
快捷键:Ctrl+Shift+V

【操作格式】

命令:PASTEBLOCK↙
指定插入点:
指定插入点后,对象以块的形式插入当前图形中。

7.9 思考与练习

一、思考题

1.判断题

(1)在插入时,块可以被缩放或旋转。

(2)WBLOCK命令生成的图形文件可被用于任一图形。

(3)一个块中的对象具有它们所在图层的特性,如颜色和线型。

(4)可以用MINSERT命令建立一个块的矩形阵列。

(5)在用MINSERT命令生成的阵列中,当插入后就没有办法改变行数、列数或它们之间的间距。整个MINSERT图案被当作一个不可分解的单个对象。

(6)WBLOCK命令允许将一个已有块转换为图形文件。

(7)如果块以非统一比例(不同的"X、Y"比例)插入,就可以被分解。

2.填空题

(1)_____命令用于将任何对象保存为块。

(2)_____命令用于一个指定块的多重插入。

二、练习题

绘制图7-35所示零件图,包括尺寸,技术要求等所有内容。表面粗糙度符号和基准符号要求创建带属性的块,插入到图形中。

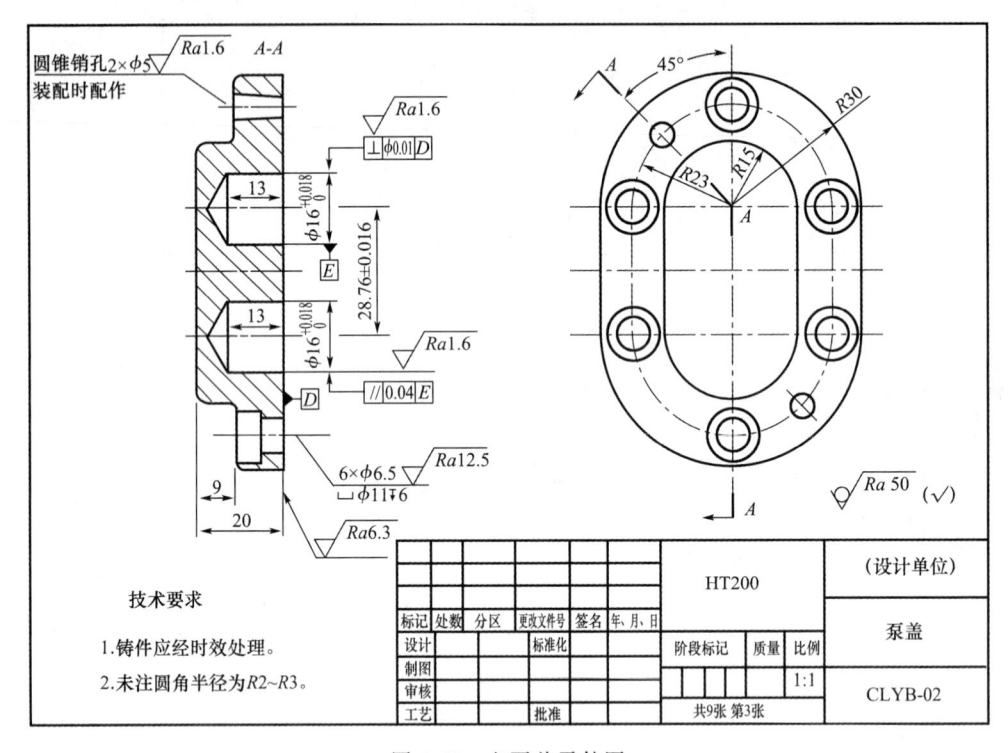

图7-35 左泵盖零件图

第 8 章

绘制三维实体基础

AutoCAD 2019 除了具有强大的二维绘图功能外，还具备基本的三维造型功能。若物体没有较复杂的曲面及多变的空间结构关系时，使用 AutoCAD 2019 可以很方便地建立物体的三维模型。用户可以创建三种类型的三维模型：线框模型、表面模型及实体模型。本章将简要介绍创建三维实体模型的基本知识。

8.1 三维建模工作空间

AutoCAD 2019 的三维建模工作空间，如图 8-1 所示，其打开方法见 1.2。

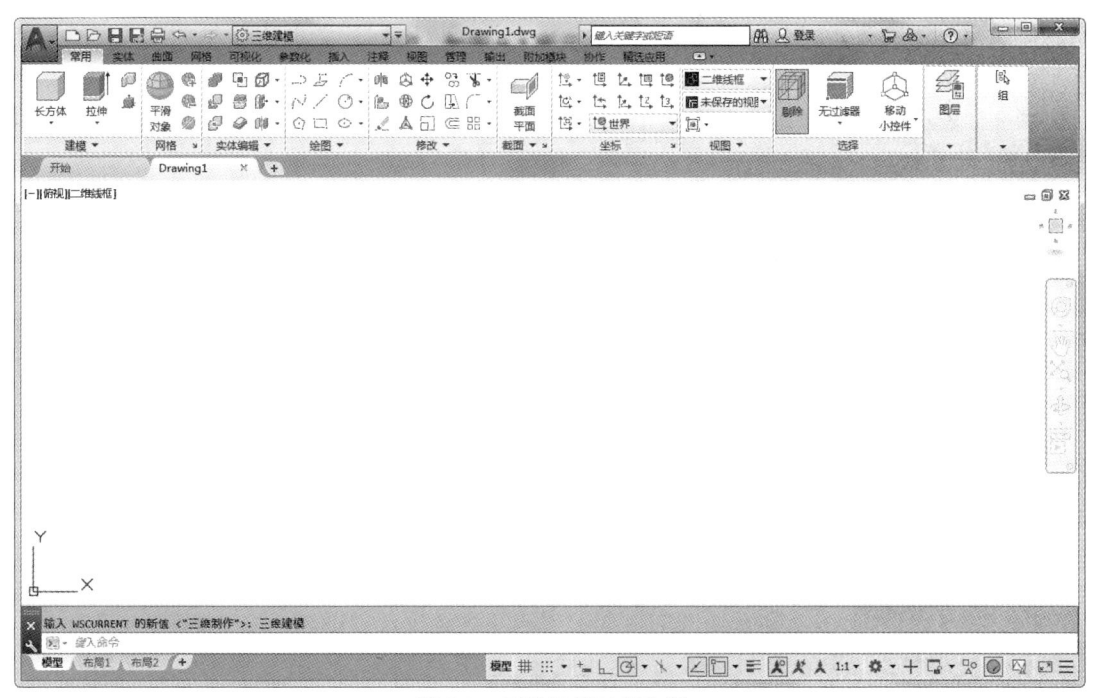

图 8-1 三维建模工作空间

三维建模工作空间的主要组成如下：

8.1.1 坐标系图标

坐标系图标显示三维状态，默认情况下显示在当前坐标原点的位置。

8.1.2 光标

默认情况下光标显示出 X、Y、Z 轴，可以通过"选项"对话框的"三维建模"选项卡对光标进行有关设置。

8.1.3 栅格

当打开栅格功能，绘图窗口会显示与 XOY 坐标面重合的栅格面，帮助在绘制三维图形时确定立体的空间位置。创建新图形时，选择 ACADISO3D.DWT 为样板文件，也可以得到上述界面。

8.2 三维坐标系统

AutoCAD 2019 使用的是笛卡儿直角坐标系，有两种类型，即世界坐标系"WCS"和用户坐标系"UCS"。默认状态时，AutoCAD 2019 的坐标系是世界坐标系。对于二维绘图，世界坐标系就能满足作图需要。但是在创建三维模型时，常常要以不同位置的空间平面定义 XOY 坐标平面，创建新的坐标系，根据需要新创建的坐标系称为用户坐标系。

图 8-2 表示的是两种坐标系下的图标。图中"X"或"Y"的剪头方向表示当前坐标轴 X 轴或 Y 轴的正方向。

通过右手法则可以确定直角坐标系 Z 轴的正方向和绕轴线旋转的正方向。

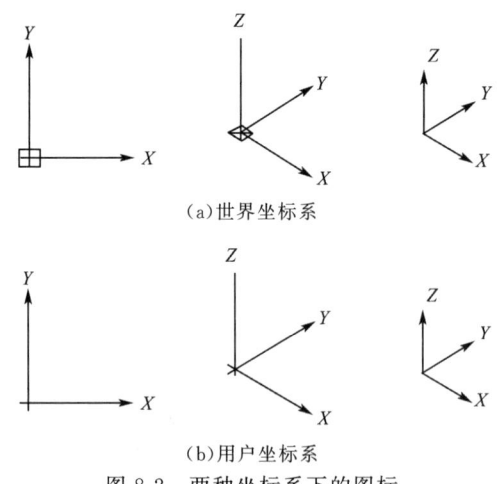

(a) 世界坐标系

(b) 用户坐标系

图 8-2　两种坐标系下的图标

8.2.1 用三维坐标定义点的位置

用直角坐标定义点的位置,格式如下:
(1)绝对坐标格式:X,Y,Z
(2)相对坐标格式:@X,Y,Z

8.2.2 建立用户坐标系"UCS"

启用"UCS"命令,可以使用下列方法:
(1)命令行:UCS
(2)面板:"坐标"→ (图8-3)
(3)菜单栏:"工具"→ 新建"UCS"
(4)工具栏:"UCS"和"UCSⅡ"
输入"UCS"命令,命令行提示:
指定 UCS 的原点或[面(F)/命名(NA)/对象(OB)/上一个(P)/视图(V)/世界(W)/X/Y/Z/Z 轴(ZA)]<世界>:
用户可以根据需要选择相关的选项。

图 8-3 "坐标"面板

8.3 设置视点

在绘制三维图形过程中,由于观察和绘图的需要,需要经常变换方位。AutoCAD 2019 提供了多种创建 3D 视图的方法,沿不同的方向观察模型,比较常用的是用标准视点观察模型和三维动态旋转的方法。

8.3.1 标准视点视图工具栏

(1)用"视图"面板的"视图管理器"观察实体模型,如图 8-4(a)所示。
(2)用"标准视点"工具栏观察实体模型,如图 8-4(b)所示。

(a)"视图管理器" (b)"标准视点"工具栏

图 8-4 用"标准视点"观察实体模型

8.3.2 动态观察

AutoCAD 2019 提供了具有交互控制功能的动态观察器。使用动态观察器，用户可以实时地控制和改变当前视口中创建的三维视图，以得到用户期望的效果。

打开"动态观察器"，可以使用下列方法：

(1)命令行：3DORBIT
(2)菜单栏："视图"→"动态观察器"
(3)工具栏："动态观察"和"三维导航"(图 8-5)
(4)快捷菜单：启用交互式三维视图后，在视口中右击，弹出快捷菜单，选择有关选项。

图 8-5 "动态观察"和"三维导航"工具栏

动态观察器有"受约束的动态观察""自由动态观察""连续动态观察"等方式。

以"受约束的动态观察"为例，执行该命令后，在当前视口出现一个绿色的大圆，在大圆上有 4 个绿色的小圆，如图 8-6 所示。此时通过拖动鼠标就可以对视图进行旋转观测。

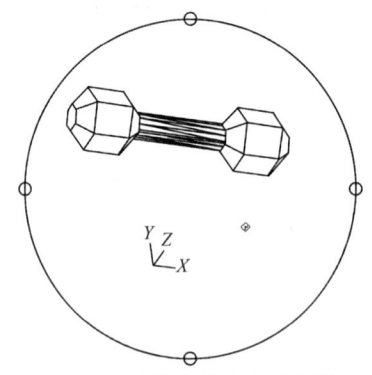

图 8-6 受约束的动态观察器

当在绿色大圆的不同位置拖动鼠标时，鼠标的表现形式是不同的，视图的旋转方向也不同。视图的旋方式转由鼠标的位置和光标的表现形式决定。鼠标在不同位置时，光标的表现形式说明如下：

1. 鼠标在大圆内部

鼠标在绿色大圆内部时，拖动鼠标可以方便地控制视图在不同方向的旋转。用此方法可进行水平、垂直和对角拖动。

2. 鼠标在大圆外部

鼠标在绿色大圆外部时，拖动鼠标可以使视图绕绿色大圆中心与屏幕垂直轴旋转。

3. 鼠标在绿色大圆左、右两边的小圆内

鼠标在绿色大圆左、右两边小圆内时，拖动鼠标可以使视图绕绿色大圆中心的铅垂轴线旋转。

4. 鼠标在绿色大圆上、下两边的小圆内

鼠标在绿色大圆上、下两边小圆内时，拖动鼠标可以使视图绕绿色大圆中心与屏幕水平轴旋转。

8.4 视觉样式

用 AutoCAD 2019 创建的三维图形,可以设置视觉样式,即显示效果。启用"视觉样式"命令,可以使用下列方法:

(1)命令行:VSCURRENT。
(2)菜单栏:"视图"→"视觉样式"。
(3)工具栏:"视觉样式",如图 8-7 所示。

图 8-7　"视觉样式"工具栏

输入"VSCURRENT"命令,命令行提示:
输入选项[二维线框(2)/三维线框(3)/三维隐藏(H)/真实(R)/概念(C)/其他(O)]＜概念＞:

8.4.1 "二维线框"

该选项用于显示用直线和曲线表示边界的对象。线型和线宽都是可见的,如图 8-8 所示。

8.4.2 "三维线框"

该选项用于显示用直线和曲线表示边界的对象。线型和线宽也是可见的,并显示一个着色的三维 UCS 图标,如图 8-9 所示。

8.4.3 "三维隐藏"

该选项用于显示用三维线框表示的对象并隐藏不可见的直线,如图 8-10 所示。

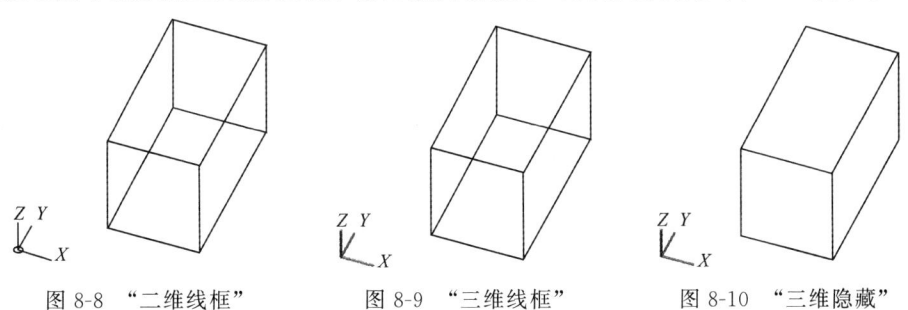

图 8-8　"二维线框"　　　图 8-9　"三维线框"　　　图 8-10　"三维隐藏"

8.4.4 "真实"

该选项用于着色多边形平面间的对象,并使对象的边平滑化。可显示已附着到对象的材质,如图 8-11 所示。

8.4.5 "概念"

该选项用于着色多边形平面间的对象,并使对象的边平滑化。着色使用冷色和暖色之间的过渡。效果缺乏真实感,但是可以更方便地查看模型的细节,如图8-12所示。

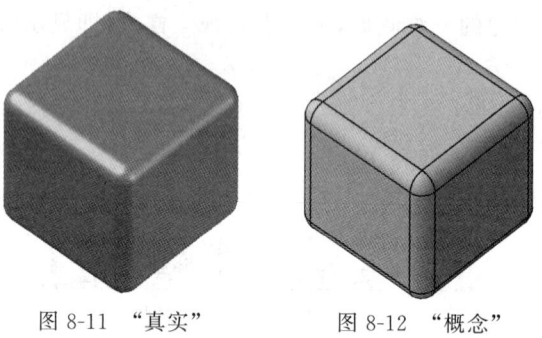

图8-11 "真实"　　　　图8-12 "概念"

8.4.6 "管理视觉样式"

通过更改面设置和边设置并使用阴影和背景,可以创建自己的视觉样式。选择该选项,系统弹出如图8-13所示的"视觉样式管理器"面板,主要设置包括面设置、光源、环境设置和边设置等,用户可进行相应设置。如"边设置"选项中的"显示"设置有三种选择:"镶嵌面边""素线""无"。其效果如图8-14所示。

图8-13 "视觉样式管理器"面板

(a)"镶嵌面边"   (b)"素线"   (c)"无"

图 8-14 视觉样式中"边设置"的显示效果

8.5 创建三维实体

用 AutoCAD 2019 创建三维实体时可以将工作空间设置在"三维建模",如图 8-1 所示。其所使用的命令主要在"常用"面板、"实体"面板中,在菜单栏"绘图"菜单的"建模"子菜单以及"建模""实体编辑"等工具栏中也有相应的命令,如图 8-15、图 8-16、图 8-17 所示。

图 8-15 "实体"面板

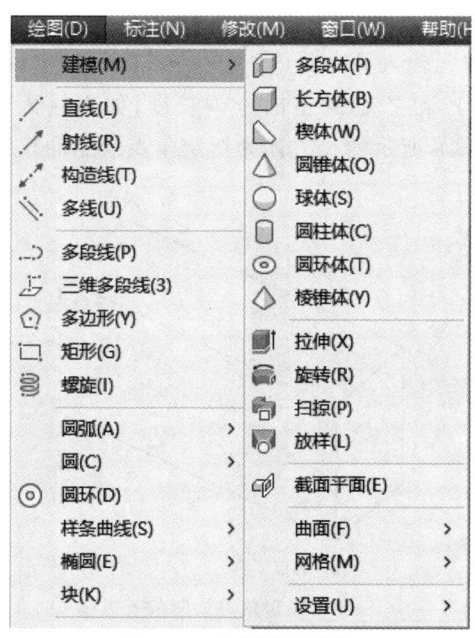

图 8-16 "建模"子菜单

图 8-17 "建模""实体编辑"工具栏

8.5.1 创建基本实体模型

对于简单的基本体可以使用"图元""建模"面板中的创建基本实体命令直接建模,也可以通过拉伸和旋转等操作完成。下面以长方体和圆环体为例介绍直接创建基本实体模型的方法。

1. 创建长方体

启用"长方体"命令,可以使用下列方法:
(1)面板:"图元"→"长方体"▢
(2)命令行:BOX↙
(3)菜单栏:"绘制图"→"建模"→"长方体"
(4)工具栏:"建模"→"长方体"▢

【操作步骤】
命令:BOX
指定长方体的角点或[中心点(CE)]<0,0,0>:(指定第一点或按"Enter"键确认原点是长方体的角点,或输入C代表中心点)

【选项说明】
(1)指定长方体的角点
确定长方体的一个顶点的位置。选择该选项后,命令行继续提示:
指定角点或[立方体(C)/长度(L)]:(指定第二点或输入选项)
①角点
指定长方体的其他角点。输入另一角点的坐标值,即可确定该长方体。如果输入的是正值,则沿着当前 UCS 的 X、Y 和 Z 轴的正向绘制长度;如果输入的是负值,则沿着 X、Y 和 Z 轴的负向绘制长度。图 8-18 所示的长方体为指定角点绘制的长方体。

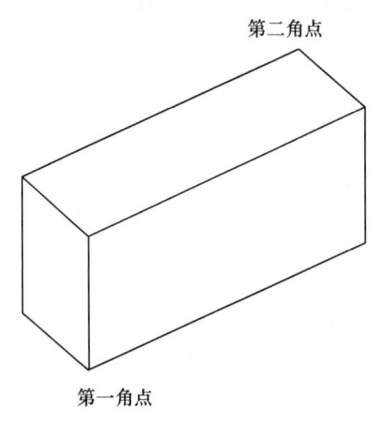

图 8-18 指定角点绘制的长方体

②立方体
创建一个长、宽、高相等的长方体。
③长度
根据长、宽、高的值绘制长方体。

(2)中心点

使用指定的中心点创建长方体。

2.创建圆环体

启用"圆环体"命令,可以使用下列方法:

(1)面板:"图元"→"圆环体"◉

(2)命令行:TORUS

(3)菜单栏:"绘制圆"→"建模"→"圆环体"

(4)工具栏:"建模"→"圆环体"◉

【操作步骤】

命令:TORUS✓

当前线框密度:ISOLINES=4

指定圆环体中心<0,0,0>:(指定中心)

指定圆环体半径或[直径(D)]:(指定半径或直径)

指定圆管半径或[直径(D)]:(指定半径或直径)

如图 8-19 所示为绘制的圆环体。

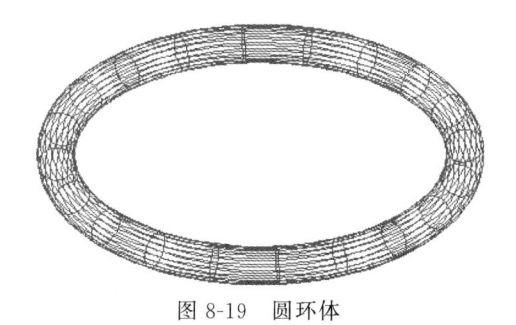

图 8-19 圆环体

8.5.2 拉伸

通过沿指定的方向将对象或平面拉伸出指定距离来创建三维实体或曲面。启用"拉伸"命令,可以使用下列方法:

(1)面板:"实体"→"拉伸"

(2)命令行:EXTRUDE

(3)菜单栏:"绘图"→"建模"→"拉伸"

(4)工具栏:"建模"→"拉伸"

【操作步骤】

命令:EXTRUDE✓

当前线框密度:ISOLINES=12

选择对象:(选择绘制好的二维对象)

选择对象:(可继续选择对象或按"Enter"键结束选择)

指定拉伸高度或[方向(D)/路径(P)/倾斜角(T)]

【选项说明】

1. 拉伸对象

可以拉伸的对象有圆、椭圆、正多边形、用矩形命令绘制的矩形、封闭的样条曲线、封闭的多段线、面域等。含有宽度的多段线在拉伸时宽度被忽略,沿线宽中心拉伸。含有厚度的对象,拉伸时厚度被忽略。

2. 拉伸高度

按指定的高度来拉伸出三维实体对象,对象不必平行于同一平面。输入高度值后,AutoCAD 2019 把二维对象按指定的高度拉伸成柱体。如果输入正值,将沿对象所在坐标系的 Z 轴正方向拉伸对象。如果输入负值,将沿 Z 轴负方向拉伸对象。如果所有对象处于同一平面上,将沿该平面的法线方向拉伸对象。默认情况下,将沿对象的法线方向拉伸平面对象。

3. 路径

指定曲线为路径对象拉伸,可以为路径的对象有直线、圆、椭圆、圆弧、椭圆弧、多段线、样条曲线等。

如果路径没有通过拉伸对象,在拉伸时路径将自动移到拉伸对象的轮廓的质心。拉伸对象与路径不能在同一平面内,二者一般分别在两个相互垂直的平面内。

如图 8-20 所示为圆平面沿路径曲线拉伸实体的结果。

(a)

(b)

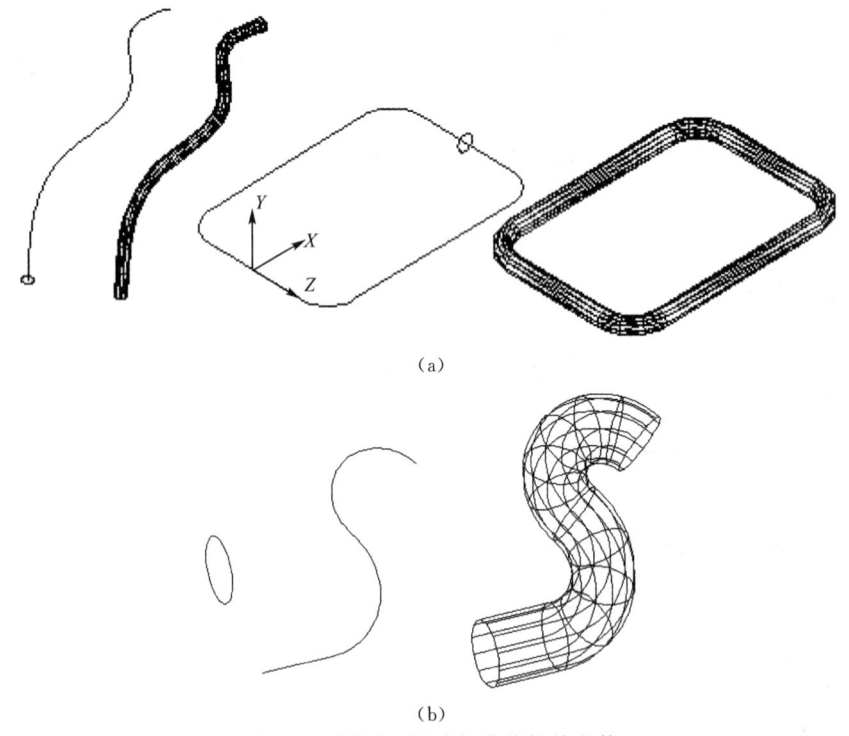

图 8-20 圆平面沿路径曲线拉伸实体

4. 角度

指定介于"-90"和"+90"之间的角度并拉伸出三维实体对象,如图 8-21 所示。默认角度 0 表示在与二维对象所在平面垂直的方向上进行拉伸成柱体;如果输入非 0 角度值,正角度表示从基准对象逐渐变细地拉伸,而负角度则表示从基准对象逐渐变粗地拉伸。如图 8-22 所示为不同角度拉伸圆的结果。

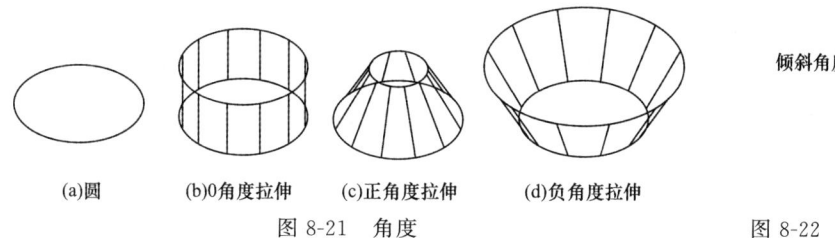

(a)圆　　(b)0角度拉伸　　(c)正角度拉伸　　(d)负角度拉伸

图 8-21　角度

图 8-22　不同角度拉伸圆

> 提示、注意、技巧

指定一个较大的倾斜角或较长的拉伸高度，将导致对象或对象的一部分在达到拉伸高度之前就已经汇聚到一点。如图 8-23 所示，圆的直径为"100"，拉伸角度为"45"，拉伸高度为"100"。

如果为倾斜角指定一个点而不是输入值，则必须拾取第二个点。用于拉伸的倾斜角由两个指定点之间的连线确定。

图 8-23　大角度和足够高度拉伸圆

8.5.3　旋转

通过沿指定的方向将对象或平面拉伸出指定距离来创建三维实体或曲面。启用"旋转"命令，可以使用下列方法：

(1)面板："实体"→"旋转"
(2)命令：REVOLVE
(3)菜单栏："绘图"→"建模"→"旋转"
(4)工具栏："建模"→"旋转"

【操作步骤】

命令：REVOLVE✓
当前线框密度：ISOLINES=12
选择对象：(选择绘制好的二维对象)
选择对象：(可继续选择对象或按"Enter"键结束选择)
指定轴起点或根据以下选项之一定义轴[对象(O)/X/Y/Z]＜对象＞：

【选项说明】

1. 指定轴起点

通过两个点来定义旋转轴。AutoCAD 2019 将按指定的角度和旋转轴旋转二维对象。

2. 对象

选择已经绘制好的直线段作为旋转轴线。

3. X(Y)轴

将二维对象绕当前坐标系(UCS)的 X(Y)轴旋转。如图 8-24 所示为矩形绕定义轴旋转的结果。

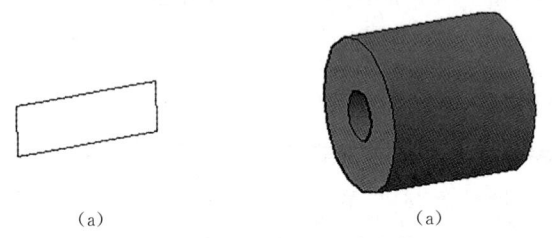

（a）　　　　　　　　　　（a）

图 8-24　用"旋转"创建实体

8.5.4　扫掠

使用扫掠命令，可以通过沿开放或闭合的二维或三维路径扫掠开放或闭合的平面曲线（轮廓）创建新实体或曲面，如图 8-25 所示。

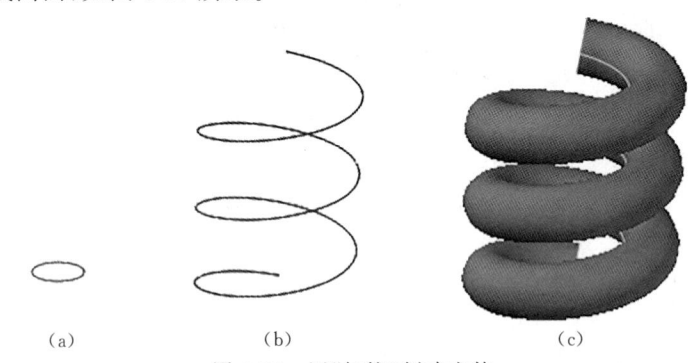

（a）　　　　　（b）　　　　　　　　（c）

图 8-25　用"扫掠"创建实体

可以扫掠的对象有直线、圆及圆弧、椭圆及椭圆弧、二维多段线、二维样条曲线、平面三维面、面域、实体的平面等。

可以用作扫掠路径的对象有直线、圆及圆弧、椭圆及椭圆弧、二维多段线、二维样条曲线、三维多段线、螺旋线、实体或曲面的边等。

与"拉伸"操作不同，扫掠的对象与作为路径的对象可以在同一平面内。

启用"扫掠"命令，可以使用下列方法：

(1)面板："实体"→"扫掠"

(2)命令：SWEEP

(3)菜单栏："绘图"→"建模"→"扫掠"

(4)工具栏："建模"→"扫掠"

【操作步骤】

命令：_sweep

当前线框密度：ISOLINES＝4

选择要扫掠的对象：(选择绘制好的扫掠对象)

选择要扫掠的对象:(可继续选择对象或按"Enter"键结束选择)

选择扫掠路径或[对齐(A)/基点(B)/比例(S)/扭曲(T)]:(选择二维或三维扫掠路径,或输入选项)

【选项说明】

1. 对齐

指定是否对齐轮廓以使其作为扫掠路径切向的法向。默认情况下,轮廓是对齐的。

扫掠前对齐垂直于路径的扫掠对象[是(Y)/否(N)]<是>:输入"N"指定轮廓无须对齐,或按"Enter"键指定轮廓将对齐。

> **提示、注意、技巧**

如果轮廓曲线不垂直于(法线指向)路径曲线起点的切向,则轮廓曲线将自动对齐。出现对齐提示时输入"N"以避免该情况的发生。

2. 基点

指定要扫掠对象的基点。如果指定的点不在选定对象所在的平面上,则该点将被投影到该平面上。

3. 比例

指定比例因子以进行扫掠操作。从扫掠路径的开始到结束,比例因子将统一应用到扫掠的对象。输入比例选项"S",命令行提示:

输入比例因子或[参照(R)]<1.0000>:(指定比例因子,输入"R"调用参照选项或按"Enter"键指定默认值)

参照:通过拾取点或输入值来根据参照的长度缩放选定的对象。

输入"R",命令行提示:

指定起点参照长度<1.0000>:(指定要缩放选定对象的起始长度)

指定终点参照长度<1.0000>:(指定要缩放选定对象的最终长度)

4. 扭曲

设置正被扫掠的对象的扭曲角度。扭曲角度指定沿扫掠路径全部长度的旋转量。输入扭曲选项"S",命令行提示:

输入扭曲角度或允许非平面扫掠路径倾斜[倾斜(B)]<n>:(指定小于"360"的角度值,输入"B"打开倾斜或按"Enter"键指定默认角度值)

倾斜:指定被扫掠的曲线是否沿三维扫掠路径(三维多线段、三维样条曲线或螺旋线)自然倾斜(旋转)。

通过一组两个或多个曲线之间放样来创建三维实体或曲面。

8.5.5 放样

放样是指通过在一组曲线之间的空间内创建三维实体或曲面,一组曲线必须指定两个或多个对象。可以通过指定一系列横截面来创建新的实体或曲面,横截面用于定义结果实体或曲面的截面轮廓(形状),如图8-26所示。

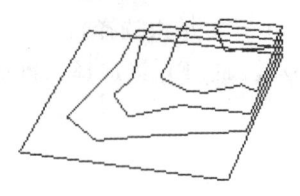

(a)一组曲线　　　　　　　(b)放样实体

图 8-26　利用"放样"创建实体

横截面(通常为曲线或直线)可以是开放的,例如圆弧,也可以是闭合的,例如圆。创建放样实体或曲面时,可以使用以下对象:

(1)可以用作横截面的对象:直线、圆及圆弧、椭圆及椭圆弧、二维多段线、二维样条曲线、平面三维面、面域、二维实体等。

(2)可以用作放样路径的对象:直线、圆及圆弧、椭圆及椭圆弧、二维多段线、三维多段线、螺旋线等。

(3)可以用作导向的对象:直线、圆及圆弧、椭圆及椭圆弧、二维多段线、三维多段线、二维样条曲线、三维样条曲等。

启用"放样"命令,可以使用下列方法:

(1)面板:"实体"→"放样"

(2)命令行:LOFT↙

(3)菜单栏:"绘图"→"建模"→"放样"

(4)工具栏:"建模"→"放样"

【操作步骤】

命令:LOFT↙

按放样次序选择横截面:(找到 1 个)

按放样次序选择横截面:(找到 1 个,总计 2 个)

按放样次序选择横截面:(可继续选择对象或按"Enter"键结束选择)

输入选项[导向(G)/路径(P)/仅横截面(C)]＜仅横截面＞:

【选项说明】

1. 导向

使用"导向"选项,可以选择多条曲线以定义实体或曲面的轮廓,指定控制放样实体或曲面形状的导向曲线。导向曲线是直线或曲线,可通过将其他线框信息添加至对象来进一步定义实体或曲面的形状。可以使用导向曲线来控制点如何匹配相应的横截面,以防止出现不希望看到的效果(例如结果实体或曲面中的皱褶),如图 8-27 所示。

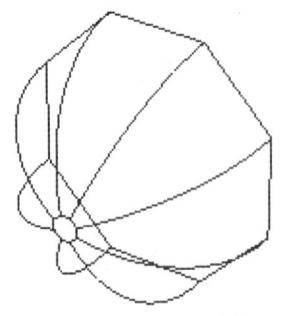

(a)以导向曲线连接的横截面　　　　　　　(b)放样实体

图 8-27　适用"放样"的"导向"创建实体

每条导向曲线必须满足以下条件才能正常工作：
(1)与每一个横截面相交。
(2)始于第一个横截面。
(3)止于最后一个横截面。
可以为放样曲面或实体选择任意数量的导向曲线。输入向导选项"G"，命令行提示：
选择导向曲线：(选择放样实体或曲面的导向曲线，按"Enter"键)

2. 路径

使用"路径"选项，可以选择单一路径曲线以定义实体或曲面的形状，如图 8-28 所示。输入路径选项"P"，命令行提示：
按放样次序选择横截面：(按照曲面或实体将要通过的次序选择开放或闭合的曲线)
路径曲线必须与横截面的所有平面相交。
选择路径：指定放样实体或曲面的单一路径

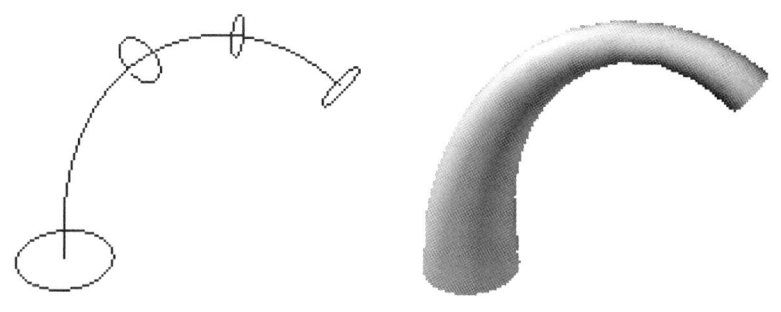

(a)以路径连接的横截面　　　　(b)放样实体

图 8-28　使用"放样"的"路径"创建实体

3. 仅横截面

显示"放样设置"对话框，通过该对话框进行设置，绘制出对应的放样对象。

8.5.6　按住并拖动

单击有限区域以进行按住或拖动操作。启用"按住并拖动"命令，可以使用下列方法：
(1)面板："实体"→"按住并拖动"
(2)命令行：PRESSPULL
(3)工具栏："建模"→"按住并拖动"

可以按住并拖动以下任一类型的有限区域：任何可以通过以零间距公差拾取点来填充的区域；由交叉共面和线性几何体(包括边和块中的几何体)围成的区域；由共面顶点组成的闭合多线段、面域、三维面和二维实体、由与三维实体的任何面共面的几何体(包括面上的边)创建的区域。

8.6　布尔运算

在三维绘图中，复杂实体不能一次生成，一般都用基本实体组合而成，AutoCAD 2019 将布尔运算运用到实体的组合过程中，布尔运算的"并集""差集""交集"运算，可以实现对基本实体进行叠加、挖切、穿孔的操作,从而生成复杂的组合体。

8.6.1 并集

合并选定的两个或两个以上实体,使之成为一个复合对象。启用"并集"命令,可以使用下列方法：

(1)面板："布尔值"→"并集"
(2)命令行:UNION
(3)菜单栏："修改"→"实体编辑"→"并集"
(4)工具栏："实体编辑"→"并集"
(5)工具栏："建模"→"并集"

【操作步骤】

命令:_union
选择对象:(选择要并集的对象,结束选择对象时按"Enter"键)
并集操作结果如图 8-29 所示。

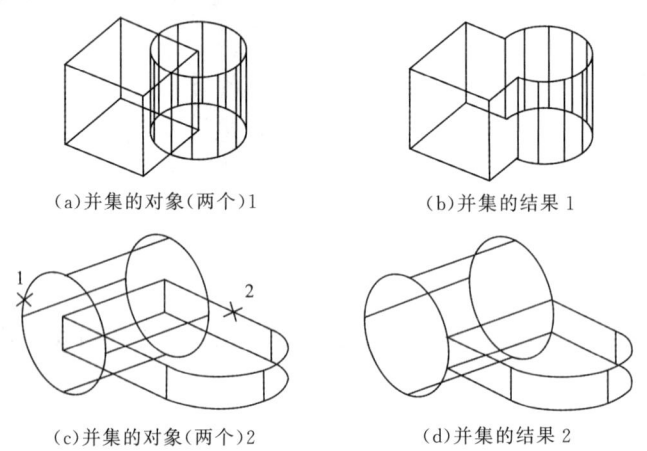

(a)并集的对象(两个)1　　(b)并集的结果 1

(c)并集的对象(两个)2　　(d)并集的结果 2

图 8-29　"并集"实体

选择集可包含位于任意多个不同平面中的面域或实体。这些选择集分成单独连接的子集。实体组合在第一个子集中。第一个选定的面域和所有后续共面面域组合在第二个子集中。下一个不与第一个面域共面的面域以及所有后续共面面域组合在第三个子集中,依此类推,直到所有面域都属于某个子集。

得到的复合实体包括所有选定实体所封闭的空间。得到的复合面域包括子集中所有面域所封闭的面积,如图 8-30 所示。

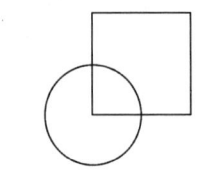

(a)使用 UNION 之前的面域 　　(b)使用 UNION 之后的面域

图 8-30　"并集"面域

8.6.2 差集

从一组实体中的对象减去另一组实体中的对象,然后创建一个新的实体或面域,如图 8-31 所示。启用"差集"命令,可以使用下列方法:

(1)面板:"布尔值"→"差集"
(2)命令行:SUBTRACT
(3)菜单栏:"修改"→"实体编辑"→"差集"
(4)工具栏:"实体编辑"→"差集"
(5)工具栏:"建模"→"差集"

【操作步骤】

命令:_subtract
选择要从中减去的实体或面域...
选择对象:(使用对象选择方法并在完成时按"Enter"键)
选择要减去的实体或面域...
选择对象:(使用对象选择方法并在完成时按"Enter"键)

执行减操作的两个面域必须位于同一平面上。但是,通过在不同的平面上选择面域集,可同时执行多个 SUBTRACT 操作。程序会在每个平面上分别生成减去的面域。如果没有其他选定的共面面域,则该面域将被拒绝。

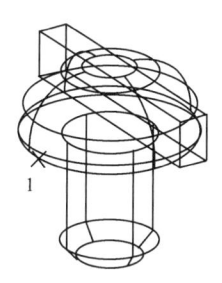

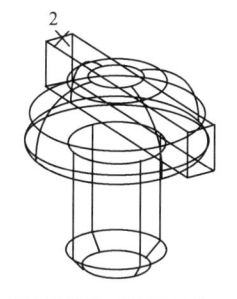

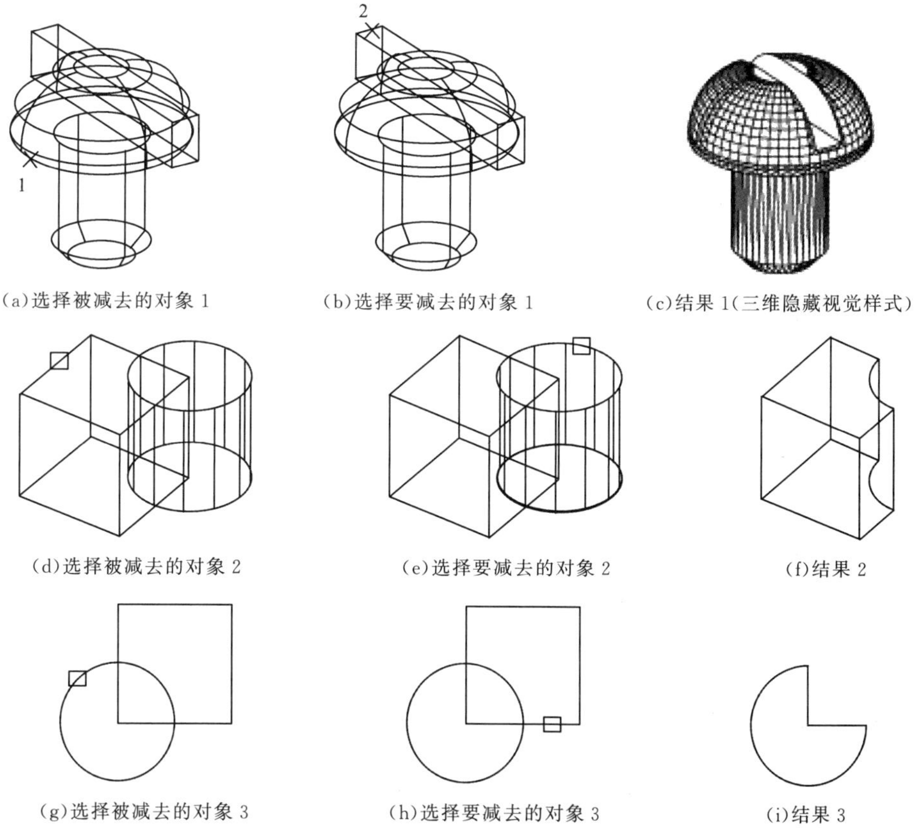

(a)选择被减去的对象 1　　(b)选择要减去的对象 1　　(c)结果 1(三维隐藏视觉样式)

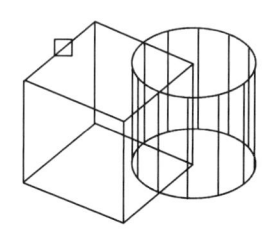

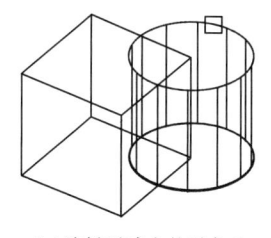

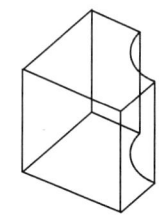

(d)选择被减去的对象 2　　(e)选择要减去的对象 2　　(f)结果 2

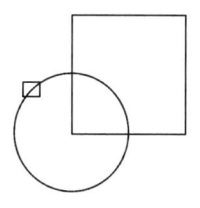

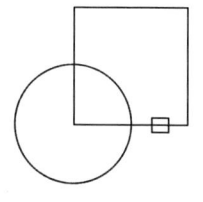

(g)选择被减去的对象 3　　(h)选择要减去的对象 3　　(i)结果 3

图 8-31　实体和面域"差集"

8.6.3 交集

从两个或多个实体或面域的公共体积和重叠面积中创建复合实体或面域,然后删除非重叠部分,如图8-32所示。启用"交集"命令,可以使用下列方法:

(1)"布尔值"面板→ 交集
(2)命令行:INTERSECT
(3)菜单栏:"修改"→"实体编辑"→"交集"
(4)工具栏:"实体编辑"→"交集"
(5)工具栏:"建模"→"交集"

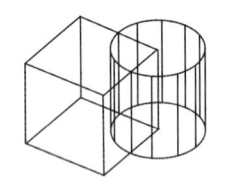

(a)使用 INTERSECT 之前的实体　　(b)使用 INTERSECT 之后的实体

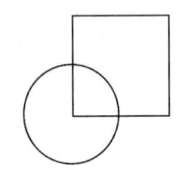

(c)使用 INTERSECT 之前的面域　　(b)使用 INTERSECT 之后的面域

图 8-32　实体和面域的"交集"

【操作步骤】

命令:_intersect
选择对象:(使用对象选择方法并在完成时按"Enter"键)
选择集可包含位于任意多个不同平面中的面域或实体。INTERFERE 将选择集分成多个子集,并在每个子集中测试相交部分。第一个子集包含选择集中的所有实体。第二个子集包含第一个选定的面域和所有后续共面的面域。第三个子集包含下一个与第一个面域不共面的面域和所有后续共面的面域,直到所有的面域分属各个子集为止。

8.7 三维操作

平面图形的基本编辑命令大多也可以用来编辑三维图形,如删除、复制、移动、阵列、镜像等,但有些命令只能在 UCS 的 *XOY* 坐标平面内操作。因此,AutoCAD 2019 提供了一些三维操作命令,如常用的"三维旋转""三维镜像""三维阵列""三维对齐"等。

8.7.1 三维旋转

将选定的对象绕空间轴旋转。启用"三维旋转"命令,可以使用下列方法:
(1)面板:"三维制作"→"三维旋转"

(2)命令行：ROTATE3D
(3)菜单栏："修改"→"三维操作"→"三维旋转"
(4)工具栏："建模"→"三维旋转"

【操作步骤】

命令：_rotate3d
UCS 当前的正角方向：ANGDIR＝逆时针　ANGBASE＝0
选择对象：(点取要旋转的对象)
选择对象：(选择下一个对象或按"Enter"键)
指定基点：(指定旋转基点)
拾取旋转轴：
指定角的起点或输入角度：

【选项说明】

1. 选择对象

选择要旋转的对象和子对象。子对象即面、边和顶点，按住"Ctrl"键可选择子对象，释放"Ctrl"键恢复选择对象。

选择对象完成后，按"Enter"键退出选择。此时，命令行提示"指定基点"。在"指定基点"提示下，在视窗中会出现一个附着在光标上的旋转夹点工具，如图 8-33 所示。

旋转夹点工具由中心框和三个椭圆形轴控制柄组成，轴控制柄所在平面的垂线称为轴控制柄矢量，与 UCS 的坐标轴平行，轴控制柄的颜色与和矢量平行的坐标轴的颜色相同。

2. 指定基点

在"指定基点"提示下指定旋转基点，旋转夹点工具的中心框固定在基点位置。

重排 UCS。在提示"指定基点"时，将指针移动到面、直线段和多段线线段时，可以用"Ctrl＋D"组合键打开动态 UCS，以重排旋转夹点工具。旋转夹点工具根据指针跨越的面、边来确定工作平面的方向。可以单击以放置旋转夹点工具，此操作将约束移动操作的方向。指定的坐标相对于该工作平面。放置旋转夹点工具之前，再次按"Ctrl＋D"组合键来关闭动态 UCS 将恢复夹点工具的方向，使其匹配静态 UCS，如图 8-34 所示。

3. 拾取旋转轴

指定基点后，命令行提示：

拾取旋转轴：

将光标悬停在旋转夹点工具的轴控制柄上，直到其变为黄色，同时显示出过中心的矢量，即旋转轴，如图 8-35 所示。然后单击确定旋转轴。

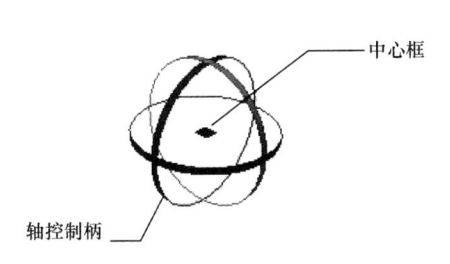

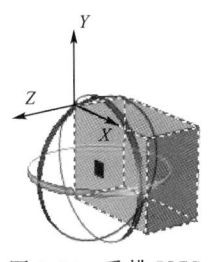

图 8-33　旋转夹点工具　　　图 8-34　重排 UCS　　　图 8-35　拾取旋转轴

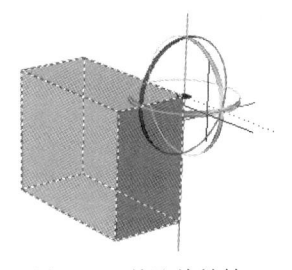

4. 指定旋转角

拾取旋转轴后,命令行提示:

指定角的起点或输入角度:(可以单击或输入值以指定旋转的角度)

> 💡 **提示、注意、技巧**

如果正在视觉样式设置为二维线框的视口中绘图,则在命令执行期间,ROTATE3D 会将视觉样式暂时更改为三维线框。

8.7.2 三维镜像

创建相对于某一平面的镜像对象。启用"三维镜像"命令,可以使用下列方法:

(1)面板:"修改"→"三维镜像"。

(2)命令行:MIRROR3D✓

(3)菜单栏:"修改"→"三维操作"→"三维镜像"

【操作步骤】

命令:MIRROR3D✓

选择对象:(选择镜像的对象)

选择对象:(选择下一个对象或按"Enter"键)

指定镜像平面(三点)的第一个点或

[对象(O)/最近的(L)/Z 轴(Z)/视图(V)/XY 平面(XY)/YZ 平面(YZ)/ZX 平面(ZX)/三点(3)]<三点>:

【选项说明】

1."三点"

输入镜像平面上的第一个点的坐标。该选项通过 3 个点确定镜像平面,是系统的默认选项。输入点后,命令行提示:

在镜像平面上指定第二点:(指定点)

在镜像平面上指定第三点:(指定点)

是否删除源对象?[是(Y)/否(N)]<否>:(根据需要确定是否删除源对象)

2."Z 轴"

利用指定的平面作为镜像平面。选择该选项后,命令行提示:

在镜像平面上指定点:(输入镜像平面上一点的坐标)

在镜像平面的 Z 轴(法向)上指定点:(输入与镜像平面垂直的任意一条直线上任意一点的坐标)

是否删除源对象?[是(Y)/否(N)]:

3."视图"

指定一个平行于当前视图的平面作为镜像平面。

4."XY(YZ、ZX)平面"

指定一个平行于当前坐标系 XOY(YOZ、ZOX)平面作为镜像平面。

8.7.3 三维阵列

在三维空间中创建对象的矩形阵列或环形阵列。除了指定列数(X 方向)和行数(Y 方向)以外,还要指定层数(Z 方向)。启用"三维阵列"命令,可以使用下列方法:

(1)命令行:ARRAY

(2)菜单栏:"修改"→"三维操作"→"三维阵列"

(3)工具栏:"建模"→"三维阵列"

【操作步骤】

命令:ARRAY↙

选择对象:(选择阵列的对象)

选择对象:(选择下一个对象或按"Enter"键)

输入阵列类型[矩形(R)/环形(P)]<矩形>:

【选项说明】

1. 矩形

对图形进行矩形阵列复制,是系统的默认选项。

【操作步骤】

输入行数(———)<1>:(输入行数)

输入列数(|||)<1>:(输入列数)

输入层数(...)<1>:(输入层数)

指定行间距(———)<1>:(输入行间距)

指定列间距(|||)<1>:(输入列间距)

指定层间距(...)<1>:(输入层间距)

2. 环形

对图形进行环形阵列复制。

【操作步骤】

输入阵列中的项目数目:(输入阵列的数目)

指定要填充的角度(+=逆时针,−=顺时针)<360>:(输入环形阵列的圆心角)

旋转阵列对象?[是(Y)/否(N)]<是>:(确定阵列的图形是否根据旋转轴线的位置进行旋转)

指定阵列的中心点:(输入旋转轴上一点的坐标)

指定旋转轴上的第二点:(输入旋转轴上另一点的坐标)

如图 8-36 所示为 2 层 1 行 4 列的矩形阵列示例。图 8-37 所示为环形阵列示例。

(a)选定要创建阵列的对象　　　　　(b)结果

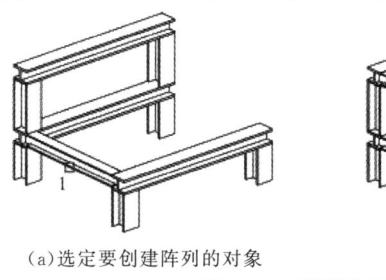

图 8-36　矩形阵列示例

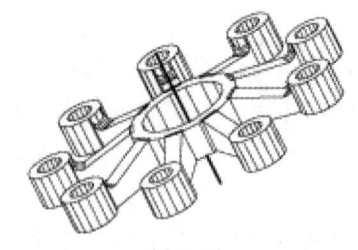

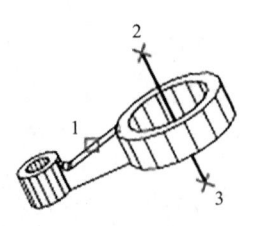

(a)选定要创建阵列的对象　　　　　　(b)结果

图 8-37　环形阵列示例

8.7.4　三维对齐

在三维空间中将对象与其他对象对齐。启用"三维对齐"命令,可以使用下列方法:

(1)面板:"修改"→"三维对齐"
(2)命令行:ALIGN
(3)菜单栏:"修改"→"三维操作"→"三维对齐"
(4)工具栏:"建模"→"三维对齐"

【操作步骤】

命令:ALIGN↙
选择对象:(选择要对齐的对象或按"Enter"键)
指定一对、两对或三对点,以对齐选定对象。

【选项说明】

1. 使用一对点

如图 8-38 所示为使用一对点进行对齐示例。

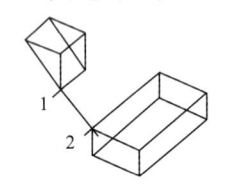

(a)指定的两个点　　　(b)结果

图 8-38　使用一对点对齐示例

【操作步骤】

指定第一个源点:指定点 1。
指定第一个目标点:指定点 2。
指定第二个源点:按"Enter"键。
当只选择一对源点和目标点时,选定对象将在二维或三维空间从源点 1 移动到目标点 2。

2. 使用两对点

如图 8-39 所示为使用两对点对齐示例。

【操作步骤】

指定第一个源点:指定点 1。
指定第一个目标点:指定点 2。
指定第二个源点:指定点 3。

指定第二个目标点:指定点 4。
指定第三个源点:按"Enter"键。
根据对齐点缩放对象[是(Y)/否(N)]<否>:输入"Y"或按"Enter"键。

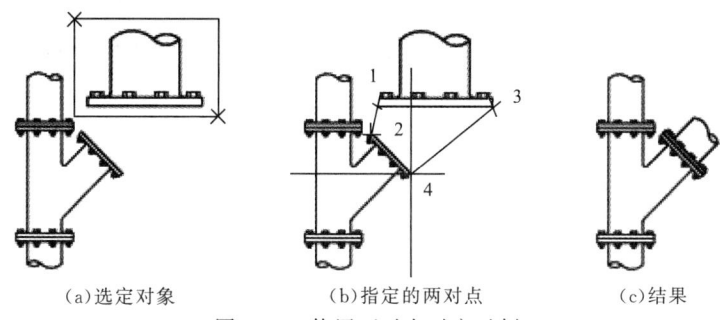

(a)选定对象　　(b)指定的两对点　　(c)结果

图 8-39　使用两对点对齐示例

当选择两对点时,可以在二维或三维空间移动、旋转和缩放选定对象,以便与其他对象对齐。

第一对源点和目标点定义对齐的基点(1,2)。第二对点定义旋转的角度(3,4)。

在输入了第二对点后,系统会给出缩放对象的提示。将以第一目标点和第二目标点(2,4)之间的距离作为缩放对象的参考长度。只有使用两对点对齐对象时才能使用缩放。

> **提示、注意、技巧**

如果使用两对源点和目标点在非垂直的工作平面上执行三维对齐操作,将会产生不可预料的结果。

3. 使用三对点

如图 8-40 所示为使用三对点对齐示例。

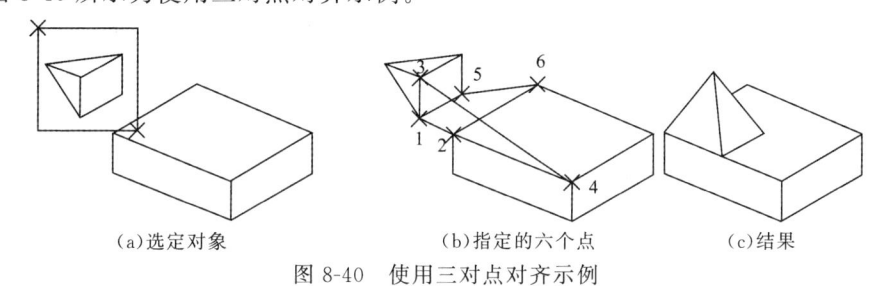

(a)选定对象　　(b)指定的六个点　　(c)结果

图 8-40　使用三对点对齐示例

【操作步骤】

指定第一个源点:指定点 1。
指定第一个目标点:指定点 2。
指定第二个源点:指定点 3。
指定第二个目标点:指定点 4。
指定第三个源点:指定点 5。
指定第三个目标点:指定点 6。

当选择三对点时,选定对象可在三维空间移动和旋转,使之与其他对象对齐。

选定对象从源点 1 移到目标点 2。旋转选定对象 1 和 3,使之与目标对象 2 和 4 对齐。然后再次旋转选定对象 3 和 5,使之与目标对象 4 和 6 对齐。

结果如图 8-40(c)所示。两对点和三对点与一对点的情形类似。

8.8 通过二维图形创建三维实体——拉伸

绘制如图8-41所示的拱形体。通过绘制此图形,学习拉伸命令的使用。

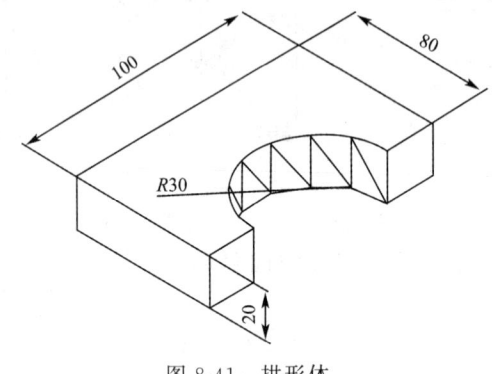

图 8-41 拱形体

【绘图步骤】

8.8.1 绘制端面图形

1. 绘制长方形

调用矩形命令,绘制长方形,长100,宽80。

2. 绘制圆

调用圆命令,绘制直径为60的圆。将视图方向调整到"西南等轴测"方向,如图8-42所示。

3. 创建面域

调用"面域"命令,可以使用下列方法:
(1)命令行:REGION
(2)菜单栏:"绘图"→"面域"
(3)工具栏:"绘图"→"面域"

输入命令,系统提示:
选择对象:选择长方形和圆　找到2个
选择对象:↙
已提取 2 个环。
已创建 2 个面域。

4. 布尔运算

单击"实体编辑"工具栏上的"差集"按钮,用长方形面域减去圆形面域,结果如图8-43所示。

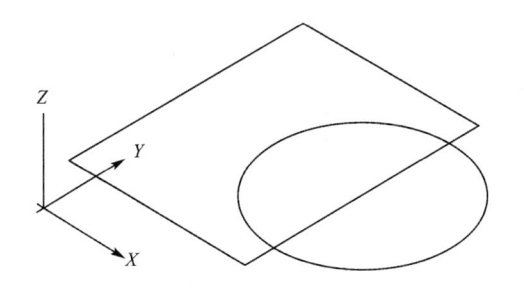

图 8-42　绘制长方形和圆　　　　　　　　图 8-43　面域计算

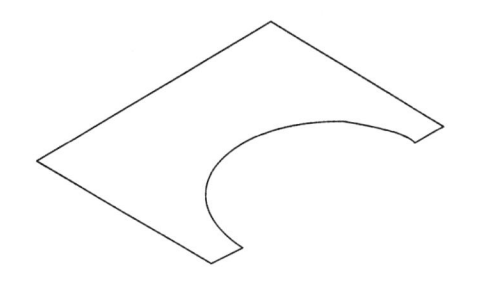

8.8.2　拉伸面域

命令:_extrude
当前线框密度:ISOLINES＝4
选择对象:在面域线框上单击 找到 1 个
选择对象:✓
指定拉伸高度或[路径(P)]:20✓
指定拉伸的倾斜角度＜0＞:✓
完成图 8-41 所示图形。

8.9　通过二维图形创建实体——旋转

绘制如图 8-44 所示的旋转实体模型。通过绘制此图形,学习旋转命令的使用。

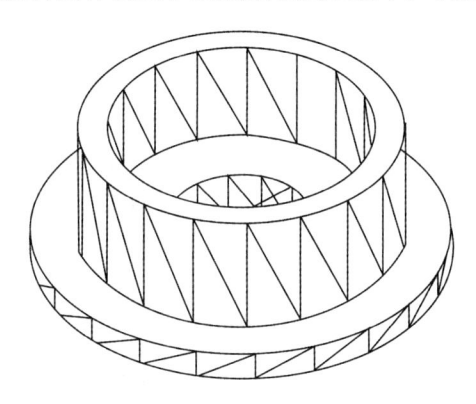

图 8-44　旋转实体

8.9.1　绘制回转截面

新建图形文件,视图方向调整到主视图方向,调用"多段线"命令,绘制图 8-45(a)所示的封闭图形,再绘制辅助直线 AC、BD,如图 8-45(b)所示。

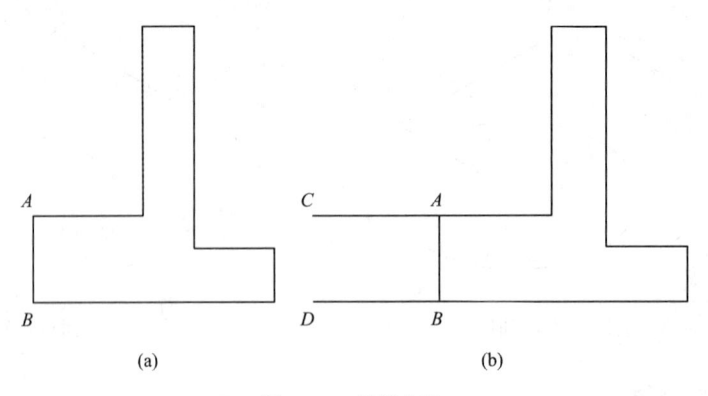

图 8-45 旋转实体

8.9.2 旋转生成实体

【操作步骤】

命令：_revolve

当前线框密度：ISOLINES＝4

选择对象：选择封闭线框 找到 1 个

选择对象：↙ （结束选择）

指定旋转轴的起点或

定义轴依照[对象(O)/X 轴(X)/Y 轴(Y)]：选择端点 C （按定义轴旋转）

指定轴端点：选择端点 D

指定旋转角度＜360＞：↙ （接受默认，按 360°旋转）

旋转角度可以在 0～360°选择，图 8-46 所示为旋转角度为 180°和 270°时的情况。

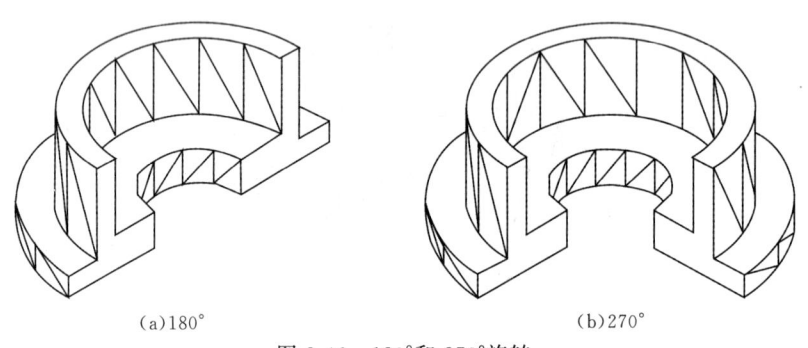

图 8-46　180°和 270°旋转

8.10 编辑实体——剖切、截面

绘制如图 8-47 所示的实体模型和断面图形。通过绘制此图形，学习剖切、截面命令的使用。

（a） （b） （c）

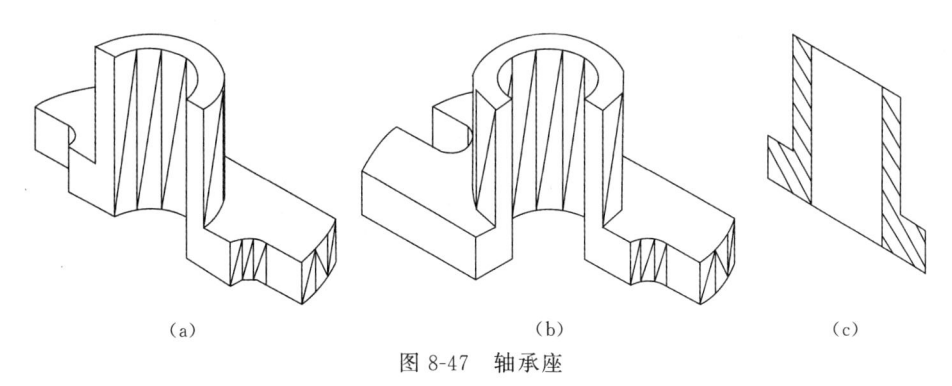

图 8-47 轴承座

【绘图步骤】

8.10.1 绘制底板实体

1. 绘制外形轮廓

按图 8-48 所示尺寸绘制外形轮廓。

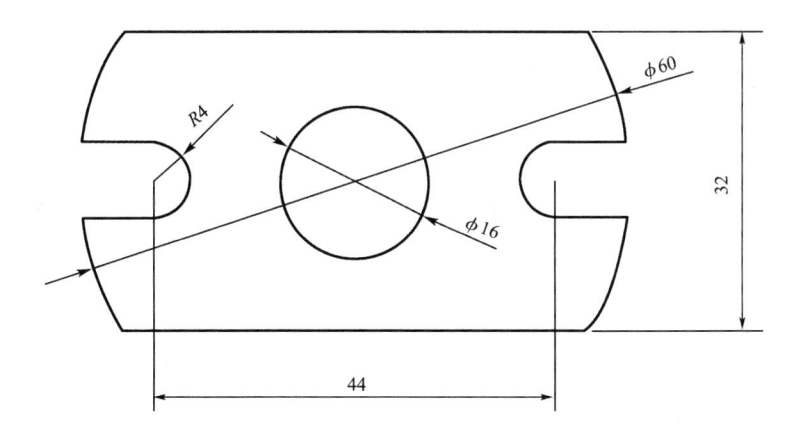

图 8-48 平面图形

2. 创建面域

调用面域命令，选择所有图形，生成两个面域。

再调用"差集"命令，用外面的大面域减去中间圆孔面域，完成面域创建。

3. 拉伸面域

【操作步骤】

命令:_extrude

当前线框密度:ISOLINES=4

选择对象:选择图形 找到 1 个

选择对象:↵

指定拉伸高度或［路径(P)］:8↵

指定拉伸的倾斜角度<0>:↵

结果如图 8-49 所示。

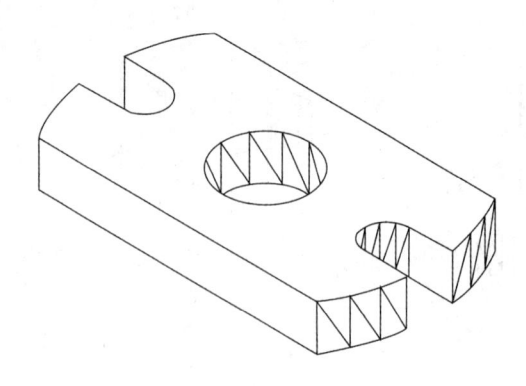

图 8-49　底板实体

8.10.2　创建圆筒

1. 绘制圆

调用圆命令,绘制如图 8-50 所示的图形。

2. 创建环形面域

创建图 8-50 所示的两个圆面域,使用布尔运算的差集命令,将大圆面域减去小圆面域,得环形面域。

3. 拉伸实体

调用"建模"工具栏的"拉伸"命令,选择环形面域,以高度为 22,倾斜角度为 0 拉伸面域,生成圆筒。如图 8-51 所示。

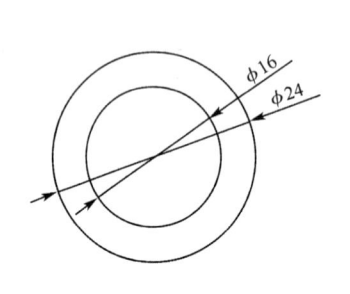

图 8-50　圆筒端面　　　图 8-51　圆筒

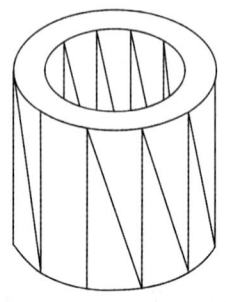

8.10.3　合成实体

1. 组装模型

命令:_move
选择对象:选择圆筒　找到 1 个
选择对象:↙
指定基点或位移:选择圆筒下表面圆心
指定位移的第二点或<用第一点作为位移>:选择底板上表面圆孔圆心

2. 并集运算

选择"实体编辑"工具栏上的"并集"按钮,调用并集命令,选择两个实体,合成一个。完成后如图 8-52 所示。

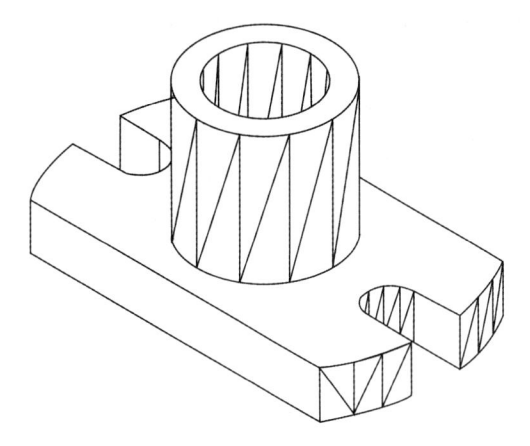

图 8-52 完整的实体

将创建的实体复制两份备用。

8.10.4 创建全剖实体模型

调用"剖切"命令,可以使用下列方法:
(1)命令行:SLICE
(2)菜单栏:"修改"→"三维操作"→"剖切"

【操作步骤】

命令:_slice

选择对象:选择实体模型　找到 1 个

选择对象:✓

指定切面上的第一个点,依照[对象(O)/Z 轴(Z)/视图(V)/XY 平面(XY)/YZ 平面(YZ)/ZX 平面(ZX)/三点(3)]<三点>:选择左侧 U 形槽上圆心 A

指定平面上的第二个点:选择圆筒上表面圆心 B

指定平面上的第三个点:选择右侧 U 形槽上圆心 C

在要保留的一侧指定点或[保留两侧(B)]:在图形的右上方单击

结果如图 8-47(a)所示。

8.10.5 创建半剖实体模型

1. 剖切完整的轴座实体

选择前面复制的完整的轴座实体,重复剖切过程,当系统提示:"在要保留的一侧指定点或[保留两侧(B)]:"时,选择"B"选项,则剖切的实体两侧全保留。结果如图 8-53 所示,虽然看似一个实体,但已经分成前、后两部分,并且在两部分中间过 ABC 已经产生一个分界面。

2. 将前部分左右剖切

再次调用"剖切"命令:

命令:_slice

选择对象:选择前部分实体　找到 1 个

选择对象:↙

指定切面上的第一个点,依照[对象(O)/Z 轴(Z)/视图(V)/XY 平面(XY)/YZ 平面(YZ)/ZX 平面(ZX)/三点(3)]<三点>:选择圆筒上表面圆心 B

指定平面上的第二个点:选择底座边中心点 D

指定平面上的第三个点:选择底座边中心点 E

在要保留的一侧指定点或[保留两侧(B)]:在图形左上方单击

结果如图 8-54 所示。

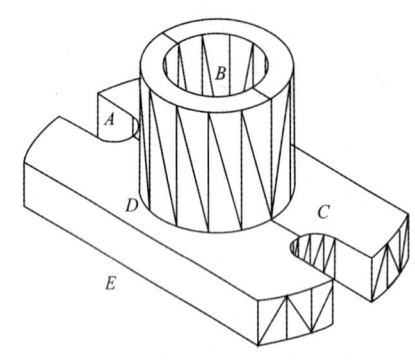

图 8-53 剖切成两部分的实体　　　　图 8-54 半剖的实体

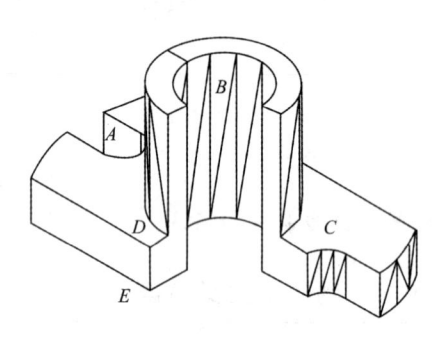

3. 并集

调用"并集"运算命令,选择两部分实体,将剖切后得到的两部分合成一体,结果如图 8-47(b)所示。

8.10.6 创建断面图

1. 创建实体的横截面

调用"横截面"命令,可以使用下列方法:

命令行:SECTION

【操作步骤】

命令:_section

选择对象:选择实体　找到 1 个

选择对象:↙

指定截面上的第一个点,依照[对象(O)/Z 轴(Z)/视图(V)/XY 平面(XY)/YZ 平面(YZ)/ZX 平面(ZX)/三点(3)]<三点>:选择左侧 U 形槽上圆心 A

指定平面上的第二个点:选择圆筒上表面圆心 B

指定平面上的第三个点:选择右侧 U 形槽上圆心 C

结果如图 8-55(a)所示(在线框模式下)。

2. 移出切割面

调用移动命令,选择图 8-55(a)中的切割面,移动到图形外,如图 8-55(b)所示。

3. 连接图线

调用直线命令,连接上、下缺口。

(a)　　　　　　　　　　　　　　　(b)

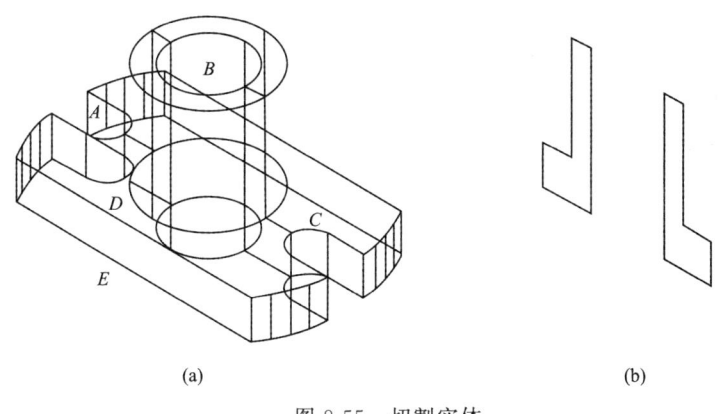

图 8-55　切割实体

4. 填充图形

调用填充命令,选择两侧闭合区域填充,结果如图 8-47(c)所示。

8.11　实体创建综合应用

AutoCAD 2019 主要用于绘制各种工程技术图样,如机械、建筑工程图。由前面介绍的三维实例可知,AutoCAD 2019 还可以较方便地创建三维立体模型。在实际工程中,如机械产品的加工工程中,可根据创建的三维实体模型实现计算机辅助加工。另外 AutoCAD 2019 还广泛应用于产品造型设计、广告设计等领域。

8.11.1　创建五角星

创建图 8-56 所示的五角星,通过绘制此图形,进一步掌握利用阵列、抽壳、剖切创建实体模型的方法。

1. 创建正四棱锥

创建一个如图 8-57 所示的正四棱锥。

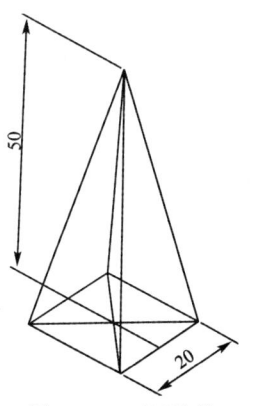

图 8-56　五角星　　　　　　图 8-57　正四棱锥

【操作步骤】

命令:_pyramid

4个侧面 外切 （画正四棱锥的默认选项）

指定底面的中心点或[边(E)/侧面(S)]:(指定一个点)

指定底面半径或[内接(I)]<14.1421>:10↙

指定高度或[两点(2P)/轴端点(A)/顶面半径(T)]<50.0000>:50↙

结果如图8-57所示。

2. 创建五角星实体

以正四棱锥为对象,使用环形阵列。

【操作步骤】

命令:_array

选择对象:选择正四棱锥 找到1个

选择对象:↙

输入阵列类型[矩形(R)/环形(P)]<矩形>:P↙

输入阵列中的项目数目:5↙

指定要填充的角度(＋＝逆时针,－＝顺时针)<360>:↙

旋转阵列对象?[是(Y)/否(N)]<是>:Y↙

指定阵列的中心点:选择底面一端点

指定旋转轴上的第二点:选择底面的另一对角端点•(以其底面上的对角线为阵列轴线)

结果如图8-58所示。使用并集命令将5个五角星实体合并为一个实体。

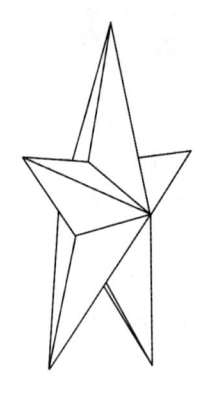

图8-58 环形阵列创建五角星

3. 抽壳

【操作步骤】

命令:_solidedit

实体编辑自动检查:SOLIDCHECK＝1

输入实体编辑选项[面(F)/边(E)/体(B)/放弃(U)/退出(X)]<退出>:_body

输入体编辑选项

[压印(I)/分割实体(P)/抽壳(S)/清除(L)/检查(C)/放弃(U)/退出(X)]<退出>:_shell

选择三维实体:(选择五角星)

选择三维实体:↙

删除面或[放弃(U)/添加(A)/全部(ALL)]:

输入抽壳偏移距离:1

已开始实体校验。

已完成实体校验。

完成抽壳。

4. 剖切

【操作步骤】

命令:_slice

选择对象:找到 1 个
选择对象:↙
指定切面上的第一个点,依照[对象(O)/Z 轴(Z)/视图(V)/XY 平面(XY)/YZ 平面(YZ)/ZX 平面(ZX)/三点(3)]<三点>:(选择一个角点)
指定平面上的第二个点:(选择第二个角点)
指定平面上的第三个点:(选择第三个角点)
在要保留的一侧指定点或[保留两侧(B)]:B
用平移命令移动一侧,结果如图 8-59 所示。

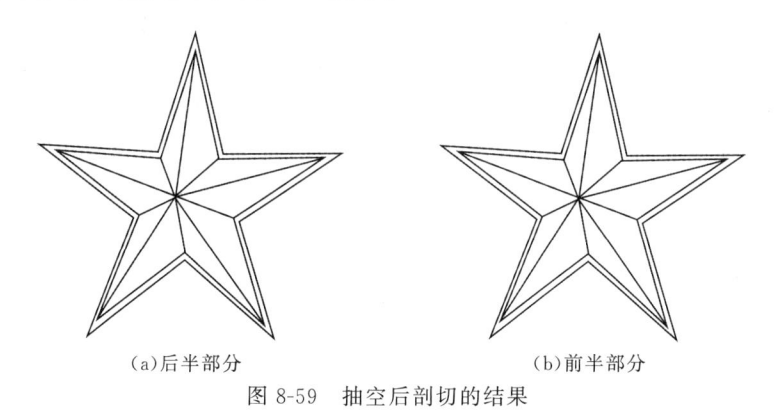

(a)后半部分　　　　　(b)前半部分

图 8-59　抽空后剖切的结果

5. 着色

【操作步骤】

命令:_shademode
当前模式:消隐
输入选项
[二维线框(2D)/三维线框(3D)/消隐(H)/平面着色(F)/体着色(G)/带边框平面着色(L)/带边框体着色(O)]<消隐>:_G
结果如图 8-56 所示。

8.11.2　创建足球模型

创建图 8-60 所示足球模型。

图 8-60　足球模型

1. 设置图层

新建两个图层,颜色分别为蓝色和黄色。区域选项默认。

2. 绘制正五边形

选择蓝色图层,在适当位置绘制正五边形,设边长 50。在五边形内任画 2 条中线,确定中点,如图 8-61 所示。

3. 绘制正六边形

(1)绘制正三角形。

用"分解"命令将正五边形各边分解。选择右边线,利用夹点编辑,选中点 1 为基夹点,右击,在弹出的快捷菜单中,选择"旋转""复制",输入 180✓、−120✓,结果得到直线 12、13,连接 2、3 得正三角形 123。利用夹点编辑,选择底线,可绘制出正三角形 145。如图 8-62 所示。

(2)"面域"2 个三角形,以三角形为对象分别绕各自的边 12 和 15"旋转实体",再进行"交集"运算,结果如图 8-63 所示。

图 8-61 绘制正五边形

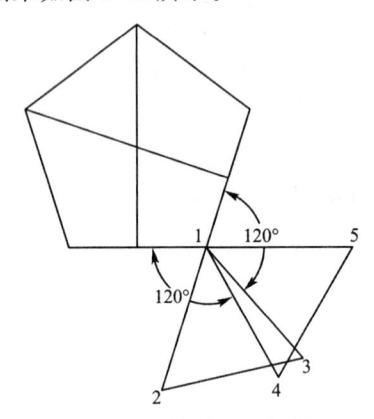

图 8-62 绘制正三角形

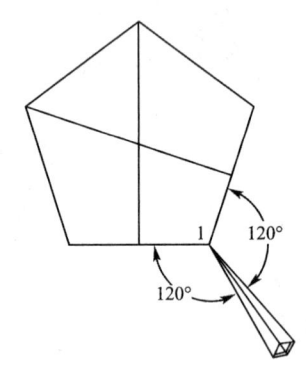

图 8-63 "旋转实体"的"交集"运算结果

(3)在实体的下方轮廓线处绘制一条直线,如图 8-64 所示。然后删除实体部分,如图 8-65 所示。

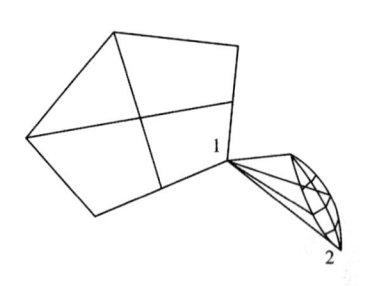

图 8-64 绘制 12 直线

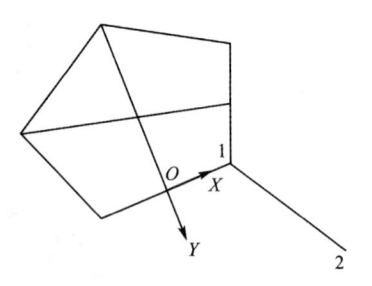

图 8-65 新建坐标

(4)新建坐标,使 *XOY* 坐标面与 12 直线和正五边形的底边所确定的平面共面。

【操作步骤】

命令:_ucs

当前 UCS 名称: * 没有名称 *

输入选项

指定 UCS 的原点或[面(F)/命名(NA)/对象(OB)/上一个(P)/视图(V)/世界(W)/X/Y/Z/Z 轴(ZA)]＜世界＞:_3(选择 3 点方式确定新坐标)

指定新原点<0,0,0>：

在正 X 轴范围上指定点<330.9149,145.7053,0.0000>：(指定底边的中点)

在 UCS XOY 平面的正 Y 轴范围上指定点<329.9149,146.7053,0.0000>：(指定 2 点)

(5)以直线 12 为边,绘制正六边形,另一条边与正五边形的底边会重合,如图 8-66 所示。

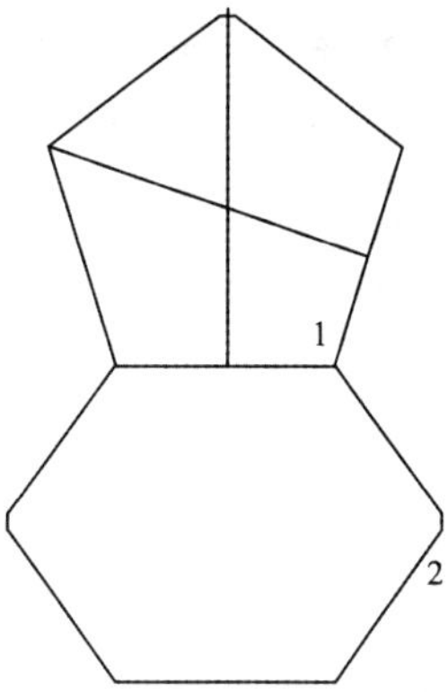

4. 确定球心

(1)绘制直线 25,平移坐标原点至直线 25 的中点。以坐标原点为起点绘制正六边形的垂线,长 150。

(2)新建坐标系,使 XOY 坐标面与正五边形平面共面,坐标原点设在中心点,X 轴平行底边。以坐标原点为起点绘制正五边形的垂线,长 150。

(3)两条垂线的交点即为球心,垂线即为中心线,删除伸长部分,结果如图 8-67 所示。

图 8-66　绘制正六边形

5. 创建多边形镶嵌块

(1)整理图形,删除多余图线。将蓝色图层关闭,将正六边形及垂线置为黄色图层。"面域"后拉伸实体,向下拉伸 10。

(2)创建球体,以 O 为圆心,过六棱柱棱线上的两端点分别创建球体。用"拉伸面"将六棱柱上表面拉伸 15,如图 8-68 所示。

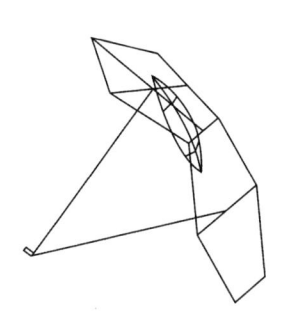

图 8-67　球心的确定 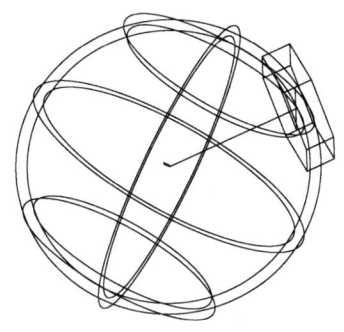　　图 8-68　创建六棱柱体和球体

(3)"差集"：大球减小球；"交集"：棱柱与球。创建正六边形镶嵌块。圆角顶面六条边,圆角半径设为 5,着色后如图 8-69 所示。

(4)将蓝色图层打开,黄色图层关闭,用同样方法创建五边形镶嵌块。完成后打开图层,如图 8-70 所示。

图 8-69　创建正六边形镶嵌块 　　图 8-70　正六边形镶嵌块和正五边形镶嵌块

6. 阵列正多边形镶嵌块

(1)阵列正五边形镶嵌块。

【操作步骤】

命令:_array

正在初始化... 已加载 ARRAY

选择对象:指定对角点:找到 2 个　　　　　　　　　（选择五边形镶嵌块和垂线）

选择对象:✓

输入阵列类型[矩形(R)/环形(P)]<矩形>:P✓

输入阵列中的项目数目:2✓

指定要填充的角度(＋＝逆时针,－＝顺时针)<360>:120✓

旋转阵列对象?[是(Y)/否(N)]<Y>:✓

指定阵列的中心点:(指定球心)

指定旋转轴上的第二点:(指定正六边形垂线上的一点)

结果如图 8-71 所示。

(2)同时阵列正六边形和正五边形镶嵌块。

【操作步骤】

命令:_array

选择对象:指定对角点:找到 4 个(选择正六边形、正五边形镶嵌块和垂线)

选择对象:✓

输入阵列类型[矩形(R)/环形(P)]<矩形>:P✓

输入阵列中的项目数目:5✓

指定要填充的角度(＋＝逆时针,－＝顺时针)<360>:✓

旋转阵列对象?[是(Y)/否(N)]<Y>:✓

指定阵列的中心点:(指定球心)

指定旋转轴上的第二点:(指定另一正五边形垂线上的一点)

结果如图 8-72 所示。

图 8-71　阵列正五边形镶嵌块　　　图 8-72　同时阵列正六边形和正五边形镶嵌块

(3)阵列一个正六边形镶嵌块。

【操作步骤】

命令:_array

选择对象:指定对角点:找到 1 个(选择最前面一个正六边形)

选择对象:✓

输入阵列类型[矩形(R)/环形(P)]＜矩形＞:P↙
输入阵列中的项目数目:2↙
指定要填充的角度(＋＝逆时针,－＝顺时针)＜360＞:72°↙
旋转阵列对象？[是(Y)/否(N)]＜Y＞:↙
指定阵列的中心点:(指定球心)
指定旋转轴上的第二点:(指定右边相邻正五边形垂线上的一点)
结果如图 8-73 所示。

(4)再一次阵列正六边形镶嵌块,以上一个阵列出的正六边形镶嵌块为阵列对象,以中心正六边形镶嵌块的垂线为对称轴,阵列角度为 360°,结果如图 8-74 所示。完成了足球的一半。

　　图 8-73　阵列正六边形镶嵌块 　　　　　图 8-74　再一次阵列正六边形镶嵌块

7. 复制、翻转、平移

复制并翻转半球后,绕半球的中心轴线旋转 36°后,指定球心为基点平移至另一球心,完成足球的创建操作。

8.12　思考与练习

一、思考题

1. 试分析世界坐标系与用户坐标系的关系。
2. 建立一个用户坐标系并命名及保存。
3. 利用动态观察器观察 X:AutoCAD 2019\Sample\Welding Fixture Model 图形。
4. 利用罗盘确定 X:AutoCAD 2019\Sample\Welding Fixture Model 图形视点位置。

二、练习

1. 按尺寸绘制图 8-75～图 8-78 所示的实体。

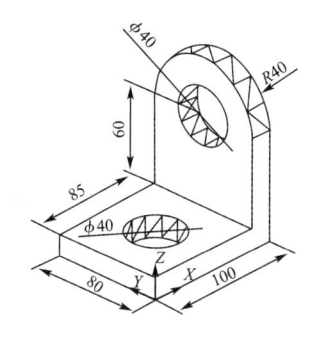

　　图 8-75　实体 1 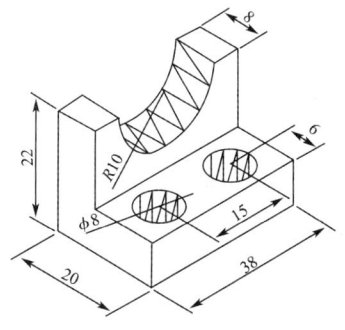　　　　　　　　图 8-76　实体 2

图 8-77 实体 3

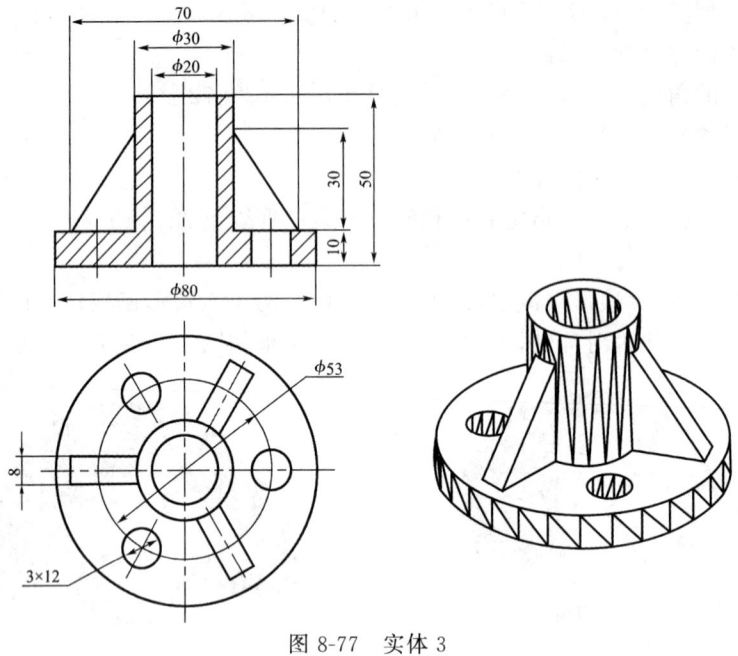

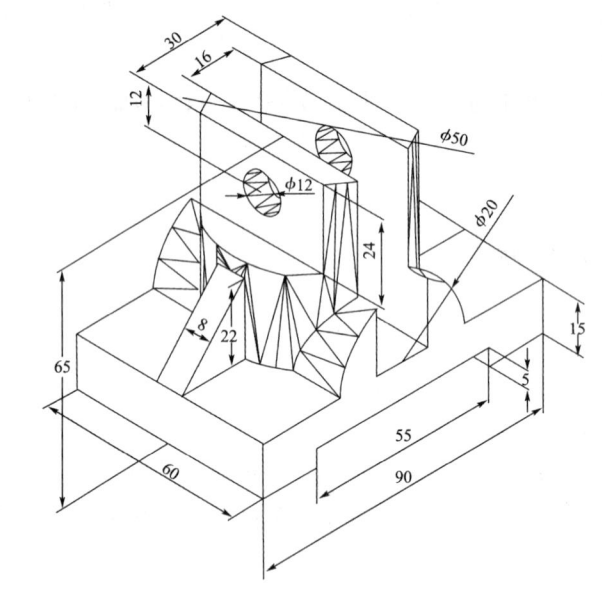

图 8-78 实体 4

2. 绘制图 8-79 和图 8-80 所示的实体，尺寸自定。

图 8-79 自动笔　　　　　　　　图 8-80 哑铃

第 9 章

样板图与图样的打印和输入/输出

本章主要介绍了提高绘图效率的两个基本的工具:样板图与设计中心。通过本章的学习,我们将掌握创建样板图的方法,以及利用设计中心定位和组织图形数据的方法。

9.1 样板图

9.1.1 样板图的概念

AutoCAD 2019 样板图是一种包含有特定图形设置的图形文件,扩展名为". dwt"。如果使用样板图来创建新的图形,则新的图形继承了样板图中的所有设置。这样就避免了大量的重复设置工作,而且也可以保证同一项目中所有图形文件的标准统一。新的图形文件与所用的样板文件是相对独立的,因此新图形中的修改不会影响样板文件。

建立一个样板图首先需要创建一个图形文件。

AutoCAD 2019 创建一个图形文件时,使用"NEW"或"QNEW"命令。启动创建新图形命令,可以使用下列方法:

(1)命令:"NEW"或"QNEW"
(2)菜单栏:"文件"→"新建"
(3)工具栏:"标准"→"新建"

执行上述操作的方式由系统变量"STARTUP"确定。"STARTUP"控制在应用程序启动时或打开新图形时显示的内容。"STARTUP"默认值为"0"。

STARTUP 的值为 0(或 2、3):显示"选择样板"对话框(标准文件选择),如图 9-1 所示。
STARTUP 的值为 1:显示"创建新图形"对话框,如图 9-2 所示。

> 提示、注意、技巧
>
> STARTUP 的值为 1:应用程序启动时,系统会显示"启动"对话框,其选项与"创建新图形"对话框基本相同,如图 9-3 所示。
>
> STARTUP 的值为 0:应用程序启动时,系统不显示任何对话框,直接使用系统默认的图形样板创建新图形,文件名为"Drawing1"。默认样板文件英制的是"acad. dwt",公制的是"acadiso. dwt"。

对于三维建模工作空间,默认图形样板文件英制的是"acad3d.dwt",公制的是"acadiso3d.dwt"。

也可以在"选项"对话框"文件"选项卡上设置默认图形样板文件。

STARTUP 的值为 3(或 2):系统打开"开始"选项卡。STARTUP 的值为 3 是系统默认值。

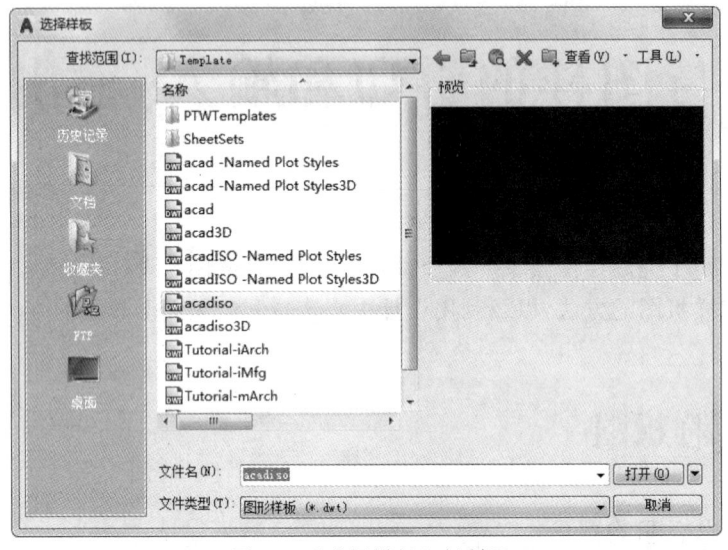

图 9-1 "选择样板"对话框

图 9-2 "创建新图形"对话框　　　　　　　　图 9-3 "启动"对话框

1. "启动"对话框和"创建新图形"对话框

"启动"对话框和"创建新图形"对话框提供了四种选择方式。

(1)打开图形

打开已有图形。仅在应用程序启动时才可以选择。

(2)从草图开始

使用 AutoCAD 2019 的默认设置。

(3)使用样板

选择样板,其实是选用预先定义好的样板图。AutoCAD 2019 中为用户提供了风格多样的样板文件,在默认情况下,这些图形样板文件存储在易于访问的"Template"文件夹中,用户在"创建新图形"对话框中选择"使用样板",系统会直接打开"Template"文件夹提供"选择样板",如图 9-4 所示。

如果用户要使用的样板文件没有存储在"Template"文件夹中,则可选择单击"浏览…"按钮打开"选择样板文件"对话框来查找其他样板文件,如图 9-5 所示。

图 9-4 "启动"对话框　　　　　　　图 9-5 "选择样板文件"对话框

(4)使用向导

设置新图形的单位、角度、角度测量、角度方向和区域等。

2."选择样板"对话框

STARTUP 的值为 0,新建一个图形文件显示图 9-1 所示的"选择样板"对话框,从对话框中可选择所需样板。如果用户要使用的样板文件没有存储在"Template"文件夹中,则在"文件类型"列表框选择".dwg"或".dws",查找其他文件类型作为样板文件。

9.1.2 创建样板图

除了使用系统提供的样板,用户也可以创建自定义样板文件,任何现有图形都可作为样板。通常存储在样板文件中的设置主要包括:

(1)单位类型和精度。
(2)图形界限。
(2)图层。
(3)文字样式。
(4)标注样式。
(5)标题栏。

默认情况下,图形样板文件存储在"Template"文件夹中,以便访问。下面,以一个实例来说明怎样创建样板图。

【例 9-1】　建立一个 A3 幅面的样板图。此样板图中包括幅面的设置、图层、文字样式、标注样式的设置。

【步骤】

1. 设置图幅

单击标准工具条上 ![] 按钮,打开"选择样板"对话框,选择"acadiso.dwt"样板,默认图形界限为"420×297",即 A3 幅面。执行"全部缩放"命令,使 A3 图幅满屏显示。

2. 设置图层、文字样式、标注样式

(1) 建立图层

按需要创建以下图层,并设定颜色及线型,如图 9-6 所示。图层的颜色可以自行设定,但线型必须按有关标准设定。

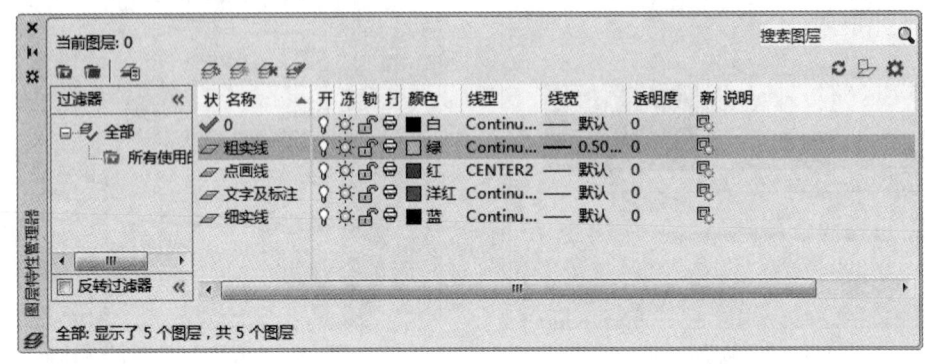

图 9-6 "图层特性管理器"面板

(2) 设置文本样式

① 汉字样式:字体选择"仿宋",不选择使用大字体复选框;

② 数字和字母样式:字体选择"iso.shx",不选择使用大字体复选框。

(3) 设置标注样式

修改"standard"基础样式、新建直径样式、半径样式、角度样式。

3. 建立边框线、插入标题栏

绘制 A3 图幅的边框线,插入标题栏,结果如图 9-7 所示。

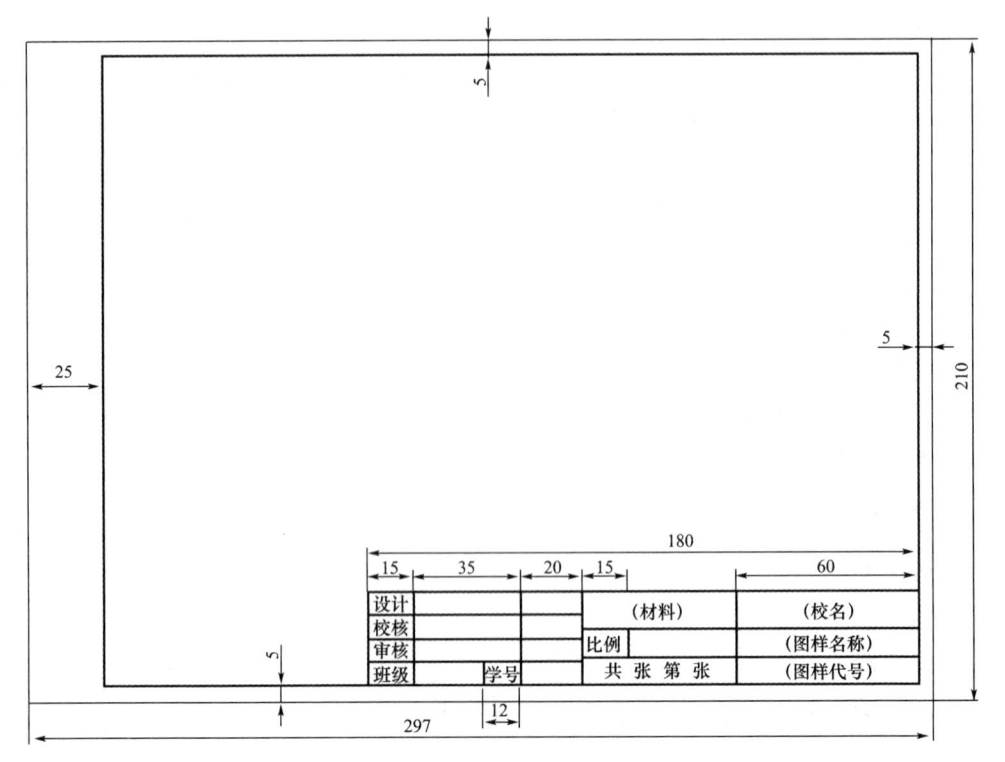

图 9-7　A3 图纸格式

4. 保存图形文件

(1)单击"文件/另存为",打开"图形另存为"对话框,如图9-8所示。

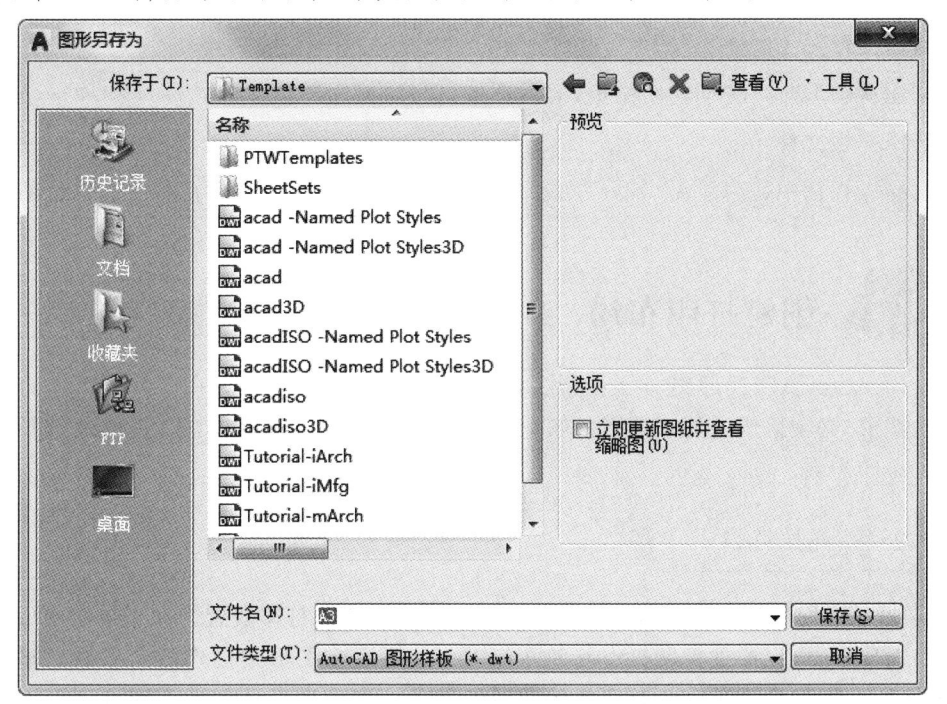

图9-8 "图形另存为"对话框

(2)在保存类型栏中选择"AutoCAD 2019 图形样板文件(＊.dwt)",在文件名中输入样板文件的名称"A3"。

(3)单击"保存"按钮,系统打开"样板选项"对话框,如图9-9所示,在"说明"栏中输入文字"A3幅面样板图",单击"确定"按钮。

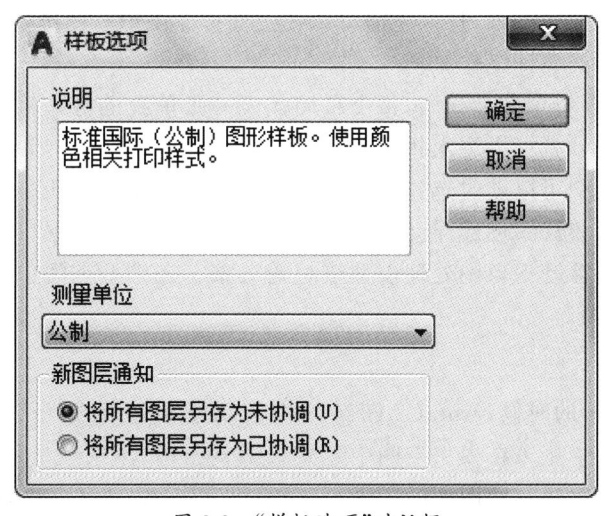

图9-9 "样板选项"对话框

> 提示、注意、技巧
>
> 用同样的方法,可以建立A0、A1、A2、A4样板图。

9.1.3 调用样板图的方法

1. 新建图形

在创建新图形时,在"创建新图形"对话框中,选择"使用样板"。

2. 选择样板文件

在选择样板栏中,选择"A3.dwt",单击"确定"按钮打开样板图,可在其中进行绘图。

9.2 创建打印布局

在利用 AutoCAD 2019 建立了图形文件后,通常需要打印图形。在一张图纸上打印出一幅完整的图形,必须恰当地规划图形的布局,合适地安排图纸规格和尺寸,正确地选择打印设备及各种打印参数。

9.2.1 布局简介

布局是一种图纸空间环境,它模拟图纸页面,提供直观的打印设置。在布局中可以创建并放置视口对象,还可以添加标题栏或其他几何图形。可以在图形中创建多个布局以显示不同视图,每个布局可以包含不同的打印比例和图纸尺寸。布局显示的图形与图纸页面上打印出来的图形完全一样。

1. 模型空间与图纸空间

前面各个章节中所有的内容都是在模型空间中进行的,模型空间是一个二维或三维空间,主要用于绘制图样或构建实体模型。而在对创建的图样进行打印输出时,则通常在图纸空间中完成,图纸空间就像一张图纸,打印之前可以在上面排放图形。图纸空间用于创建最终的打印布局,而不用于绘图或设计工作。

一个图形文件可以包含多个布局,每个布局代表一张单独的打印输出图纸。在绘图区域底部选择"布局"选项卡,就可以进入相应的图纸空间环境,如图 9-10 所示。

在图纸空间中,用户可以随时选择"模型"选项卡(或在命令窗口输入"model")来返回模型空间,也可以在当前布局中创建浮动视口来访问模型空间。浮动视口相当于模型空间中的视图对象,用户可以在浮动视口中处理模型空间的对象。在模型空间中的所有修改都将反映到所有图纸空间视口中。

2. 创建布局

我们在建立新图形的时候,AutoCAD 2019 会自动建立一个"模型"选项卡和两个"布局"选项卡。其中,"模型"卡用来在模型空间中建立和编辑图形,该选项卡不能删除,也不能重命名;"布局"选项卡用来编辑打印图形的图纸,其个数没有限制,且可以重命名。

创建布局有三种方法:新建布局、来自样板的布局、创建布局向导。

(1)新建布局

鼠标在绘图窗口下方的"布局"选项卡上右击,在弹出的快捷菜单中选择"新建布局",系统会自动添加"布局 3"的布局。

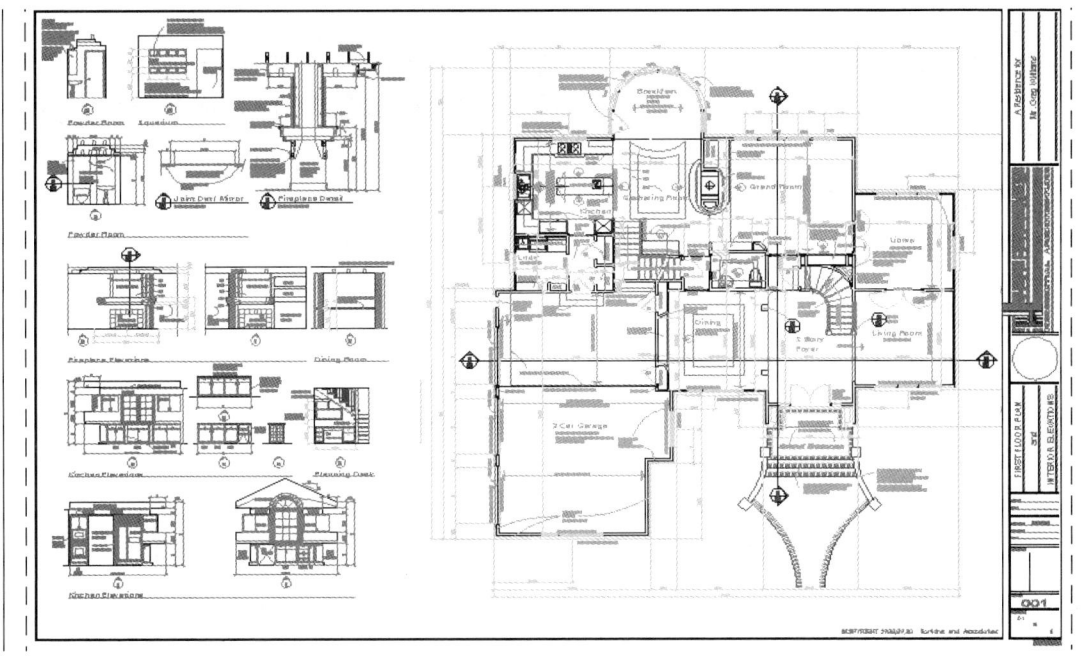

图 9-10　图纸空间的例子

(2)来自样板的布局

利用样板来创建新的布局,操作步骤如下:

菜单栏:"插入"→"布局"→"来自样板的布局"

执行操作后,系统弹出如图 9-11 所示"从文件选择样板"对话框。在该对话框中选择适当的图形文件样板,单击"打开"按钮,系统弹出如图 9-12 所示的"插入布局"对话框。在布局名称下选择适当的布局,单击"确定"按钮,插入该布局。

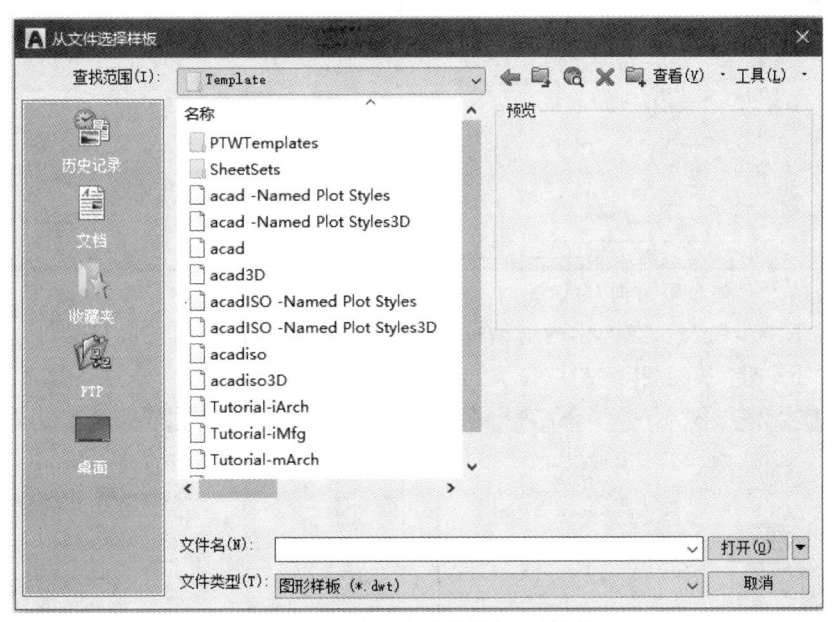

图 9-11　"从文件选择样板"对话框

(3)创建布局向导

利用布局向导创建新的布局,操作步骤如下:

①菜单栏:"插入"→"布局"→"创建布局向导"

执行操作后,系统弹出如图 9-13 所示的对话框,在对话框中输入新布局名称。

图 9-12 "插入布局"对话框 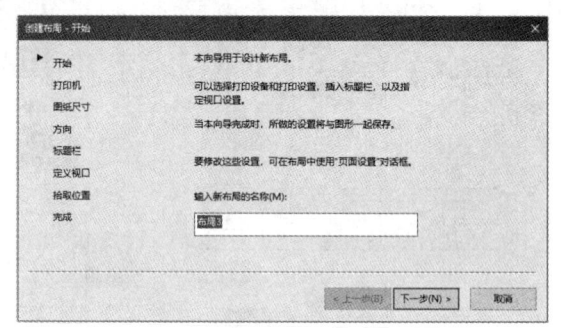　　图 9-13 "创建布局-开始"对话框

②单击"下一步"按钮,弹出如图 9-14 所示的对话框,选择打印机。

③单击"下一步"按钮,弹出如图 9-15 所示对话框,在此对话框选择图纸尺寸、图形单位。

图 9-14 "创建布局-打印机"对话框 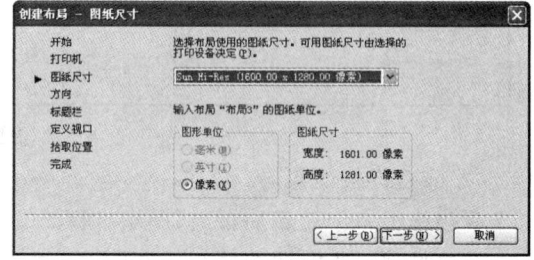　　图 9-15 "创建布局-图纸尺寸"对话框

④单击"下一步"按钮,在弹出的如图 9-16 所示对话框中,指定打印方向。

⑤单击"下一步"按钮,在弹出的如图 9-17 所示对话框中选择标题栏,ISO 为国际标准。

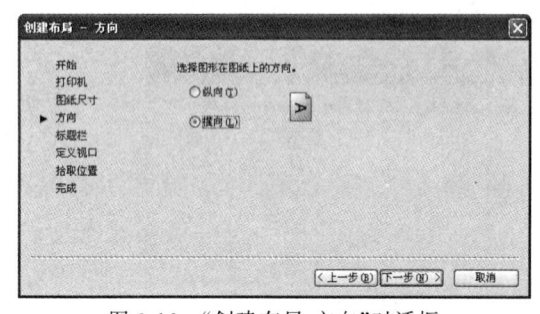

图 9-16 "创建布局-方向"对话框 　　图 9-17 "创建布局-标题栏"对话框

⑥单击"下一步"按钮,在弹出的对话框(图 9-18)中,定义打印的视口与视口比例。

⑦单击"下一步"按钮,指定拾取位置,如图 9-19 所示。

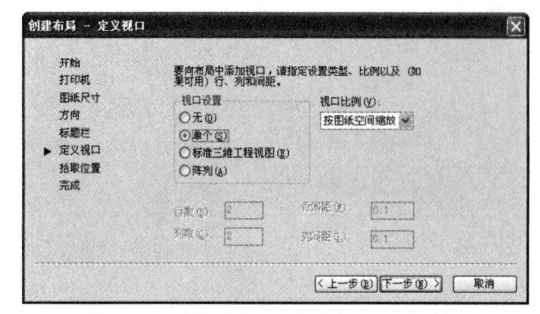

图 9-18 "创建布局-定义视口"对话框 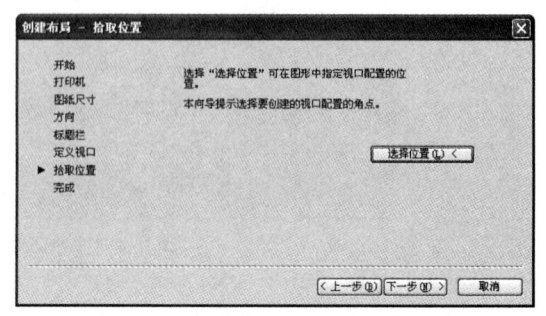　　图 9-19 "创建布局-拾取位置"对话框

⑧单击"下一步"按钮,完成创建布局,如图9-20所示。

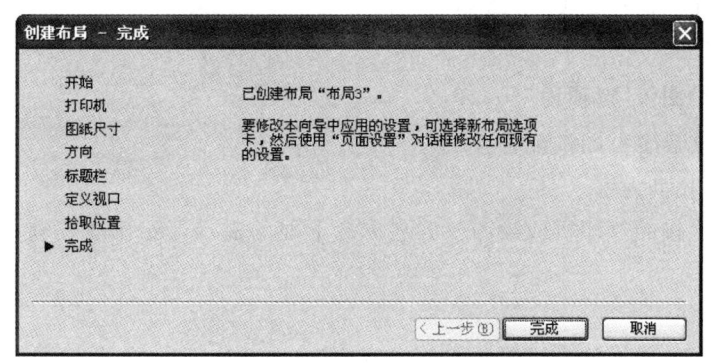

图9-20 "创建布局-完成"对话框

9.3 打 印

启用"PLOT"命令,可使用下列方法:
(1)快速访问工具栏→"打印"
(2)命令行:PLOT
(3)菜单栏:"文件"→"打印"
(4)工具栏:"标准"→"打印"
(5)快捷键:"Ctrl+P"

【选项说明】

屏幕显示"打印"对话框,单击右下角的⊙按钮,将对话框展开,如图9-21所示。
在"打印"对话框中可设置打印设备参数和图纸尺寸、打印份数等。

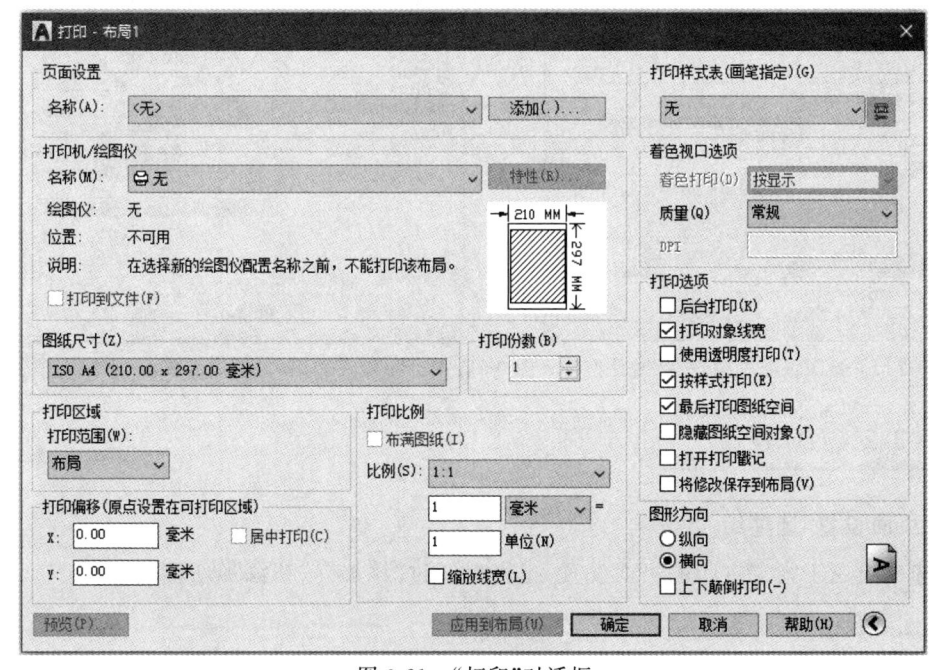

图9-21 "打印"对话框

9.3.1 打印设备参数设置

1. "打印机/绘图仪"选项组

此选项组用来设置打印机配置。

(1)"名称"下拉列表框

选择系统所连接的打印机或绘图仪的名称。下面的提示行给出了当前打印机的名称、位置以及相应说明。

(2)"特性"按钮

确定打印机或绘图机的配置属性。单击该按钮后，系统打开"绘图仪配置编辑器"对话框，如图 9-22 所示。用户可以在其中对绘图仪的配置进行编辑。

2. "打印样式表"选项组

该选项组用来确定准备输出的图形的有关参数。

(1)"名称"下拉列表框

选择相应的参数配置文件名。

(2)"编辑"按钮

打开"打印样式表编辑器"对话框的"表格视图"选项卡，如图 9-23 所示。在该对话框中可以编辑有关参数。

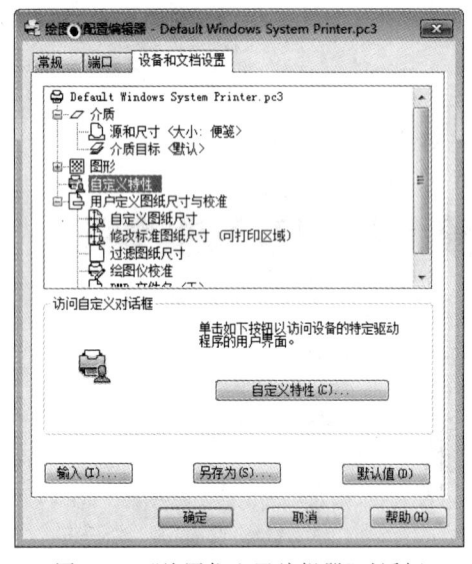

图 9-22 "绘图仪配置编辑器"对话框   图 9-23 "打印样式表编辑器"对话框的"表格视图"选项卡

9.3.2 打印设置

1. "页面设置"选项组

该选项组用于指定打印的页面设置，也可以通过"添加"按钮添加新设置。

2. "图纸尺寸"选项组

该选项组用来确定图纸的尺寸。

3. "打印份数"选项组

该选项组用来指定打印的份数。

4. "图形方向"选项组

该选项组用来确定打印方向。

(1)"纵向"单选按钮

表示用户选择纵向打印方向。

(2)"横向"单选按钮

表示用户选择横向打印方向。

(3)"上下颠倒打印"复选框

控制是否将图形旋转180°打印。

5. "打印区域"选项组

该选项组用来确定打印区域。

(1)"窗口"选项

选定打印窗口的大小。

(2)"图形界限"选项

控制系统打印当前层或由绘图界限所定义的绘图区域。如果当前视点并不处于平面视图状态,系统将按"范围"选项处理。其中,当当前图形在图纸空间时,对话框中显示"布局"按钮,当当前图形在模型空间时,对话框显示"图形范围"按钮。

(3)"显示"选项

控制系统打印当前视窗中显示的内容。

6. "打印比例"选项组

该选项组用来确定绘图比例。

(1)"比例"下拉列表框

确定绘图比例。当为"自定义"选项时,可在下面的文本框中自定义任意打印比例。

(2)"缩放线宽"复选框

确定是否打开线宽比例控制。该复选框只有在打印图纸空间时才会用到。

7. "打印偏移"选项组

该选项组用来确定打印位置。各项含义如下:

(1)"居中打印"复选框

控制是否居中打印。

(2)"X""Y"文本框

分别控制 X 轴和 Y 轴打印偏移量。

8. "打印选项"选项组

(1)"打印对象线宽"复选框

打印线宽。

(2)"按样式打印"复选框

选用在"打印样式表"选项组中规定的打印样式打印。

(3)"最后打印图纸空间"复选框

首先打印模型空间,最后打印图纸空间。通常情况下,系统首先打印图纸空间,再打印模型空间。

(4)"隐藏图纸空间对象"复选框

指定是否在图纸空间视口中的对象上应用"隐藏"操作。此选项仅在"布局"选项卡上可用。此设置的效果反映在打印预览中,而不反映在布局中。

9. "着色视口选项"选项组

该选项组指定着色和渲染视口的打印方式,并确定它们的分辨率和 DPI 值。

以前只能将三维图像打印为线框。为了打印着色或渲染图像,必须将场景渲染为位图,然后在其他程序中打印此位图。现在使用着色打印便可以在 AutoCAD 2019 中打印着色三维图像或渲染三维图像。还可以使用不同的着色选项和渲染选项设置多个视口。

(1)"着色打印"下拉列表框

指定视图的打印方式

(2)"质量"下拉列表框

指定着色和渲染视口的打印质量。

(3)DPI 文本框

指定渲染和着色视图每英寸的点数,最大可为当前打印设备分辨率的最大值。只有在"质量"下拉列表框中选择了"自定义"后,此选项才可用。

10. "预览"按钮

此按钮用于预览整个图形窗口中将要打印的图形。

完成上述绘图参数设置后,可以单击"确定"按钮进行打印输出。

9.4 输入/输出其他格式的文件

AutoCAD 2019 以 DWG 格式保存自身的图形文件,但这种格式不能适用于其他软件平台或应用程序。要在其他应用程序中使用 AutoCAD 2019 图形,必须将其转换为特定的格式。AutoCAD 2019 可以输入多种格式的文件,供用户在不同软件之间交换数据。

AutoCAD 2019 不仅能够输出其他格式的图形文件,以供其他应用软件使用,也可以使用其他软件生成的图形文件。

9.4.1 输入不同格式的文件

AutoCAD 2019 可以输入包括 DXF(图形交换格式)、DXB(二进制图形交换)、ACIS(实体造型系统)、3DS(3D Studio)、WMF(Windows 图元)等格式的文件,输入方法类似,下面以输入"光栅图像"为例进行讲述。

启用输入"光栅图像"命令,可使用下列方法:

(1)面板:"参照"→"附着"

(2)命令行:3DSIN 或 IMPORT

(3)菜单栏:"插入"→"光栅图像参照"

输入命令,AutoCAD 2019 打开"选择参照文件"对话框,如图 9-24 所示。在该对话框的文件名列表框中选择一个文件名，单击"打开"按钮，AutoCAD 2019 打开"附着图像"对话框，如图 9-25 所示，可以在该对话框中进行插入点、比例、旋转角度等设置。完成后单击"确定"按钮，选定的图像被插入到绘图区，如图 9-26 所示，可在绘图区对其进行编辑。

图 9-24 "选择参照文件"对话框

图 9-25 "附着图像"对话框

(a)　　　　　　　　　　　　　　(a)

图 9-26 插入的光栅图像

9.4.2 输出不同格式的文件

AutoCAD 2019 可以输出包括 3D DWF（图形交换格式）、EPS（封装 Postscript）、ACIS（实体造型系统）、WMF（Windows 图元）、BMP（位图）、STL（平版印刷）、DXX（属性数据提取）等类型格式的文件,方法类似。图 9-27 所示的是 AutoCAD 2019 用三维建模绘制的瓶子,下面将该瓶子以 BMP（位图）格式文件输出。

图 9-27　用三维建模绘制的瓶子

启用"输出"命令,可使用下列方法：
(1)命令行：EXPORT
(2)菜单栏："文件"→"输出"

执行命令后,系统弹出"输出数据"对话框。在文件类型下拉列表框中选中"位图",其后缀为".bmp"。指定保存于桌面,输入文件名后,单击"保存"按钮,系统关闭对话框,命令行提示：

选择对象或＜全部对象和视口＞：

选择瓶子后完成操作。在桌面上就有了一个"瓶子.bmp"的图元文件,如图 9-28 所示。该文件可以用多种方式的"Picture"程序打开。

图 9-28　文件图标

9.5　思考与练习

一、思考题
1.怎样建立样板图?
2.怎样调用样板图?

二、练习题
1.利用建立的 A3 样板图绘制如图 9-29 所示的图样。
2.绘制如图 9-30 所示的图样。

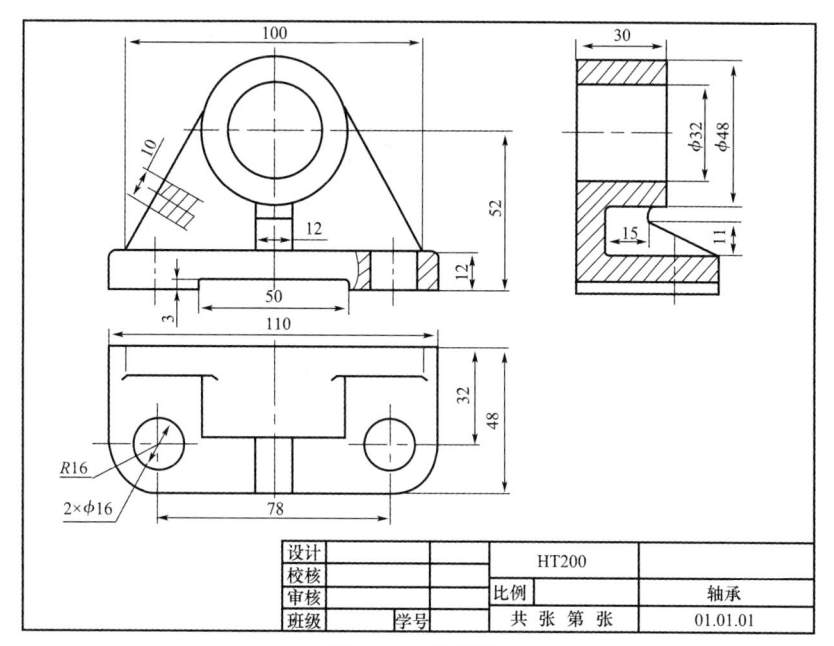

图 9-29 练习题 1

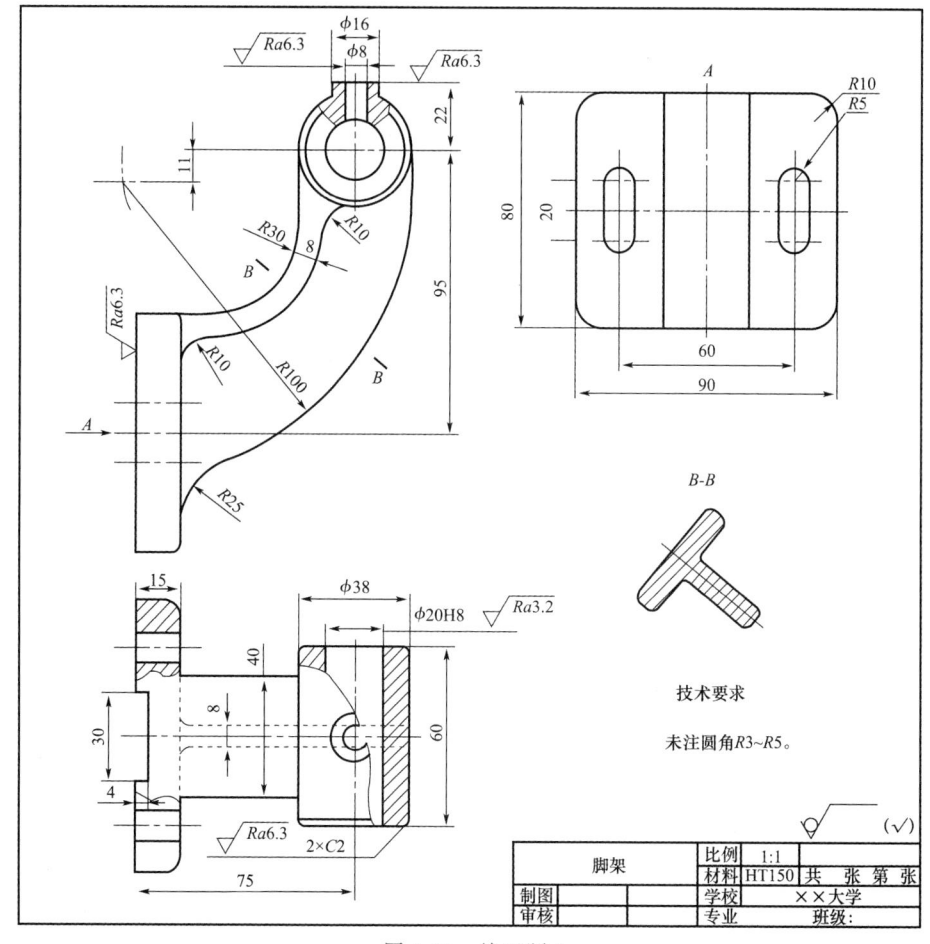

图 9-30 练习题 2

参考文献

[1] 全国技术产品文件标准化技术委员会,等.技术制图.北京:中国标准出版社,2006.

[2] 国家质量监督检验检疫总局,等.机械制图.北京:中国标准出版社,2002.

[3] 中国标准出版社第四编辑室.CAD软件开发及技术应用标准汇编.CAD技术制图卷.北京:中国标准出版社,2010.

[4] 姜勇,等.AutoCAD习题精解.2版.北京:人民邮电出版社,2020.

[5] 余桂英,等.AutoCAD机械工程基础教程.2版.大连:大连理工大学出版社,2021.

[6] 何铭新,等.机械制图.7版.北京:高等教育出版社,2016.